现代鲁棒控制理论

郭建国　郭宗易　赵金龙　编著

西北工業大學出版社

西　安

【内容简介】 本书是针对高等工科院校相关控制类学科研究生的现代鲁棒控制理论课程需要而编写的。本书综合近年来国内外有关鲁棒控制理论的资料，对现代鲁棒控制理论所包含的内容作了全面、系统、深入浅出的阐述，覆盖了变结构控制理论和 H_∞ 控制理论两部分内容，内容取舍上注重理论基础性和实用性，论述方式上力求符合理工科学生的认识规律，方便高年级本科生和研究生的学习和理论应用。

本书可作为高等工科院校控制类学科高年级本科生和研究生的教材或参考书，也可作为广大工程科技人员及其他大专院校师生自学现代鲁棒控制理论的参考用书。

图书在版编目(CIP)数据

现代鲁棒控制理论 / 郭建国，郭宗易，赵金龙编著
. — 西安 ：西北工业大学出版社，2021.10
ISBN 978-7-5612-7779-9

Ⅰ. ①现… Ⅱ. ①郭… ②郭… ③赵… Ⅲ. ①鲁棒控制-高等学校-教材 Ⅳ. ①TP273

中国版本图书馆 CIP 数据核字(2021)第 113048 号

XIANDAI LUBANG KONGZHI LILUN
现 代 鲁 棒 控 制 理 论

责任编辑：张　潼　　策划编辑：李阿盟
责任校对：王　尧　　装帧设计：李　飞
出版发行：西北工业大学出版社
通信地址：西安市友谊西路 127 号　　邮编：710072
电　　话：(029)88491757，88493844
网　　址：www.nwpup.com
印 刷 者：兴平市博闻印务有限公司
开　　本：787 mm×1 092 mm　　1/16
印　　张：14.375
字　　数：377 千字
版　　次：2021 年 10 月第 1 版　　2021 年 10 月第 1 次印刷
定　　价：88.00 元

前　　言

由于任何实际系统都含有非线性因素，且在一定条件下，许多实际系统可用线性系统模型加以描述，加之在数学上处理线性系统又较为方便，所以针对线性系统理论的鲁棒控制理论得到广泛的研究和发展，成为目前控制理论研究应用的基础。线性系统的鲁棒控制理论是控制类、系统工程类、机电类等许多学科专业研究生的一门基础理论课，是控制、信息、系统方面系列理论课程的先行课。

鲁棒控制理论以线性系统为研究对象，针对系统中存在的不确定性因素，以及系统固有的结构特性，揭示改善系统性能以满足工程指标要求而采取的控制系统设计的鲁棒性分析方法和设计方法。鲁棒控制理论主要以20世纪50年代出现的变结构控制和 H_{∞} 控制方法为研究内容，经过这半个多世纪以来的发展，已经形成了内容丰富的方法体系。

为适应理工科读者的研究需求，对于比较抽象的几何理论和代数理论在本书中未予展开，力求使数学概念从属于系统概念和工程应用。本书是笔者通过借鉴多年来课程改革和课程教学上的成果和经验，吸纳20多年来有关变结构控制和 H_{∞} 控制理论的新发展，将变结构控制和 H_{∞} 控制方法综合编写而成的。

本书在编写过程中，力求论证严密、论例结合、语言易懂，注意增强教材的易读性。本书可供理工科高年级本科生和研究生作为教材或参考书使用，也可供系统与控制以及相关领域的广大工程科技人员和科学工作者自学和参考。本书所需要的数学基础是微分方程和矩阵运算的基本知识，所需要的专业基础是现代控制理论的基本知识。

全书由郭建国、郭宗易、赵金龙编写。其中郭建国负责编写了第1、2、5、6和第7章，郭宗易负责编写了第8章和第9章，赵金龙负责编写了第3章和第4章。

编写本书曾参阅了相关文献，在此谨向其作者表示诚挚的感谢。

限于笔者的水平，书中难免会有不妥之处，衷心希望读者不吝批评指正。

编著者

2021年2月

目　　录

第1章 绪 论

1.1 控制理论的发展阶段

控制理论自形成学科以来，经历了近一个世纪的发展，无论是学科内容、学科特色、适用对象，还是研究成果等方面，均达到了前所未有的高度和水平。理论研究成果与应用研究成果层出不穷，研究成果的应用已经扩展到了人类社会活动的各个方面。

控制理论的研究与发展从时间和内容上基本可以划分为三个阶段：经典控制理论阶段、现代控制理论阶段与现代鲁棒控制理论阶段。

1.1.1 经典控制理论阶段

自动控制技术的萌芽，可追溯到2 000年前，主要有以下两个重要的标志：

(1)2 000年前我国发明了指南车是一种开环自动调节系统，如图1-1所示。

(2)公元1086—1089年(北宋哲宗元祐初年)，我国发明的水运仪象台，就是一种闭环自动调节系统，如图1-2所示。

图1-1 指南车示意图

图1-2 水运仪象台示意图

随着科学技术与工业生产的发展，到18世纪，自动控制技术逐渐应用到了现代工业中。其中最卓越的代表是瓦特(J. Watt)发明的蒸汽机离心调速器，加速了第一次工业革命的步伐。经典控制理论的研究主要集中在20世纪20—60年代，当时大工业生产发展与军事技术发展的需要，研究成果快速地应用到了社会的发展中。例如发电厂的锅炉控制系统，温度、压力和流量等物理量的控制在小规模时还可以由人工完成，但是对于大型发电设备来说，人工控制是不切实际的，必须被自动控制装置与控制系统所取代。再如第一次世界大战时飞机在战争中有各种优势，到第二次世界大战时，高射炮、雷达跟踪系统问世，形成了有矛必会产生盾的最终结果。军事技术的需求极大地促进了控制技术的发展，因此，经典控制理论的研究与发展和人类社会的发展是紧密相关的。

这个阶段有以下几个重要发展组成部分：

(1)1868 年，麦克斯韦(J. C. Maxwell)解决了蒸汽机调速系统中出现的剧烈振荡的不稳定问题，提出了简单的稳定性代数判据。

(2)1895 年，劳斯(Routh)与赫尔维茨(Hurwitz)把麦克斯韦的思想扩展到高阶微分方程描述的更复杂的系统中，各自提出了两个著名的稳定性判据——劳斯判据和赫尔维茨判据。基本上满足了 20 世纪初期控制工程师的需要。

(3)1932 年奈奎斯特(H. Nyquist)提出了频域内研究系统的频率响应法，为具有高质量的动态品质和静态准确度的军用控制系统提供了所需的分析工具。

(4)1948 年，伊万斯(W. R. Ewans)提出了复数域内研究系统的根轨迹法。

建立在奈奎斯特的频率响应法和伊万斯的根轨迹法基础上的理论，称为经典(古典)控制理论(或自动控制理论)。形成经典控制理论的两个标志如下：

(1)1947 年，控制论的奠基人美国数学家韦纳(N. Weiner)把控制论引起的自动化同第二次产业革命联系起来，并于 1948 年出版了《控制论——关于在动物和机器中控制与通信的科学》，书中论述了控制理论的一般方法，推广了反馈的概念，为控制理论这门学科奠定了基础。

(2)我国著名科学家钱学森将控制理论应用于工程实践，并与 1954 年出版了《工程控制论》。

经典控制理论的研究对象主要是单输入单输出(Single-Input Single-Output, SISO)系统，如图 1-3 所示。

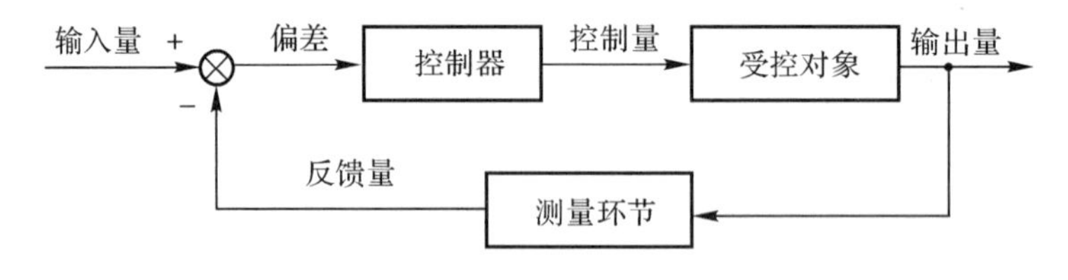

图 1-3　单输入单输出系统

单输入单输出系统又称为单回路系统。信号流通由反馈通路构成闭合回路，因此经典控制理论研究的控制方法主要是反馈控制，这类似于人类的思维模式，即根据偏差来修正目标的思想。因此，可以简单地认为经典控制理论是拟人控制。

经典控制理论与人类生产活动的发展水平相并行。由于受到两次世界大战军事技术需求的刺激，在许多学科(如机械、航空、数学等)中的众多学者(如韦纳等人)的共同努力下，经典控制理论无论是理论研究还是应用研究都取得了丰硕的成果。

经典控制理论研究使用的数学工具主要是传递函数与频率特性，根据受控对象的数学模型来设计控制器，使受控系统实现相应的性能指标。控制器设计方法以时域分析为基础，发展了频率分析法和根轨迹分析法，在这两种方法的基础上产生了多种控制器设计方法，如信号顺馈、扰动信号前馈、反馈控制器实现等，但都是基于单回路的设计思想而实现的。

到 20 世纪中期，经典控制理论的研究已经基本成熟，进而在各个领域获得了广泛的应用，如工业、农业、军事、航空、航海、交通、核能利用和导弹制导等领域。许多研究成果或者控制器的设计均已发展为成套设备或者成为标准化产品，如各个时期的单回路调节器、PID 控制器及

DCS计算机控制系统等，表现着人类生产与生活中的自动化技术的发展水平。

经典控制理论有着许多不足之处，还不能够完全解决自动化工程和控制工程中的许多实际问题，这是经典控制理论自身的局限性所致的。

就数学工具而言，传递函数是线性系统的定常参数模型，不能表现非线性关系，也不能表现时变参数特性，更难以表现对象模型的不确定性。因此经典控制理论难以应用于许多复杂系统的控制。另外，传递函数主要反映的是受控对象的端口关系，难以展现系统内部的结构关系，因此导致控制器的设计仅是基于端口等价之上的，并不是基于系统实际结构的。

就控制器设计方法而言，基于频率法与根轨迹法的控制器设计方法主要是利用作图来完成的试凑法或者修正法，这也是将控制器设计称为系统校正或者校正器设计的由来。在试凑的方法下，不可能综合、全面地考虑对象与控制器的结构而设计出目标更明确、性能更优的控制系统，因而控制器设计仅标志着自动化的一个基本水平。

就性能指标而言，经典控制理论方法所能够实现的性能指标是一般性的性能指标，如时域性能指标中的超调量、过渡时间等，频域性能指标中的相位裕度、截止频率等。这些性能指标无论是从描述方法上，或者从实际意义上均缺乏明确的与系统相关的含义，或者说基于上述性能指标设计的系统不是最优的。如果勉强能够实现次优的控制效果，那么也不是由性能指标的约束来实现的。因此，经典控制理论仅标志着自动控制理论发展的初期水平。

1.1.2 现代控制理论阶段

现代控制理论的研究起始于20世纪50年代。受大工业发展的需求与第二次世界大战中军事技术需求的刺激，工业生产的规模越来越大、越来越复杂，如：石油化工产业、军事武器系统越来越先进，以及航空技术、航天技术的飞速发展。仅限于经典控制理论的方法已不能跟上社会生产发展的需要，进而促进了现代控制理论的研究与发展。

科学技术的发展不仅需要迅速地发展控制理论，而且也给现代控制理论的发展准备了两个重要的条件——现代数学和数字计算机。现代数学，例如泛函分析、现代代数等，为现代控制理论提供了多种多样的分析工具；而数字计算机为现代控制理论发展提供了应用的平台。

自20世纪50年代起，现代控制理论的研究成果层出不穷。从战斗机的飞行舵角控制到人造卫星姿态控制，从工程意义上的自动控制到社会人文意义上的经济模型、人口控制等，控制理论的研究得到了长足的发展。这个阶段同样有以下几个重要发展组成部分：

(1)20世纪50年代后期，贝尔曼(Richard Bellman)等人提出了状态分析法，在1957年提出了动态规划方法。

(2)1959年卡尔曼(Rudolf Emil Kalman)和布西创建了卡尔曼滤波理论；1960年在控制系统的研究中成功地应用了状态空间法，并提出了能控性和能观测性的新概念。

(3)1961年庞特里亚金(Lev Semenovich Pontryagin)提出的极小(大)值原理将基于泛函极值的最优控制问题提高到一个新的理论高度，有效地解决了约束优化控制问题。

(4)贝尔曼提出了动态规划方法，全面、深入地解释了最优控制问题。

(5)罗森布洛克(H. H. Rosenbrock)、麦克法伦(G. J. MacFarlane)和欧文斯(D. H. Owens)研究了使用于计算机辅助控制系统设计的现代频域法理论，将经典控制理论传递函数的概念推广到多变量系统，并探讨了传递函数矩阵与状态方程之间的等价转换关系，为进一步建立统一的线性系统理论奠定了基础。

(6)20 世纪 70 年代瑞典的奥斯特隆姆(K. J. Astrom)和法国的朗道(L. D. Landau)在自适应控制理论和应用方面做出了贡献。

与此同时,关于最优控制、系统辨识、最佳滤波理论、离散时间系统和自适应控制的发展大大丰富了现代控制理论的内容。

现代控制理论的研究对象一般为多输入多输出系统(Multi-Input Multi-Output, MIMO),如图 1-4 所示。

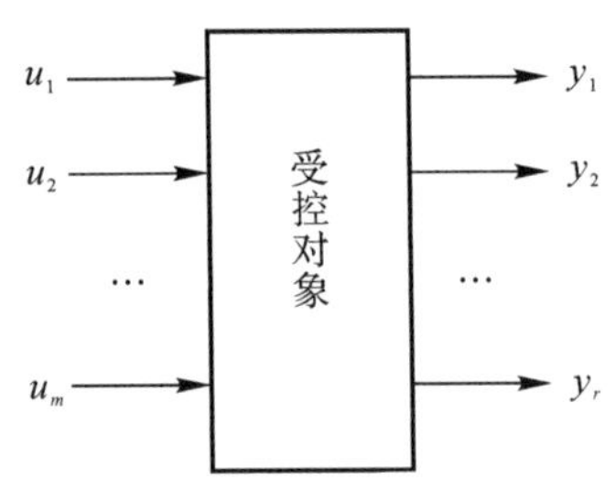

图 1-4　多输入多输出系统

由于现代控制理论研究对象的类型涉及面很宽,有线性系统与非线性系统、定常参数系统与时变参数系统、随机控制系统与不确定系统等等,所以大部分类型系统的控制都可以纳入现代控制理论研究的范畴。

现代控制理论研究使用的数学方法主要是基于时域的状态空间法。由于独立状态对于系统的描述是完全描述,所以不同于传递函数模型,从对象的数学模型描述上确定了系统内部的结构关系,为控制器的设计提供了有效的保证。

1.1.3　现代鲁棒控制理论阶段

随着控制理论在工程应用的不断发展,不确定性问题越来越成为控制工程要解决的关键问题,与此同时,随着航空航天技术的日新月异,其对控制系统的要求也越来越高,要求实现更高的动态特性和优良的性能特性,进一步促进了鲁棒控制理论的发展。

20 世纪 50 年代,基于最优控制理论的发展,结合工程应用的继电器控制,出现了变结构控制方法;同时,针对如何评价不确定性问题的最优性能,提出了现代数学中 H_2 和 H_∞ 等范数,进而出现了 H_2 和 H_∞ 控制,使得现代鲁棒控制理论的方法得到不断的丰富。特别是进入 80 年代后,关于控制系统的鲁棒性研究引起了学者们的高度重视,极大地推动了鲁棒控制理论的发展。

鲁棒控制理论继承了以往鲁棒性研究方法,以基于状态空间实现模型为研究对象,同时兼顾时域和频域设计方法为主要特征,提出了从根本上解决控制对象模型不确定性和外界扰动不确定性问题的有效方法。对于用这一类模型描述的系统开展分析和综合问题称为参数不确定系统的鲁棒性能分析和综合问题。它是近 20 年来国际控制界最活跃的研究领域之一,吸引了大量研究人员对其进行深入研究,提出了一系列诸如变结构、H_∞ 控制、μ 方法等新的研究结果和方法,开拓了许多新的研究分支,一些研究成果在许多工业控制领域得到了成功的应用。

在时间域中研究参数不确定系统的鲁棒分析和综合问题的主要理论基础是李雅普诺夫(Lyapunov)稳定性理论,早期的一种主要方法是 Riccati 方程处理方法。它是通过将系统的鲁棒分析和综合问题转化成一个 Riccati 型矩阵方程的可解性问题,进而应用求解 Riccati 方程的方法给出系统具有给定鲁棒性能的条件和鲁棒控制器的设计方法。尽管Riccati方程处理方法可以给出控制器的结构形式，便于进行一些理论分析，但是在实施这一方法之前，往往需要设计者事先确定一些待定参数，这些参数的选择不仅影响到性能的好坏，还会影响到问题的可解性。但在现有的Riccati方程处理方法中，还缺乏寻找这些参数最佳值的方法，参数的这种人为确定方法给分析和综合结果带来了很大的保守性。另外，Riccati型矩阵方程本身的求解还存在一定的问题。目前存在很多求解Riccati型矩阵方程的方法，但多为迭代法，这些方法的收敛性并不能得到保证。

20世纪90年代初，随着求解凸优化问题的内点法提出，线性矩阵不等式受到控制界的关注，并被应用到系统和控制的各个领域中。许多控制问题可以转化为一个线性矩阵不等式系统的可行性问题，或者是一个具有线性矩阵不等式约束的凸优化问题。线性矩阵不等式处理方法可以克服Riccati方程处理方法中存在的许多不足，同时也可以给出不等式求解问题可解的一个凸约束条件，因此，可以应用求解凸优化问题的有效方法来进行求解。正是这种凸约束条件，使得在设计控制器时，得到的不仅仅是一个满足设计要求的控制器，而是从凸约束条件的任意一个可行解都可以得到一个控制器，即可以得到满足设计要求的一组控制器。这一性能在求解系统的多目标控制问题时是特别有用的。在这种发展过程中，MATLAB推出了求解线性矩阵不等式问题的LMI工具箱，从而使得人们能够更加方便和有效地来处理和求解线性矩阵不等式系统，进一步推动了线性矩阵不等式方法在鲁棒控制系统中的设计与应用。

此外，近些年来，鲁棒控制理论和系统辨识方法、最优估计方法、自适应控制和预测控制等控制方法相结合，来解决系统在不确定条件下的性能控制问题，更加丰富了鲁棒控制理论的内容，扩大了鲁棒控制理论的工程应用范围。

1.2 鲁棒控制系统研究的基本问题

鲁棒控制系统是针对不确定性系统为研究对象的控制系统设计方法。鲁棒控制系统主要研究的问题是不确定系统的描述方法、鲁棒控制系统的设计和分析方法以及鲁棒控制理论的应用领域。

1.2.1 不确定性系统的描述方法

考虑图1-5所示的反馈控制系统，其中$P(s)$和$K(s)$分别是控制对象和控制器的传递函数模型。在实际的工程实践中，由于研究对象的复杂性，以及人们在对它建模过程有意或无意忽略或简化，所以得到的绝大多数对象的数学模型是不准确的。这些因素都构成了受控系统的不确定性因素。

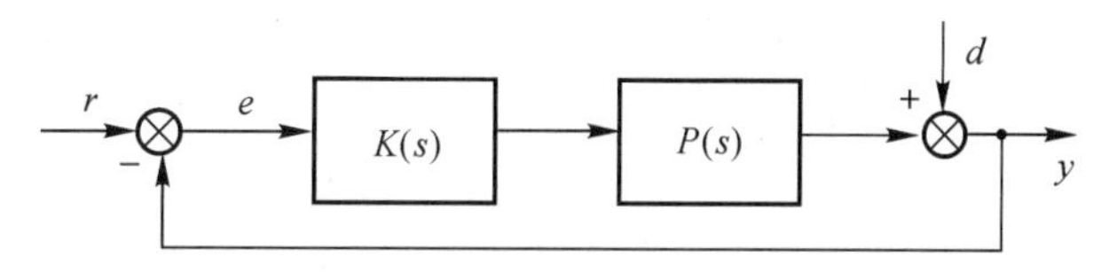

图1-5 反馈系统方框图

系统的不确定性从大的范围来说，可分为结构不确定性和非结构不确定性两大类。结构不确定性用于表示那些整个控制对象和不确定性之间的相互关系的结构是非常明确的不确定性，例如控制对象中存在有限个不确定性参数；非结构不确定性用于表示那些结构未知的不确定性，例如未建模动态下频率响应位于复平面上某一集合内的不确定性为非结构不确定性。具体来说，不确定性主要包括以下几方面：

(1)系统参数不确定性：主要指受控对象参数大范围或小范围的有界不确定或随机时变和摄动的不确定性。

(2)系统扰动不确定性：主要指受控对象所承受的已知或未知的常值扰动、有界不确定时变扰动或随机的时变扰动。

(3)系统输入不确定性：主要指受控对象的控制输入参数有界不确定时变，如由于输入结构在简化时忽略掉的输入作用，或系统执行机构输出的有界不确定摄动。

(4)系统非结构不确定性：主要指受控对象的解析模型很难精确地刻画的未建立的模态，如高频模态，但这类不确定性往往可以较准确地转化为前三类不确定性的组合。

对于以上这些不确定性因素，在时域内描述方法是借助于范数的概念来表示其有界性的，如不确定项 $\boldsymbol{d}(t)$，当其满足 $\|\boldsymbol{d}(t)\| \leqslant \delta$ 时，式中 δ 是某正数，则说明 $\boldsymbol{d}(t)$ 为有界的。而对于频率内描述的方法利用传递函数的模型和范数的概念，描述和分析不确定性。

如图 1-6 所示为具有加法不确定性的系统。实际控制对象的传递函数模型 $\bar{P}(s)$ 可以描述为

$$\bar{P}(s)=P(s)+\Delta P(s) \tag{1-1}$$

其中，$\Delta P(s)$ 表示模型的加法不确定性。

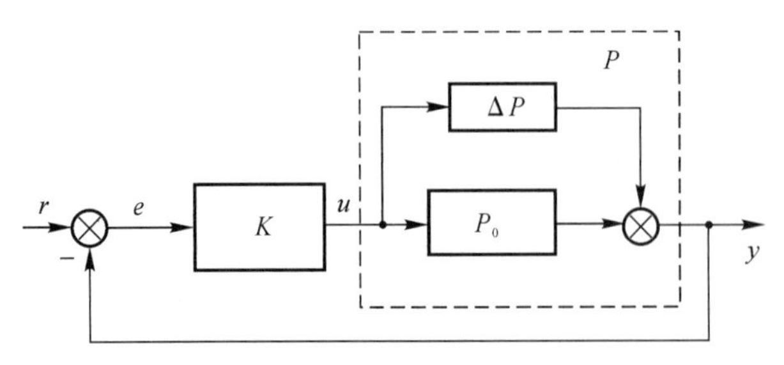

图 1-6　具有加法不确定性的控制系统

对于单输入单输出控制系统，假设

$$|\Delta P(\mathrm{j}\omega)| \leqslant W(\mathrm{j}\omega), \quad \forall \omega \in [0, \infty) \tag{1-2}$$

则 $W(\mathrm{j}\omega)$ 是加法摄动 $\Delta P(s)$ 的最大值。由于没有指出 $\Delta P(s)$ 的结构，所以 $\Delta P(s)$ 反映了一种非结构不确定性。

由上述可见，鲁棒控制系统设计是针对基于满足某一集合的不确定性的控制对象来设计的，设计出来的控制系统对于属于这一集合的所有控制对象均应满足稳定性和期望的性能。

1.2.2　鲁棒控制系统的设计方法和分析

到目前为止，鲁棒控制系统的设计方法可以分为以下三类：

(1)对于给定的受控对象，设计具有一定结构的鲁棒控制器；

(2)对于给定的受控对象，设计鲁棒控制器，当对象模型的不确定性在某一集合内变化时，使闭环系统保持稳定；

(3)对于给定的受控对象,设计鲁棒控制器,当对象模型的不确定性在某一集合内变化时,使闭环系统性能达到最优。

根据以上设计方法,控制系统的鲁棒性分析主要内容是分析控制系统在一组不确定性作用下系统的稳定性、稳态性能和动态性能,可归结为鲁棒稳定性分析和鲁棒性能分析。

鲁棒稳定性要求控制器不仅使图1-5所示的反馈控制系统是稳定的,而且应使图1-6所示的带不确定性的反馈控制系统也是稳定的,即在控制对象考虑了加法不确定性后构成的闭环控制系统应是稳定的。这样,设计出来的控制器是鲁棒稳定的,具有鲁棒稳定性。而一个反馈控制系统具有鲁棒性能是指控制系统的稳态性能和动态性能不受不确定性的影响。

根据图1-6,令

$$T(s)=\frac{K(s)}{1+P_0(s)K(s)} \tag{1-3}$$

如果 $T(s)$ 是稳定的(即在 s 右半平面解析),那么,根据Nyquist稳定判据可知,图1-6所示闭环系统对任意 $\Delta P(s)$ 稳定的充分条件是

$$|T(\mathrm{j}\omega)\Delta P(\mathrm{j}\omega)|<1, \quad \forall\,\omega\in[0,\infty) \tag{1-4}$$

即开环系统的Nyquist曲线位于单位圆内,不围绕点(-1,j0)。因此,如果设计控制器 $K(s)$ 使得 $T(s)$ 稳定(等价于图1-6中系统 $\Delta P(s)=0$ 时的标称系统稳定),同时,满足

$$|T(\mathrm{j}\omega)W(\mathrm{j}\omega)|<1, \quad \forall\,\omega\in[0,\infty) \tag{1-5}$$

那么,对于所有满足式(1-2)的 $\Delta P(s)$,条件式(1-4)成立,即系统鲁棒稳定。而以上反馈控制系统对于满足式(1-2)的 $\Delta P(s)$ 都能保持控制系统的稳态性能和动态性能,则系统具有鲁棒性能。

1.2.3 鲁棒控制的应用领域

鲁棒控制理论的应用问题主要归结为利用鲁棒控制器实现实际控制问题的解。在鲁棒控制器的设计中,鲁棒控制器的设计应该考虑模型的不确定性的范围,这样才能有利于鲁棒控制系统的实际应用。

通过鲁棒控制理论的研究,可以促进鲁棒控制系统在生产实践中广泛应用,如将滑动模态变结构控制方法应用在飞行器的电动舵机伺服控制系统、自动驾驶仪、制导系统等航空航天飞行器的制导控制系统上;利用 H_∞ 鲁棒控制方法,设计机械臂的跟踪控制、飞行器的姿态稳定控制系统等,充分体现鲁棒控制系统的实际应用价值。随着对其研究的深入,鲁棒控制理论将应用于更多的实际系统中。

思 考 题

1-1 控制理论可以分为哪几个阶段?每一个阶段对于控制系统有什么特性?

1-2 鲁棒控制系统研究有哪些基本问题?

1-3 鲁棒控制可以应用到哪些领域?

第2章 鲁棒控制理论的基础知识

为了能够清楚地说明鲁棒控制系统的设计方法，本章从系统的函数空间、范数、数学模型和内部结构特性等方面来介绍鲁棒控制理论的基础知识。

2.1 函数空间

在鲁棒控制系统设计中，性能指标可以用 H_2 或 H_∞ 范数来描述。为了能很好地理解范数，首先介绍一下相关空间的概念。

2.1.1 赋范空间

2.1.1.1 度量空间

度量是实直线 R 上距离概念在一般抽象集合上的推广。

定义【2.1】：(度量空间与度量)　度量空间是由一非空集合 X 与一度量 d(距离)组成的对(X,d)，其中 d 是定义在 $X\times X$ 上的一个函数，且对于任意 $x,y,z\in X$，有

(1)d 是有限的非负实数；

(2)$d(x,y)=0$，当且仅当 $x=y$；

(3)$d(x,y)=d(y,x)$(对称性)；

(4)$d(x,y)\leqslant d(x,z)+d(z,y)$(三角不等式)。

X 中的元素 x 称为点，(1) ～ (4) 是度量公理。注意，在同一集合 X 上可赋予不同的度量，构成不同的度量空间。

例【2.1】：Euclidean空间 $\mathbf{R}^n$。该空间是由所有 n 个实数的有序组 $\boldsymbol{x}=(\zeta_1,\cdots,\zeta_n)$，$\boldsymbol{y}=(\eta_1,\cdots,\eta_n)$ 等组成的集合，定义 Euclidean 度量

$$d(\boldsymbol{x},\boldsymbol{y})=\left[\sum_{j=1}^{n}(\zeta_j-\eta_j)^2\right]^{\frac{1}{2}} \tag{2-1}$$

可验证定义 2.1 中度量公理(1) ～ (4) 成立，则 $\mathbf{R}^n$ 是度量空间。

例【2.2】：有界数列空间 l^∞。取所有有界复数列作为元素组成集合 X，即对 X 里的每个元素 $\boldsymbol{x}=(\zeta_1,\zeta_2,\cdots)$，存在一个实数 C_x，使得

$$|\zeta_j|\leqslant C_x,\quad j=1,2,\cdots \tag{2-2}$$

定义度量

$$d(\boldsymbol{x},\boldsymbol{y})=\sup_{j\in N}|\zeta_j-\eta_j| \tag{2-3}$$

其中 $\boldsymbol{y}=(\eta_1,\eta_2,\cdots)\in X$，$N=(1,2,\cdots)$。令 $l^\infty=(X,d)$，则 l^∞ 是度量空间。

例【2.3】：空间 $l^p(p\geqslant 1)$。l^p 是所有 p 次方和的数列所成之集。即对每个 $\boldsymbol{x}\in(\zeta_1,\zeta_2,\cdots)\in l^p$，均满足

$$\sum_{j=1}^{\infty} |\zeta_j|^p < \infty \tag{2-4}$$

对于任意 $\boldsymbol{x}=(\zeta_1,\zeta_2,\cdots) \in l^p$，$\boldsymbol{y}=(\eta_1,\eta_2,\cdots) \in l^p$，其度量定义为

$$d(\boldsymbol{x},\boldsymbol{y})=\left(\sum_{j=1}^{\infty} |\zeta_j-\eta_j|^p\right)^{\frac{1}{p}} \tag{2-5}$$

则 l^p 是度量空间。

2.1.1.2　收敛、Cauchy 序列和完备性

在度量空间(X,d)中，利用度量 d 来定义序列的收敛。

定义【2.2】：设$\{x_n\}$是度量空间(X,d)中的序列，若存在 $x \in X$，使得

$$\lim_{n\to\infty} d(x_n,x)=0 \tag{2-6}$$

则称$\{x_n\}$收敛，且 x 称为$\{x_n\}$的极限，记为$\lim\limits_{n\to\infty} x_n=x$。若$\{x_n\}$不收敛，就称其发散。

定义【2.3】：(Cauchy 序列与完备性)　设(X,d)是度量空间，$\{x_n\}$是 X 中的序列。如果对于任意 $\varepsilon>0$，存在 $N=N(\varepsilon)>0$，当 $m,n>N$ 时，有 $d(x_m,x_n)<\varepsilon$，则称$\{x_n\}$为 Cauchy 序列(或基本序列)。如果 X 中的每个 Cauchy 序列均收敛于 X 中的点，则称 X 是完备的。

实直线R和复平面C是完备的度量空间。但若去掉实直线R上的一个点a，则得到不完备的空间$R-\{a\}$。可以证明，上面提到的Euclidean空间$\mathbf{R}^n$与$\boldsymbol{C}^n$是完备的，有界数列空间l^∞是完备的，空间 $l^p(p\geqslant 1)$ 是完备的，还可以证明，任一非完备空间均可被完备化。

2.1.1.3　赋范空间与 Banach 空间

为使度量空间中的度量与向量空间中的代数运算结合起来，在向量空间上建立向量的范数，它是向量模概念的推广，并由范数定义向量空间的度量，从而产生了赋范空间，若在这种度量下赋范空间是完备的，则称为 Banach 空间。

定义【2.4】：(赋范空间与 Banach 空间) 设 X 是数域K 上的向量空间，在 X 上定义映射 $X\to R$：$|\boldsymbol{x}|\to \|\boldsymbol{x}\|$，对于任意 $\boldsymbol{x},\boldsymbol{y}\in X$，$a\in K$ 满足：

(1) $\|\boldsymbol{x}\| \geqslant 0$；

(2) $\|\boldsymbol{x}\|=0$ 当且仅当 $\boldsymbol{x}=\boldsymbol{\theta}$；

(3) $\|a\boldsymbol{x}\|=|a|\,\|\boldsymbol{x}\|$；

(4) $\|\boldsymbol{x}+\boldsymbol{y}\| \leqslant \|\boldsymbol{x}\|+\|\boldsymbol{y}\|$。

则称 $\|\boldsymbol{x}\|$ 为 $\boldsymbol{x}$ 的范数。称$(\boldsymbol{x},\|\cdot\|)$为赋范空间。在 X 上定义度量

$$d(\boldsymbol{x},\boldsymbol{y})=\|\boldsymbol{x}-\boldsymbol{y}\| \tag{2-7}$$

称为由范数导出的度量。若 X 在度量式(2-7)下是完备的，则称 X 是 Banach 空间。

例【2.4】：Euclidean 空间 $\mathbf{R}^n$ 及酉空间 $\mathbf{C}^n$。对于 $\boldsymbol{x}=(\zeta_1,\cdots,\zeta_n)$，定义范数

$$\|\boldsymbol{x}\|=\left(\sum_{j=1}^{n}|\zeta_j|^2\right)^{\frac{1}{2}}=\sqrt{|\zeta_1|^2+\cdots+|\zeta_n|^2} \tag{2-8}$$

可验证定义 2.4 中(1)～(4)成立。由范数导出的度量是

$$d(\boldsymbol{x},\boldsymbol{y})=\|\boldsymbol{x}-\boldsymbol{y}\|=\sqrt{|\zeta_1-\eta_1|^2+\cdots+|\zeta_n-\eta_n|^2} \tag{2-9}$$

其中，$\boldsymbol{y}=(\eta_1,\cdots,\eta_n)$。由 2.1.1.2 节可知，在此度量下，$\mathbf{R}^n$ 和 $\mathbf{C}^n$ 是完备的，因此，$\mathbf{R}^n$、$\mathbf{C}^n$ 均是 Banach 空间。

例【2.5】：空间 $l^p(p\geqslant 1)$。在 l^p 上定义范数

$$\| \boldsymbol{x} \| = \left(\sum_{j=1}^{\infty} |\zeta_j|^p \right)^{\frac{1}{p}}, \quad \boldsymbol{x} = (\zeta_1, \zeta_2, \cdots) \in l^p \tag{2-10}$$

易验证式(2－10)满足范数定义2.4中(1)～(4)。由式(2－10)导出的度量是

$$d(\boldsymbol{x}, \boldsymbol{y}) = \| \boldsymbol{x} - \boldsymbol{y} \| = \left(\sum_{j=1}^{\infty} |\zeta_j - \eta_j|^p \right)^{\frac{1}{p}} \tag{2-11}$$

l^p 在这个度量下是完备的，故 l^p 是Banach空间。

例【2.6】：空间 l^∞ 是Banach空间。容易证明

$$\| \boldsymbol{x} \| = \sup_j |\zeta_j|, \quad \boldsymbol{x} = (\zeta_1, \zeta_2, \cdots) \in l^\infty \tag{2-12}$$

是 l^∞ 上向量的范数，且度量

$$d(\boldsymbol{x}, \boldsymbol{y}) = \sup_j |\zeta_j - \eta_j|, \quad \boldsymbol{x} = (\zeta_1, \zeta_2, \cdots), \quad \boldsymbol{y} = (\eta_1, \eta_2, \cdots) \in l^\infty \tag{2-13}$$

是由这个范数导出的，l^∞ 是完备的。

定义【2.5】：设 $\boldsymbol{X}$ 是向量空间，$\| \cdot \|$ 和 $\| \cdot \|_0$ 是 $\boldsymbol{X}$ 上的两个范数，如果存在正数 a 和 b，使得对所有 $\boldsymbol{x} \in \boldsymbol{X}$，有

$$a \| \boldsymbol{x} \|_0 \leqslant \| \boldsymbol{x} \| \leqslant b \| \boldsymbol{x} \|_0 \tag{2-14}$$

则称范数 $\| \cdot \|$ 与范数 $\| \cdot \|_0$ 等价。

定理【2.1】：在有穷维向量空间 $\boldsymbol{X}$ 上，任何两个范数 $\| \cdot \|$ 和 $\| \cdot \|_0$ 都是等价的。

定义【2.6】：设 $\boldsymbol{X}$ 是度量空间，如果 $\boldsymbol{X}$ 中的每个序列都有一个收敛的子序列，则称 $\boldsymbol{X}$ 是紧空间。设子集 $\boldsymbol{M} \subset \boldsymbol{X}$，若 $\boldsymbol{M}$ 是 $\boldsymbol{X}$ 的紧子空间，即 $\boldsymbol{M}$ 中的每个序列都有一个收敛的子序列，其极限是 $\boldsymbol{M}$ 中的一个元素，则称 $\boldsymbol{M}$ 是紧集。

引进紧性概念的目的在于有穷维赋范空间及其子空间的一些基本性质是与紧性有关的。

定理【2.2】：在有穷维赋范空间中，任意子集 $\boldsymbol{M}$ 为紧的充分必要条件是 $\boldsymbol{M}$ 为有界闭集。

例如，$\mathbf{R}$ 中的区间 $(0,1)$ 是非紧集。$\mathbf{R}$ 中的自然集 $\{1,2,\cdots\}$ 也是非紧集，而区间 $[0,1]$ 是 $\mathbf{R}$ 中的紧集。

定义【2.7】：设 $\boldsymbol{X}$、$\boldsymbol{Y}$ 是同一数域 K 上的两个向量空间，如果算子 T 满足：

(1) T 的定义域 $\boldsymbol{D}(T)$ 是 $\boldsymbol{X}$ 的向量子空间，T 的值域 $\boldsymbol{R}(T)$ 包含在 $\boldsymbol{Y}$ 中。

(2) 对于所有 $\boldsymbol{x}, \boldsymbol{y} \in \boldsymbol{D}(T)$，任意 $a \in K$，有

$$\left. \begin{aligned} T(\boldsymbol{x} + \boldsymbol{y}) &= T\boldsymbol{x} + T\boldsymbol{y} \\ T(\alpha \boldsymbol{x}) &= \alpha T\boldsymbol{x} \end{aligned} \right\} \tag{2-15}$$

成立，则称 T 是线性算子。

式(2－15)等价于

$$T(\alpha \boldsymbol{x} + \beta \boldsymbol{y}) = \alpha T\boldsymbol{x} + \beta T\boldsymbol{y}, \quad \boldsymbol{x}, \boldsymbol{y} \in \boldsymbol{D}(T), \quad \alpha, \beta \in K \tag{2-16}$$

定义【2.8】：设 $\boldsymbol{X}$、$\boldsymbol{Y}$ 是同一效域 K 上的赋范空间，$T: \boldsymbol{D}(T) \to \boldsymbol{Y}$ 是线性算子，$\boldsymbol{D}(T) \subset \boldsymbol{X}$，如果存在常数 $c > 0$，使得对一切 $\boldsymbol{x} \in \boldsymbol{D}(T)$，有

$$\| T\boldsymbol{x} \|_{\boldsymbol{Y}} \leqslant c \| \boldsymbol{x} \|_{\boldsymbol{X}} \tag{2-17}$$

或简记为 $\| T\boldsymbol{x} \| \leqslant c \| \boldsymbol{x} \|$。那么，称 T 是有界线性算子。否则，称 T 为无界算子。

有界线性算子的定义与微积分中函数有界的定义是不一致的。有界函数是指值域有界而言的。这里的有界线性算子是指 $\boldsymbol{D}(T)$ 中的有界集，其像在 $\boldsymbol{Y}$ 中亦为有界集的那种算子。例如，$f(\boldsymbol{x}) = \boldsymbol{x}$ 是 $\boldsymbol{R}$ 到 $\boldsymbol{R}$ 的有界线性算子，但不是 $\boldsymbol{R}$ 上的有界函数。

由式(2-17),有$\frac{\| Tx \|}{\| \boldsymbol{x} \|} \leqslant c(\boldsymbol{x} \neq \boldsymbol{\theta})$。因此,数集$\left\{\frac{\| Tx \|}{\| \boldsymbol{x} \|} \mid \boldsymbol{x} \in \boldsymbol{D}(T), \boldsymbol{x} \neq \boldsymbol{\theta}\right\}$存在上确界,且$\sup\limits_{\substack{x \in \boldsymbol{D}(T) \\ x \neq \theta}} \frac{\| Tx \|}{\| \boldsymbol{x} \|} < \infty$,将此数定义成算子 T 的范数,即

$$\| \boldsymbol{T} \| = \sup_{\substack{x \in \boldsymbol{D}(T) \\ x \neq \boldsymbol{\theta}}} \frac{\| Tx \|}{\| \boldsymbol{x} \|} \tag{2-18}$$

如果 $\boldsymbol{D}(T) = \{\boldsymbol{\theta}\}$,定义 $\| \boldsymbol{T} \| = 0$,此时,$T = 0$。

由式(2-18),得$\frac{\| Tx \|}{\| \boldsymbol{x} \|} \leqslant \| \boldsymbol{T} \|$,从而有 $\| Tx \| \leqslant \| \boldsymbol{T} \| \, \| \boldsymbol{x} \|, \boldsymbol{x} \in \boldsymbol{D}(T)$。

对于 $\boldsymbol{x}, \boldsymbol{y} \in \boldsymbol{D}(T)$,利用下列不等式:

$$\| \boldsymbol{T} \| = \sup_{x \neq \boldsymbol{\theta}} \frac{\| Tx \|}{\| \boldsymbol{x} \|} \geqslant \sup_{\substack{x \neq \boldsymbol{\theta} \\ \| x \| \leqslant 1}} \frac{\| Tx \|}{\| \boldsymbol{x} \|} \geqslant \sup_{\| x \| \leqslant 1} \| Tx \| \geqslant \sup_{\| x \| = 1} \| Tx \| = \sup_{y \neq \boldsymbol{\theta}} \left\| T \frac{\boldsymbol{y}}{\| \boldsymbol{y} \|} \right\| = \| \boldsymbol{T} \| \tag{2-19}$$

从而得

$$\| \boldsymbol{T} \| = \sup_{x \neq \boldsymbol{\theta}} \frac{\| Tx \|}{\| \boldsymbol{x} \|} = \sup_{\| x \| \leqslant 1} \| Tx \| \geqslant \sup_{\| x \| = 1} \| Tx \| \tag{2-20}$$

定义【2.9】:从向量空间 $\boldsymbol{X}$ 的子空间 $\boldsymbol{D}(f)$ 到 $\boldsymbol{X}$ 的数域 K 的线性算子 f 称作线性泛函。$\boldsymbol{D}(f)$ 称作 f 的定义域。f 的值域记作 $R(f) = \{f(x) \mid \boldsymbol{x} \in \boldsymbol{D}(f)\}$。

从以上定义可看出,泛函是值域位于实数域或复数域的算子。

定义【2.10】:设 X 是数域 K 上的赋范空间,f 是从 $\boldsymbol{D}(T) \subset X$ 到 K 的线性算子,如果存在 $c > 0$,使得对于所有 $\boldsymbol{x} \in \boldsymbol{D}(T)$,有

$$| f(\boldsymbol{x}) | \leqslant c \| \boldsymbol{x} \| \tag{2-21}$$

则称 f 是有界线性泛函。

$f: \boldsymbol{D}(f) \to K$ 的范数定义为

$$\| \boldsymbol{f} \| = \sup_{\substack{x \in \boldsymbol{D}(f) \\ x \neq \boldsymbol{\theta}}} \frac{| f(\boldsymbol{x}) |}{\| \boldsymbol{x} \|} = \sup_{\substack{x \in \boldsymbol{D}(f) \\ x \neq 1}} | f(\boldsymbol{x}) | \tag{2-22}$$

由式(2-22)可得

$$| f(\boldsymbol{x}) | \leqslant \| \boldsymbol{f} \| \, \| \boldsymbol{x} \|, \quad \forall \boldsymbol{x} \in \boldsymbol{D}(T) \tag{2-23}$$

例【2.7】:空间 $C[a,b]$。选固定的 $f_0 \in J = [a,b]$,由

$$f_0(x) = x(t_0), \quad x(t) \in [a,b] \tag{2-24}$$

定义的泛函 $f_0: C[a,b] \to R$ 是线性、有界的,且 f_0 的范数为 $\| \boldsymbol{f}_0 \| = 1$。

证明:显然 f_0 是线性的,只证 f_0 有界。由

$$| f_0(x) | = | x(t_0) | \leqslant \| \boldsymbol{x} \|, \quad \forall x \in C[a,b] \tag{2-25}$$

知 f_0 有界且 $\| \boldsymbol{f}_0 \| \leqslant 1$。取 $x_0 = 1$,得 $\| \boldsymbol{x}_0 \| = 1$,$\| \boldsymbol{f}_0 \| \geqslant | f_0(x_0) | = 1$,因此,$\| \boldsymbol{f}_0 \| = 1$。

2.1.1.4　内积空间与 Hilbert 空间

内积空间是特殊的赋范空间(引进了新的结构——内积),是 Euclidean 空间的自然推广,其核心概念是直交,由此产生了投影定理。

定义【2.11】:(内积空间　Hilbert 空间)设 $\boldsymbol{X}$ 是数域 $K(\boldsymbol{R}$ 或 $\boldsymbol{C})$ 上的向量空间,如果映射 $\langle \cdot, \cdot \rangle: \boldsymbol{X} \times \boldsymbol{X} \to K$,$\forall \boldsymbol{x}, \boldsymbol{y}, \boldsymbol{z} \in \boldsymbol{X}$,及每个 $\alpha \in K$,满足:

(1) $\langle \boldsymbol{x}+\boldsymbol{y},\boldsymbol{z}\rangle=\langle \boldsymbol{x},\boldsymbol{z}\rangle+\langle \boldsymbol{y},\boldsymbol{z}\rangle$；

(2) $\langle \alpha\boldsymbol{x},\boldsymbol{y}\rangle=\alpha\langle \boldsymbol{x},\boldsymbol{y}\rangle$；

(3) $\langle \boldsymbol{x},\boldsymbol{y}\rangle=\overline{\langle \boldsymbol{y},\boldsymbol{x}\rangle}$，$\langle \boldsymbol{x},\boldsymbol{x}\rangle\geqslant 0$；

(4) $\langle \boldsymbol{x},\boldsymbol{x}\rangle=0$，当且仅当 $\boldsymbol{x}=\boldsymbol{\theta}$ 时。

则称 $\langle \boldsymbol{x},\boldsymbol{y}\rangle$ 为 $\boldsymbol{x},\boldsymbol{y}$ 的内积，$\boldsymbol{X}$ 称为内积空间，完备的内积空间称为 Hilbert 空间。

由定义 2.11 中(1) ~ (4) 可得：

(1) $\langle \alpha\boldsymbol{x}+\beta\boldsymbol{y},\boldsymbol{z}\rangle=\alpha\langle \boldsymbol{x},\boldsymbol{z}\rangle+\beta\langle \boldsymbol{y},\boldsymbol{z}\rangle$。

(2) $\langle \boldsymbol{x},\alpha\boldsymbol{y}\rangle=\bar{\alpha}\langle \boldsymbol{x},\boldsymbol{y}\rangle$。

(3) $\langle \boldsymbol{x},\alpha\boldsymbol{y}+\beta\boldsymbol{z}\rangle=\bar{\alpha}\langle \boldsymbol{x},\boldsymbol{y}\rangle+\bar{\beta}\langle \boldsymbol{x},\boldsymbol{z}\rangle$。

定理【2.3】：设 $\boldsymbol{X}$ 是内积空间，则 $\forall\, \boldsymbol{x},\boldsymbol{y}\in\boldsymbol{X}$，有

$$|\langle \boldsymbol{x},\boldsymbol{y}\rangle|^2\leqslant\langle \boldsymbol{x},\boldsymbol{x}\rangle+\langle \boldsymbol{y},\boldsymbol{y}\rangle \tag{2-26}$$

则式(2-26) 称为 Schwarz 不等式。

在内积空间 $\boldsymbol{X}$ 中，$\forall\, \boldsymbol{x}\in\boldsymbol{X}$，定义范数

$$\|\boldsymbol{x}\|=\sqrt{\langle \boldsymbol{x},\boldsymbol{x}\rangle} \tag{2-27}$$

由定义 2.11 有 $\|\alpha\boldsymbol{x}\|=\sqrt{\langle \alpha\boldsymbol{x},\alpha\boldsymbol{x}\rangle}=\sqrt{\alpha\bar{\alpha}\langle \boldsymbol{x},\boldsymbol{x}\rangle}=|\alpha|\,\|\boldsymbol{x}\|$，再由 Schwarz 不等式，得

$$\begin{aligned}\|\boldsymbol{x}+\boldsymbol{y}\|^2=\langle \boldsymbol{x}+\boldsymbol{y},\boldsymbol{x}+\boldsymbol{y}\rangle=\|\boldsymbol{x}\|^2+2\mathrm{Re}\langle \boldsymbol{x},\boldsymbol{y}\rangle+\|\boldsymbol{y}\|^2\leqslant\\ \|\boldsymbol{x}\|^2+2|\langle \boldsymbol{x},\boldsymbol{y}\rangle|+\|\boldsymbol{y}\|^2\leqslant\\ \|\boldsymbol{x}\|^2+2\|\boldsymbol{x}\|\,\|\boldsymbol{y}\|+\|\boldsymbol{y}\|^2=(\|\boldsymbol{x}\|+\|\boldsymbol{y}\|)^2\end{aligned}$$

因此，$\|\boldsymbol{x}+\boldsymbol{y}\|\leqslant\|\boldsymbol{x}\|+\|\boldsymbol{y}\|$，故式(2-27) 是 $\boldsymbol{X}$ 上的范数。

由此可见，内积空间必为赋范空间，其由范数导出的度量为

$$d(\boldsymbol{x},\boldsymbol{y})=\|\boldsymbol{x}-\boldsymbol{y}\|=\sqrt{\langle \boldsymbol{x}-\boldsymbol{y},\boldsymbol{x}-\boldsymbol{y}\rangle} \tag{2-28}$$

定理【2.4】：设 $\boldsymbol{X}$ 是内积空间，$\|\cdot\|$ 是由内积通过式(2-27) 定义的范数，则 $\forall\, \boldsymbol{x},\boldsymbol{y}\in\boldsymbol{X}$ 有

$$\|\boldsymbol{x}+\boldsymbol{y}\|^2+\|\boldsymbol{x}-\boldsymbol{y}\|^2=2(\|\boldsymbol{x}\|^2+\|\boldsymbol{y}\|^2) \tag{2-29}$$

式(2-29) 称作平行四边形等式。

2.1.1.5 直交与直交分解

在赋范空间中，从元素 $\boldsymbol{x}$ 到一非空子集 $\boldsymbol{M}\subset\boldsymbol{X}$ 的距离 δ 定义为

$$\delta=\inf_{\tilde{y}\in\boldsymbol{M}}\|\boldsymbol{x}-\tilde{\boldsymbol{y}}\| \tag{2-30}$$

问题：$\boldsymbol{M}$ 中是否唯一存在元素 $\boldsymbol{y}$，使得 $\delta=\|\boldsymbol{x}-\boldsymbol{y}\|$？

关于 $\boldsymbol{y}$ 的存在性和唯一性问题，在一般的赋范空间中较复杂，但在 Hilbert 空间中，相对较为简单。

设 $\boldsymbol{x},\boldsymbol{y}$ 是向量空间 $\boldsymbol{X}$ 中给定的二向量，称集 $\{\boldsymbol{z}\mid \boldsymbol{z}\in\boldsymbol{X},\boldsymbol{z}=\alpha\boldsymbol{x}+(1-\alpha)\boldsymbol{y},0\leqslant\alpha\leqslant 1\}$ 为连结 $\boldsymbol{x},\boldsymbol{y}$ 的线段。

设 $\boldsymbol{M}$ 是 $\boldsymbol{X}$ 的子集，如果 $\forall\, \boldsymbol{x},\boldsymbol{y}\in\boldsymbol{M}$ 连接 $\boldsymbol{x},\boldsymbol{y}$ 的线段均包含在 $\boldsymbol{M}$ 中，则称 $\boldsymbol{M}$ 为凸集。

定理【2.5】：设 $\boldsymbol{X}$ 是内积空间，$\boldsymbol{M}\neq\varnothing$ 为 $\boldsymbol{X}$ 的完备凸子集，则 $\forall\, \boldsymbol{x}\in\boldsymbol{X}$，存在唯一的 $\boldsymbol{y}\in\boldsymbol{M}$，使得 $\delta=\inf\limits_{\tilde{y}\in M}\|\boldsymbol{x}-\tilde{\boldsymbol{y}}\|=\|\boldsymbol{x}-\boldsymbol{y}\|$。

定义【2.12】：设 $\boldsymbol{x},\boldsymbol{y}$ 是内积空间 $\boldsymbol{X}$ 中的两个向量，如果 $\langle \boldsymbol{x},\boldsymbol{y}\rangle=0$，则称 $\boldsymbol{x}$ 与 $\boldsymbol{y}$ 直交，记作 $\boldsymbol{x}\perp\boldsymbol{y}$。对于子集 $\boldsymbol{A},\boldsymbol{B}\subset\boldsymbol{X}$，若 $\boldsymbol{x}$ 与所有 $\boldsymbol{a}\in\boldsymbol{A}$ 直交，称 $\boldsymbol{x}$ 与 $\boldsymbol{A}$ 直交，记作 $\boldsymbol{x}\perp\boldsymbol{A}$。如果 $\forall\, \boldsymbol{a}\in\boldsymbol{A}$，$\forall\, \boldsymbol{b}\in\boldsymbol{B}$，均有 $\boldsymbol{a}\perp\boldsymbol{b}$，则称 $\boldsymbol{A}$ 与 $\boldsymbol{B}$ 直交，记作 $\boldsymbol{A}\perp\boldsymbol{B}$。称集 $\boldsymbol{A}^{\perp}=\{\boldsymbol{x}\mid \boldsymbol{x}\in\boldsymbol{X},\boldsymbol{x}\perp\boldsymbol{A}\}$ 为 $\boldsymbol{A}$ 的

直交补。

定理【2.6】:设 $\boldsymbol{Y}$ 是内积空间 $\boldsymbol{X}$ 的子空间,对于给定的 $\boldsymbol{x}\in\boldsymbol{X}$,如果存在 $\boldsymbol{y}\in\boldsymbol{Y}$,使得 $\|\boldsymbol{x}-\boldsymbol{y}\|=\delta=\inf\limits_{\tilde{y}\in M}\|\boldsymbol{x}-\tilde{\boldsymbol{y}}\|$,则 $\boldsymbol{x}-\boldsymbol{y}\perp\boldsymbol{Y}$。

定义【2.13】:设 $\boldsymbol{X}$ 是向量空间,$\boldsymbol{Y},\boldsymbol{Z}$ 是 $\boldsymbol{X}$ 的两个子空间,若 $\forall\boldsymbol{x}\in\boldsymbol{X}$ 可唯一地表示成

$$\boldsymbol{x}=\boldsymbol{y}+\boldsymbol{z},\quad \boldsymbol{y}\in\boldsymbol{Y},\quad \boldsymbol{z}\in\boldsymbol{Z} \tag{2-31}$$

则称 $\boldsymbol{X}$ 为 $\boldsymbol{Y}$ 与 $\boldsymbol{Z}$ 的直和,记作 $\boldsymbol{X}=\boldsymbol{Y}\oplus\boldsymbol{Z}$。如果 $\boldsymbol{Y}\perp\boldsymbol{Z}$,则 $\boldsymbol{X}=\boldsymbol{Y}\oplus\boldsymbol{Z}$ 称作 $\boldsymbol{Y}$ 与 $\boldsymbol{Z}$ 的直交和。

定义【2.14】:设 $\boldsymbol{Y}$ 是 Hilbert 空间 $\boldsymbol{H}$ 的闭子空间,则

$$\boldsymbol{H}=\boldsymbol{Y}\oplus\boldsymbol{Y}^{\perp} \tag{2-32}$$

即 $\forall\boldsymbol{x}\in\boldsymbol{H}$,可唯一地表示成

$$\boldsymbol{x}=\boldsymbol{y}+\boldsymbol{z},\quad \boldsymbol{y}\in\boldsymbol{Y},\quad \boldsymbol{z}\in\boldsymbol{Y}^{\perp} \tag{2-33}$$

式(2-33)中的 $\boldsymbol{y}$ 称作 $\boldsymbol{x}$ 在空间 $\boldsymbol{Y}$ 上的直交投影。

定理【2.7】:定义映射

$$\boldsymbol{P}:\boldsymbol{H}\to\boldsymbol{Y},\quad \boldsymbol{P}:\boldsymbol{x}\mapsto\boldsymbol{y}=\boldsymbol{P}\boldsymbol{x} \tag{2-34}$$

$\boldsymbol{P}$ 称为 $\boldsymbol{H}$ 到 $\boldsymbol{Y}$ 的投影算子,亦称做投影定理。$\boldsymbol{P}$ 具有下述性质:

(1)$\boldsymbol{P}$ 的范数或是 0,或是 1;

(2)$\boldsymbol{P}$ 必是有界线性算子;

(3)$\boldsymbol{P}$ 是等幂的:$\boldsymbol{P}^2=\boldsymbol{P}$;

(4)$\boldsymbol{P}$ 的零空间等于 $\boldsymbol{Y}$ 的直交补:$\boldsymbol{N}(\boldsymbol{P})=\boldsymbol{Y}^{\perp}$。

2.1.2　函数空间

本小节介绍 H_2 和 H_∞ 空间,以及控制理论中涉及的几种函数空间。

2.1.2.1　时域函数空间

1. $\boldsymbol{L}_p(I)(1\leqslant p<\infty)$ 空间

对于 $1\leqslant p<\infty$,$\boldsymbol{L}_p(I)$ 包含所有定义在 $I\subset\mathbf{R}$ 区间上的 Lebesgue 可测函数 $\boldsymbol{x}(t)$,使得

$$\|\boldsymbol{x}(t)\|_p=\left(\int_I|\boldsymbol{x}(t)|^p\right)^{1/p}\mathrm{d}t<+\infty,\quad 1\leqslant p<\infty \tag{2-35}$$

同时有以下定义:

$$\|\boldsymbol{x}(t)\|_\infty=\operatorname*{ess\,sup}_{t\in I}|x(t)| \tag{2-36}$$

2. $\boldsymbol{L}_2(I)$ 空间

$\boldsymbol{L}_2(I)$ 包含所有定义在 $I\subset\mathbf{R}$ 区间上的 Lebesgue 可测函数 $x(t)$ 构成,对于任何 $\boldsymbol{f},\boldsymbol{g}\in\boldsymbol{L}_2(I)$,其内积定义为

$$\langle\boldsymbol{f},\boldsymbol{g}\rangle=\int_I\boldsymbol{f}(t)^*\boldsymbol{g}(t)\mathrm{d}t \tag{2-37}$$

其中,$\boldsymbol{f}(t)^*$ 是 $\boldsymbol{f}(t)$ 的共轭算子,即复共轭转置。

同理,若函数是向量或矩阵函数,则同时有以下定义:

内积定义为

$$\langle\boldsymbol{f},\boldsymbol{g}\rangle=\int_I\operatorname{trace}[\boldsymbol{f}(t)^*\boldsymbol{g}(t)]\mathrm{d}t \tag{2-38}$$

3. $\boldsymbol{L}_2(-\infty,+\infty)$ 空间

$\boldsymbol{L}_2(-\infty,+\infty)$ 空间指所有二次方可积函数 $\boldsymbol{x}(t):\mathbf{R}\to\mathbf{C}^n$ 所构成的函数空间,即对于

$\boldsymbol{x}(t) \in \mathbf{C}^n(-\infty < t < +\infty)$，有

$$\int_{-\infty}^{\infty} \| \boldsymbol{x}(t) \|^2 \mathrm{d}t < +\infty \tag{2-39}$$

其中，$\| \cdot \|$ 为 Euclidean 范数，积分为 Lebesgue 积分。

在 $\boldsymbol{L}_2(-\infty, +\infty)$ 上定义内积：$\boldsymbol{x}(t), \boldsymbol{y}(t) \in \boldsymbol{L}_2(-\infty, +\infty)$

$$\langle \boldsymbol{x}, \boldsymbol{y} \rangle = \int_{-\infty}^{\infty} \boldsymbol{x}^*(t)\boldsymbol{y}(t)\mathrm{d}t \tag{2-40}$$

这使 $\boldsymbol{L}_2(-\infty, +\infty)$ 成为 Hilbert 空间。由内积导出的范数为

$$\| \boldsymbol{x}(t) \| = \langle \boldsymbol{x}, \boldsymbol{x} \rangle^{\frac{1}{2}} = \left(\int_{-\infty}^{\infty} \boldsymbol{x}^*(t)\boldsymbol{x}(t)\mathrm{d}t \right)^{\frac{1}{2}} \tag{2-41}$$

这样 $\boldsymbol{L}_2(-\infty, +\infty)$ 按此范数成为一个 Banach 空间。

4. $\boldsymbol{L}_2[0, +\infty)$ 空间

$\boldsymbol{L}_2[0, +\infty)$ 空间指所有对于 $t < 0$ 除在测度为 0 的集合上(即对几乎所有 $t < 0$) 均为 0 的 $\boldsymbol{L}_2(-\infty, +\infty)$ 内的函数全体所构成的集合。

5. $\boldsymbol{L}_2(-\infty, 0]$ 空间

$\boldsymbol{L}_2(-\infty, 0]$ 空间指所有对于 $t > 0$ 除在测度为 0 的集合上(即对几乎所有 $t > 0$) 均为 0 的 $\boldsymbol{L}_2(-\infty, +\infty)$ 内的函数全体所构成的集合。

$\boldsymbol{L}_2[0, +\infty)$ 为 $\boldsymbol{L}_2(-\infty, +\infty)$ 的一个闭子空间，其直交补记为 $\boldsymbol{L}_2(-\infty, 0]$。因此

$$\boldsymbol{L}_2(-\infty, +\infty) = \boldsymbol{L}_2(-\infty, 0] \oplus \boldsymbol{L}_2[0, +\infty) \tag{2-42}$$

2.1.2.2 频域函数空间

1. $\boldsymbol{L}_2(\mathbf{R}, \mathbf{C})$ 空间或 $\boldsymbol{L}_2(\mathrm{j}\omega)$ 空间

所有对 ω(Lebesque) 二次方可积的复向量函数 $\boldsymbol{x}(\mathrm{j}\omega)$：$| \mathbf{R} \to \mathbf{C}^n$ 全体所成的空间，即满足

$$\int_{-\infty}^{\infty} \boldsymbol{x}^*(\mathrm{j}\omega)\boldsymbol{x}(\mathrm{j}\omega)\mathrm{d}\omega < \infty \tag{2-43}$$

定义内积和相应的导出范数为

$$\langle \boldsymbol{x}, \boldsymbol{y} \rangle = \frac{1}{2\pi} \int_{-\infty}^{\infty} \boldsymbol{x}^*(\mathrm{j}\omega)\boldsymbol{y}(\mathrm{j}\omega)\mathrm{d}\omega, \quad \forall\, \boldsymbol{x}, \boldsymbol{y} \in L_2 \tag{2-44}$$

$$\| \boldsymbol{x}(t) \|_2 = \langle \boldsymbol{x}, \boldsymbol{x} \rangle^{\frac{1}{2}} \tag{2-45}$$

这样 $\boldsymbol{L}_2$ 按上述内积(范数) 成为 Hilbert(Banach) 空间。

2. $\boldsymbol{L}_2(\mathbf{R}, \mathbf{C}^{m\times n})$ 空间或 $\boldsymbol{L}_2(\mathrm{j}w)$ 空间

所有 $\mathbf{R} \to \mathbf{C}^{m\times n}$ 满足下式的函数矩阵 $\boldsymbol{X}(t)$ 的集合

$$\int_{-\infty}^{\infty} \mathrm{trace}(\boldsymbol{X}^*(t)\boldsymbol{X}(t))\mathrm{d}t < +\infty \tag{2-46}$$

在 $\boldsymbol{L}_2(\mathbf{R}, \mathbf{C}^{m\times n})$ 上定义内积及导出范数依次为

$$\langle \boldsymbol{X}(t), \boldsymbol{Y}(t) \rangle = \int_{-\infty}^{\infty} \mathrm{trace}(\boldsymbol{X}^*(t)\boldsymbol{Y}(t))\mathrm{d}t \tag{2-47}$$

$$\| \boldsymbol{X}(t) \| = \langle \boldsymbol{X}(t), \boldsymbol{X}(t) \rangle^{\frac{1}{2}} \tag{2-48}$$

这样 $\boldsymbol{L}_2(\mathbf{R}, \mathbf{C}^{m\times n})$ 按此内积(范数) 成为 Hilbert 空间(Banach 空间)。

3. $\boldsymbol{RL}_2$ 空间

定义 $\boldsymbol{RL}_2$ 空间为

$$\boldsymbol{RL}_2=\{\boldsymbol{x} \mid \boldsymbol{x}\in \boldsymbol{L}_2,\quad \boldsymbol{x}\text{ 为实有理函数向量}\} \tag{2-49}$$

$\boldsymbol{RL}_2$ 是 $\boldsymbol{L}_2$ 的一个稠密子空间，故 $\boldsymbol{RL}_2$ 不会按上面定义的内积(范数)成为Hibert(Banach)空间(非完备性)。

4. $\boldsymbol{L}_\infty(\mathrm{j}\mathbf{R},\mathbf{C}^{m\times n})$ 空间

$\boldsymbol{L}_\infty(\mathrm{j}\mathbf{R},\mathbf{C}^{m\times n})$ 空间指由 $\mathrm{j}\mathbf{R}\to\mathbf{C}^{m\times n}$，且满足

$$\sup\bar{\sigma}[F(\mathrm{j}\omega)]<\infty \tag{2-50}$$

的函数矩阵 $\boldsymbol{F}(\mathrm{j}\omega)$ 全体所成之空间。一般地，$\boldsymbol{A}$ 的最大奇异值 $\bar{\sigma}(\boldsymbol{A})$ 定义为

$$\bar{\sigma}(\boldsymbol{A})=\max\{\lambda_i[\boldsymbol{A}^*\boldsymbol{A}]\}^{\frac{1}{2}} \tag{2-51}$$

在 $\boldsymbol{L}_\infty$ 中定义范数

$$\|\boldsymbol{F}\|_\infty=\sup_\omega\bar{\sigma}[\boldsymbol{F}(\mathrm{j}\omega)] \tag{2-52}$$

则此空间成为 Banach 空间。

5. $\boldsymbol{RL}_\infty$ 空间

定义 $\boldsymbol{RL}_\infty$ 空间为

$$\boldsymbol{RL}_\infty=\{\boldsymbol{x}\mid \boldsymbol{x}\in L_\infty,\quad \boldsymbol{x}\text{ 为实有理函数向量}\} \tag{2-53}$$

6. 哈迪(Hardy)空间

H_2 空间、H_∞ 空间和 $\mathrm{H}_p(p\neq 2,\infty)$ 空间一起通称为Hardy空间，这是根据数学家G. H. Hardy 的名字命名的。

(1) H_2 空间。H_2 也是在开右半 s 平面 $\mathrm{Re}\,s>0$ 上解析，在 $\mathbf{C}^n$ 上取值，且满足如下一致平方可积函数向量 $\boldsymbol{x}(s)$ 的全体所构成的空间

$$\left[\sup_{\sigma>0}\frac{1}{2\pi}\int_{-\infty}^{\infty}\|\boldsymbol{x}(\sigma+\mathrm{j}\omega)\|^2\mathrm{d}\omega\right]^{\frac{1}{2}}<\infty \tag{2-54}$$

相应的范数定义：

$$\|\boldsymbol{x}(s)\|_2=\left[\sup_{\sigma>0}\frac{1}{2\pi}\int_{-\infty}^{\infty}\mathrm{trace}(\boldsymbol{x}(\sigma+\mathrm{j}\omega)^*\boldsymbol{x}(\sigma+\mathrm{j}\omega))\mathrm{d}\omega\right]^{\frac{1}{2}} \tag{2-55}$$

那么，$\boldsymbol{H}_2$ 按此范数成为 Banach 空间。

定理【2.8】：设 $\boldsymbol{x}\in\boldsymbol{H}_2$，则对几乎所有的 ω，极限

$$\hat{\boldsymbol{x}}(\mathrm{j}\omega)=\lim_{\sigma\to 0}\boldsymbol{x}(\sigma+\mathrm{j}\omega) \tag{2-56}$$

存在，且 $\hat{\boldsymbol{x}}\in L_2$。而且映射 $\boldsymbol{x}\to\hat{\boldsymbol{x}}$ 是 $\boldsymbol{H}_2\to\boldsymbol{L}_2$ 的线性单射的保范映射。$f(\boldsymbol{x})$ 为单射：若 $\boldsymbol{x}_1\neq\boldsymbol{x}_2$，则 $f(\boldsymbol{x}_1)\neq f(\boldsymbol{x}_2)$，映射 $\boldsymbol{x}\to\hat{\boldsymbol{x}}$ 保范：$\|\boldsymbol{x}\|_2=\|\hat{\boldsymbol{x}}\|_2$，即映射前后范数保持不变。

由以上定理可知，虽然 $\boldsymbol{x}\in\boldsymbol{H}_2$ 在虚轴上无定义，但可将其延拓到 $\boldsymbol{L}_2$ 中的边界函数 $\hat{\boldsymbol{x}}$，从而，$\boldsymbol{H}_2$ 空间视为 $\boldsymbol{L}_2(\mathrm{j}\omega)$ 空间的一个(闭子集)子空间。

(2) $\boldsymbol{H}_2^\perp$ 空间。$\boldsymbol{H}_2$ 在 $\boldsymbol{L}_2$ 内的直交补空间。其定义只需在上述 $\boldsymbol{H}_2$ 定义中，将 $\sigma>0$ 改为 $\sigma<0$。

(3) $\boldsymbol{RH}_2$ 空间。定义 $\boldsymbol{RH}_2$ 空间为

$$\boldsymbol{RH}_2=\{\boldsymbol{x}\mid \boldsymbol{x}\in\boldsymbol{H}_2,\boldsymbol{x}\text{ 为实有理函数向量}\} \tag{2-57}$$

(4) $\boldsymbol{RH}_2^\perp$ 空间。指 $\boldsymbol{RH}_2$ 空间在 RL_2 中的直交补空间。

由以上空间的定义可得

$$\boldsymbol{L}_2=\boldsymbol{H}_2\oplus\boldsymbol{H}_2^\perp \tag{2-58}$$

$$\boldsymbol{RL}_2 = \boldsymbol{RH}_2 \oplus \boldsymbol{RH}_2^{\perp} \tag{2-59}$$

显然,$\boldsymbol{RH}_2$ 为在 $\mathrm{Re}s \geqslant 0$ 内无极点(解析)的严格正则实有理函数向量全体所成之集。

例【2.8】: $f(s)=\dfrac{2}{(s+1)(s-1)}$,则 $f \in \boldsymbol{RL}_2$,做分解

$$f(s)=\frac{1}{s-1}-\frac{1}{s+1}=g_1(s)+g_2(s) \tag{2-60}$$

式中 ,$g_1(s)=\dfrac{1}{s-1} \in \boldsymbol{RH}_2^{\perp}$,$g_2(s)=-\dfrac{1}{s+1} \in \boldsymbol{RH}_2$。

(5) $\boldsymbol{H}_\infty$ 空间。$\boldsymbol{H}_\infty$ 空间指由 $\mathbf{C} \to \mathbf{C}^{m\times n}$,且满足

$$\sup\{\bar{\sigma}[\boldsymbol{F}(s)] \mid \mathrm{Re}s > 0\} < \infty \tag{2-61}$$

的函数矩阵 $\boldsymbol{F}(s)$ 全体所构成的空间。定义范数

$$\|\boldsymbol{F}\|_\infty = \sup\{\bar{\sigma}[\boldsymbol{F}(\mathrm{j}\omega)] \mid \mathrm{Re}s > 0\} \tag{2-62}$$

同理,可将 $\boldsymbol{H}_\infty$ 中的函数矩阵延拓至负虚轴上。从而可得,$\boldsymbol{H}_\infty$ 为 $\boldsymbol{L}_\infty$ 的一个闭子空间。

(6) $\boldsymbol{H}_\infty^{\perp}$ 空间。由于在 $\boldsymbol{L}_\infty$ 和 $\boldsymbol{RL}_\infty$ 中无内积定义,故无直交的概念。因此,称 $\boldsymbol{H}_\infty^{\perp}$ 为 $\boldsymbol{H}_\infty$ 的补空间。

(7) $\boldsymbol{RH}_\infty$ 空间:定义 $\boldsymbol{RH}_\infty$ 空间为 $\boldsymbol{RH}_2=\{\boldsymbol{x} \mid \boldsymbol{x} \in \boldsymbol{H}_2, \boldsymbol{x}$ 为实有理函数向量$\}$。

(8) $\boldsymbol{H}_\infty^{\perp}$($\boldsymbol{RH}_\infty^{\perp}$)空间:称 $\boldsymbol{H}_\infty^{\perp}$($\boldsymbol{RH}_\infty^{\perp}$)为 $\boldsymbol{H}_\infty$($\boldsymbol{RH}_\infty$)的补空间。

由以上空间的定义可得

$$\boldsymbol{L}_\infty = \boldsymbol{H}_\infty + \boldsymbol{H}_\infty^{\perp} \tag{2-63}$$

$$\boldsymbol{RL}_\infty = \boldsymbol{RH}_\infty + \boldsymbol{RH}_\infty^{\perp} \tag{2-64}$$

易知,$\boldsymbol{RH}_\infty$ 是由在 $\mathrm{Re}s \geqslant 0$ 内无极点的正则实有理函数矩阵全体构成的空间。

例【2.9】:令

$$f(s)=\frac{(s-2)(s+2)}{(s-1)(s+1)} \tag{2-65}$$

则 $f(s) \in \boldsymbol{RL}_\infty$,但 $f(s) \notin \boldsymbol{RL}_2$(非严格正则),做分解,有

$$f(s)=\frac{s+2.5}{s+1}-\frac{1.5}{s-1}=g_1(s)+g_2(s) \tag{2-66}$$

式中,$g_1(s)=\dfrac{s+2.5}{s+1} \in \boldsymbol{RH}_\infty$,$g_2(s)=-\dfrac{1.5}{s-1} \in \boldsymbol{RH}_\infty^{\perp}$。

2.2 范　　数

下面从时域和频域两个方面来说明 H_2 或 H_∞ 范数的定义、性质和计算等。

2.2.1 范数计算

在鲁棒控制系统设计中,通常用到系统的 H_2 范数和 H_∞ 范数。由此,根据以上的函数空间的定义和最大模定理,对于一个稳定的线性定常系统,其严格真的传递函数矩阵 $\boldsymbol{G}(s)$ 的 H_2 范数定义为

$$\|\boldsymbol{G}(s)\|_2 = \left[\frac{1}{2\pi}\int_{-\infty}^{\infty} \mathrm{trace}(\boldsymbol{G}(\mathrm{j}\omega)^* \boldsymbol{G}(\mathrm{j}\omega))\mathrm{d}\omega\right]^{\frac{1}{2}} \tag{2-67}$$

而对于一个稳定的线性定常系统，其真的传递函数矩阵 $\boldsymbol{G}(s)$ 的 H_∞ 范数定义为

$$\|\boldsymbol{G}(s)\|_\infty=\sup_\omega\sigma_{\max}[\boldsymbol{G}(\mathrm{j}\omega)] \tag{2-68}$$

当 $\boldsymbol{G}(s)$ 为标量传递函数时，它的 H_2 范数定义为

$$\|\boldsymbol{G}(s)\|_2=\left[\frac{1}{2\pi}\int_{-\infty}^{\infty}|\boldsymbol{G}(\mathrm{j}\omega)|^2\mathrm{d}\omega\right]^{\frac{1}{2}} \tag{2-69}$$

其真的传递函数 $\boldsymbol{G}(s)$ 的 H_∞ 范数定义为

$$\|\boldsymbol{G}(s)\|_\infty=\sup_\omega|\boldsymbol{G}(\mathrm{j}\omega)| \tag{2-70}$$

2.2.2　范数的关系

(1) 若 $\boldsymbol{F}\in\boldsymbol{L}_\infty$，则 $\boldsymbol{FL}_2\subset\boldsymbol{L}_2$，且

$$\|\boldsymbol{F}\|_\infty=\sup\left[\|\boldsymbol{Fx}\|_2\,\middle|\,\boldsymbol{x}\in\boldsymbol{L}_2,\|\boldsymbol{x}\|_2=1\right]=\sup\left[\frac{\|\boldsymbol{Fx}\|_2}{\|\boldsymbol{x}\|_2}\,\middle|\,\boldsymbol{x}\in\boldsymbol{L}_2,\|\boldsymbol{x}\|_2\neq0\right] \tag{2-71}$$

其中，$\|\cdot\|_2$ 为 $\boldsymbol{L}_2$ 上的范数。

(2) 若 $\boldsymbol{F}\in\boldsymbol{H}_\infty$，则 $\boldsymbol{FH}_2\subset\boldsymbol{H}_2$，且

$$\|\boldsymbol{F}\|_\infty=\sup[\|\boldsymbol{Fx}\|_2\mid\boldsymbol{x}\in\boldsymbol{H}_2,\|\boldsymbol{x}\|_2=1]=\sup\left[\frac{\|\boldsymbol{Fx}\|_2}{\|\boldsymbol{x}\|_2}\,\middle|\,\boldsymbol{x}\in\boldsymbol{H}_2,\|\boldsymbol{x}\|_2\neq0\right] \tag{2-72}$$

正是因为存在上述关系，称 ∞-范数为 2-范数的导出范数。

定理【2.9】：设 $U(\mathrm{j}\omega)$ 为 $\boldsymbol{u}(t)$ 的 Fourier 变换的像函数，如果 $\boldsymbol{u}(t)\in\boldsymbol{L}_2(-\infty,+\infty)$，则 $\boldsymbol{U}(\mathrm{j}\omega)\in\boldsymbol{L}_2$，且

$$\|\boldsymbol{u}(t)\|_2=\|\boldsymbol{U}(\mathrm{j}\omega)\|_2 \tag{2-73}$$

式中，$\|\boldsymbol{u}(t)\|_2^2=\int_{-\infty}^{\infty}\|\boldsymbol{u}(t)\|^2\mathrm{d}t$，$\|\boldsymbol{U}(\mathrm{j}\omega)\|_2^2=\frac{1}{2\pi}\int_{-\infty}^{\infty}\|\boldsymbol{U}(\mathrm{j}\omega)\|^2\mathrm{d}\omega$。

证明：设 $\boldsymbol{u},\boldsymbol{v}\in L_2(-\infty,+\infty)$，$\boldsymbol{U}$、$\boldsymbol{V}$ 分别为其 Fourier 变换的像函数。由内积定义有

$$\langle\boldsymbol{u},\boldsymbol{v}\rangle=\int_{-\infty}^{\infty}\boldsymbol{u}(t)^*\boldsymbol{v}(t)\mathrm{d}t=\int_{-\infty}^{\infty}\boldsymbol{u}(t)^*\frac{1}{2\pi}\int_{-\infty}^{\infty}\boldsymbol{V}(\mathrm{j}\omega)\mathrm{e}^{\mathrm{j}\omega t}\mathrm{d}\omega\mathrm{d}t=$$

$$\frac{1}{2\pi}\int_{-\infty}^{\infty}\left[\int_{-\infty}^{\infty}\boldsymbol{u}(t)^*\mathrm{e}^{\mathrm{j}\omega t}\mathrm{d}t\right]\boldsymbol{V}(\mathrm{j}\omega)\mathrm{d}\omega=\frac{1}{2\pi}\int_{-\infty}^{\infty}\boldsymbol{U}(\mathrm{j}\omega)^*\boldsymbol{V}(\mathrm{j}\omega)\mathrm{d}\omega=\langle\boldsymbol{U},\boldsymbol{V}\rangle \tag{2-74}$$

令 $\boldsymbol{u}(t)=\boldsymbol{v}(t)$，得

$$\|\boldsymbol{u}(t)\|_2^2=\langle\boldsymbol{u},\boldsymbol{u}\rangle=\langle\boldsymbol{U},\boldsymbol{U}\rangle=\|\boldsymbol{U}(\mathrm{j}\omega)\|_2^2 \tag{2-75}$$

式(2-73)称为Parseval等式。它给出了时域信号的2-范数(能量)与频域函数2-范数之间的关系。

令 $\boldsymbol{x}(s)\in\boldsymbol{H}_2$的 Laplace 逆变换为 $\boldsymbol{x}(t)$，则由 Parseval 等式(2-73)可知，$\|\boldsymbol{x}\|_2^2$ 是时域信号 $\boldsymbol{x}(t)$ 的能量。若令 $\boldsymbol{F}(s)\in\boldsymbol{H}_\infty$ 为一系统的传递函数矩阵，而 $\boldsymbol{y}=\boldsymbol{Fx}$ 为其输出，则由式(2-72)得

$$\|\boldsymbol{F}\|_\infty=\sup\left[\frac{\|\boldsymbol{y}\|_2}{\|\boldsymbol{x}\|_2}\,\middle|\,\boldsymbol{x}\in\boldsymbol{H}_2,\|\boldsymbol{x}\|_2\neq0\right] \tag{2-76}$$

因此，$\|\boldsymbol{F}\|_\infty$ 的物理意义是传函矩阵为 $\boldsymbol{F}$ 的系统的能量放大系数。

2.3 控制系统的数学模型描述

对于任何控制系统的设计，首先要采用一种模型描述方法来建立系统合适的数学模型，才能设计相应的控制系统。对于鲁棒控制系统设计而言，同样介绍一下数学模型描述的问题，这里分别从频域控制模型和时域控制模型两方面进行介绍。

2.3.1 频域控制模型

最早建立的以传递函数为基础的经典控制理论（或称自动控制理论）就是采用频域控制模型。该模型采用 Laplace 变换的方法，对一般的线性系统下的微分方程进行变换，得到了复数域的数学模型。

在零初始条件的假设下，单输入单输出线性系统的传递函数模型为

$$g(s)=\frac{y(s)}{u(s)}=\frac{\beta_{n-1}s^{(n-1)}+\beta_{n-2}s^{(n-2)}+\cdots+\beta_1 s+\beta_0}{s^n+\alpha_{n-1}s^{n-1}+\alpha_{n-2}s^{n-2}+\cdots+\alpha_1 s+\alpha_0} \tag{2-77}$$

式中：$y(s)$ 和 $u(s)$ 分别为系统的输出与输入；$\alpha_i(i=0,1,\cdots,n-1)$ 和 $\beta_j(j=0,1,\cdots,n-1)$ 是与系统结构相关的常系数；s 为复变量。

多输入多输出线性系统的传递函数矩阵模型为

$$\boldsymbol{G}(s)=\begin{bmatrix} g_{11}(s) & g_{12}(s) & \cdots & g_{1p}(s) \\ g_{21}(s) & g_{22}(s) & \cdots & g_{2p}(s) \\ \vdots & \vdots & & \vdots \\ g_{q1}(s) & g_{q2}(s) & \cdots & g_{qp}(s) \end{bmatrix} \tag{2-78}$$

式中：$\boldsymbol{G}(s)$ 的任意一个矩阵元素 $g_{ij}(s)(i=1,2,\cdots,q;j=1,2,\cdots,p)$ 为

$$g_{ij}(s)=\frac{y_i(s)}{u_j(s)} \tag{2-79}$$

式中：$y_i(s)$ 为系统的第 i 个输出；$u_j(s)$ 为第 j 个输入。

对于传递函数矩阵，常常借助于矩阵分式或多项式分式来表征系统的特性。

给定 $q\times p$ 的具有有理分式矩阵形式的传递函数矩阵 $\boldsymbol{G}(s)$ 可表示为右矩阵分式描述

$$\boldsymbol{G}(s)=\boldsymbol{N}(s)\boldsymbol{D}^{-1}(s) \tag{2-80}$$

或左矩阵分式描述

$$\boldsymbol{G}(s)=\bar{\boldsymbol{D}}^{-1}(s)\bar{\boldsymbol{N}}(s) \tag{2-81}$$

式中，$\boldsymbol{N}(s)$，$\boldsymbol{D}(s)$，$\bar{\boldsymbol{N}}(s)$，$\bar{\boldsymbol{D}}(s)$ 分别为合适维数的多项式矩阵。

给定 $q\times p$ 的具有多项式矩阵形式的传递函数矩阵 $\boldsymbol{G}(s)$ 可表示为

$$\boldsymbol{G}(s)=\boldsymbol{R}(s)\boldsymbol{P}^{-1}(s)\boldsymbol{Q}(s)+\boldsymbol{W}(s) \tag{2-82}$$

式中，$\boldsymbol{R}(s)$，$\boldsymbol{P}(s)$，$\boldsymbol{Q}(s)$，$\boldsymbol{W}(s)$ 分别为合适维数的多项式矩阵。

2.3.2 时域控制模型

自 20 世纪 50 年代末现代控制理论诞生以来，控制理论得到了飞速发展，并在 20 世纪 60 年代的航天领域中得到成功的运用。对于一个复杂系统，为了得到一个较为简单的模型，一种处理方法是将其分解成线性部分和非线性部分的组合，进而用一个更容易处理和分析的对象

来代替这个非线性部分，达到简化原来复杂系统模型的目的。

考虑由以下非线性微分方程描述的复杂动态系统：

$$\left.\begin{aligned}\dot{\boldsymbol{x}}&=\boldsymbol{f}(\boldsymbol{x},\boldsymbol{u})\\ \boldsymbol{y}&=\boldsymbol{h}(\boldsymbol{x},\boldsymbol{u})\end{aligned}\right\}\tag{2-83}$$

式中：$\boldsymbol{x}(t)$、$\boldsymbol{y}(t)$ 和 $\boldsymbol{u}(t)$ 是向量值函数；$\boldsymbol{f}$ 和 $\boldsymbol{h}$ 是光滑的向量值函数；系统的初始条件是 $\boldsymbol{x}(0)$。在一个特殊的初始点附近，可以将系统式(2-83)分解成一个线性部分和非线性部分的组合。特别地，可以在原点 $(\boldsymbol{x},\boldsymbol{u})=(\boldsymbol{0},\boldsymbol{0})$ 处进行这样的分解。

定义如下系统：

$$\left.\begin{aligned}\dot{\boldsymbol{x}}&=\boldsymbol{A}\boldsymbol{x}+\boldsymbol{B}\boldsymbol{u}+\boldsymbol{g}(\boldsymbol{x},\boldsymbol{u})\\ \boldsymbol{y}&=\boldsymbol{C}\boldsymbol{x}+\boldsymbol{D}\boldsymbol{u}+\boldsymbol{r}(\boldsymbol{x},\boldsymbol{u})\end{aligned}\right\}\tag{2-84}$$

式中：矩阵 $\boldsymbol{A}$、$\boldsymbol{B}$、$\boldsymbol{C}$ 和 $\boldsymbol{D}$ 是系统(2-83)的一个线性化近似；$\boldsymbol{g}(\boldsymbol{x},\boldsymbol{u})=\boldsymbol{f}(\boldsymbol{x},\boldsymbol{u})-\boldsymbol{A}\boldsymbol{x}-\boldsymbol{B}\boldsymbol{u}$，$\boldsymbol{r}(\boldsymbol{x},\boldsymbol{u})=\boldsymbol{h}(\boldsymbol{x},\boldsymbol{u})-\boldsymbol{C}\boldsymbol{x}-\boldsymbol{D}\boldsymbol{u}$。

显然，这样定义的系统(2-84)和系统(2-83)是等价的。因此，它们之间存在一一对应的关系。得到这样的等价系统的一种方式是将函数 $\boldsymbol{f}$ 和 $\boldsymbol{h}$ 在原点处线性化，可得

$$\boldsymbol{A}=\left.\frac{\partial \boldsymbol{f}}{\partial \boldsymbol{x}}\right|_{(\boldsymbol{x},\boldsymbol{u})=(0,0)},\quad \boldsymbol{B}=\left.\frac{\partial \boldsymbol{f}}{\partial \boldsymbol{u}}\right|_{(\boldsymbol{x},\boldsymbol{u})=(0,0)},\quad \boldsymbol{C}=\left.\frac{\partial \boldsymbol{h}}{\partial \boldsymbol{x}}\right|_{(\boldsymbol{x},\boldsymbol{u})=(0,0)},\quad \boldsymbol{D}=\left.\frac{\partial \boldsymbol{h}}{\partial \boldsymbol{u}}\right|_{(\boldsymbol{x},\boldsymbol{u})=(0,0)}\tag{2-85}$$

进一步可以将方程(2-84)写成以下等价式：

$$\left.\begin{aligned}\dot{\boldsymbol{x}}&=\boldsymbol{A}\boldsymbol{x}+\boldsymbol{B}\boldsymbol{u}+w_1\\ \boldsymbol{y}&=\boldsymbol{C}\boldsymbol{x}+\boldsymbol{D}\boldsymbol{u}+w_2\end{aligned}\right\}\tag{2-86}$$

$$(w_1,w_2)=(\boldsymbol{g}(\boldsymbol{x},\boldsymbol{u}),\boldsymbol{r}(\boldsymbol{x},\boldsymbol{u}))\tag{2-87}$$

设 G 是由式(2-86)确定的映射：对给定的初始条件 $\boldsymbol{x}(0)$，$(w_1,w_2,\boldsymbol{u})\rightarrow(\boldsymbol{x},\boldsymbol{u},\boldsymbol{y})$。$Q$ 是由式(2-87)确定的映射：$(\boldsymbol{x},\boldsymbol{u})\rightarrow(w_1,w_2)$。因此，式(2-86)和(2-87)描述的系统可以用图 2-1 来表示。

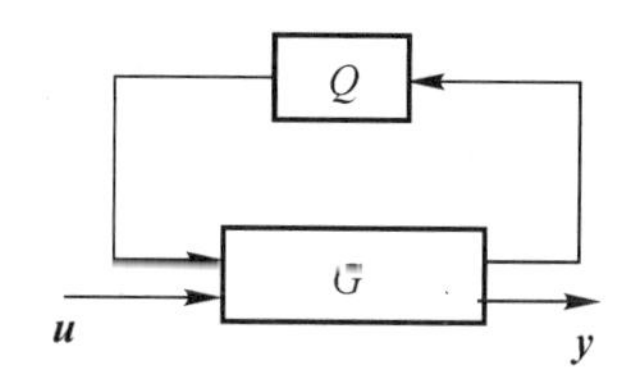

图 2-1　系统分解图

容易看到，G 是系统的线性部分，Q 是静态的非线性映射。这样就将系统的非线性部分分离出来，归入映射 Q 中，非线性部分和线性部分通过反馈关联联系起来。

更一般地，用这样的方法不仅可以处理系统的非线性特性，而且也可以处理系统的某些动态特性。

2.3.3　模型转化

考虑到频域模型是线性系统模型，因此对于时域的非线性系统模型可以得到线性系统模型，就能实现频域模型和时域模型的相互转化。

对于由系统(2-84)来说，其标称系统为

$$\left.\begin{aligned}\dot{\boldsymbol{x}}&=\boldsymbol{Ax}+\boldsymbol{Bu}\\ \boldsymbol{y}&=\boldsymbol{Cx}+\boldsymbol{Du}\end{aligned}\right\}\tag{2-88}$$

则利用线性定常系统传递函数矩阵与状态空间实现的关系,可得

$$\boldsymbol{G}(s)=\boldsymbol{C}(s\boldsymbol{I}-\boldsymbol{A})^{-1}\boldsymbol{B}+\boldsymbol{D}\tag{2-89}$$

同时可记为

$$\boldsymbol{G}(s)=(\boldsymbol{A},\boldsymbol{B},\boldsymbol{C},\boldsymbol{D})\tag{2-90}$$

或

$$\boldsymbol{G}(s)=\begin{bmatrix}\boldsymbol{A} & \boldsymbol{B}\\ \boldsymbol{C} & \boldsymbol{D}\end{bmatrix}\tag{2-91}$$

一个传递函数矩阵的状态空间实现并不唯一,它可以由多种形式的状态空间实现。

对于系统(2-86)同样可以进行如下模型的变换。

设传递函数矩阵 $\boldsymbol{G}(s)$ 和 $\boldsymbol{K}(s)$ 分别是受控系统和其控制器的数学模型,而 $\boldsymbol{\Delta}(s)$ 表示不确定性,用 $\boldsymbol{M}(s)$ 表示广义传递函数阵,则可定义线性分式变换(Linear Fractional Transformation,LFT)的概念。线性分式变换包括下线性分式变换(lower LFT)和上线性分式变换(upper LFT)。

1. 下线性分式变换

下线性分式变换如图 2-2 所示,根据输入输出的关系,得

$$\begin{bmatrix}\boldsymbol{z}\\ \boldsymbol{y}\end{bmatrix}=\boldsymbol{G}(s)\begin{bmatrix}\boldsymbol{w}\\ \boldsymbol{u}\end{bmatrix}\tag{2-92}$$

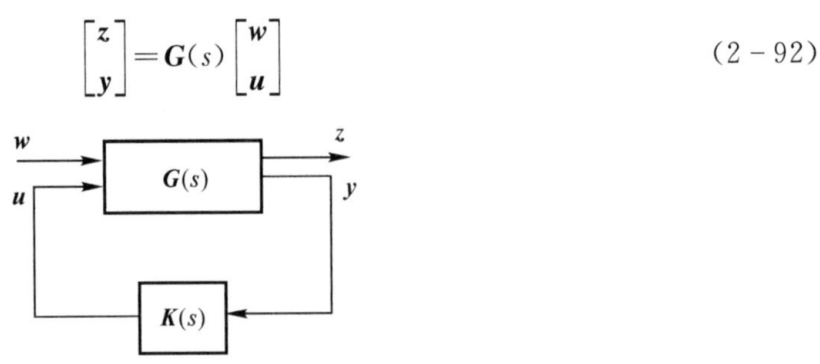

图 2-2　下线性分式变换示意图

而传递函数矩阵 $\boldsymbol{G}(s)$ 可分解为

$$\boldsymbol{G}(s)=\begin{bmatrix}\boldsymbol{G}_{11}(s) & \boldsymbol{G}_{12}(s)\\ \boldsymbol{G}_{21}(s) & \boldsymbol{G}_{22}(s)\end{bmatrix}\tag{2-93}$$

$\boldsymbol{G}(s)$ 的状态空间实现为

$$\boldsymbol{G}(s)=\begin{bmatrix}\boldsymbol{A} & \boldsymbol{B}_1 & \boldsymbol{B}_2\\ \boldsymbol{C}_1 & \boldsymbol{D}_{11} & \boldsymbol{D}_{12}\\ \boldsymbol{C}_2 & \boldsymbol{D}_{21} & \boldsymbol{D}_{22}\end{bmatrix}\tag{2-94}$$

可得

$$\boldsymbol{G}_{ij}(s)=\boldsymbol{C}_i(s\boldsymbol{I}-\boldsymbol{A})^{-1}\boldsymbol{B}_j+\boldsymbol{D}_{ij},\quad i,j=1,2\tag{2-95}$$

设控制器 $\boldsymbol{K}(s)$ 的状态空间实现为

$$\boldsymbol{K}(s)=\begin{bmatrix}\boldsymbol{A}_k & \boldsymbol{B}_k\\ \boldsymbol{C}_k & \boldsymbol{D}_k\end{bmatrix}\tag{2-96}$$

由此可得 $\boldsymbol{w}$ 到 $\boldsymbol{z}$ 的闭环传递函数为

$$\bar{G}_{zw}(s)=G_{11}+G_{12}K(I-G_{22}K)^{-1}G_{21} \tag{2-97}$$

它是 $G(s)$ 和 $K(s)$ 的下线性分式变换，记作 $F_l(G,K)$，即

$$F_l(G,K)=G_{11}+G_{12}K(I-G_{22}K)^{-1}G_{21} \tag{2-98}$$

其状态空间实现为

$$F_l(G,K)=\begin{bmatrix} A+B_2F_LD_kC_2 & B_2F_LC_k & B_1+B_2F_LD_kD_{21} \\ B_kE_LC_2 & A_k+B_kE_LD_{22}C_k & B_kE_LD_{21} \\ C_1+D_{12}F_LD_kC_2 & D_{12}F_LC_k & D_{11}+D_{12}F_LD_kD_{21} \end{bmatrix} \tag{2-99}$$

式中：$E_L=(I-D_{22}D_k)^{-1}$；$F_L=(I-D_kD_{22})^{-1}$。

2. 上线性分式变换

上线性分式变换是与下线性分式变换相对偶的一种情况，如图 2-3 所示，根据输入输出的关系，得

$$\begin{bmatrix} z \\ y \end{bmatrix}=M(s)\begin{bmatrix} w \\ u \end{bmatrix} \tag{2-100}$$

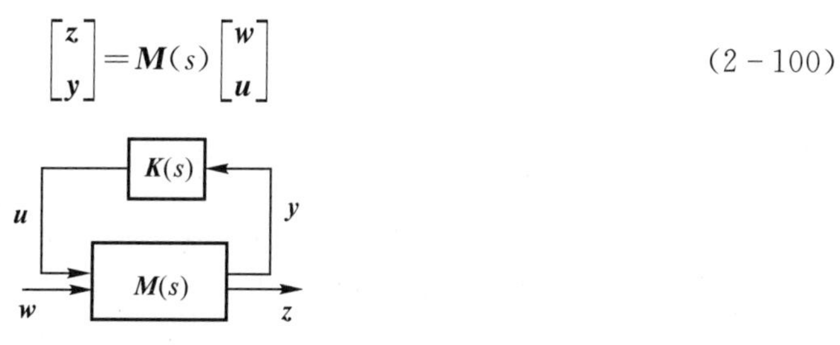

图 2-3　上线性分式变换示意图

把传递函数阵 $M(s)$ 可分解为

$$M(s)=\begin{bmatrix} M_{11}(s) & M_{12}(s) \\ M_{21}(s) & M_{22}(s) \end{bmatrix} \tag{2-101}$$

$M(s)$ 的状态空间实现为

$$M(s)=\begin{bmatrix} A & B_1 & B_2 \\ C_1 & D_{11} & D_{12} \\ C_2 & D_{21} & D_{22} \end{bmatrix} \tag{2-102}$$

可得

$$M_{ij}(s)=C_i(sI-A)^{-1}B_j+D_{ij},\quad i,j=1,2 \tag{2-103}$$

设控制器 $K(s)$ 的状态空间实现为

$$K(s)=\begin{bmatrix} A_k & B_k \\ C_k & D_k \end{bmatrix} \tag{2-104}$$

由此可得 w 到 z 的闭环传递函数为

$$\bar{G}_{zw}(s)=M_{22}+M_{21}K(I-M_{11}K)^{-1}M_{12} \tag{2-105}$$

它是 $M(s)$ 和 $K(s)$ 的下线性分式变换，记作 $F_u(M,K)$，即

$$F_u(M,K)=M_{22}+M_{21}K(I-M_{11}K)^{-1}M_{12} \tag{2-106}$$

其状态空间实现为

$$F_u(M,K)=\begin{bmatrix} A+B_1F_UD_kC_1 & B_1F_UC_k & B_2+B_1F_UD_kD_{12} \\ B_kE_UC_1 & A_k+B_kE_UD_{11}C_k & B_kE_UD_{12} \\ C_2+D_{21}F_UD_kC_1 & D_{21}F_UC_k & D_{22}+D_{21}F_UD_kD_{12} \end{bmatrix} \tag{2-107}$$

式中：$\boldsymbol{E}_U=(\boldsymbol{I}-\boldsymbol{D}_{11}\boldsymbol{D}_k)^{-1}$；$\boldsymbol{F}_U=(\boldsymbol{I}-\boldsymbol{D}_k\boldsymbol{D}_{11})^{-1}$。

3. 齐次变换

在二端口网络理论中，与 LFT 变换类似的还有所谓齐次变换（Homogeneous Transformation，HM 变换）。利用 LFT 推导复杂系统的信号传递关系时，HM 变换非常方便。简单介绍一下 HM 变换。

对于如图 2-3 所示的情况，可以简单地变换一下，定义以下传递关系：

$$\begin{bmatrix}\boldsymbol{z}\\ \boldsymbol{w}\end{bmatrix}=\boldsymbol{Z}(s)\begin{bmatrix}\boldsymbol{u}\\ \boldsymbol{y}\end{bmatrix} \tag{2-108}$$

其中

$$\boldsymbol{Z}(s)=\begin{bmatrix}\boldsymbol{Z}_{11}(s) & \boldsymbol{Z}_{12}(s)\\ \boldsymbol{Z}_{21}(s) & \boldsymbol{Z}_{22}(s)\end{bmatrix} \tag{2-109}$$

此时 $\boldsymbol{w}$ 到 $\boldsymbol{z}$ 的闭环传递函数为

$$\bar{\boldsymbol{G}}_{zw}(s)=(\boldsymbol{Z}_{11}\boldsymbol{K}+\boldsymbol{Z}_{12})(\boldsymbol{Z}_{21}\boldsymbol{K}+\boldsymbol{Z}_{22})^{-1} \tag{2-110}$$

它是 $\boldsymbol{Z}$ 和 $\boldsymbol{K}$ 的 HM 变换，记作 HM($\boldsymbol{Z},\boldsymbol{K}$)，即

$$\mathrm{HM}(\boldsymbol{Z},\boldsymbol{K})=(\boldsymbol{Z}_{11}\boldsymbol{K}+\boldsymbol{Z}_{12})(\boldsymbol{Z}_{21}\boldsymbol{K}+\boldsymbol{Z}_{22})^{-1} \tag{2-111}$$

在 HM 变换中，有下面的（串联规则）连接规律：

$$\mathrm{HM}[\boldsymbol{Z}_1,\mathrm{HM}(\boldsymbol{Z}_2,\boldsymbol{K})]=\mathrm{HM}(\boldsymbol{Z}_1\boldsymbol{Z}_2,\boldsymbol{K}) \tag{2-112}$$

但是不能保持系统的因果关系。

由于在 H_∞ 控制理论中，有时混合地使用线性分式变换和 HM 变换，下面考虑满足

$$\mathrm{HM}(\boldsymbol{Z},\boldsymbol{K})=\boldsymbol{F}_l(\boldsymbol{G},\boldsymbol{K}) \tag{2-113}$$

的 $\boldsymbol{Z}$ 和 $\boldsymbol{G}$ 之间的相互变换公式。

当给定了 HM 变换中的 $\boldsymbol{Z}$ 时，若 $\boldsymbol{Z}$ 中的行列式 $\det(\boldsymbol{Z}_{22})\neq 0$，则 $F_l(\boldsymbol{G},\boldsymbol{K})$ 中的 $\boldsymbol{G}$ 为

$$\boldsymbol{G}(s)=\begin{bmatrix}\boldsymbol{Z}_{12}\boldsymbol{Z}_{22}^{-1} & \boldsymbol{Z}_{11}-\boldsymbol{Z}_{12}\boldsymbol{Z}_{22}^{-1}\boldsymbol{Z}_{21}\\ \boldsymbol{Z}_{22}^{-1} & -\boldsymbol{Z}_{22}^{-1}\boldsymbol{Z}_{21}\end{bmatrix} \tag{2-114}$$

这是因为从式(2-108)可得

$$\begin{aligned}\boldsymbol{z}&=\boldsymbol{Z}_{11}\boldsymbol{u}+\boldsymbol{Z}_{12}\boldsymbol{y}\\ \boldsymbol{w}&=\boldsymbol{Z}_{21}\boldsymbol{u}+\boldsymbol{Z}_{22}\boldsymbol{y}\end{aligned} \tag{2-115}$$

有

$$\boldsymbol{y}=\boldsymbol{Z}_{22}^{-1}\boldsymbol{w}-\boldsymbol{Z}_{22}^{-1}\boldsymbol{Z}_{21}\boldsymbol{u} \tag{2-116}$$

进而得

$$\boldsymbol{z}=\boldsymbol{Z}_{12}\boldsymbol{Z}_{22}^{-1}\boldsymbol{w}+(\boldsymbol{Z}_{11}-\boldsymbol{Z}_{21}\boldsymbol{Z}_{22}^{-1}\boldsymbol{Z}_{21})\boldsymbol{u} \tag{2-117}$$

显然式(2-114)成立。

同样地，当给定了 $\boldsymbol{F}_l(\boldsymbol{G},\boldsymbol{K})$ 中的 $\boldsymbol{G}$ 时，如果 $\boldsymbol{G}$ 中的行列式 $\det(\boldsymbol{G}_{21})\neq 0$，则 HM 变换中的 $\boldsymbol{Z}$ 为

$$\boldsymbol{Z}(s)=\begin{bmatrix}\boldsymbol{G}_{12}-\boldsymbol{G}_{11}\boldsymbol{G}_{21}^{-1}\boldsymbol{G}_{22} & \boldsymbol{G}_{11}\boldsymbol{G}_{21}^{-1}\\ -\boldsymbol{G}_{21}^{-1}\boldsymbol{G}_{22} & \boldsymbol{G}_{21}^{-1}\end{bmatrix} \tag{2-118}$$

2.4　系统的内部结构特性

采用传递函数形式的频域控制系统模型常常描述了系统输入和输出的因果关系，是一种外部描述模型，而采用状态空间法建立的时域控制模型，描述了系统内部状态与系统输入和输出的因果关系，是一种内部描述模型。由此，将内部描述模型的特性称为内部结构特性，本节针对能控性、能观测性和稳定性三个基本的内部结构特性，给出相应的定义和相关定理（定理不作证明），为鲁棒控制系统理论奠定分析基础。

2.4.1　系统的能控性与能观测性

在控制理论中系统的能控性与能观测性是系统中重要的内部结构特性，其定义如下。

定义【2.15】：对于线性定常系统(2－88)，如果对取定初始时刻 $t_0 \in T_t$ 的一个非零初始状态 $\boldsymbol{x}(t_0)=\boldsymbol{x}_0$，其中 T_t 为时间定义区间，存在一个时刻 $t_1 \in T_t, t_1 > t_0$，和一个无约束的容许控制 $\boldsymbol{u}(t)$，$[t_0, t_1]$ 状态有 $\boldsymbol{x}(t_1)=0$，则称此 $\boldsymbol{x}_0$ 在 t_0 时刻是能控的。如果对一切 $t_1 > t_0$，系统都是能观控的，称系统在$[t_0, \infty)$ 内完全能控。

定义【2.16】：对于线性定常系统(2-88)，如果取初始时刻 $t_0 \in T_t$，存在一个有限时刻 $t_1 \in T_t, t_1 > t_0$，如果在时间区间 $[t_0, t_1]$ 内，对于所有 $t \in [t_0, t_1]$，系统的输出 $\boldsymbol{y}(t)$ 能唯一确定状态向量的初值 $\boldsymbol{x}(t_0)$，则称系统在 $[t_0, t_1]$ 内是完全能观测的，简称能观测。如果对一切 $t_1 > t_0$，系统都是能观测的，称系统在$[t_0, \infty)$ 内完全能观测。

2.4.2　系统的稳定性

在控制理论中控制系统的稳定性是系统中一个重要的结构特性。针对外部描述模型和内部描述模型两种描述方式，有外部稳定性和内部稳定性的概念，以及以下相关定理。

2.4.2.1　外部稳定性

在经典控制理论中，控制系统的稳定性主要是基于外部稳定性来进行分析的，关于外部稳定性，有以下定义：

定义【2.17】：对于有零初始条件的因果系统，如果存在一个固定的有限常数 k 及一个标量 α，使得对于任意的 $t \in [t_0, \infty)$，当系统的输入 $\boldsymbol{u}(t)$ 满足 $\|\boldsymbol{u}(t)\| \leqslant k$ 时，所产生的输出 $\boldsymbol{y}(t)$ 满足 $\|\boldsymbol{y}(t)\| \leqslant \alpha k$，则称该因果系统是外部稳定的，也就是有界输入-有界输出稳定的，简记为 BIBO(Bounded Input Bounded Output) 稳定。

这里必须指出，在讨论外部稳定性时，是以系统的初始条件为零作为基本假设的，在这种假设下，系统的输入-输出描述是唯一的。线性系统的 BIBO 稳定性可由输入-输出描述中的脉冲响应阵或传递函数矩阵进行判别。

下面给出外部稳定性的几个定理。

定理【2.10】：对于零初始条件的定常系统，设初始时刻 $t_0=0$，单位脉冲响应矩阵 $\boldsymbol{G}(t)$，传递函数矩阵为 $\boldsymbol{G}(s)$，则系统为外部稳定的充分必要条件为，存在一个有限常数 k，使 $\boldsymbol{G}(t)$ 的每一元素 $g_{ij}(t)(i=1,2,\cdots,q, j=1,2,\cdots,p)$ 满足

$$\int_0^{\infty} |g_{ij}(t)| \mathrm{d}t \leqslant k < \infty \tag{2-119}$$

或者 $\boldsymbol{G}(s)$ 为真有理分式函数矩阵，且每一个传递函数 $g_{ij}(s)$ 的所有极点在左半复平面。

定理【2.11】:多输入多输出系统为外部稳定的充分必要条件是系统的传递函数 $G(s)$ 中的每个元素 $g_{ij}(t)(i=1,2,\cdots,q,j=1,2,\cdots,p)$ 具有负实部的极点。

在鲁棒稳定性分析和设计中，根据以上外部稳定性的概念，常常使用小增益定理。

考虑如图 2-4 所示的反馈控制系统。假设 $G(s)$ 和 $H(s)$ 均是稳定的，$r(t)$ 和 $y(t)$ 分别是输入和输出，那么输出的 Laplace 变换为

$$y(s)=G(s)r(s)-H(s)G^2(s)r(s)+H^2(s)G^3(s)r(s)+\cdots \tag{2-120}$$

很显然这种反馈控制系统的输入输出关系是以无限级数的形式来描述的，因而用稳定的环节所构成的这种反馈控制系统不一定是稳定的。

要使式(2-120) 成立，信号 $y(t)$ 的 Laplace 变换必须使式(2-120) 在 $\mathrm{Re}\, s>0$ 上具有确定的意义。把式(2-120) 看作是以 $G(s)H(s)$ 为公比的等比级数，则式(2-120) 收敛的充分条件是

$$|G(s)H(s)|<1 \tag{2-121}$$

对于任意的 $\mathrm{Re}s>0$ 成立。

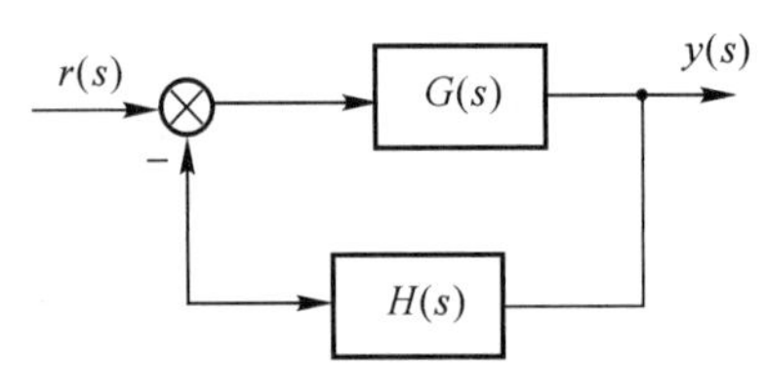

图 2-4 反馈控制系统

由于 $G(s)H(s)$ 是稳定的，对于任意的 ω 有

$$G(\mathrm{j}\omega)H(\mathrm{j}\omega)<1 \tag{2-122}$$

那么根据最小值原理可知，对于任意的 $\mathrm{Re}s>0$，有 $|G(s)H(s)|<1$ 成立。这时式(2-120) 在 $\mathrm{Re}s>0$ 是收敛的，而且

$$y(s)=\frac{G(s)}{1+G(s)H(s)}r(s) \tag{2-123}$$

式(2-122) 可写成

$$\|G(s)H(s)\|_\infty<1 \tag{2-124}$$

它与开环传递函数 $L(s)=G(s)H(s)$ 的 Nyquist 轨迹被包含在以原点为圆心的单位圆这一条件是等价的，如图 2-5 所示。

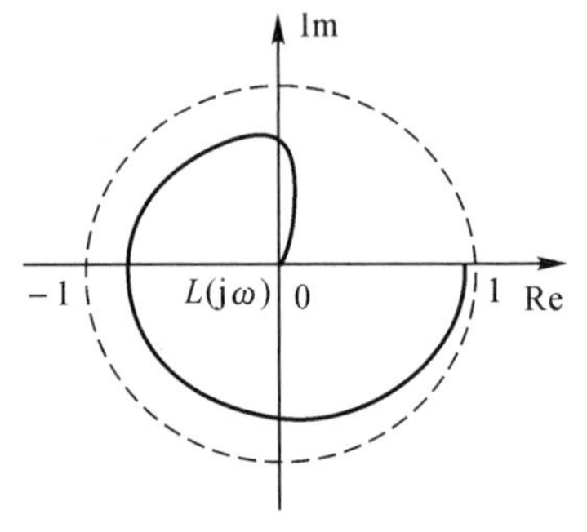

图 2-5 开环传递函数的根轨迹示意图

利用 Nyquist 稳定性判据可知，式(2-124) 成立并不是闭环控制系统稳定性的必要条件，则有如下的小增益定理。

定理【2.12】:在如图 2-4 所示的闭环控制系统中假设 $G(s)$ 和 $H(s)$ 均是稳定的，则这个闭环控制系统为稳定的充分条件是式(2-124) 成立。

在图 2-4 中，对于所有稳定的 $G(s)$ 和给定的常数 $\gamma>0$，若满足

$$\|G(s)\|_\infty<\gamma \tag{2-125}$$

那么闭环控制系统为稳定的充要条件是 $H(s)$ 是稳定的，而且

$$\| H(s) \|_{\infty} < \gamma^{-1} \tag{2-126}$$

通过小增益定理可得

$$\| G(s)H(s) \|_{\infty} \leqslant \| G(s) \|_{\infty} \ \| H(s) \|_{\infty} < 1 \tag{2-127}$$

小增益定理在鲁棒稳定性分析和设计中是经常用到的，起着重要的作用。

2.4.2.2　内部稳定性

在鲁棒控制系统设计中，非常注重内部稳定性，因此有以下定义：

定义【2.18】：系统(2-88)的外输入 $\boldsymbol{u}(t) \equiv \boldsymbol{0}$ 时的初始状态 $\boldsymbol{x}_0$ 是有界的，有

$$\lim_{t \to \infty} \boldsymbol{x}(t) = 0 \tag{2-128}$$

则称系统是内部稳定的或是渐近稳定的。

令 $t_0 = 0$，这时 $\boldsymbol{x}(t) = \mathrm{e}^{\boldsymbol{A}t}\boldsymbol{x}_0$，假定系统矩阵 $\boldsymbol{A}$ 具有两两相异的特征值，则

$$\mathrm{e}^{\boldsymbol{A}t} = L^{-1}\{[s\boldsymbol{I} - \boldsymbol{A}]^{-1}\} = L^{-1}\left\{\frac{\mathrm{adj}(s\boldsymbol{I} - \boldsymbol{A})}{(s-\lambda_1)(s-\lambda_2)\cdots(s-\lambda_n)}\right\} \tag{2-129}$$

其中 λ_i 为 $\boldsymbol{A}$ 的特征值，进一步可得

$$\mathrm{e}^{\boldsymbol{A}t} = L^{-1}\left\{\sum_{i=1}^{n} \frac{\boldsymbol{Q}_i}{(s-\lambda_i)}\right\} = \sum_{i=1}^{n} \boldsymbol{Q}_i \mathrm{e}^{\lambda_i t} \tag{2-130}$$

式中，$\boldsymbol{Q}_i = \left.\dfrac{(s-\lambda_i)\mathrm{adj}(s\boldsymbol{I} - \boldsymbol{A})}{(s-\lambda_1)(s-\lambda_2)\cdots(s-\lambda_n)}\right|_{s=\lambda_i}$。

显然，当矩阵 $\boldsymbol{A}$ 的一切特征值满足

$$\mathrm{Re}[\lambda_i(\boldsymbol{A})] < 0, \quad i = 1, 2, \cdots, n \tag{2-131}$$

时，内部稳定性描述了系统状态的自由运动的稳定性。内部稳定性关心的是系统内部状态的自由运动，这种运动必须满足渐近稳定条件，而外部稳定性是对系统输入量和输出量的约束，这两个稳定性之间的联系必然通过系统的内部状态表现出来。对于线性定常系统，内部稳定性与外部稳定性的关系由以下定理给出：

定理【2.13】：如果线性定常系统(2-88)是内部稳定的，则系统一定是外部稳定的。

定理【2.14】：如果线性定常系统(2-88)是外部稳定的，则系统未必是内部稳定的。

定理【2.15】：如果线性定常系统(2-88)是完全能控，完全能观测的，则内部稳定性与外部稳定性是等价的。

2.4.2.3　可稳定性和可检测性

线性定常系统的可稳定性和可检测性是鲁棒控制理论中一个非常重要的概念，往往是鲁棒控制器设计时要求控制对象具备的基本条件，与能控性和能观测性相关联。有以下定义：

定义【2.19】：对于系统 $\dot{\boldsymbol{x}} = \boldsymbol{Ax} + \boldsymbol{Bu}, \boldsymbol{y} = \boldsymbol{Cx} + \boldsymbol{Du}$ 进行状态反馈 $\boldsymbol{u}(t) \equiv -\boldsymbol{Kx}$，若闭环控制系统对于任意的初始状态 $\boldsymbol{x}_0$ 满足式(2-128)，则称系统是可稳定性的，即$(\boldsymbol{A}, \boldsymbol{B})$是可稳定性的。

定义【2.20】：对于系统 $\dot{\boldsymbol{x}} = \boldsymbol{Ax} + \boldsymbol{Bu}, \boldsymbol{y} = \boldsymbol{Cx} + \boldsymbol{Du}$，如果$(\boldsymbol{A}^{\mathrm{T}}, \boldsymbol{C}^{\mathrm{T}})$是可稳定的，则称系统是可检测的，即$(\boldsymbol{C}, \boldsymbol{A})$是可检测的。

关于可稳定性和可检测性，有以下结论。

定理【2.16】：下述三个条件等价：

(1) $(\boldsymbol{A}, \boldsymbol{B})$是可稳定性的；

(2) 存在使 $\boldsymbol{A} + \boldsymbol{BK}$ 渐近稳定的矩阵 $\boldsymbol{K}$；

(3) 对于任意的 $\mathrm{Re}s \geqslant 0$ 有 $\mathrm{rank}[s\boldsymbol{I}-\boldsymbol{A},\boldsymbol{B}]=\boldsymbol{n}$。

定理【2.17】:下述三个条件等价:

(1) $(\boldsymbol{C},\boldsymbol{A})$ 是可检测的;

(2) 存在使 $\boldsymbol{A}+\boldsymbol{HC}$ 渐近稳定的矩阵 $\boldsymbol{H}$;

(3) 对于任意的 $\mathrm{Re}s \geqslant 0$ 有 $\mathrm{rank}\begin{bmatrix} s\boldsymbol{I}-\boldsymbol{A} \\ \boldsymbol{C} \end{bmatrix}=\boldsymbol{n}$。

2.4.2.4 Lyapunov 稳定性

Lyapunov 针对时域下非线性系统,提出了 Lyapunov 稳定性概念和稳定性定理。

定义【2.21】:对于系统 $\dot{\boldsymbol{x}}=\boldsymbol{f}(\boldsymbol{x})$,对于任意实数 $\varepsilon>0$,如果存在 $\delta(t_0,\varepsilon)>0$,使得当 $\|\boldsymbol{x}_0-\boldsymbol{x}_e\|\leqslant\delta(t_0,\varepsilon)$ 时,系统的解满足 $\|\boldsymbol{x}(t;\boldsymbol{x}_0,t_0)-\boldsymbol{x}_e\|\leqslant\varepsilon,\forall t\geqslant t_0$,则称系统在平衡点 $\boldsymbol{x}_e$ 是 Lyapunov 意义下稳定的。

定义【2.22】:在定义 2.21 中,如果 δ 与 t_0 无关,则称系统在 t_0 时刻的平衡点 $\boldsymbol{x}_e$ 是一致稳定的。

定义【2.23】:t_0 时刻系统 $\dot{\boldsymbol{x}}=\boldsymbol{f}(\boldsymbol{x})$ 在平衡点 $\boldsymbol{x}_e$ 是渐近稳定的,其条件为

(1)t_0 时刻系统在平衡点是 Lyapunov 意义下稳定的;

(2) 对于任意给定实数 $\mu>0$,不管 μ 多么小,总存在 $\delta(t_0,\varepsilon)$ 以及与 μ 有关的常数 $T(t_0,\delta,\mu)$,使得当 $t\geqslant t_0+T(t_0,\delta,\mu)$ 且 $\|\boldsymbol{x}_0-\boldsymbol{x}_e\|\leqslant\delta(t_0,\varepsilon)$ 时,有 $\|\boldsymbol{x}(t;\boldsymbol{x}_0,t_0)-\boldsymbol{x}_e\|\leqslant\mu$,$\forall t\geqslant t_0+T(t_0,\delta,\mu)$。

定义【2.24】:在定义 2.23 中,若 $\delta\to\infty$,系统在平衡点仍是渐近稳定的,则称系统在平衡点是大范围渐近稳定的。

定义【2.25】:在定义 2.23 中,若 δ,T 与初始时间 t_0 无关,则称系统在平衡点是一致渐近稳定的。

定义【2.26】:如果对于某个实数 $\varepsilon>0$,存在一个实数 $\delta>0$,不管 δ 多么小,当 $\|\boldsymbol{x}_0-\boldsymbol{x}_e\|\leqslant\delta$ 时,总有 $\|\boldsymbol{x}(t;\boldsymbol{x}_0,t_0)-\boldsymbol{x}_e\|>\varepsilon,\forall t\geqslant t_0$,则称系统在平衡点是不稳定的。

针对非线性系统,有以下 Lyapunov 稳定性定理:

定理【2.18】:针对系统 $\dot{\boldsymbol{x}}=\boldsymbol{f}(\boldsymbol{x})$,设原点为其平衡点,若在原点邻域存在向量 $\boldsymbol{x}$ 的标量正定函数 $V(\boldsymbol{x},t)$,且具有连续一阶偏导数,有

(1) $\dot{V}(\boldsymbol{x},t)$ 负定,则系统在原点是渐近稳定的。

(2) $\dot{V}(\boldsymbol{x},t)$ 负半定且 $\dot{V}[\boldsymbol{x}(t;\boldsymbol{x}_0,t_0),t]$ 在 $\boldsymbol{x}\neq 0$ 时不恒为零,则系统在原点是渐近稳定的。

(3) $\dot{V}(\boldsymbol{x},t)\equiv 0$,则系统在原点是 Lyapunov 意义下稳定的。

(4) $\dot{V}(\boldsymbol{x},t)$ 正半定且 $\dot{V}[\boldsymbol{x}(t;\boldsymbol{x}_0,t_0),t]$ 在 $\boldsymbol{x}\neq 0$ 时不恒为零,则系统在原点是不稳定的。

(5) $\dot{V}(\boldsymbol{x},t)$ 正定,则系统在原点是不稳定的。

特别对于线性定常系统,有以下定理:

定理【2.19】:系统 $\dot{\boldsymbol{x}}=\boldsymbol{Ax}$ 的渐近稳定的充要条件为,给定一正定实对称矩阵 $\boldsymbol{Q}$,有唯一正定实对称矩 $\boldsymbol{P}$ 使

$$\boldsymbol{A}^{\mathrm{T}}\boldsymbol{P}+\boldsymbol{PA}=-\boldsymbol{Q} \tag{2-132}$$

成立。式(2-132)称为 Lyapunov 矩阵代数方程。

定理【2.20】:对于式(2-132),下述三个结论是成立的:

(1) 若 $\boldsymbol{A}$ 是稳定的，则方程(2-132)存在唯一的对称解 $\boldsymbol{P} \geqslant 0$。

(2) 对于 $\boldsymbol{Q}=\boldsymbol{C}^{\mathrm{T}}\boldsymbol{C}$，方程具有唯一对称解 $\boldsymbol{P}>0$ 的充要条件是 $(\boldsymbol{C},\boldsymbol{A})$ 为能观测的，具有唯一的对称解 $\boldsymbol{P} \geqslant 0$ 的充要条件是 $(\boldsymbol{C},\boldsymbol{A})$ 为可检测的。

(3) 若方程 $\boldsymbol{Q}=\boldsymbol{C}^{\mathrm{T}}\boldsymbol{C}$，时具有解 $\boldsymbol{P}>0$，且 $(\boldsymbol{C},\boldsymbol{A})$ 为能观测的，则 $\boldsymbol{A}$ 是稳定的；若此时具有解 $\boldsymbol{P} \geqslant 0$，且 $(\boldsymbol{C},\boldsymbol{A})$ 为可检测的，则 $\boldsymbol{A}$ 也是稳定的。

2.4.2.5　有限时间稳定和固定时间稳定

随着近些年来齐次理论的发展，以及工程实际对系统快速性的需求，提出了有限时间稳定性和固定时间稳定性的概念，进一步拓展了 Lyapunov 稳定性的概念。

定义【2.27】：系统 $\dot{\boldsymbol{x}}=\boldsymbol{f}(\boldsymbol{x})$ 在平衡点是有限时间稳定的，当满足：

(1) 系统在平衡点是 Lyapunov 意义下稳定的；

(2) 存在一个调节时间函数 $T:\mathbf{R}^n \to \mathbf{R}^+$，使得对 $\forall x \in \mathbf{R}^n$，系统的解 $\boldsymbol{x}(t,\boldsymbol{x}_0)$ 满足 $\lim\limits_{t \to T(\boldsymbol{x}_0)} \boldsymbol{x}(t,\boldsymbol{x}_0)=0$。

定义【2.28】：系统 $\dot{\boldsymbol{x}}=\boldsymbol{f}(\boldsymbol{x})$ 在平衡点是全局有限时间稳定的，当满足：

(1) 系统在平衡点是全局渐近稳定的；

(2) 系统任意的解 $\boldsymbol{x}(t,\boldsymbol{x}_0)$ 在某个有限时刻达到原点，即 $\forall t \geqslant T(\boldsymbol{x}_0)$，有 $\boldsymbol{x}(t,\boldsymbol{x}_0)=0$，其中 $T:\mathbf{R}^n \to \mathbf{R}^+ \cup \{0\}$ 为调节时间函数。

例如，系统 $\dot{x}=-x^{-1/3}$，$x \in \mathbf{R}$，借助于微分方程求解，该系统在有限时间 $T(\boldsymbol{x}_0)=2\sqrt[3]{|\boldsymbol{x}_0|^2}/3$ 收敛于零。

定义【2.29】：系统 $\dot{\boldsymbol{x}}=\boldsymbol{f}(\boldsymbol{x})$ 在平衡点是固定时间稳定的，当满足：

(1) 系统在平衡点是有限时间稳定的；

(2) 存在一个有界收敛时间 $T(\boldsymbol{x}_0)$ 和一个有界正数 $T_{\max}$，满足 $T(\boldsymbol{x}_0) \leqslant T_{\max}$。

定义【2.30】：系统 $\dot{\boldsymbol{x}}=\boldsymbol{f}(\boldsymbol{x})$ 的平衡点是全局固定时间稳定的，当满足：

(1) 系统在平衡点是全局有限时间稳定的；

(2) 系统的调节时间函数 $T(\boldsymbol{x}_0)$ 是有界的，即存在一个有界正数 $T_{\max}>0$，对于 $\forall \boldsymbol{x}_0 \in \mathbf{R}^n$，满足 $T(\boldsymbol{x}_0) \leqslant T_{\max}$。

例如，系统 $\dot{x}=-x^{-1/3}-x^{-3}$，$x \in \mathbf{R}$ 在固定时间收敛于零，即对于这个系统的任意基解 $\boldsymbol{x}(t,\boldsymbol{x}_0)$ 在有限时间内收敛于零，对任意 x_0，当时间 $t \geqslant 2.5$ s 时，均使得系统的解满足 $\boldsymbol{x}(t,\boldsymbol{x}_0)=0$。

显然，有限时间稳定性和固定时间稳定性是建立在实际工程设计需求上的稳定性概念，是对 Lyapunov 稳定性概念的有益补充和发展。

针对上有限时间稳定性和固定时间稳定性的概念，同样可以得到以下定理：

定理【2.21】：若满足以下条件：

(1) $V(\boldsymbol{x},t)$ 正定；

(2) $\dot{V}(\boldsymbol{x},t)$ 满足下列条件：

$$\dot{V}(\boldsymbol{x},t)+cV^{\alpha}(\boldsymbol{x},t) \leqslant 0 \tag{2-133}$$

其中，$c>0$，$\alpha \in (0,1)$，则原点是有限时间稳定的。

浅释：$V^{\alpha}(\boldsymbol{x},t)$ 表示正定函数 $V(\boldsymbol{x},t)$ 的 α 次幂，是关于 $V(\boldsymbol{x},t)$ 的 0 与 1 之间分数阶次幂的形式。$V^{\alpha}(\boldsymbol{x},t)$ 这种形式完全是根据有限时间稳定系统中应用了分数次幂推广而得到的。

定理【2.22】:若满足以下条件:

(1)$V(\boldsymbol{x},t)$ 正定;

(2)$\dot{V}(\boldsymbol{x},t)$ 满足下列条件:

$$D'V(\boldsymbol{x}) \leqslant -[\alpha V^{p}(\boldsymbol{x})+\beta V^{q}(\boldsymbol{x})]^{k} \tag{2-134}$$

其中:$D'\boldsymbol{x}(t)=\sup\lim\limits_{h\to+0}\dfrac{\boldsymbol{x}(t+h)-\boldsymbol{x}(t)}{h}$;$\alpha$、$\beta$、$p$、$q$、$k>0$;$pk<1$,$qk>1$,则原点是固定时间稳定的。

浅释:$V^{p}(\boldsymbol{x})$ 和 $V^{q}(\boldsymbol{x})$ 分别表示正定函数 $V(\boldsymbol{x})$ 的 p 次幂和 q 次幂,其中 p 次幂代表 0 与 1 之间的分数次幂,q 次幂代表大于 1 的 q 次幂。

当满足定理 2.22 的固定时间稳定条件时,利用微分方程求解和不等式的变换关系可知,系统的时间函数应满足 $T(x_0)\leqslant\dfrac{1}{\alpha^{k}(1-pk)}+\dfrac{1}{\beta^{k}(qk-q)}$。

2.5 Riccati 方程与线性矩阵不等式

哈密尔顿(Hamilton)矩阵和黎卡提(Riccati)方程在 H_{∞} 范数的应用起到了非常重要的作用,这里首先介绍 Hamilton 矩阵和 Riccati 方程的形式,再说明两者之间的联系,并引出线性矩阵不等式。

2.5.1 Hamilton 矩阵与 Riccati 方程

考虑代数 Riccati 方程和相应矩阵 $\boldsymbol{H}$,有

$$\boldsymbol{PA}+\boldsymbol{A}^{\mathrm{T}}\boldsymbol{P}-\boldsymbol{PBB}^{\mathrm{T}}\boldsymbol{P}+\boldsymbol{C}^{\mathrm{T}}\boldsymbol{C}=0 \tag{2-135}$$

$$\boldsymbol{H}=\begin{bmatrix}\boldsymbol{A} & -\boldsymbol{BB}^{\mathrm{T}}\\ -\boldsymbol{C}^{\mathrm{T}}\boldsymbol{C} & -\boldsymbol{A}^{\mathrm{T}}\end{bmatrix}_{2n\times 2n} \tag{2-136}$$

式中,$\boldsymbol{A}\in\boldsymbol{R}^{n\times n}$、$\boldsymbol{B}\in\boldsymbol{R}^{n\times p}$、$\boldsymbol{C}\in\boldsymbol{R}^{q\times n}$ 均为常阵,且 $\boldsymbol{B}$ 为列满秩,$\boldsymbol{C}$ 为行满秩。

定义【2.31】:如果 $2n\times 2n$ 阵 $\boldsymbol{H}$ 满足

$$\boldsymbol{J}^{-1}\boldsymbol{H}^{\mathrm{T}}\boldsymbol{J}=-\boldsymbol{H} \quad 或 \quad (\boldsymbol{J}^{-1}\boldsymbol{H}^{*}\boldsymbol{J}=-\boldsymbol{H}) \tag{2-137}$$

则称矩阵 $\boldsymbol{H}$ 为 Hamilton 矩阵。式中,$\boldsymbol{J}=\begin{bmatrix}\boldsymbol{0} & \boldsymbol{I}_n\\ -\boldsymbol{I}_n & \boldsymbol{0}\end{bmatrix}$ 称为逆反对称矩阵,满足 $\boldsymbol{J}^{\mathrm{T}}=\boldsymbol{J}^{-1}=-\boldsymbol{J}$。

Hamilton 矩阵与 Riccati 方程具有以下关系:

$$[\boldsymbol{P}\quad -\boldsymbol{I}]\boldsymbol{H}\begin{bmatrix}\boldsymbol{I}\\ \boldsymbol{P}\end{bmatrix}=0 \tag{2-138}$$

引理【2.1】:若 Hamilton 矩阵 $\boldsymbol{H}$ 没有虚轴上的特征值,则 $\boldsymbol{H}$ 矩阵具有性质:若 $\lambda_i\in\lambda(\boldsymbol{H})$,$i=1,2,\cdots,n$,式中 $\lambda(\boldsymbol{H})$ 为矩阵 $\boldsymbol{H}$ 的所有特征值集合,则 $-\lambda_i\in\lambda(\boldsymbol{H})$,即 $\boldsymbol{H}$ 的特征值以虚轴、实轴为对称。

注意到矩阵 $\boldsymbol{H}$ 满足式(2-138),于是引理的结论成立。

由于 Hamilton 矩阵具有上述性质,若假设矩阵 $\boldsymbol{H}$ 在虚轴上没有特征值,那么,矩阵 $\boldsymbol{H}$ 在开左右半平面各有 n 个特征值。

引理【2.2】：若系统$(\boldsymbol{A},\boldsymbol{B})$能稳定，$(\boldsymbol{C},\boldsymbol{A})$能检测，则式(2-137)的矩阵$\boldsymbol{H}$没有虚轴上的特征值，且$\boldsymbol{H}$的Jordan形为

$$\begin{bmatrix}\boldsymbol{J}_H & \boldsymbol{0}\\ \boldsymbol{0} & \tilde{\boldsymbol{J}}_H\end{bmatrix},\quad \boldsymbol{J}_H,\tilde{\boldsymbol{J}}_H\in\mathbf{C}^{n\times n}$$

即存在$\boldsymbol{H}$的非奇异特征向量阵$\boldsymbol{W}_{2n\times 2n}$，使有

$$\boldsymbol{W}^{-1}\boldsymbol{H}\boldsymbol{W}=\begin{bmatrix}\boldsymbol{W}_{11} & \boldsymbol{W}_{12}\\ \boldsymbol{W}_{21} & \boldsymbol{W}_{22}\end{bmatrix}^{-1}\boldsymbol{H}\begin{bmatrix}\boldsymbol{W}_{11} & \boldsymbol{W}_{12}\\ \boldsymbol{W}_{21} & \boldsymbol{W}_{22}\end{bmatrix}=\begin{bmatrix}\boldsymbol{J}_H & \boldsymbol{0}\\ \boldsymbol{0} & \tilde{\boldsymbol{J}}_H\end{bmatrix}\tag{2-139}$$

其中$\mathrm{Re}\lambda(J_H)<0$，$\tilde{\boldsymbol{J}}_H$是由$\boldsymbol{J}_H$的对角线元素乘以$-1$构成的Jordan形矩阵，且$\boldsymbol{W}_{11}$和$\boldsymbol{W}_{22}$非奇异。

定理【2.23】：矩阵代数Riccati方程(2-135)存在唯一解$\boldsymbol{P}=\boldsymbol{P}^{\mathrm{T}}=(\boldsymbol{W}_{21}\boldsymbol{W}_{11}^{-1})\geqslant 0$，且使$\mathrm{Re}\lambda(\boldsymbol{A}-\boldsymbol{B}\boldsymbol{B}^{\mathrm{T}}\boldsymbol{P})<0$的充分必要条件是$(\boldsymbol{A},\boldsymbol{B})$能稳定，$(\boldsymbol{C},\boldsymbol{A})$能检测。若还有$(\boldsymbol{C},\boldsymbol{A})$能观测，则有$\boldsymbol{P}>0$。

证明：充分性。

(1) 解的存在性。若$(\boldsymbol{A},\boldsymbol{B})$能稳定，$(\boldsymbol{C},\boldsymbol{A})$能检测，则由引理2.2可知，式(2-136)的矩阵$\boldsymbol{H}$没有虚轴上的特征值，并存在$\boldsymbol{W}$，使式(2-139)成立。其中$\boldsymbol{W}_{11}$可逆，由式(2-139)，可得

$$\boldsymbol{H}\begin{bmatrix}\boldsymbol{W}_{11}\\ \boldsymbol{W}_{21}\end{bmatrix}=\begin{bmatrix}\boldsymbol{W}_{11}\\ \boldsymbol{W}_{21}\end{bmatrix}\boldsymbol{J}_H\tag{2-140}$$

记$\boldsymbol{W}_1=\begin{bmatrix}\boldsymbol{W}_{11}\\ \boldsymbol{W}_{21}\end{bmatrix}$，则式(2-140)可写为

$$\boldsymbol{H}\boldsymbol{W}_1=\boldsymbol{W}_1\boldsymbol{J}_H\tag{2-141}$$

由式(2-140)，得

$$\boldsymbol{A}\boldsymbol{W}_{11}-\boldsymbol{B}\boldsymbol{B}^{\mathrm{T}}\boldsymbol{W}_{21}=\boldsymbol{W}_{11}\boldsymbol{J}_H\tag{2-142}$$

$$-\boldsymbol{C}^{\mathrm{T}}\boldsymbol{C}\boldsymbol{W}_{11}-\boldsymbol{A}^{\mathrm{T}}\boldsymbol{W}_{21}=\boldsymbol{W}_{21}\boldsymbol{J}_H\tag{2-143}$$

将式(2-142)右乘$\boldsymbol{W}_{11}^{-1}$，左乘$\boldsymbol{W}_{21}\boldsymbol{W}_{11}^{-1}$，式(2-143)右乘$\boldsymbol{W}_{11}^{-1}$，则有

$$\boldsymbol{W}_{21}\boldsymbol{W}_{11}^{-1}\boldsymbol{A}-\boldsymbol{W}_{21}\boldsymbol{W}_{11}^{-1}\boldsymbol{B}\boldsymbol{B}^{\mathrm{T}}\boldsymbol{W}_{21}\boldsymbol{W}_{11}^{-1}=\boldsymbol{W}_{21}\boldsymbol{J}_H\boldsymbol{W}_{11}^{-1}\tag{2-144}$$

$$-\boldsymbol{C}^{\mathrm{T}}\boldsymbol{C}-\boldsymbol{A}^{\mathrm{T}}\boldsymbol{W}_{21}\boldsymbol{W}_{11}^{-1}=\boldsymbol{W}_{21}\boldsymbol{J}_H\boldsymbol{W}_{11}^{-1}\tag{2-145}$$

两式相减，得

$$(\boldsymbol{W}_{21}\boldsymbol{W}_{11}^{-1})\boldsymbol{A}+\boldsymbol{A}^{\mathrm{T}}(\boldsymbol{W}_{21}\boldsymbol{W}_{11}^{-1})-(\boldsymbol{W}_{21}\boldsymbol{W}_{11}^{-1})\boldsymbol{B}\boldsymbol{B}^{\mathrm{T}}(\boldsymbol{W}_{21}\boldsymbol{W}_{11}^{-1})+\boldsymbol{C}^{\mathrm{T}}\boldsymbol{C}=0\tag{2-146}$$

因此，$\boldsymbol{P}=\boldsymbol{W}_{21}\boldsymbol{W}_{11}^{-1}$为方程(2-135)的解。

(2) 解的对称性。由式(2-137)，有

$$\boldsymbol{H}^{\mathrm{T}}\boldsymbol{J}+\boldsymbol{J}\boldsymbol{H}=\boldsymbol{0}\tag{2-147}$$

将上式左乘$\boldsymbol{W}_1^*$，右乘$\boldsymbol{W}_1$，并考虑到式(2-141)，则有

$$\boldsymbol{J}_H^*\boldsymbol{W}_1^*\boldsymbol{J}\boldsymbol{W}_1+\boldsymbol{W}_1^*\boldsymbol{J}\boldsymbol{W}_1\boldsymbol{J}_H=\boldsymbol{0}\tag{2-148}$$

因为$\boldsymbol{J}_H$没有虚轴上的特征值，故欲使式(2-148)成立，必有$\boldsymbol{W}_1^*\boldsymbol{J}\boldsymbol{W}_1=\boldsymbol{0}$，即有

$$\boldsymbol{W}_{11}^*\boldsymbol{W}_{21}=\boldsymbol{W}_{21}^*\boldsymbol{W}_{11}\tag{2-149}$$

即解$\boldsymbol{P}=\boldsymbol{W}_{21}\boldsymbol{W}_{11}^{-1}$是对称的。

(3) $\boldsymbol{A}-\boldsymbol{B}\boldsymbol{B}^{\mathrm{T}}\boldsymbol{P}$为稳定阵。将式(2-140)右乘$\boldsymbol{W}_{11}^{-1}$，则有

$$\boldsymbol{A}-\boldsymbol{B}\boldsymbol{B}^{\mathrm{T}}(\boldsymbol{W}_{21}\boldsymbol{W}_{11}^{-1})=\boldsymbol{A}-\boldsymbol{B}\boldsymbol{B}^{\mathrm{T}}\boldsymbol{P}=\boldsymbol{W}_{11}\boldsymbol{J}_H\boldsymbol{W}_{11}^{-1}\tag{2-150}$$

因为 $\mathrm{Re}\lambda(\boldsymbol{J}_H)<0$，所以$(\boldsymbol{A}-\boldsymbol{B}\boldsymbol{B}^{\mathrm{T}}\boldsymbol{P})$ 为稳定阵，即 $\mathrm{Re}\lambda(\boldsymbol{A}-\boldsymbol{B}\boldsymbol{B}^{\mathrm{T}}\boldsymbol{P})<0$。

(4) 解的非负定性。将 Riccati 方程(2-135) 改写为如下形式：

$$(\boldsymbol{A}-\boldsymbol{B}\boldsymbol{B}^{\mathrm{T}}\boldsymbol{P})\boldsymbol{P}+\boldsymbol{P}(\boldsymbol{A}-\boldsymbol{B}\boldsymbol{B}^{\mathrm{T}}\boldsymbol{P})=-(\boldsymbol{C}^{\mathrm{T}}\boldsymbol{C}-\boldsymbol{P}\boldsymbol{B}\boldsymbol{B}^{\mathrm{T}}\boldsymbol{P}) \tag{2-151}$$

设 $\lambda\in\lambda(\boldsymbol{A}-\boldsymbol{B}\boldsymbol{B}^{\mathrm{T}}\boldsymbol{P})$，向量 $\boldsymbol{\xi}$ 满足$(\boldsymbol{A}-\boldsymbol{B}\boldsymbol{B}^{\mathrm{T}}\boldsymbol{P})\boldsymbol{\xi}=\lambda\boldsymbol{\xi}$。对式(2-151) 左乘 $\boldsymbol{\xi}^*$，右乘 $\boldsymbol{\xi}$，则有

$$\lambda^*\boldsymbol{\xi}^*\boldsymbol{P}\boldsymbol{\xi}+\lambda\boldsymbol{\xi}^*\boldsymbol{P}\boldsymbol{\xi}=-\boldsymbol{\xi}^*(\boldsymbol{C}^{\mathrm{T}}\boldsymbol{C}-\boldsymbol{P}\boldsymbol{B}\boldsymbol{B}^{\mathrm{T}}\boldsymbol{P})\boldsymbol{\xi} \tag{2-152}$$

由此有

$$2\mathrm{Re}\lambda\boldsymbol{\xi}^*\boldsymbol{P}\boldsymbol{\xi}=-\boldsymbol{\xi}^*\boldsymbol{C}^{\mathrm{T}}\boldsymbol{C}\boldsymbol{\xi}-\boldsymbol{\xi}^*\boldsymbol{P}\boldsymbol{B}\boldsymbol{B}^{\mathrm{T}}\boldsymbol{P}\boldsymbol{\xi}=-\|\boldsymbol{C}\boldsymbol{\xi}\|^2-\|\boldsymbol{B}^{\mathrm{T}}\boldsymbol{P}\boldsymbol{\xi}\|^2 \tag{2-153}$$

因为$(\boldsymbol{A},\boldsymbol{B})$ 能稳定，$(\boldsymbol{C},\boldsymbol{A})$ 能检测，所以 $\|\boldsymbol{C}\boldsymbol{\xi}\|\geqslant 0$，$\|\boldsymbol{B}^{\mathrm{T}}\boldsymbol{P}\boldsymbol{\xi}\|\geqslant 0$，而 $\mathrm{Re}\lambda<0$。从而必有 $\boldsymbol{P}\geqslant 0$。

(5) 解的唯一性。设 $\boldsymbol{P}_1$ 和 $\boldsymbol{P}_2$ 均为方程(2-135) 的解，则有

$$\boldsymbol{P}_1\boldsymbol{A}+\boldsymbol{A}^{\mathrm{T}}\boldsymbol{P}_1-\boldsymbol{P}_1\boldsymbol{B}\boldsymbol{B}^{\mathrm{T}}\boldsymbol{P}_1+\boldsymbol{C}^{\mathrm{T}}\boldsymbol{C}=\boldsymbol{0} \tag{2-154}$$

$$\boldsymbol{P}_2\boldsymbol{A}+\boldsymbol{A}^{\mathrm{T}}\boldsymbol{P}_2-\boldsymbol{P}_2\boldsymbol{B}\boldsymbol{B}^{\mathrm{T}}\boldsymbol{P}_2+\boldsymbol{C}^{\mathrm{T}}\boldsymbol{C}=\boldsymbol{0} \tag{2-155}$$

且均有 $\mathrm{Re}\lambda(\boldsymbol{A}-\boldsymbol{B}\boldsymbol{B}^{\mathrm{T}}\boldsymbol{P}_1)<0$，$\mathrm{Re}\lambda(\boldsymbol{A}-\boldsymbol{B}\boldsymbol{B}^{\mathrm{T}}\boldsymbol{P}_2)<0$。将上两式相减，再整理，得

$$(\boldsymbol{A}-\boldsymbol{B}\boldsymbol{B}^{\mathrm{T}}\boldsymbol{P}_1)(\boldsymbol{P}_1-\boldsymbol{P}_2)+(\boldsymbol{P}_1-\boldsymbol{P}_2)(\boldsymbol{A}-\boldsymbol{B}\boldsymbol{B}^{\mathrm{T}}\boldsymbol{P}_2)=\boldsymbol{0} \tag{2-156}$$

因为 $\lambda_i(\boldsymbol{A}-\boldsymbol{B}\boldsymbol{B}^{\mathrm{T}}\boldsymbol{P}_1)+\lambda_j(\boldsymbol{A}-\boldsymbol{B}\boldsymbol{B}^{\mathrm{T}}\boldsymbol{P}_2)\neq\boldsymbol{0}$，$i,j=1,2,\cdots,n$，所以方程(2-156) 必有唯一解，且解$(\boldsymbol{P}_1-\boldsymbol{P}_2)=\boldsymbol{0}$，即 $\boldsymbol{P}_1=\boldsymbol{P}_2$。

解的唯一性得证。

(6) 必要性。

若方程(2-135) 存在解 $\boldsymbol{P}$，则取非奇异变换阵 $\boldsymbol{T}=\begin{bmatrix}\boldsymbol{I} & \boldsymbol{0}\\ \boldsymbol{P} & \boldsymbol{I}\end{bmatrix}$，$\boldsymbol{T}^{-1}=\begin{bmatrix}\boldsymbol{I} & \boldsymbol{0}\\ -\boldsymbol{P} & \boldsymbol{I}\end{bmatrix}$，可得

$$\boldsymbol{T}^{-1}\boldsymbol{H}\boldsymbol{T}=\begin{bmatrix}\boldsymbol{I} & \boldsymbol{0}\\ -\boldsymbol{P} & \boldsymbol{I}\end{bmatrix}\begin{bmatrix}\boldsymbol{A} & -\boldsymbol{B}\boldsymbol{B}^{\mathrm{T}}\\ -\boldsymbol{C}^{\mathrm{T}}\boldsymbol{C} & -\boldsymbol{A}^{\mathrm{T}}\end{bmatrix}\begin{bmatrix}\boldsymbol{I} & \boldsymbol{0}\\ \boldsymbol{P} & \boldsymbol{I}\end{bmatrix}=\begin{bmatrix}\boldsymbol{A}-\boldsymbol{B}\boldsymbol{B}^{\mathrm{T}}\boldsymbol{P} & -\boldsymbol{B}\boldsymbol{B}^{\mathrm{T}}\\ \boldsymbol{0} & -(\boldsymbol{A}-\boldsymbol{B}\boldsymbol{B}^{\mathrm{T}}\boldsymbol{P})^{\mathrm{T}}\end{bmatrix} \tag{2-157}$$

式中，$\mathrm{Re}\lambda(\boldsymbol{A}-\boldsymbol{B}\boldsymbol{B}^{\mathrm{T}}\boldsymbol{P})<0$，$\mathrm{Re}\lambda[-(\boldsymbol{A}-\boldsymbol{B}\boldsymbol{B}^{\mathrm{T}}\boldsymbol{P})]>0$。式(2-157) 表明，若 $\boldsymbol{P}$ 为方程(2-135) 的解，则式(2-136) 的 Hamilton 阵没有虚轴上的特征值。如此，系统$(\boldsymbol{A},\boldsymbol{B})$ 能稳定，$(\boldsymbol{C},\boldsymbol{A})$ 能检测。

最后，若系统$(\boldsymbol{A},\boldsymbol{B})$ 能稳定，$(\boldsymbol{C},\boldsymbol{A})$ 能观测，则由式(2-108) 可知，$\|\boldsymbol{C}\boldsymbol{\xi}\|>0$，而 $\mathrm{Re}\lambda(\boldsymbol{A}-\boldsymbol{B}\boldsymbol{B}^{\mathrm{T}}\boldsymbol{P})<0$，因此，$\boldsymbol{P}>0$。同时，$(\boldsymbol{A},\boldsymbol{B})$ 能稳定，$(\boldsymbol{C},\boldsymbol{A})$ 能观测也是 $\boldsymbol{P}>0$ 的必要条件。

一般称使 $\boldsymbol{A}-\boldsymbol{B}\boldsymbol{B}^{\mathrm{T}}\boldsymbol{P}$ 稳定的 Riccati 方程(2-153) 的解 $\boldsymbol{P}\geqslant 0$ 为稳定解。

对于更一般形式的矩阵 Riccati 方程

$$\boldsymbol{A}^{\mathrm{T}}\boldsymbol{P}+\boldsymbol{P}\boldsymbol{A}-\boldsymbol{P}\boldsymbol{M}\boldsymbol{P}+\boldsymbol{Q}=\boldsymbol{0} \tag{2-158}$$

和相应的 Hamilton 矩阵

$$\boldsymbol{H}=\begin{bmatrix}\boldsymbol{A} & -\boldsymbol{M}\\ -\boldsymbol{Q} & -\boldsymbol{A}^{\mathrm{T}}\end{bmatrix} \tag{2-159}$$

其中，$\boldsymbol{A},\boldsymbol{M},\boldsymbol{Q}\in\mathbf{R}^{n\times n}$，$\boldsymbol{M}=\boldsymbol{M}^{T}$，$\boldsymbol{Q}=\boldsymbol{Q}^{\mathrm{T}}$，$\boldsymbol{M}>0$(或 $\boldsymbol{M}\leqslant 0$)，对 $\boldsymbol{Q}$ 没有正定或非负定的限制，则有如下定理：

定理【2.24】：若式(2-159) 的矩阵 $\boldsymbol{H}$ 没有虚轴上的特征值，且$(\boldsymbol{A},\boldsymbol{M})$ 能稳定，则方程(2-158) 存在唯一对称解 $\boldsymbol{P}=\boldsymbol{P}^{\mathrm{T}}$，且 $\mathrm{Re}\lambda(\boldsymbol{A}-\boldsymbol{M}\boldsymbol{P})<0$。

此定理的证明类似于定理 2.23，这里略。

最后，考虑如下形式的 Riccati 方程：

$$\boldsymbol{P}\boldsymbol{A}^{\mathrm{T}}+\boldsymbol{A}\boldsymbol{P}-\boldsymbol{P}\boldsymbol{M}_2\boldsymbol{P}+\boldsymbol{Q}_2=\boldsymbol{0} \tag{2-160}$$

式中，$\boldsymbol{A}$、$\boldsymbol{Q}_2$ 和 $\boldsymbol{M}_2$ 是给定的 $n\times n$ 维矩阵，且 $\boldsymbol{Q}_2$ 对称，$\boldsymbol{M}_2$ 正定对称。

Riccati 方程(2-160)的正定解 $\boldsymbol{P}$ 关于系数矩阵 $\boldsymbol{M}_2$ 和 $\boldsymbol{Q}_2$ 具有如下单调性定理：

定理【2.25】：设 $\boldsymbol{P}$ 是方程(2-160)的正定对称解，$\boldsymbol{Q}_1$ 是满足 $\boldsymbol{Q}_1\leqslant\boldsymbol{Q}_2$ 的对称阵，则存在正定对称阵 $\boldsymbol{P}_+$ 满足 $\boldsymbol{P}\leqslant\boldsymbol{P}_+$ 和

$$\boldsymbol{P}_+\boldsymbol{A}^{\mathrm{T}}+\boldsymbol{A}\boldsymbol{P}_++\boldsymbol{P}_+\boldsymbol{M}_2\boldsymbol{P}_++\boldsymbol{Q}_1=\boldsymbol{0} \tag{2-161}$$

定理【2.26】：设 $\boldsymbol{P}$ 是方程(2-160)的正定对称解，$\boldsymbol{M}_1$ 是满足 $\boldsymbol{M}_1<\boldsymbol{M}_2$ 的正定对称阵。则存在正定对称阵 $\boldsymbol{P}_+$ 满足 $\boldsymbol{P}<\boldsymbol{P}_+$ 和

$$\boldsymbol{P}_+\boldsymbol{A}^{\mathrm{T}}+\boldsymbol{A}\boldsymbol{P}_++\boldsymbol{P}_+\boldsymbol{M}_1\boldsymbol{P}_++\boldsymbol{Q}_2=\boldsymbol{0} \tag{2-162}$$

2.5.2　H_∞ 范数的计算

无论系统的传函阵 $\boldsymbol{G}(s)\in\boldsymbol{RH}_\infty$，还是 $\boldsymbol{G}(s)\in\boldsymbol{RL}_\infty$，其 $\|\cdot\|_\infty$ 的计算均可按下式进行：

$$\|\boldsymbol{G}(s)\|_\infty=\sup_\omega\bar{\sigma}[\boldsymbol{G}(\mathrm{j}\omega)] \tag{2-163}$$

实际上，当 $\boldsymbol{G}(s)$ 为标量函数时，可按式(2-163)计算 $\|\cdot\|_\infty$；而当 $\boldsymbol{G}(s)$ 为矩阵函数时，计算 $\|\cdot\|_\infty$ 是很麻烦的。为此，我们寻找计算 $\|\cdot\|_\infty$ 的其他途径。

设严格正则传函阵 $\boldsymbol{G}(s)\in\boldsymbol{RH}_\infty$，其状态空间实现为

$$\boldsymbol{G}(s)=\begin{bmatrix}\boldsymbol{A} & \boldsymbol{B}\\ \boldsymbol{C} & \boldsymbol{D}\end{bmatrix} \tag{2-164}$$

式中，$\boldsymbol{A}$ 为稳定阵。

令 $\gamma>0$，定义 Hamilton 矩阵

$$\boldsymbol{H}=\begin{bmatrix}\boldsymbol{A} & \gamma^{-2}\boldsymbol{B}\boldsymbol{B}^{\mathrm{T}}\\ -\boldsymbol{C}^{\mathrm{T}}\boldsymbol{C} & -\boldsymbol{A}^{\mathrm{T}}\end{bmatrix} \tag{2-165}$$

则有如下定理：

定理【2.27】：对如上定义的 $\boldsymbol{G}(s)$，$\|\boldsymbol{G}(s)\|_\infty<\gamma$ 的充分必要条件是由式(2-165)定义的矩阵没有虚轴上的特征值。

证明：不失一般性，可取 $\gamma=1$。若 $\gamma\neq1$，可将 $\boldsymbol{G}$ 改写为 $\gamma^{-1}\boldsymbol{G}$，$\boldsymbol{B}$ 改写成 $\gamma^{-1}\boldsymbol{B}$。根据线性系统运算规则，有

$$[\boldsymbol{I}-\boldsymbol{G}^{\mathrm{T}}(-s)\boldsymbol{G}(s)]^{-1}=[\boldsymbol{H},\bar{\boldsymbol{B}},[0\quad\boldsymbol{B}^{\mathrm{T}}],\boldsymbol{I}] \tag{2-166}$$

式中，$\boldsymbol{G}^{\mathrm{T}}(-s)=\begin{bmatrix}-\boldsymbol{A}^{\mathrm{T}} & \boldsymbol{C}^{\mathrm{T}}\\ -\boldsymbol{B}^{\mathrm{T}} & \boldsymbol{D}^{\mathrm{T}}\end{bmatrix}$，$\bar{\boldsymbol{B}}=\begin{bmatrix}\boldsymbol{B}\\ \boldsymbol{0}\end{bmatrix}$，$\boldsymbol{H}$ 如式(2-165)所示（取 $\gamma=1$），而 $\widetilde{\boldsymbol{G}}(s)$ 定义为 $\widetilde{\boldsymbol{G}}(s)=\boldsymbol{G}^{\mathrm{T}}(-s)$。由线性系统理论能控性的 PBH(Popov，Belevitch，Hautus)秩判据，有

$$\mathrm{rank}[\boldsymbol{H}-\mathrm{j}\omega\boldsymbol{I},\bar{\boldsymbol{B}}]=\mathrm{rank}[\bar{\boldsymbol{A}},\bar{\bar{\boldsymbol{B}}}]=$$

$$\mathrm{rank}\begin{bmatrix}\boldsymbol{A}-\mathrm{j}\omega\boldsymbol{I} & \boldsymbol{0} & \boldsymbol{B}\\ -\boldsymbol{C}^{\mathrm{T}}\boldsymbol{C} & -\boldsymbol{A}^{\mathrm{T}}-\mathrm{j}\omega\boldsymbol{I} & \boldsymbol{0}\end{bmatrix}=2n,\quad\forall\omega\in R \tag{2-167}$$

式中：$\bar{\boldsymbol{A}}=\begin{bmatrix}\boldsymbol{A}-\mathrm{j}\omega\boldsymbol{I} & \boldsymbol{B}\boldsymbol{B}^{\mathrm{T}} & \boldsymbol{B}\\ -\boldsymbol{C}^{\mathrm{T}}\boldsymbol{C} & -\boldsymbol{A}^{\mathrm{T}}-\mathrm{j}\omega I & \boldsymbol{0}\end{bmatrix}$；$\bar{\bar{\boldsymbol{B}}}=\begin{bmatrix}\boldsymbol{I} & \boldsymbol{0} & \boldsymbol{0}\\ \boldsymbol{0} & \boldsymbol{I} & \boldsymbol{0}\\ \boldsymbol{0} & -\boldsymbol{B}^{\mathrm{T}} & \boldsymbol{I}\end{bmatrix}$。

最后一个等式成立是因为 $\boldsymbol{A}$ 为稳定阵，即$(\boldsymbol{A}-\mathrm{j}\omega\boldsymbol{I})$ 和$(-\boldsymbol{A}^{\mathrm{T}}-\mathrm{j}\omega\boldsymbol{I})$ 均为满秩阵。

同理，由能观性的 PBH 秩判据，有

$$\operatorname{rank}\begin{bmatrix}\bar{\boldsymbol{B}}^{\mathrm{T}} \\ \boldsymbol{H}-\mathrm{j}\omega I\end{bmatrix}=2n \tag{2-168}$$

因此，式(2-165) 的矩阵 $\boldsymbol{H}(\gamma=1)$ 在虚轴上投有不能控和不能观特征值。即式(2-166) 在虚轴上不出现极、零点对消。故 $\boldsymbol{I}-\boldsymbol{G}^{\mathrm{T}}(-s)\boldsymbol{G}(s)$ 在虚轴上具有零点的充分必要条件为 $\boldsymbol{H}$ 在虚轴上具有特征值。

必要性。设 $\|\boldsymbol{G}\|_{\infty}<1$ 则由最大奇异值的性质，有

$$\boldsymbol{I}-\boldsymbol{G}^{\sim}(\mathrm{j}\omega)\boldsymbol{G}(\mathrm{j}\omega)>0,\quad \forall\omega \tag{2-169}$$

故 $\boldsymbol{I}-\widetilde{\boldsymbol{G}}(s)\boldsymbol{G}(s)$ 在虚轴上无零点，因此，$\boldsymbol{H}$ 在虚轴上无特征值。

充分性：反证。

如果 $\|\boldsymbol{G}(s)\|_{\infty}\geqslant 1$，$\sup\bar{\sigma}[\boldsymbol{G}(\mathrm{j}\omega)]\geqslant 1$，则由奇异值的连续性，存在 $\omega_0\in\mathbf{R}$ 使得

$$\sigma[\boldsymbol{G}(\mathrm{j}\omega_0)]=1 \tag{2-170}$$

这就意味着 $\boldsymbol{G}^{\mathrm{T}}(-\mathrm{j}\omega_0)\boldsymbol{G}(\mathrm{j}\omega_0)$ 具有特征值 1，而矩阵$[\boldsymbol{I}-\boldsymbol{G}^{\mathrm{T}}(-\mathrm{j}\omega_0)\boldsymbol{G}(\mathrm{j}\omega_0)]$ 为奇异阵。即，$\mathrm{j}\omega_0$ 是 $\boldsymbol{H}$ 的特征值。

以上定理提供了一个近似计算严格正则传函阵 $\boldsymbol{G}(s)$ 的 H_{∞} 范数的搜索过程。具体算法如下：

令 $a=\bar{\sigma}[\boldsymbol{G}(\infty)]$，$\varepsilon>0$ 为充分小正数。b 为充分大正数(满足 $\|\boldsymbol{G}(s)\|_{\infty}<b$)。

(1) 取 $\gamma=\dfrac{a+b}{2}$。

(2) 根据定理 2.23，检验是否有 $\|\gamma^{-1}\boldsymbol{G}(s)\|_{\infty}<1$。

若 $\|\gamma^{-1}\boldsymbol{G}(s)\|_{\infty}<1$，则令 $b=\gamma$；若 $\|\gamma^{-1}\boldsymbol{G}(s)\|_{\infty}\geqslant 1$，则令 $a=\gamma$。

(3) 若 $|a-b|>\varepsilon$，则返回步骤(1)。

若 $|a-b|\leqslant\varepsilon$，则计算结束，最后得 $\|G(s)\|=\gamma\pm\varepsilon$。

对于正则的传函阵 $\boldsymbol{G}(s)\in\boldsymbol{RL}_{\infty}$，即其状态空间实现为

$$\boldsymbol{G}(s)=\begin{bmatrix}\boldsymbol{A} & \boldsymbol{B}\\ \boldsymbol{C} & \boldsymbol{D}\end{bmatrix} \tag{2-171}$$

其中，$\boldsymbol{A}$ 为稳定阵，$\boldsymbol{D}\neq\boldsymbol{0}$，则 $\boldsymbol{G}(s)$ 的 H_{∞} 范数的计算可按如下定理进行。

定理【2.28】：设 $\boldsymbol{G}(s)$ 如式(2-171) 所定义，则存在 $\gamma>0$，使

$$\|\boldsymbol{G}(s)\|_{\infty}=\|\boldsymbol{C}(s\boldsymbol{I}-\boldsymbol{A})^{-1}\boldsymbol{B}+\boldsymbol{D}\|_{\infty}<\gamma \tag{2-172}$$

的充分必要条件是

$$\begin{gathered}\gamma^2\boldsymbol{I}-\boldsymbol{D}^{\mathrm{T}}\boldsymbol{D}>0\\ \|\boldsymbol{C}_M(s\boldsymbol{I}-\boldsymbol{A}_M)^{-1}\boldsymbol{B}_M\|_{\infty}<1\end{gathered} \tag{2-173}$$

式中：$\boldsymbol{A}_M=\boldsymbol{A}+\boldsymbol{B}(\gamma^2\boldsymbol{I}-\boldsymbol{D}^{\mathrm{T}}\boldsymbol{D})^{-1}\boldsymbol{D}^{\mathrm{T}}\boldsymbol{C}$ 为稳定阵；$\boldsymbol{B}_M=\boldsymbol{B}(\gamma^2\boldsymbol{I}-\boldsymbol{D}^{\mathrm{T}}\boldsymbol{D})^{-\frac{1}{2}}$，$\boldsymbol{C}_M=[\boldsymbol{I}+\boldsymbol{D}(\gamma^2\boldsymbol{I}-\boldsymbol{D}^{\mathrm{T}}\boldsymbol{D})^{-1}\boldsymbol{D}^{\mathrm{T}}]^{-\frac{1}{2}}\boldsymbol{C}$。

根据以上定理，不等式(2-173) 等价于 Hamilton 矩阵

$$\boldsymbol{H}_M=\begin{bmatrix}\boldsymbol{A}_M & \boldsymbol{B}_M\boldsymbol{B}_M^{\mathrm{T}}\\ -\boldsymbol{C}_M^{\mathrm{T}}\boldsymbol{C}_M & -\boldsymbol{A}_M^{\mathrm{T}}\end{bmatrix} \tag{2-174}$$

没有虚轴上的特征值。

2.5.3　Riccati 方程与 H_∞ 范数

定理【2.29】：设严格正则传函阵 $\boldsymbol{G}(s)=\boldsymbol{C}(s\boldsymbol{I}-\boldsymbol{A})^{-1}\boldsymbol{B}$，且 $\boldsymbol{A}$ 为稳定阵，则 $\|\boldsymbol{G}(s)\|_\infty<1$ 的充分必要条件为 Riccati 方程

$$\boldsymbol{A}^{\mathrm{T}}\boldsymbol{P}+\boldsymbol{P}\boldsymbol{A}+\boldsymbol{P}\boldsymbol{B}\boldsymbol{B}^{\mathrm{T}}\boldsymbol{P}+\boldsymbol{C}^{\mathrm{T}}\boldsymbol{C}=\boldsymbol{0} \tag{2-175}$$

有非负定解 $\boldsymbol{P}\geqslant 0$，且 $\boldsymbol{A}+\boldsymbol{B}\boldsymbol{B}^{\mathrm{T}}\boldsymbol{P}$ 为稳定阵。

证明：(1) 充分性。

设 Riccati 方程(2-175) 存在非负定解 $\boldsymbol{P}\geqslant 0$。且 $\boldsymbol{A}+\boldsymbol{B}\boldsymbol{B}^{\mathrm{T}}\boldsymbol{P}$ 为稳定阵，则由以上的引理和和定理可推得 $\|\boldsymbol{G}(s)\|_\infty<1$。

(2) 必要性。

由已知条件 $\boldsymbol{A}$ 为稳定阵，即 $\boldsymbol{A}$ 没有位于右半平面的不能控和不能观特征值，因此，$(\boldsymbol{A},\boldsymbol{B})$ 能稳定，$(\boldsymbol{C},\boldsymbol{A})$ 能检测，由定理 2.28 可知，Riccati 方程(2-175) 存在非负定解 $\boldsymbol{P}=\boldsymbol{W}_{21}\boldsymbol{W}_{11}^{-1}\geqslant 0$，且使 $\mathrm{Re}\lambda(\boldsymbol{A}+\boldsymbol{B}\boldsymbol{B}^{\mathrm{T}}\boldsymbol{P})<0$。

在以上定理中，为了得到 Riccati 方程的正定解 $\boldsymbol{P}>0$，需要附加条件$(\boldsymbol{C},\boldsymbol{A})$ 能观测。因此可得到以下推论：

推论 1：设严格正则传函阵 $\boldsymbol{G}(s)=\boldsymbol{C}(s\boldsymbol{I}-\boldsymbol{A})^{-1}\boldsymbol{B}$，且 $\boldsymbol{A}$ 为稳定阵，则 $\|\boldsymbol{G}(s)\|_\infty<1$ 的充分必要条件为 Riccati 方程(2-175) 有非负定解 $\boldsymbol{P}\geqslant 0$，且 $\boldsymbol{A}+\boldsymbol{B}\boldsymbol{B}^{\mathrm{T}}\boldsymbol{P}$ 为稳定阵。

如果还有$(\boldsymbol{C},\boldsymbol{A})$ 能观测，则 $\boldsymbol{P}>0$。

对于一般的正则有理传函阵

$$\boldsymbol{G}(s)=\boldsymbol{C}(s\boldsymbol{I}-\boldsymbol{A})^{-1}\boldsymbol{B}+\boldsymbol{D},\quad \boldsymbol{D}\neq\boldsymbol{0} \tag{2-176}$$

则定理 2.29 可推广如下。

定理【2.30】：设 $\boldsymbol{G}(s)$ 由式(2-176) 给定，$\|\boldsymbol{D}\|_\infty<1$，且 $\boldsymbol{A}$ 为稳定阵，则 $\|\boldsymbol{G}(s)\|_\infty<1$ 的充分必要条件为 Riccati 方程

$$\boldsymbol{P}(\boldsymbol{A}+\boldsymbol{B}\boldsymbol{R}^{-1}\boldsymbol{D}^{\mathrm{T}}\boldsymbol{C})+(\boldsymbol{A}+\boldsymbol{B}\boldsymbol{R}^{-1}\boldsymbol{D}^{\mathrm{T}}\boldsymbol{C})^{\mathrm{T}}\boldsymbol{P}+\boldsymbol{P}\boldsymbol{B}\boldsymbol{R}^{-1}\boldsymbol{B}^{\mathrm{T}}\boldsymbol{P}+\boldsymbol{C}^{\mathrm{T}}(\boldsymbol{I}+\boldsymbol{D}\boldsymbol{R}^{-1}\boldsymbol{D}^{\mathrm{T}})\boldsymbol{C}=\boldsymbol{0} \tag{2-177}$$

具有非负定解 $\boldsymbol{P}\geqslant 0$，且 $\boldsymbol{A}+\boldsymbol{B}\boldsymbol{R}^{-1}(\boldsymbol{B}^{\mathrm{T}}\boldsymbol{P}+\boldsymbol{D}^{\mathrm{T}}\boldsymbol{C})$ 为稳定阵。其中 $\boldsymbol{R}=\boldsymbol{I}-\boldsymbol{D}^{\mathrm{T}}\boldsymbol{D}>0$。

2.5.4　Riccati 不等式与 H_∞ 范数

在传函阵 $\boldsymbol{G}(s)$ 在 s 闭右半面解析的前提下，给出了 $\|\boldsymbol{G}(s)\|_\infty<1$ 的充分必要条件。这里将给出 $\|\boldsymbol{G}(s)\|_\infty<1$ 且 $\boldsymbol{G}(s)$ 在 s 闭右半平面解析的充分必要条件。

定理【2.31】：设严格正则有理传递函数矩阵 $\boldsymbol{G}(s)=\boldsymbol{C}(s\boldsymbol{I}-\boldsymbol{A})^{-1}\boldsymbol{B}$，则 $\boldsymbol{A}$ 为稳定阵，且 $\|\boldsymbol{G}(s)\|_\infty<1$ 的充分必要条件为存在正定阵 $\boldsymbol{P}>0$ 满足 Riccati 不等式

$$\boldsymbol{P}\boldsymbol{A}+\boldsymbol{A}^{\mathrm{T}}\boldsymbol{P}+\boldsymbol{P}\boldsymbol{B}\boldsymbol{B}^{\mathrm{T}}\boldsymbol{P}+\boldsymbol{C}^{\mathrm{T}}\boldsymbol{C}<0 \tag{2-178}$$

证明：(1) 充分性。

设存在 $\boldsymbol{P}>0$ 满足式(2-178)，令 $\boldsymbol{Q}=-(\boldsymbol{P}\boldsymbol{A}+\boldsymbol{A}^{\mathrm{T}}\boldsymbol{P}+\boldsymbol{P}\boldsymbol{B}\boldsymbol{B}^{\mathrm{T}}\boldsymbol{P}+\boldsymbol{C}^{\mathrm{T}}\boldsymbol{C})>\boldsymbol{0}$，则

$$\boldsymbol{P}\boldsymbol{A}+\boldsymbol{A}^{\mathrm{T}}\boldsymbol{P}=-\widetilde{\boldsymbol{Q}} \tag{2-179}$$

其中 $\widetilde{\boldsymbol{Q}}=\boldsymbol{Q}+\boldsymbol{P}\boldsymbol{B}\boldsymbol{B}^{\mathrm{T}}\boldsymbol{P}+\boldsymbol{C}^{\mathrm{T}}\boldsymbol{C}>0$，故由式(2-179) 和 Lyapunov 理论得 $\boldsymbol{A}$ 为稳定阵。易验证

$$\boldsymbol{I}-\boldsymbol{G}^{\mathrm{T}}(-s)\boldsymbol{G}(s)=\boldsymbol{I}+\widetilde{\boldsymbol{C}}(s\boldsymbol{I}-\widetilde{\boldsymbol{A}})^{-1}\widetilde{\boldsymbol{B}} \tag{2-180}$$

式中，$\tilde{A}=\begin{bmatrix}-A^{T} & C^{T}C\\ 0 & A\end{bmatrix}$，$\tilde{B}=\begin{bmatrix}0\\ B\end{bmatrix}$，$\tilde{C}=[B^{T}\quad 0]$。

对式(2-180)右端进行相似变换

$$\hat{A}=T\tilde{A}T^{-1},\quad \hat{B}=T\tilde{B},\quad \hat{C}=\tilde{C}T^{-1}$$

式中，$T=\begin{bmatrix}I & P\\ 0 & I\end{bmatrix}$，得

$$I-G^{T}(-s)G(s)=I+\hat{C}(sI-\hat{A})^{-1}\hat{B} \tag{2-181}$$

式中，$\hat{A}=\begin{bmatrix}-A^{T} & A^{T}P+PA+C^{T}C\\ 0 & A\end{bmatrix}$，$\hat{B}=\begin{bmatrix}PB\\ B\end{bmatrix}$，$\hat{C}=[B^{T}\quad -B^{T}P]$。

令

$$L^{2}=-(A^{T}P+PA+C^{T}C)=Q+PBB^{T}P \tag{2-182}$$

由式(2-181)，经代数运算可推得

$$I-G^{T}(-s)G(s)=N^{T}(-s)N(s)+I-B^{T}PL^{-2}PB,\quad \forall s=j\omega \tag{2-183}$$

式中，$N(s)=L^{-1}PB+L(sI-A)^{-1}B$。

根据矩阵求逆的方法，得

$$I-B^{T}PL^{-2}PB=[I+B^{T}PQ^{-1}PB]^{-1} \tag{2-184}$$

可得

$$I-G^{T}(-j\omega)G(j\omega)>0,\quad \forall\omega \tag{2-185}$$

故

$$\|G(s)\|_{\infty}=\sup_{\omega}\bar{\sigma}[G(j\omega)]<1 \tag{2-186}$$

(2) 必要性。

设 A 为稳定阵，且 $\|G(s)\|_{\infty}<1$，则

$$I-B^{T}(-sI-A^{T})^{-1}C^{T}C(sI-A)^{-1}B>0,\quad \forall s=j\omega \tag{2-187}$$

因此，存在充分小正数 $\varepsilon>0$，使得

$$I-B^{T}(-sI-A^{T})^{-1}C_{\varepsilon}^{T}C_{\varepsilon}(sI-A)^{-1}B>0,\quad \forall s=j\omega \tag{2-188}$$

式中，$C_{\varepsilon}^{T}=[C^{T}\quad \sqrt{\varepsilon}I]$，式(2-188)表明

$$\|C_{\varepsilon}(sI-A)^{-1}B\|_{\infty}<1 \tag{2-189}$$

因此，由定理 2.30 可知，Riccati 方程

$$A^{T}P+PA+PBB^{T}P+C^{T}C+\varepsilon I=0 \tag{2-190}$$

有解。

令 $M=PBB^{T}P+C^{T}C+\varepsilon I>0$，$M=C_{M}^{T}C_{M}$，$C_{M}^{T}=[PB\quad C_{\varepsilon}^{T}]$，则式(2-190)可以表示为

$$A^{T}P+PA=-M \tag{2-191}$$

因为 A 为稳定阵，且可验证(C_{M},A)能观测，故由 Lyapunov 稳定性理论得，$P>0$ 且

$$A^{T}P+PA+PBB^{T}P+C^{T}C=-\varepsilon I<0$$

类似于定理 2.31，对于一般的正则有理传函阵，上述定理可推广为如下定理：

定理【2.32】：设 $G(s)=C(sI-A)^{-1}B+D$。A 为稳定阵，且 $\|G(s)\|_{\infty}<1$ 的充分必要条件为 $\|D\|_{\infty}<1$，且存在正定阵 $P>0$，满足 Riccati 不等式

$$P(A+BR^{-1}D^{T}C)+(A+BR^{-1}D^{T}C)^{T}P+PBR^{-1}B^{T}P+C^{T}(I+DR^{-1}D^{T})C<0 \tag{2-192}$$

其中，$\boldsymbol{R}=\boldsymbol{I}-\boldsymbol{D}^{\mathrm{T}}\boldsymbol{D}$。

以上定理中 Riccati 不等式的求解，可将其转化为 Riccati 方程。下面仅就式(2-192)的这种转化给出证明，有如下定理。

定理【2.33】：存在正定阵 $\boldsymbol{P}>0$ 满足 Riccati 不等式(2-178)的充分必要条件是存在充分小正数 $\varepsilon>0$，使得 Riccati 方程

$$\boldsymbol{P}_1\boldsymbol{A}+\boldsymbol{A}^{\mathrm{T}}\boldsymbol{P}_1+\boldsymbol{P}_1\boldsymbol{B}\boldsymbol{B}^{\mathrm{T}}\boldsymbol{P}_1+\boldsymbol{C}^{\mathrm{T}}\boldsymbol{C}+\varepsilon\boldsymbol{I}=\boldsymbol{0} \tag{2-193}$$

具有正定解 $\boldsymbol{P}_1>0$。

证明：(1) 充分性。

如果存在 $\varepsilon>0$，使得式(2-193)有正定解 $\boldsymbol{P}_1$，则比较式(2-192)和式(2-178)可知，$\boldsymbol{P}=\boldsymbol{P}_1>0$ 满足 Riccati 不等式(2-178)。

(2) 必要性。

设存在正定阵 $\boldsymbol{P}>0$，满足 Riccati 不等式(2-178)，令

$$\boldsymbol{Q}=-(\boldsymbol{P}\boldsymbol{A}+\boldsymbol{A}^{\mathrm{T}}\boldsymbol{P}+\boldsymbol{P}\boldsymbol{B}\boldsymbol{B}^{\mathrm{T}}\boldsymbol{P}+\boldsymbol{C}^{\mathrm{T}}\boldsymbol{C})>0 \tag{2-194}$$

并且，令 $\boldsymbol{Z}=\boldsymbol{P}^{-1}>0$，则由式(2-133)，得

$$\boldsymbol{Z}(\boldsymbol{C}^{\mathrm{T}}\boldsymbol{C}+\boldsymbol{Q})\boldsymbol{Z}+\boldsymbol{Z}\boldsymbol{A}^{\mathrm{T}}+\boldsymbol{A}\boldsymbol{Z}+\boldsymbol{B}\boldsymbol{B}^{\mathrm{T}}=\boldsymbol{0} \tag{2-195}$$

由定理 2.30 可知，Riccati 方程(2-195)的正定解 $\boldsymbol{Z}$ 关于系数阵 $\boldsymbol{C}^{\mathrm{T}}\boldsymbol{C}+\boldsymbol{Q}$ 具有单调性，于是可知，对于充分小正数 ε[小于 $\lambda_{\min}(\boldsymbol{Q})$]，存在正定阵 $\boldsymbol{Z}_1>\boldsymbol{Z}$(大于 0)，使得

$$\boldsymbol{Z}_1(\boldsymbol{C}^{\mathrm{T}}\boldsymbol{C}+\varepsilon\boldsymbol{I})\boldsymbol{Z}_1+\boldsymbol{Z}_1\boldsymbol{A}^{\mathrm{T}}+\boldsymbol{A}\boldsymbol{Z}_1+\boldsymbol{B}\boldsymbol{B}^{\mathrm{T}}=\boldsymbol{0} \tag{2-196}$$

其中，$\lambda_{\min}$ 表示最小特征值。故 $\boldsymbol{P}_1=\boldsymbol{Z}_1^{-1}>0$ 满足式(2-193)。

定理【2.34】：如果存在 $\varepsilon>0$，使得 Riccati 方程(2-193)有正定解，那么存在 $\varepsilon_m>0$，使得方程(2-193)对于任意 $\varepsilon\in(0,\varepsilon_m]$ 有正定解，且

$$\varepsilon_m=\frac{1}{\|(s\boldsymbol{I}-\boldsymbol{A})^{-1}\boldsymbol{B}\boldsymbol{T}^{-1}(s)\|_{\infty}^{2}} \tag{2-197}$$

其中，$\boldsymbol{T}(\mathrm{j}\omega)^{*}\boldsymbol{T}(\mathrm{j}\omega)=\boldsymbol{I}-\boldsymbol{G}(\mathrm{j}\omega)^{*}\boldsymbol{G}(\mathrm{j}\omega)$。

证明：设 Riccati 方程(2-193)对于给定的 $\varepsilon_0>0$ 具有正定解，则由定理 2.30 和定理2.31 可知，$\boldsymbol{A}$ 为稳定阵，且 $\|\boldsymbol{G}(s)\|_{\infty}<1$。所以，同定理 2.30 的证明类似，存在充分小的 $\varepsilon>0$，使得

$$\boldsymbol{I}-\boldsymbol{B}^{\mathrm{T}}(-s\boldsymbol{I}-\boldsymbol{A}^{\mathrm{T}})^{-1}\boldsymbol{C}_{\varepsilon}^{\mathrm{T}}\boldsymbol{C}_{\varepsilon}(s\boldsymbol{I}-\boldsymbol{A})^{-1}\boldsymbol{B}\geqslant 0,\quad \forall s=\mathrm{j}\omega \tag{2-198}$$

其中，$\boldsymbol{C}_{\varepsilon}^{\mathrm{T}}=\begin{bmatrix}\boldsymbol{C}^{\mathrm{T}} & \sqrt{\varepsilon}\boldsymbol{I}\end{bmatrix}$。因此，有

$$\boldsymbol{I}-\boldsymbol{G}^{*}(\mathrm{j}\omega)\boldsymbol{G}(\mathrm{j}\omega)-\varepsilon\boldsymbol{B}^{\mathrm{T}}(-\mathrm{j}\omega\boldsymbol{I}-\boldsymbol{A}^{\mathrm{T}})^{-1}\boldsymbol{B}\geqslant 0,\quad \forall\omega \tag{2-199}$$

$$\boldsymbol{I}-\varepsilon[\boldsymbol{T}^{*}\mathrm{j}\omega]^{-1}\boldsymbol{B}^{\mathrm{T}}(-\mathrm{j}\omega\boldsymbol{I}-\boldsymbol{A}^{\mathrm{T}})^{-1}(\mathrm{j}\omega\boldsymbol{I}-\boldsymbol{A})^{-1}\boldsymbol{B}[\boldsymbol{T}(\mathrm{j}\omega)]^{-1}\geqslant 0,\quad \forall\omega \tag{2-200}$$

由最大奇异值的性质，式(2-200)成立的充分必要条件是

$$\sup_{\omega}\bar{\sigma}\{\sqrt{\varepsilon}(\mathrm{j}\omega-\boldsymbol{A})^{-1}\boldsymbol{B}\boldsymbol{T}^{-1}(\mathrm{j}\omega)\}\leqslant 1 \tag{2-201}$$

或等价地

$$\varepsilon\leqslant\varepsilon_m=\frac{1}{\|(s\boldsymbol{I}-\boldsymbol{A})^{-1}\boldsymbol{B}\boldsymbol{T}^{-1}(s)\|_{\infty}^{2}} \tag{2-202}$$

由于 $\boldsymbol{A}$ 稳定且$(\boldsymbol{C}_{\varepsilon},\boldsymbol{A})$能观测，对于满足式(2-198)的任意 $\varepsilon>0$，式(2-140)成立，即

$$\|\boldsymbol{C}_{\varepsilon}(s\boldsymbol{I}-\boldsymbol{A})^{-1}\boldsymbol{B}\|_{\infty}<1 \tag{2-203}$$

由定理的推论，方程(2-193)有正定解。

例【2.10】:以如下标量函数说明 H_∞ 范数与 Riccati 方程及不等式间的关系。设

$$G(s)=\frac{b}{s+a},\quad a>0,b>0 \tag{2-204}$$

显然,$G(s)$ 在 s 闭右半平面解析且

$$\|G(s)\|_\infty=\sup_\omega\left|\frac{b}{\mathrm{j}\omega+a}\right|=\frac{b}{a} \tag{2-205}$$

因此,$\|G(s)\|_\infty<1$,当且仅当 $a>b$。

记 $A=-a,B=b,C=1$,则 Riccati 方程(2-175) 和 Riccati 不等式(2-178) 分别为

$$R(P)=b^2P^2-2aP+1=0 \tag{2-206}$$

$$R(P)=b^2P^2-2aP+1<0 \tag{2-207}$$

实际上,式(2-206) 有正定解

$$P_1=\frac{a+\sqrt{a^2-b^2}}{b^2}>0,\quad P_2=\frac{a-\sqrt{a^2-b^2}}{b^2}>0 \tag{2-208}$$

而 Riccati 不等式(2-207) 的正定解为 $P_2<P<P_1$,如图 2-6 所示。可见,Riccati 方程和不等式分别是标量二次方程和二次不等式到矩阵变量情形的推广。

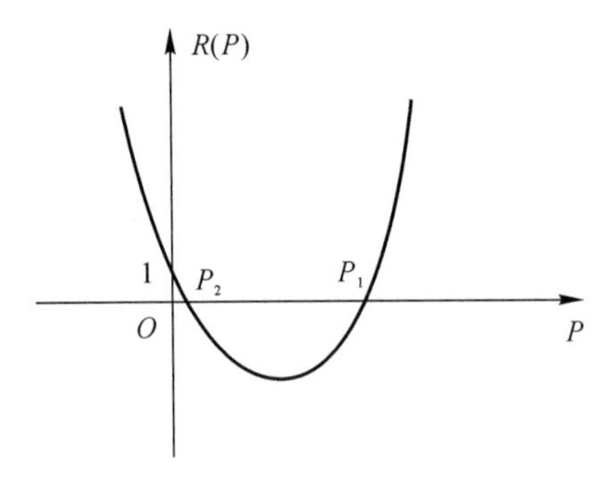

图 2-6　Riccati 方程(不等式) 的解

2.5.5　线性矩阵不等式

在许多将一些非线性不等式转化为线性矩阵不等式的问题中,常常用到了矩阵的 Schur 补性质。考虑一个矩阵 $\boldsymbol{S}\in R^{n\times n}$,并 $\boldsymbol{S}$ 将进行分块:

$$\boldsymbol{S}=\begin{bmatrix}\boldsymbol{S}_{11} & \boldsymbol{S}_{12}\\ \boldsymbol{S}_{21} & \boldsymbol{S}_{22}\end{bmatrix} \tag{2-209}$$

其中的 $\boldsymbol{S}_{11}$ 是 $r\times r$ 阶的。假定 $\boldsymbol{S}_{11}$ 是非奇异的,则 $\boldsymbol{S}_{22}-\boldsymbol{S}_{21}\boldsymbol{S}_{11}^{-1}\boldsymbol{S}_{12}$ 称为 $\boldsymbol{S}_{11}$ 在 $\boldsymbol{S}$ 中的 Schur 补。以下引理给出了矩阵的 Schur 补性质。

引理【2.3】:对给定的对称矩阵 $\boldsymbol{S}=\begin{bmatrix}\boldsymbol{S}_{11} & \boldsymbol{S}_{12}\\ \boldsymbol{S}_{21} & \boldsymbol{S}_{22}\end{bmatrix}$,$\boldsymbol{S}_{11}$ 是 $r\times r$ 阶的。以下三个条件是等价的:

(1) $\boldsymbol{S}<0$;

(2) $\boldsymbol{S}_{11}<0,\boldsymbol{S}_{22}-\boldsymbol{S}_{12}^{\mathrm{T}}\boldsymbol{S}_{11}^{-1}\boldsymbol{S}_{12}<0$;

(3) $\boldsymbol{S}_{22}<0,\boldsymbol{S}_{11}-\boldsymbol{S}_{12}\boldsymbol{S}_{22}^{-1}\boldsymbol{S}_{12}^{\mathrm{T}}<0$。

证明:(1)⇔(2):

由于 $\boldsymbol{S}$ 是对称的，故有 $\boldsymbol{S}_{11}=\boldsymbol{S}_{11}^{\mathrm{T}}$，$\boldsymbol{S}_{22}=\boldsymbol{S}_{22}^{\mathrm{T}}$，$\boldsymbol{S}_{21}=\boldsymbol{S}_{12}^{\mathrm{T}}$。应用到矩阵块的初等运算，可以得到

$$\begin{bmatrix}\boldsymbol{I} & \boldsymbol{0}\\ -\boldsymbol{S}_{21}\boldsymbol{S}_{11}^{-1} & \boldsymbol{I}\end{bmatrix}\begin{bmatrix}\boldsymbol{S}_{11} & \boldsymbol{S}_{12}\\ \boldsymbol{S}_{21} & \boldsymbol{S}_{22}\end{bmatrix}\begin{bmatrix}\boldsymbol{I} & \boldsymbol{0}\\ -\boldsymbol{S}_{21}\boldsymbol{S}_{11}^{-1} & \boldsymbol{I}\end{bmatrix}^{\mathrm{T}}=\begin{bmatrix}\boldsymbol{S}_{11} & \boldsymbol{0}\\ \boldsymbol{0} & \boldsymbol{S}_{22}-\boldsymbol{S}_{21}\boldsymbol{S}_{11}^{-1}\boldsymbol{S}_{12}\end{bmatrix} \tag{2-210}$$

因此

$$\boldsymbol{S}<0 \quad\Leftrightarrow\quad \begin{bmatrix}\boldsymbol{I} & \boldsymbol{0}\\ -\boldsymbol{S}_{21}\boldsymbol{S}_{11}^{-1} & \boldsymbol{I}\end{bmatrix}\begin{bmatrix}\boldsymbol{S}_{11} & \boldsymbol{S}_{12}\\ \boldsymbol{S}_{21} & \boldsymbol{S}_{22}\end{bmatrix}\begin{bmatrix}\boldsymbol{I} & \boldsymbol{0}\\ -\boldsymbol{S}_{21}\boldsymbol{S}_{11}^{-1} & \boldsymbol{I}\end{bmatrix}^{\mathrm{T}}<0 \quad\Leftrightarrow$$

$$\begin{bmatrix}\boldsymbol{S}_{11} & \boldsymbol{0}\\ \boldsymbol{0} & \boldsymbol{S}_{22}-\boldsymbol{S}_{21}\boldsymbol{S}_{11}^{-1}\boldsymbol{S}_{12}\end{bmatrix}<0 \quad\Leftrightarrow\quad (2) \tag{2-211}$$

就证明了结论(1) 和结论(2) 是等价的。

再证明 (1) ⇔(3)：

注意到

$$\begin{bmatrix}\boldsymbol{I} & -\boldsymbol{S}_{12}\boldsymbol{S}_{22}^{-1}\\ \boldsymbol{0} & \boldsymbol{I}\end{bmatrix}\begin{bmatrix}\boldsymbol{S}_{11} & \boldsymbol{S}_{12}\\ \boldsymbol{S}_{21} & \boldsymbol{S}_{22}\end{bmatrix}\begin{bmatrix}\boldsymbol{I} & -\boldsymbol{S}_{12}\boldsymbol{S}_{22}^{-1}\\ \boldsymbol{0} & \boldsymbol{I}\end{bmatrix}^{\mathrm{T}}=\begin{bmatrix}\boldsymbol{S}_{11}-\boldsymbol{S}_{12}\boldsymbol{S}_{22}^{-1}\boldsymbol{S}_{12}^{\mathrm{T}} & \boldsymbol{0}\\ \boldsymbol{0} & \boldsymbol{S}_{22}\end{bmatrix} \tag{2-212}$$

类似于前面的证明即可以得到这一部分的结论。

综合以上两部分的证明，可得引理的结论。

对线性矩阵不等式 $\boldsymbol{F}(x)<0$，其中 $\boldsymbol{F}(x)=\begin{bmatrix}\boldsymbol{F}_{11}(x) & \boldsymbol{F}_{12}(x)\\ \boldsymbol{F}_{21}(x) & \boldsymbol{F}_{22}(x)\end{bmatrix}$，$\boldsymbol{F}_{11}(x)$ 是方阵，则应用矩阵的 Schur 补性质可以得到 $\boldsymbol{F}(x)<0$，当且仅当

$$\left.\begin{array}{l}\boldsymbol{F}_{11}(x)<0\\ \boldsymbol{F}_{22}(x)-\boldsymbol{F}_{12}^{\mathrm{T}}(x)\boldsymbol{F}_{11}^{-1}(x)\boldsymbol{F}_{12}(x)<0\end{array}\right\} \tag{2-213}$$

或

$$\left.\begin{array}{l}\boldsymbol{F}_{22}(x)<0\\ \boldsymbol{F}_{11}(x)-\boldsymbol{F}_{12}(x)\boldsymbol{F}_{22}^{-1}(x)\boldsymbol{F}_{12}^{\mathrm{T}}(x)<0\end{array}\right\} \tag{2-214}$$

注意到式(2-213) 或式(2-214) 中的第二个不等式是一个非线性矩阵不等式，因此以上的等价关系也说明了应用矩阵的 Schur 补性质，一些非线性矩阵不等式可以转化为线性矩阵不等式。

在一些控制问题中，经常遇到二次型矩阵不等式，即 Riccati 不等式：

$$\boldsymbol{A}^{\mathrm{T}}\boldsymbol{P}+\boldsymbol{P}\boldsymbol{A}+\boldsymbol{P}\boldsymbol{B}\boldsymbol{R}^{-1}\boldsymbol{B}^{\mathrm{T}}\boldsymbol{P}+\boldsymbol{Q}<0 \tag{2-215}$$

其中：$\boldsymbol{A}$，$\boldsymbol{B}$，$\boldsymbol{Q}=\boldsymbol{Q}^{\mathrm{T}}>0$，$\boldsymbol{R}=\boldsymbol{R}^{\mathrm{T}}>0$ 是给定的适当维数的常数矩阵；$\boldsymbol{P}$ 是对称矩阵变量，则应用引理 2.3 可以将矩阵不等式的可行性问题转化为一个等价的矩阵不等式

$$\begin{pmatrix}\boldsymbol{A}^{\mathrm{T}}\boldsymbol{P}+\boldsymbol{P}\boldsymbol{A}+\boldsymbol{Q} & \boldsymbol{P}\boldsymbol{B}\\ \boldsymbol{B}^{\mathrm{T}}\boldsymbol{P} & -\boldsymbol{R}\end{pmatrix}<0 \tag{2-216}$$

的可行性问题，而后者是一个关于矩阵变量 $\boldsymbol{P}$ 的线性矩阵不等式。

利用线性矩阵不等式可以解决以下三类问题，在这三类问题中，假定 $\boldsymbol{F}$、$\boldsymbol{G}$ 和 $\boldsymbol{H}$ 是对称的矩阵仿射函数，c 是一个给定的常数向量。

(1) 可行性问题(LMIP)：对给定的线性矩阵不等式 $\boldsymbol{F}(x)<0$，检验是否存在 x，使得 $\boldsymbol{F}(x)<0$ 成立的问题称为一个线性矩阵不等式的可行性问题。如果存在这样的 x，则该线性矩阵不等式问题是可行的，否则这个线性矩阵不等式就是不可行的。

(2) 特征值问题(EVP):该问题是在一个线性矩阵不等式约束下,求矩阵 $\boldsymbol{G}(x)$ 的最大特征值的最小化问题或确定问题的约束是可行的。

它的一般形式为

$$\begin{aligned}&\min \quad \lambda\\&\text{s.t.} \quad \boldsymbol{G}(x) < \lambda I\\&\qquad\ \ \boldsymbol{H}(x) < 0\end{aligned}$$

这样一个问题也可以转化为一个等价问题:

$$\begin{aligned}&\min \quad \boldsymbol{c}^{\mathrm{T}}\boldsymbol{x}\\&\text{s.t.} \quad \boldsymbol{F}(\boldsymbol{x}) < 0\end{aligned}$$

以上两个问题可相互转化是因为一方面,

$$\begin{aligned}&\min \quad \boldsymbol{c}^{\mathrm{T}}\boldsymbol{x}\\&\text{s.t.} \quad \boldsymbol{F}(\boldsymbol{x}) < 0\end{aligned} \quad \Leftrightarrow \quad \begin{aligned}&\min \quad \lambda\\&\text{s.t.} \quad \boldsymbol{c}^{\mathrm{T}}\boldsymbol{x} < \lambda\\&\qquad\ \ \boldsymbol{F}(\boldsymbol{x}) < 0\end{aligned}$$

另一方面,定义 $\hat{\boldsymbol{x}} = (\boldsymbol{x}^{\mathrm{T}}, \lambda)^{\mathrm{T}}$,$\bar{\boldsymbol{F}}(\hat{\boldsymbol{x}}) = \mathrm{diag}\{\boldsymbol{G}(\boldsymbol{x}) - \lambda \boldsymbol{I}, \boldsymbol{H}(x)\}$,$\boldsymbol{c} = (\boldsymbol{0}^{\mathrm{T}}, 1)^{\mathrm{T}}$,则 $\bar{\boldsymbol{F}}(\hat{\boldsymbol{x}})$ 是 $\hat{\boldsymbol{x}}$ 的一个仿射函数,且问题可以写成

$$\begin{aligned}&\min \quad \boldsymbol{c}^{\mathrm{T}}\hat{\boldsymbol{x}}\\&\text{s.t.} \quad \bar{\boldsymbol{F}}(\hat{\boldsymbol{x}}) < 0\end{aligned}$$

一个线性矩阵不等式的可行性问题也可以写成一个特征值问题:

$$\begin{aligned}&\min \quad \lambda\\&\text{s.t.} \quad \boldsymbol{F}(\boldsymbol{x}) - \lambda \boldsymbol{I} < 0\end{aligned}$$

显然对任意的 $\boldsymbol{x}$,只要选取足够大的 λ,$(\boldsymbol{x}, \lambda)$ 就是上述问题的一个可行性解,因此上述问题一定有解,若其最小值 $\lambda^* \leqslant 0$,则线性矩阵不等式 $\boldsymbol{F}(\boldsymbol{x}) < 0$ 是可行的。

(3) 广义特征值问题(GEVP):在一个线性矩阵不等式约束下,求两个仿射矩阵函数的最大广义特征值问题最小化问题。

对给定的两个相同阶数的对称矩阵 $\boldsymbol{G}$ 和 $\boldsymbol{F}$,对标量 λ,如果存在非零向量 $\boldsymbol{y}$,使得 $\boldsymbol{G}\boldsymbol{y} = \lambda \boldsymbol{F}\boldsymbol{y}$,则称 λ 为矩阵 $\boldsymbol{G}$ 和 $\boldsymbol{F}$ 的广义特征值。矩阵 $\boldsymbol{G}$ 和 $\boldsymbol{F}$ 的最大广义特征值的计算问题可以转化成一个具有线性矩阵不等式约束的优化问题。

事实上,假定矩阵 $\boldsymbol{F}$ 是正定的,则对于充分大的标量 λ,有 $\boldsymbol{G} - \lambda \boldsymbol{F} < 0$。随着 λ 的减少,当其在某个适当的值,$\boldsymbol{G} - \lambda \boldsymbol{F}$ 将变为奇异的。因此存在非零的向量 $\boldsymbol{y}$,使得 $\boldsymbol{G}\boldsymbol{y} = \lambda \boldsymbol{F}\boldsymbol{y}$。这样的一个 λ 就是矩阵 $\boldsymbol{G}$ 和 $\boldsymbol{F}$ 的广义特征值。根据这样的思路,矩阵 $\boldsymbol{G}$ 和 $\boldsymbol{F}$ 的最大广义特征值可以通过求解以下的优化问题得到:

$$\begin{aligned}&\min \quad \lambda\\&\text{s.t.} \quad \boldsymbol{G} - \lambda \boldsymbol{F} < 0\end{aligned}$$

当矩阵 $\boldsymbol{G}$ 和 $\boldsymbol{F}$ 是 x 的一个仿射函数时,在一个线性矩阵不等式约束下,求矩阵函数 $\boldsymbol{G}(x)$ 和 $\boldsymbol{F}(x)$ 的最大广义特征值问题最小化问题的一般形式为

$$\begin{aligned}&\min \quad \lambda\\&\text{s.t.} \quad \boldsymbol{G}(x) < \lambda \boldsymbol{F}(x)\\&\qquad\ \ \boldsymbol{F}(x) > 0\\&\qquad\ \ \boldsymbol{G}(x) < 0\end{aligned}$$

注意到上述问题中的约束条件关于 x 和 λ 并不同时是线性的。

以下通过一些例子来说明这些问题。

例【2.11】：稳定性问题。

考虑线性自治系统

$$\dot{\boldsymbol{x}}(t)=\boldsymbol{A}\boldsymbol{x}(t) \tag{2-217}$$

的渐近稳定问题。其中 $\boldsymbol{A}\in\mathbf{R}^{n\times n}$，Lyapunov 稳定性理论告诉我们：这个系统是渐近稳定的，当且仅当存在一个对称矩阵 $\boldsymbol{X}\in\mathbf{R}^{n\times n}$，使得 $\boldsymbol{X}>0,\boldsymbol{A}^{\mathrm{T}}\boldsymbol{X}+\boldsymbol{X}\boldsymbol{A}<0$。因此系统(2-217)的渐近稳定性问题等价于线性矩阵不等式

$$\begin{bmatrix}-\boldsymbol{X} & \boldsymbol{0}\\ \boldsymbol{0} & \boldsymbol{A}^{\mathrm{T}}\boldsymbol{X}+\boldsymbol{X}\boldsymbol{A}\end{bmatrix}<0 \tag{2-218}$$

的可行性问题。

例【2.12】：μ 分析问题。

在 μ 分析中，通常要求确定一个对角矩阵 $\boldsymbol{D}$，使得 $\|\boldsymbol{D}\boldsymbol{E}\boldsymbol{D}^{-1}\|<1$，其中 $\boldsymbol{E}$ 是一个给定的常数矩阵。由于

$$\|\boldsymbol{D}\boldsymbol{E}\boldsymbol{D}^{-1}\|<1 \quad\Leftrightarrow\quad \boldsymbol{D}^{-\mathrm{T}}\boldsymbol{E}^{\mathrm{T}}\boldsymbol{D}^{\mathrm{T}}\boldsymbol{D}\boldsymbol{E}\boldsymbol{D}^{-1}<1 \quad\Leftrightarrow\quad \boldsymbol{E}^{\mathrm{T}}\boldsymbol{D}^{\mathrm{T}}\boldsymbol{D}\boldsymbol{E}<\boldsymbol{D}^{\mathrm{T}}\boldsymbol{D} \quad\Leftrightarrow\quad \boldsymbol{E}^{\mathrm{T}}\boldsymbol{X}\boldsymbol{E}-\boldsymbol{X}<0 \tag{2-219}$$

其中，$\boldsymbol{X}=\boldsymbol{D}^{\mathrm{T}}\boldsymbol{D}$。因此，使得 $\|\boldsymbol{D}\boldsymbol{E}\boldsymbol{D}^{-1}\|<1$ 成立的对角阵 $\boldsymbol{D}$ 的存在性问题等价于线性矩阵不等式 $\boldsymbol{E}^{\mathrm{T}}\boldsymbol{X}\boldsymbol{E}-\boldsymbol{X}<0$ 的可行性问题。

例【2.13】：最大奇异值问题。

考虑最小化问题 $\min f(x)=\sigma_{\max}[\boldsymbol{F}(x)]$，其中 $\boldsymbol{F}(x):\mathbf{R}^m\to\boldsymbol{S}^n$ 是一个仿射的矩阵值函数。由于

$$\sigma_{\max}[\boldsymbol{F}(x)]<\gamma \quad\Leftrightarrow\quad \boldsymbol{F}^{\mathrm{T}}(x)\boldsymbol{F}(x)-\gamma^2\boldsymbol{I}<0 \tag{2-220}$$

根据矩阵 Schur 补性质，有

$$\boldsymbol{F}^{\mathrm{T}}(x)\boldsymbol{F}(x)-\gamma^2\boldsymbol{I}<0 \quad\Leftrightarrow\quad \begin{bmatrix}-\gamma\boldsymbol{I} & \boldsymbol{F}^{\mathrm{T}}(x)\\ \boldsymbol{F}(x) & \gamma\boldsymbol{I}\end{bmatrix}<0 \tag{2-221}$$

因此，可以通过求解：

$$\begin{aligned}&\min\quad \lambda\\ &\text{s.t.}\quad \begin{bmatrix}-\gamma\boldsymbol{I} & \boldsymbol{F}^{\mathrm{T}}(x)\\ \boldsymbol{F}(x) & \gamma\boldsymbol{I}\end{bmatrix}<0\end{aligned}$$

来得所求问题的解。显然，该问题是一个线性矩阵不等式约束的线性目标函数的最优化问题。

例【2.14】：系统性能指标的求值问题。

考虑线性自治系统：

$$\dot{\boldsymbol{x}}(t)=\boldsymbol{A}\boldsymbol{x}(t),\quad \boldsymbol{x}(0)=\boldsymbol{x}_0 \tag{2-222}$$

和二次型性能指标：

$$J=\int_0^{\infty}\boldsymbol{x}^{\mathrm{T}}(t)\boldsymbol{Q}\boldsymbol{x}(t)\mathrm{d}t \tag{2-223}$$

其中，$\boldsymbol{A}\in\mathbf{R}^{n\times n}$ 是给定系统状态矩阵；$\boldsymbol{x}_0$ 是已知的初始状态向量；$\boldsymbol{Q}=\boldsymbol{Q}^{\mathrm{T}}\in\mathbf{R}^{n\times n}$ 是给定的加权半正定矩阵。假定考虑的系统是渐近稳定的，则该系统的任意状态向量均是二次方可积的。

因此 $J < \infty$。

由于系统(2-222)是渐近稳定的,因此线性矩阵不等式

$$\boldsymbol{A}^{\mathrm{T}}\boldsymbol{X}+\boldsymbol{X}\boldsymbol{A}+\boldsymbol{Q}\leqslant 0 \tag{2-224}$$

有对称正定解 $\boldsymbol{X}$。沿系统的任意轨线,函数 $\boldsymbol{x}^{\mathrm{T}}(t)\boldsymbol{Q}\boldsymbol{x}(t)$ 关于时间的导数是

$$\frac{\mathrm{d}}{\mathrm{d}t}[\boldsymbol{x}^{\mathrm{T}}(t)\boldsymbol{Q}\boldsymbol{x}(t)]=\boldsymbol{x}^{\mathrm{T}}(t)[\boldsymbol{A}^{\mathrm{T}}\boldsymbol{X}+\boldsymbol{X}\boldsymbol{A}]\boldsymbol{x}(t)\leqslant-\boldsymbol{x}^{\mathrm{T}}(t)\boldsymbol{Q}\boldsymbol{x}(t) \tag{2-225}$$

在以上不等式的两边分别从 $t=0$ 到 $t=T$,可得

$$\boldsymbol{x}^{\mathrm{T}}(T)\boldsymbol{Q}\boldsymbol{x}(T)-\boldsymbol{x}^{\mathrm{T}}(0)\boldsymbol{Q}\boldsymbol{x}(0)\leqslant-\int_0^T\boldsymbol{x}^{\mathrm{T}}(t)\boldsymbol{Q}\boldsymbol{x}(t)\mathrm{d}t \tag{2-226}$$

由于 $\boldsymbol{x}^{\mathrm{T}}(T)\boldsymbol{Q}\boldsymbol{x}(T)\geqslant 0$,从式(2-226)可得

$$\int_0^T\boldsymbol{x}^{\mathrm{T}}(t)\boldsymbol{Q}\boldsymbol{x}(t)\mathrm{d}t\leqslant\boldsymbol{x}_0^{\mathrm{T}}\boldsymbol{X}\boldsymbol{x}_0 \tag{2-227}$$

式(2-227)对所有 T 的都成立,因此

$$J=\int_0^T\boldsymbol{x}^{\mathrm{T}}(t)\boldsymbol{Q}\boldsymbol{x}(t)\mathrm{d}t\leqslant\boldsymbol{x}_0^{\mathrm{T}}\boldsymbol{X}\boldsymbol{x}_0 \tag{2-228}$$

性能指标的最小上界可以通过求解以下的优化问题:

$$\begin{aligned}\min\quad & \boldsymbol{x}_0^{\mathrm{T}}\boldsymbol{X}\boldsymbol{x}_0\\ \text{s. t.}\quad & \boldsymbol{X}>0\\ & \boldsymbol{A}^{\mathrm{T}}\boldsymbol{X}+\boldsymbol{X}\boldsymbol{A}+\boldsymbol{Q}\leqslant 0\end{aligned}$$

得到。显然该优化问题是一个特征值问题。

该例中提出的处理方法可以用来处理不确定系统的保性能控制问题。

2.6 奇异值分解与灵敏度函数

2.6.1 奇异值及奇异值分解

定义【2.32】:满足 $\boldsymbol{M}=\boldsymbol{M}^*$ 这一性质的矩阵 $\boldsymbol{M}$ 称为厄米(Hermitian)矩阵(实对称阵)。具备 $\boldsymbol{Q}^*=\boldsymbol{Q}^{-1}$ 这一性质的矩阵 $\boldsymbol{Q}$ 称为酉(Unitary)阵(正交阵)。

定理【2.35】:Hermitian 矩阵 $\boldsymbol{M}$ 的所有特征值均为实数。

定理【2.36】:对任一 Hermitian 矩阵 $\boldsymbol{M}$,存在一个 Unitary 阵 $\boldsymbol{Q}$,使得

$$\hat{\boldsymbol{M}}=\boldsymbol{Q}\boldsymbol{M}\boldsymbol{Q}^*=\boldsymbol{Q}\boldsymbol{M}\boldsymbol{Q}^{-1} \tag{2-229}$$

其中,$\hat{\boldsymbol{M}}$ 是以 $\boldsymbol{M}$ 的实特征值为对角元的对角阵。

设 $\boldsymbol{H}$ 是 $m\times n$ 阵,则矩阵 $\boldsymbol{H}^*\boldsymbol{H}$ 是阶数为 n 的方阵,$\boldsymbol{H}\boldsymbol{H}^*$ 是阶数为 m 的方阵。$\boldsymbol{H}^*\boldsymbol{H}\geqslant 0$,$\boldsymbol{H}\boldsymbol{H}^*\geqslant 0$ 分别为 Hermitian 矩阵,故其特征值均为非负实数,且有

$$\mathrm{rank}(\boldsymbol{H}^*\boldsymbol{H})=\mathrm{rank}(\boldsymbol{H}\boldsymbol{H}^*)=\mathrm{rank}(\boldsymbol{H}) \tag{2-230}$$

若 $\mathrm{rank}(\boldsymbol{H})=r$,则可证 $\lambda_i(\boldsymbol{H}^*\boldsymbol{H})=\lambda_i(\boldsymbol{H}\boldsymbol{H}^*)>0, i=1,2,\cdots,r$。而 $\boldsymbol{H}^*\boldsymbol{H}$ 的其余 $n-r$ 个特征值和 $\boldsymbol{H}\boldsymbol{H}^*$ 的其余 $m-r$ 个特征值均为零。

定义【2.33】:令 $\lambda_i(i=1,2,\cdots,n)$ 是 $\boldsymbol{H}^*\boldsymbol{H}$ 的特征值,数组 $\{\sigma_i=\sqrt{\lambda_i}\geqslant 0, i=1,2,\cdots,n\}$ 称为 $\boldsymbol{H}$ 的奇异值。

实际上,矩阵的奇异值是复数标量绝对值概念的推广。事实上,对复数 a,有

$$a^* a = aa^* = |a|^2 \tag{2-231}$$

定理【2.37】：任一秩为 r 的 $m\times n$ 阶矩阵 $\boldsymbol{H}$ 能被变换成

$$\boldsymbol{R}^* \boldsymbol{HQ} = \begin{bmatrix} \boldsymbol{\Sigma} & \boldsymbol{0} \\ \boldsymbol{0} & \boldsymbol{0} \end{bmatrix} \tag{2-232}$$

或

$$\boldsymbol{H} = \boldsymbol{R}\begin{bmatrix} \boldsymbol{\Sigma} & \boldsymbol{0} \\ \boldsymbol{0} & \boldsymbol{0} \end{bmatrix}\boldsymbol{Q}^* \tag{2-233}$$

其中：$\boldsymbol{R}^*\boldsymbol{R} = \boldsymbol{RR}^* = \boldsymbol{I}_m$，$\boldsymbol{Q}^*\boldsymbol{Q} = \boldsymbol{QQ}^* = \boldsymbol{I}_n$ 及 $\boldsymbol{\Sigma} = \mathrm{diag}\{\sigma_1, \sigma_2, \cdots, \sigma_r\}$，$\sigma_i (i=1,2,\cdots,r)$ 为 $\boldsymbol{H}$ 的 r 个非 0 奇异值，并且 $\sigma_1 \geqslant \sigma_2 \geqslant \cdots \geqslant \sigma_r > 0$。

证明：排列 $\{\lambda_i, i=1,2,\cdots,n\}$，使得 $\lambda_1 \geqslant \lambda_2 \geqslant \cdots \geqslant \lambda_n \geqslant 0$，由式(2-157)知，$\boldsymbol{H}$ 的秩为 r，则 $\boldsymbol{H}^*\boldsymbol{H}$ 的秩也是 r。因此有 $\lambda_1 \geqslant \lambda_2 \geqslant \cdots \geqslant \lambda_r > 0$，$\lambda_{r+1} = \lambda_{r+2} = \cdots = \lambda_n = 0$。设 $\boldsymbol{q}_i (i=1,2,\cdots,n)$ 是 $\boldsymbol{H}^*\boldsymbol{H}$ 之对应着 λ_i 的正交规范特征向量，定义

$$\boldsymbol{Q} = [\boldsymbol{q}_1, \boldsymbol{q}_2, \cdots, \boldsymbol{q}_r, \vdots\ \boldsymbol{q}_{r+1}, \cdots, \boldsymbol{q}_n] = [\boldsymbol{Q}_1 \ \vdots\ \boldsymbol{Q}_2] \tag{2-234}$$

由定理 2.36，有

$$\boldsymbol{Q}^*\boldsymbol{H}^*\boldsymbol{HQ} = \begin{bmatrix} \boldsymbol{\Sigma}^2 & \boldsymbol{0} \\ \boldsymbol{0} & \boldsymbol{0} \end{bmatrix} \tag{2-235}$$

其中 $\boldsymbol{\Sigma}^2 = \mathrm{diag}\{\lambda_1, \lambda_2, \cdots, \lambda_r\}$。利用式(2-234)和式(2-235)能写成

$$\begin{aligned} \boldsymbol{Q}_2^*\boldsymbol{H}^*\boldsymbol{HQ}_2 &= 0 \\ \boldsymbol{Q}_1^*\boldsymbol{H}^*\boldsymbol{HQ}_1 &= \boldsymbol{\Sigma}^2 \end{aligned} \tag{2-236}$$

这意味着

$$\boldsymbol{\Sigma}^{-1}\boldsymbol{Q}_1^*\boldsymbol{H}^*\boldsymbol{HQ}_1\boldsymbol{\Sigma}^{-1} = \boldsymbol{I} \tag{2-237}$$

式中，$\boldsymbol{\Sigma} = \mathrm{diag}\{\sigma_1, \sigma_2, \cdots, \sigma_r\}$。定义 $m\times n$ 阶矩阵 $\boldsymbol{R}_1$ 为

$$\boldsymbol{R}_1 = \boldsymbol{HQ}_1\boldsymbol{\Sigma}^{-1} \tag{2-238}$$

则方程(2-238)成为 $\boldsymbol{R}_1^*\boldsymbol{R}_1 = \boldsymbol{I}$，即 $\boldsymbol{R}_1$ 的各列是规范正交的。选择 $\boldsymbol{R}_2$，使得 $\boldsymbol{R} = [\boldsymbol{R}_1 \quad \boldsymbol{R}_2]$ 是一 Unitary 阵。考虑

$$\boldsymbol{R}^*\boldsymbol{HQ} = \begin{bmatrix} \boldsymbol{R}_1^* \\ \boldsymbol{R}_2^* \end{bmatrix}\boldsymbol{H}[\boldsymbol{Q}_1 \quad \boldsymbol{Q}_2] = \begin{bmatrix} \boldsymbol{R}_1^*\boldsymbol{HQ}_1 & \boldsymbol{R}_1^*\boldsymbol{HQ}_2 \\ \boldsymbol{R}_2^*\boldsymbol{HQ}_1 & \boldsymbol{R}_2^*\boldsymbol{HQ}_2 \end{bmatrix} \tag{2-239}$$

由式(2-238)得 $\boldsymbol{HQ}_1 = \boldsymbol{R}_1\boldsymbol{\Sigma}$，由式(2-237)，得 $\boldsymbol{HQ}_2 = \boldsymbol{0}$。又因为 $\boldsymbol{R}$ 是正交规范的，故有 $\boldsymbol{R}_1^*\boldsymbol{R}_1 = \boldsymbol{I}$ 及 $\boldsymbol{R}_2^*\boldsymbol{R}_1 = \boldsymbol{0}$。因此，式(2-239)成为

$$\boldsymbol{R}^*\boldsymbol{HQ} = \begin{bmatrix} \boldsymbol{\Sigma} & \boldsymbol{0} \\ \boldsymbol{0} & \boldsymbol{0} \end{bmatrix} \tag{2-240}$$

注：虽然 $\boldsymbol{\Sigma}$ 能由 $\boldsymbol{H}$ 唯一地确定，但 Unitary 阵 $\boldsymbol{R}$ 和 $\boldsymbol{Q}$ 不一定是唯一的。

矩阵奇异值的性质如下：

设 $\boldsymbol{A} \in \mathbf{C}^{n\times m}$ 有

(1)$\boldsymbol{A}^*\boldsymbol{A} \leqslant \bar{\sigma}^2(\boldsymbol{A}) \cdot \boldsymbol{I}_m$，$\boldsymbol{AA}^* \leqslant \bar{\sigma}^2(\boldsymbol{A}) \cdot \boldsymbol{I}_n$。

(2)$\underline{\sigma}(\boldsymbol{A}) \leqslant |\lambda_i(\boldsymbol{A})| < \bar{\sigma}(\boldsymbol{A})$。

(3)$\bar{\sigma}(\boldsymbol{A}) = \max\limits_{x\neq 0} \dfrac{\|\boldsymbol{Ax}\|}{\|\boldsymbol{x}\|} = \max\limits_{\substack{x\neq 0 \\ \|x\|=1}} \|\boldsymbol{Ax}\|$，$\underline{\sigma}(\boldsymbol{A}) = \min\limits_{x\neq 0} \dfrac{\|\boldsymbol{Ax}\|}{\|\boldsymbol{x}\|} = \min\limits_{\substack{x\neq 0 \\ \|x\|=1}} \|\boldsymbol{Ax}\|$

式中，$\bar{\sigma}(\boldsymbol{A})$ 表示 $\boldsymbol{A}$ 的最大奇异值，$\underline{\sigma}(\boldsymbol{A})$ 表示最小奇异值，$\|\boldsymbol{x}\|=\sqrt{\boldsymbol{x}^*\boldsymbol{x}}$。

(4)$\bar{\sigma}(\boldsymbol{A})\leqslant 1$ 当且仅当 $\boldsymbol{I}-\boldsymbol{A}^*\boldsymbol{A}\geqslant 0$ 或 $\boldsymbol{I}-\boldsymbol{A}\boldsymbol{A}^*\geqslant 0$。

(5)$\boldsymbol{A}$ 满秩当且仅当 $\underline{\sigma}(\boldsymbol{A})>0$。

(6) 如果 $\boldsymbol{A}$ 可逆，则 $\bar{\sigma}(\boldsymbol{A})=\underline{\sigma}(\boldsymbol{A}^{-1})$。

(7) 对于标量 $\beta\in\mathbf{C}$，有 $\sigma_i(\beta\boldsymbol{A})=|\beta|\sigma_i(\boldsymbol{A})$。

(8) 设 $\boldsymbol{A}_1,\boldsymbol{A}_2\in\mathbf{C}^{n\times m}$，则 $\bar{\sigma}(\boldsymbol{A}_1+\boldsymbol{A}_2)\leqslant\bar{\sigma}(\boldsymbol{A}_1)+\bar{\sigma}(\boldsymbol{A}_2)$。

(9) 设 $\boldsymbol{A}\in\mathbf{C}^{n\times q},\boldsymbol{B}\in\mathbf{C}^{q\times m}$，则 $\bar{\sigma}(\boldsymbol{AB})\leqslant\bar{\sigma}(\boldsymbol{A})\bar{\sigma}(\boldsymbol{B})$ 或 $\underline{\sigma}(\boldsymbol{AB})\geqslant\underline{\sigma}(\boldsymbol{A})\underline{\sigma}(\boldsymbol{B})$。

(10) 设 $\boldsymbol{A}=\begin{bmatrix}\boldsymbol{A}_{11} & \boldsymbol{A}_{12}\\ \boldsymbol{A}_{21} & \boldsymbol{A}_{22}\end{bmatrix}$，则 $\bar{\sigma}(\boldsymbol{A})\geqslant\bar{\sigma}(\boldsymbol{A}_{ij}),i,j=1,2$。

例【2.15】：有矩阵

$$\boldsymbol{H}=\begin{bmatrix}9 & -8 & 0\\ \mathrm{j}12 & \mathrm{j}6 & 0\\ 0 & 0 & 0\\ 0 & 0 & 0\end{bmatrix} \tag{2-241}$$

本例中 $m=4,n=3,r=2$，可求得

$$\boldsymbol{\Sigma}=\begin{bmatrix}15 & 0\\ 0 & 10\end{bmatrix},\quad \boldsymbol{R}=\begin{bmatrix}\frac{3}{5} & -\frac{4}{5} & 0 & 0\\ \mathrm{j}\frac{4}{5} & \mathrm{j}\frac{3}{5} & 0 & 0\\ 0 & 0 & 1 & 0\\ 0 & 0 & 0 & 1\end{bmatrix},\quad \boldsymbol{Q}=\begin{bmatrix}1 & 0 & 0\\ 0 & 1 & 0\\ 0 & 0 & 1\end{bmatrix} \tag{2-242}$$

2.6.2 灵敏度函数

2.6.2.1 系统灵敏度问题

系统灵敏度问题是研究参数不确定性对系统性能影响的一门学问，随着多变量系统使用的日益广泛及参数不确定性对系统稳健性的严重影响，系统灵敏度及鲁棒性理论在不断地相应发展。伯德灵敏度函数和霍尔维茨灵敏度函数的提出，分别解决了参数在各种范围内变化的摄动问题。而灵敏度理论中最有成效的是应用矩阵论中的奇异值理论于多变量系统的灵敏度分析与综合。

系统的动态性能受参数摄动影响的属性称为系统的参数灵敏度，简称为系统灵敏度。一般文献中的系统灵敏度是指系统的参数灵敏度，这里所指的是动态性能指系统的时间响应、状态向量、传递函数或其他表征系统动态性能的指标、变量等。

无论系统传递函数 $G(s)$ 所表示的具体对象是什么，它都会受到一些具体因素的影响，如环境的变化、时间的推移、过程参数的不精确等。对开环系统来说，这些误差和变化将直接导致输出发生变化，使系统精度降低。而闭环系统则对因对象的变化而引起的输出改变敏感，并试图校正输出。可见，控制系统对参数变化的灵敏度是很重要的系统特性。

控制系统引入反馈环节后能减小因参数变化而造成的影响，这是反馈控制系统的一个重要优点。为得到高精度的开环系统，必须要非常谨慎地选择开环因子 $G(s)$，以满足开环设计规格要求。而闭环系统对 $G(s)$ 就不那么苛刻，因为环路增益能减小系统对 $G(s)$ 变化或误差

的灵敏度。

2.6.2.2　系统灵敏度基本定义

将系统灵敏度定义为系统传递函数的变化率与对象传递函数的变化率之比。若系统传递函数为

$$T(s)=\frac{Y(s)}{R(s)} \tag{2-243}$$

则系统灵敏度定义为

$$S=\frac{\Delta T(s)/T(s)}{\Delta G(s)/G(s)} \tag{2-244}$$

取微小增量的极限形式,则式(2-244)可写为

$$S=\frac{\partial T/T}{\partial G/G}=\frac{\partial \ln T}{\partial \ln G} \tag{2-245}$$

由式(2-245)又可将系统灵敏度定义为当变化量为微小的增量时系统传递函数的变化率与对象传递函数(或参数)的变化率之比。

2.6.2.3　系统灵敏度与鲁棒性的关系

在 20 世纪 60 年代以前,人们在讨论反馈系统的好处的时候,就已经意识到反馈的引入可以减弱干扰及摄动对系统的影响。这时,术语"系统灵敏度"兼指系统的性能对干扰与摄动的敏感程度。60 年代末到 70 年代初,术语"灵敏度"开始用于专指结构不确定性对系统性能的影响。70 年代末,出现了术语"鲁棒性",它的含义是:系统越鲁棒,则其特性受各种摄动影响,特别是受非结构不确定性的影响越小。关于二者的关系,Frank 在 1985 年提出了一种比较可取的看法,认为对于同一个问题,用灵敏度观点对参数大范围变动所做的计算结果,与基于鲁棒性理论所做的相应计算结果基本上是一致的。由此可见,"灵敏度"与"鲁棒性"两个术语的概念实际上是相辅相成的。

2.6.2.4　求解系统灵敏度问题的直接法

首先以系统的状态模型为例说明求解灵敏度问题的直接法,设系统的状态方程为

$$\begin{aligned}\dot{\boldsymbol{x}}&=f(\boldsymbol{x},\boldsymbol{\alpha},t,\boldsymbol{u})\\ \boldsymbol{x}(t_0)&=\boldsymbol{x}_0\end{aligned} \tag{2-246}$$

式中,$\boldsymbol{x}$ 是状态向量;$\boldsymbol{\alpha}$ 是感兴趣的参数向量,$\boldsymbol{\alpha}=[\alpha_1\quad\alpha_2\quad\cdots\quad\alpha_r]^{\mathrm{T}}$;$\boldsymbol{x}_0$ 是系统的初始状态。灵敏度问题可以用 $\boldsymbol{x}$ 和 $\boldsymbol{\alpha}$ 之间的函数关系来表示,即 $\boldsymbol{x}=\boldsymbol{x}(\boldsymbol{\alpha},t)$。于是,求解系统参数灵敏度的问题就可以归结为取各种不同的 $\boldsymbol{\alpha}$ 值,再按式(2-246)计算 $\boldsymbol{x}$ 值,然后就可以对灵敏度进行分析与讨论。然而这种方法由于计算量大、计算结果不直观等原因限制了其使用。

2.6.2.5　高阶灵敏度函数法

工程中较为常用的系统灵敏度计算方法是灵敏度函数法。设以变量 $\boldsymbol{y}=[y_1\quad y_2\quad\cdots\quad y_n]$ 表示描述系统动态性能的量,系统参数为 $\boldsymbol{\alpha}=[\alpha_1\quad\alpha_2\quad\cdots\quad\alpha_r]^{\mathrm{T}}$,$\boldsymbol{y}$ 与 $\boldsymbol{\alpha}$ 的关系为

$$\boldsymbol{y}_i(t,\boldsymbol{\alpha})=\boldsymbol{y}_i(t,\alpha_1,\alpha_2,\cdots,\alpha_r) \tag{2-247}$$

定义【2.34】:系统变量对参数的 k 阶灵敏度函数为

系统变量 $\boldsymbol{y}_i(t,\boldsymbol{\alpha})$ 对参数 $\boldsymbol{\alpha}=[\alpha_1\quad\alpha_2\quad\cdots\quad\alpha_r]^{\mathrm{T}}$ 各元的偏导数为

$$\frac{\partial^k \boldsymbol{y}_i(t,\boldsymbol{\alpha})}{\partial\alpha_1^{k_1}\partial\alpha_2^{k_2}\cdots\partial\alpha_r^{k_r}} \tag{2-248}$$

式(2-248)称为函数 $\boldsymbol{y}_i(t,\boldsymbol{\alpha})$ 对参数 $\boldsymbol{\alpha}$ 的 k 阶灵敏度函数。特别地，如果取 $k=1$，则称所得偏导数为一阶灵敏度函数或者简称为灵敏度函数。

与直接法相比高阶灵敏度函数法显得十分优越：一则它把问题转化为求得若干个高阶灵敏度函数，计算量大为减少；二则它可视需要把输出误差精确到相应的精度。

关于灵敏度函数的两个结论：

(1) 可以设法通过函数变换，求得元素个数较少的某个参数，用它来求得个数较少的一阶灵敏度函数。

(2) 如果已经找到 n 组互有函数关系的系统参数，则可以任意选取一组参数来讨论系统的灵敏度问题而仍能保持所得结果的一般性。

2.6.2.6 常用的灵敏度函数表达式

在许多工程领域中，灵敏度的分析和设计为不确定性系统的鲁棒控制提供了处理的方法和手段，很多控制性能往往都用灵敏度函数和补灵敏度函数来表示。

一般采用三种函数来分析和计算系统的参数灵敏度：绝对灵敏度函数、相对灵敏度函数以及半相对灵敏度函数。

如果系统变量 y 与参数 α 的关系为 $y=y(\alpha)$，绝对灵敏度函数定义为

$$S_\alpha^y \overset{\text{def}}{=\!=\!=} \left.\frac{\mathrm{d}[y(\alpha)]}{\mathrm{d}\alpha}\right|_{\alpha_0} \tag{2-249}$$

相对灵敏度函数定义为

$$\overline{S_\alpha^y} \overset{\text{def}}{=\!=\!=} \left.\frac{\mathrm{d}(\ln y)}{\mathrm{d}(\ln\alpha)}\right|_{\alpha_0} = \left.\frac{\dfrac{\mathrm{d}y}{y}}{\dfrac{\mathrm{d}\alpha}{\alpha}}\right|_{\alpha_0} = \left.\frac{\mathrm{d}y}{\mathrm{d}\alpha}\right|_{\alpha_0}\frac{\alpha_0}{y_0} = S_\alpha^y\frac{\alpha_0}{y_0} \tag{2-250}$$

半相对灵敏度函数定义为

$$\widetilde{S_\alpha^y} \overset{\text{def}}{=\!=\!=} \left.\frac{\mathrm{d}y}{\mathrm{d}(\ln\alpha)}\right|_{\alpha_0} = \alpha_0\left.\frac{\mathrm{d}y}{\mathrm{d}\alpha}\right|_{\alpha_0} = S_\alpha^y\alpha_0 \tag{2-251}$$

其中，下标 α_0 皆表示在参数额定值处取值。

2.6.2.7 控制系统的灵敏度函数和补灵敏度函数

如果系统的数学模型直接用高于一阶的微分方程来表示，这时一般求解输出灵敏度函数。

(1) 系统的 α 参数输出灵敏度。α 参数是指会导致系统微分方程系数变化的一类参数，系统的输出灵敏度函数定义为

$$\sigma(t,\alpha_0) \overset{\text{def}}{=\!=\!=} \left.\frac{\partial y(t,\alpha)}{\partial\alpha}\right|_{\alpha_0} = \lim_{\Delta\alpha\to 0}\frac{y(t,\alpha_0+\Delta\alpha)-y(t,\alpha_0)}{\Delta\alpha} \tag{2-252}$$

(2) 系统的 β 参数输出灵敏度。β 参数是指与系统微分方程的初始条件有关的一类参数，系统的 β 参数输出灵敏度定义为

$$\sigma_\beta(t,\beta_n) \overset{\text{def}}{=\!=\!=} \left.\frac{\partial y(t,\beta)}{\partial\beta}\right|_{\beta_n} \tag{2-253}$$

考虑如图 2-7 所示的闭环控制系统，其中 $P(s)$ 和 $K(s)$ 分别是控制对象和控制器的传递

函数模型，r，e，d 和 y 分别为外部输入、误差信号、控制对象输出的测量噪声和测量值。

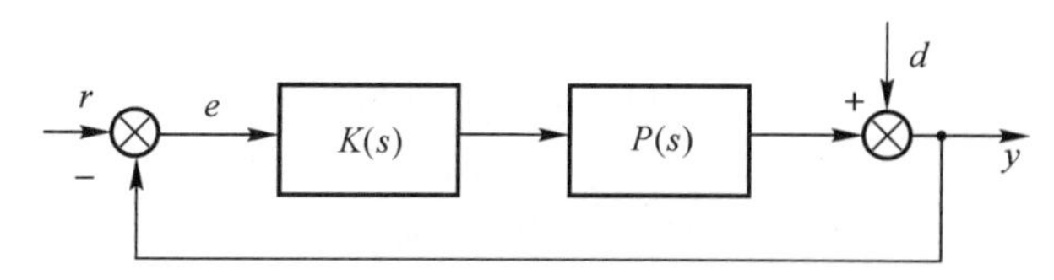

图 2-7　反馈系统方框图

在单输入单输出的系统中，当 $d=0$ 时，由外部输入 r 到控制对象输出 y 的闭环传递函数为

$$T(s)=\frac{P(s)K(s)}{1+P(s)K(s)} \tag{2-254}$$

现在把 $P(s)$ 当作变化参数，计算 $T(s)$ 对 $P(s)$ 变化的灵敏度函数。当 $P(s)$ 变化为 $P(s)+\Delta P(s)$ 时，$T(s)$ 的变化 $\Delta T(s)$ 为

$$\begin{aligned}\Delta T(s)&=\frac{[P(s)+\Delta P(s)]K(s)}{1+[P(s)+\Delta P(s)]K(s)}-\frac{P(s)K(s)}{1+P(s)K(s)}=\\&\frac{\Delta P(s)K(s)}{\{1+[P(s)+\Delta P(s)]K(s)\}\{1+P(s)K(s)\}}=\\&\frac{\Delta P(s)K(s)}{1+[P(s)+\Delta P(s)]K(s)}\cdot\frac{T(s)}{P(s)}\end{aligned} \tag{2-255}$$

这样可得

$$\frac{\dfrac{\Delta T(s)}{T(s)}}{\dfrac{\Delta P(s)}{P(s)}}=\frac{1}{1+[P(s)+\Delta P(s)]K(s)} \tag{2-256}$$

对式(2-256)取 $\Delta P(s)\to 0$ 的极限，可求出 $T(s)$ 对 $P(s)$ 变化的灵敏度函数为

$$S=\frac{1}{1+P(s)K(s)} \tag{2-257}$$

可以看出，当 $d=0$ 时，式(2-257)是闭环控制系统中由 r 到 e 的传递函数；当 $r=0$ 时，它是由 d 到 y 的传递函数。也就是说，在式(2-257)描述下的灵敏度函数 S 既反映了外部输入 r 对误差信号的影响，也反映了测量噪声 d 对测量值 y 的影响。因此，闭环控制系统的灵敏度函数由式(2-257)定义，由式(2-254)描述的 $T(s)$ 称为补灵敏度函数。

对于多输入多输出系统，由于一般情况下有 $K(s)P(s)\neq P(s)K(s)$，所以在控制对象输入断开时的开环传递函数 $L_i(s)$ 与控制对象输出断开时的开环传递函数 $L_0(s)$ 往往是不同的，分别为

$$\left.\begin{aligned}L_i(s)&=K(s)P(s)\\L_0(s)&=P(s)K(s)\end{aligned}\right\} \tag{2-258}$$

相应地，从控制对象输入和输出方向看，灵敏度函数和补灵敏度函数分别为

$$\left.\begin{aligned}S_i(s)&=[I+L_i(s)]^{-1}\\T_i(s)&=[I+L_i(s)]^{-1}L_i(s)\\S_0(s)&=[I+L_0(s)]^{-1}\\T_0(s)&=[I+L_0(s)]^{-1}L_0(s)\end{aligned}\right\} \tag{2-259}$$

根据灵敏度函数和补灵敏度函数的定义，灵敏度函数 $S_i(s)$ 和 $S_0(s)$ 和补灵敏度函数

$T_i(s)$ 和 $T_0(s)$ 之间存在下列关系：

$$\left.\begin{aligned}S_i(s)+T_i(s)=I\\S_0(s)+T_0(s)=I\end{aligned}\right\}\tag{2-260}$$

思　考　题

2-1　给定定常系统的状态方程：

$$\dot{x}_1=x_2-x_1(x_1^2+x_2^2)$$
$$\dot{x}_2=-x_1-x_2(x_1^2+x_2^2)$$

试问系统在平衡点是否渐近稳定？

2-2　给定定常系统的状态方程：

$$\dot{\boldsymbol{x}}=\begin{bmatrix}-1&1\\1&-3\end{bmatrix}\boldsymbol{x}$$

试判断系统在平衡点的稳定性。

2-3　设 $G(s)$ 为 $m\times n$ 阶的传递函数，试证明如下定义的范数满足范数的定义。

$$\|G(s)\|_2=\left[\frac{1}{2\pi}\int_{-\infty}^{\infty}\mathrm{trace}(G(\mathrm{j}\omega)^*G(\mathrm{j}\omega))\mathrm{d}\omega\right]^{\frac{1}{2}}$$
$$\|G(s)\|_\infty=\sup_w\sigma_{\max}[G(\mathrm{j}\omega)]$$

2-4　设 $\boldsymbol{A}(s),\boldsymbol{B}(s)\in\mathbf{R}H_\infty$，试证明如下表达式成立：

$$\min\{\|\boldsymbol{A}\|_\infty,\|\boldsymbol{B}\|_\infty\}\leqslant\left\|\begin{bmatrix}\boldsymbol{A}\\\boldsymbol{B}\end{bmatrix}\right\|_\infty\leqslant\|\boldsymbol{A}\|_\infty+\|\boldsymbol{B}\|_\infty$$

2-5　设矩阵为

$$\boldsymbol{A}_1=\begin{bmatrix}1&-1\\0&1\end{bmatrix},\quad\boldsymbol{A}_2=\begin{bmatrix}2&1&-2&3\\0&4&1&1\\2&5&-2&4\end{bmatrix}$$

求以上矩阵的奇异值，并求 $\boldsymbol{A}_2$ 的奇异值分解。

第 3 章　H_∞ 鲁棒控制理论

一般认为 H_∞ 控制理论需要较深的数学基础，是烦琐难解的理论。从某种意义上讲，H_∞ 控制理论体系的建立和发展确实离不开包括近代代数和算子理论在内的现代数学工具。但是 H_∞ 控制理论正是为了改变近代控制理论过于数学化的倾向以适应工程实际的需要而诞生的，其设计思想的精粹是对系统的频率特性进行整形(loopshaping)。而这种通过调整系统的频率特性来获得预期特性的做法，正是工程技术人员最为熟悉的设计手段，也是经典控制理论的基础。

经典控制理论并不要求被控对象的精确数学模型，主要设计方法是基于现场测得的被控对象的频率特性曲线来设计串并联补偿器的参数，然后通过现场反复调试使系统满足设计指标。目前工程实际中应用最广泛的 PID 控制器也是如此，这种根据误差来确定增益的控制器在设计控制器参数时并不依赖于被控对象的数学模型。

20 世纪 60 年代前后发展起来的以线性二次型(Linear Quadratic Regulator，LQR)最优控制理论为代表的线性系统理论，则完全依赖于描述被控对象动态特性的数学模型。用这种理论设计的系统只对数学模型保证预期的性能指标，而这种设计指标在实际的被控对象上是否能得到实现则完全取决于用于设计的数学模型的精确程度。数学模型成为联结理论与工程实际的关键桥梁。但是，由于客观实际中不可避免地存在着各种不满足理想假设条件的不确定性因素，所以想获得精确的数学模型几乎是不可能的事情。事实上近代控制理论一直得不到广泛的工程应用也正是由于这种原因。

弥补近代控制理论这种不足的有效手段就是在系统的设计阶段考虑被控对象中存在的各种不确定因素，即基于不确定的非精确模型设计控制器。其实在二十世纪六七十年代近代控制理论向严谨化、数学化发展的鼎盛时期，以 Rosenbrock、MacFarlane、Postlethwaite 等人为代表的英国学者一直主张完善和扩展经典的基于频域特性的设计理论，以改变控制理论过于数学化而脱离实际的现象，随后加拿大学者 Zames 和美国学者 Doyle 又明确地提出在设计阶段考虑数学模型和实际对象之间的误差，使得控制器设计接近于工程应用。Doyle 指出了考虑模型误差对 H_∞ 性能指标的影响的重要性，并提出了矩阵的结构奇异值(Structured Singular Value)的概念，以解决 H_∞ 鲁棒性能指标(Robust Performance)的设计问题。这种概念后来发展成为所谓的 μ 综合理论(μ - Synthesis)。

一般反馈控制系统的方框图如图 3 - 1 所示。其中 $P(s)$ 为被控对象的传递函数，$K(s)$ 为控制器，y 为系统输出信号，u 为控制输入，r 为参考输入，d 为干扰输出，e 为控制误差信号。假设这里所有信号均为标量，则该系统的开环和闭环频率特性分别为

$$G_K(\mathrm{j}\omega) = P(\mathrm{j}\omega)K(\mathrm{j}\omega) \tag{3-1}$$

$$G_B(\mathrm{j}\omega) = \frac{P(\mathrm{j}\omega)K(\mathrm{j}\omega)}{1 + P(\mathrm{j}\omega)K(\mathrm{j}\omega)} \tag{3-2}$$

根据经典控制理论，我们可以通过设计控制器 K 来调整系统的开环频率特性 G_K，使得闭

环传递特性 G_B 满足设定的性能指标。但是,如果设计时使用的模型 $P_0(s)$ 具有不确定的误差 $\Delta P(s)$,即实际对象为

$$P(s)=P_0(s)+\Delta P(s) \tag{3-3}$$

那么,相应地开环和闭环频率特性也具有误差

$$\left.\begin{aligned}\Delta G_K(\mathrm{j}\omega)&=G_K(\mathrm{j}\omega)-G_{K0}(\mathrm{j}\omega)\\ \Delta G_B(\mathrm{j}\omega)&=G_B(\mathrm{j}\omega)-G_{B0}(\mathrm{j}\omega)\end{aligned}\right\} \tag{3-4}$$

其中,$G_{K0}(\mathrm{j}\omega)=P_0(\mathrm{j}\omega)K(\mathrm{j}\omega)$,$G_{B0}(\mathrm{j}\omega)=\dfrac{P_0(\mathrm{j}\omega)K(\mathrm{j}\omega)}{1+P_0(\mathrm{j}\omega)K(\mathrm{j}\omega)}$ 分别为开环和闭环频率特性的标称值函数。显然,即使设计时没能精确考虑模型误差 ΔP 引起的开环频率特性的偏差 ΔG_K,但如果由此引起的闭环特性的偏差 ΔG_B 足够小,那么实际系统的闭环性能就不会受模型误差 ΔP 的影响。

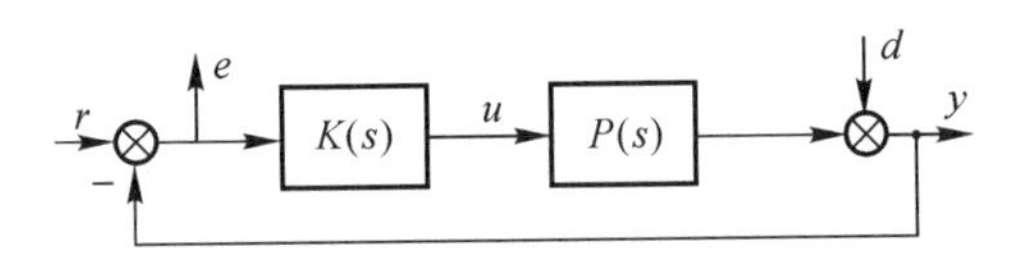

图 3-1　反馈控制系统方框图

简单地推导可得

$$\frac{\Delta G_B(\mathrm{j}\omega)}{G_B(\mathrm{j}\omega)}=\frac{1}{1+P_0(\mathrm{j}\omega)K(\mathrm{j}\omega)}\frac{\Delta G_K(\mathrm{j}\omega)}{G_K(\mathrm{j}\omega)} \tag{3-5}$$

式(3-5)表明,传递函数

$$S(s)=[1+P_0(s)K(s)]^{-1} \tag{3-6}$$

体现了开环特性的相对偏差 $\Delta G_K/G_K$ 到闭环特性相对偏差 $\Delta G_B/G_B$ 的增益。因此,如果在设计控制器 K 时,能够使 S 的增益足够小,即

$$|S(\mathrm{j}\omega)|=\left|\frac{1}{1+P_0(\mathrm{j}\omega)K(\mathrm{j}\omega)}\right|<\varepsilon \tag{3-7}$$

其中,ε 为充分小正数。那么,

$$\left|\frac{\Delta G_B(\mathrm{j}\omega)}{G_B(\mathrm{j}\omega)}\right|<\varepsilon\left|\frac{\Delta G_K(\mathrm{j}\omega)}{G_K(\mathrm{j}\omega)}\right| \tag{3-8}$$

从而将闭环特性的偏差抑制在工程上允许的误差范围之内。

实际上 $S(s)$ 还等于干扰 d 到误差 e 的闭环传递函数。因此减少 $S(s)$ 的增益就等价于减少干扰到控制误差的影响。

定义性能指标如下:

$$J=\inf_K\{\sup_\omega|S(\mathrm{j}\omega)|\} \tag{3-9}$$

则上述思想可以归结为以下设计问题:对于给定的 $\varepsilon>0$,设计控制器 K,使得闭环系统稳定且满足 $J<\varepsilon$。

1981 年,Zames 首次用明确的数学语言描述了这种基于经典设计理论的优化设计问题。他提出用传递函数的 H_∞ 范数来记述这种优化指标。假设传递函数 $\boldsymbol{S}(s)$ 为 s 右半平面上解析的有理函数阵。

定义

$$\| \boldsymbol{S}(s) \|_\infty = \sup_\omega \bar{\sigma}[S(\mathrm{j}\omega)] \tag{3-10}$$

其中，$\bar{\sigma}(\cdot)$ 表示最大奇异值，即

$$\bar{\sigma}(s) = \{\lambda_{\max}(\boldsymbol{S}^* \boldsymbol{S})\}^{1/2} \tag{3-11}$$

其中：$\boldsymbol{S}^*$ 为 $\boldsymbol{S}$ 的转置共轭阵；$\lambda_{\max}$ 为最大特征值。对于标量系统，$\| \boldsymbol{S}(s) \|_\infty = \sup_\omega |\boldsymbol{S}(\mathrm{j}\omega)|$。

根据定义(3-10)，性能指标 J 可以表示为

$$J = \inf_K \| \boldsymbol{S}(s) \|_\infty \tag{3-12}$$

Zames 提出了使式(3-12)定义的 J 最小的问题，但没有能给出行之有效的解法。1984年，加拿大学者 Francis 和 Zames 用古典的函数插值理论，提出了这种 H_∞设计问题的最初的解法。同时，基于算子理论等现代数学工具，这一解法很快被推广到一般的多变量系统。而英国学者 Glover 则将 H_∞设计问题归纳为函数逼近问题，并用汉克尔(Hankel)算子理论给出了这个问题的解析解。Glover 的算法又被 Doyle 在状态空间上进行了整理并系统地归纳为 H_∞控制问题，并于1987年出版了第一部 H_∞控制理论专著，至此 H_∞控制理论体系已经初步形成。

在这一阶段提出的 H_∞设计问题的解法，所用的数学工具非常烦琐，并不像问题的本身那样具有明确的工程意义。直到1988年 Doyle 等人在全美控制年会上发表了著名的 DGKF (Doyle，Glover，Khargonekar Francis)论文，证明了 H_∞设计问题的解可以通过解两个适当的代数 Riccati 方程得到。随后日本学者木村英纪基于网络共轭化(conjugation)的概念，提出了更为简洁的解法，这个解法后来被进一步完善和发展，形成了以 J 无损性因子分解理论为基础的解法，但是这些解法实际上和 DGKF 论文提出的解法是等价的。DGKF 的论文标志着 H_∞控制理论的成熟。这种解法的证明基本上建立在状态空间理论之上，至今为止，H_∞设计方法主要依赖于这个解法。随后周克敏和 Doyle 等人也不断丰富该设计方法，出版了较为系统化的 H_∞鲁棒控制理论著作。

此后，H_∞设计问题的解又通过和解线性矩阵不等式的方法相结合，便于求出 H_∞控制的解。同时，这些设计理论的开发者们还积极同美国 The Math Works 公司合作，开发了 MATLAB 中鲁棒控制软件包(Robust Control Tool Books)，使 H_∞控制理论真正成为使用的工程设计理论。

3.1　不确定性描述

对于系统的不确定性，从非结构不确定性和结构不确定性这两方面描述几种典型模型的不确定性。

3.1.1　非结构不确定性

在鲁棒控制中，把具有不确定性的系统作为控制对象，并且用一个非结构化集合或一个结构化集合来描述它。相对而言，讨论非结构不确定性的描述更加重要，主要有以下两个方面的原因：

(1)在控制系统设计中采用的所有控制对象模型，由于需要覆盖未建模的动态特性，均应

该包括某些非结构化的不确定性，这是从给定的控制问题中自然引出来的；

(2)对于一种特定类型的非结构不确定性，可以找到一种既简单又具有一般性的分析和设计方法。

可见，采用某些典型的非结构不确定性来描述不确定系统，不仅是控制系统设计的需要，而且可以较容易地得出一些精确的结论，其代价当然是这些结论的保守性。

这里的非结构不确定性包括了加法的不确定性和乘法的不确定性，这些不确定性可以用传递函数模型来描述。最简单的不确定性描述是用实际控制对象的传递函数 $P_A(s)$ 与标称模型的传递函数 $P(s)$ 之差来描述的，即

$$\Delta(s) = P_A(s) - P(s) \tag{3-13}$$

这样，一个实际控制对象的传递函数模型可以描述为

$$P_A(s) = P(s) + \Delta(s) \tag{3-14}$$

很显然，由式(3-13)描述的不确定性 $\Delta(s)$ 为加法不确定性。

对于乘法不确定性的描述，是用实际控制对象 $P_A(s)$ 与标称模型 $P(s)$ 之相对差来描述，即

$$\Delta(s) = [P_A(s) - P(s)]P^{-1}(s) \tag{3-15}$$

这时实际控制对象为

$$P_A(s) = [I + \Delta(s)]P(s) \tag{3-16}$$

由式(3-15)描述的 $\Delta(s)$ 为乘法不确定性。

若用 BH_∞ 表示在复数右半平面解析且绝对值小于 1 的复变函数集合，即对于复变函数 $F(s)$ 有

$$BH_\infty = \{F(s):\text{在 } \mathrm{Re}s \geqslant 0 \text{ 解析式，且 } |F(s)| < 1\} \tag{3-17}$$

根据最大值原理，在 $\mathrm{Re}s \geqslant 0$ 上 $|F(s) < 1|$ 与 $\|F(s)\|_\infty < 1$ 等价。因此 BH_∞ 也可以写成

$$BH_\infty = \{F(s):\text{稳定且 } \|F(s)\|_\infty < 1\} \tag{3-18}$$

对于式(3-18)中的不等号包含有等号的集合，记为$\overline{BH}_\infty$，即

$$\overline{BH}_\infty = \{F(s):\text{稳定且 } \|F(s)\|_\infty \leqslant 1\} \tag{3-19}$$

这样，可以用一个非结构化的集合来描述具有非结构不确定性的系统。为了确定这个非结构化的集合，必须限定 $\Delta(s)$ 的大小。对于单输入单输出的系统，$\Delta(s)$ 的表达式

$$|\Delta(\mathrm{j}\omega)| \leqslant |W(\mathrm{j}\omega)|, \quad \forall \omega \in \mathbf{R} \tag{3-20}$$

它与

$$\left\|\frac{\Delta(s)}{W(s)}\right\|_\infty \leqslant 1 \tag{3-21}$$

即$\dfrac{\Delta(s)}{W(s)} \in \overline{BH}_\infty$ 是等价的。把$\dfrac{\Delta(s)}{W(s)}$ 设成 $\Delta(s)$，则式(3-14)和式(3-16)分别变为

$$P_A(s) = P(s) + W(s)\Delta(s), \quad \Delta(s) \in \overline{BH}_\infty \tag{3-22}$$

$$P_A(s) = [1 + W(s)\Delta(s)]P(s), \quad \Delta(s) \in \overline{BH}_\infty \tag{3-23}$$

这种描述方式通过适当的加权函数 $W(s)$ 把不确定性进行规范化。加权函数 $W(s)$ 表达了不确定性依赖于频率 ω 的程度。图 3-2(a)(b)分别描述了式(3-22)和式(3-23)的情况。

对于多输入多输出的加法不确定性系统，一般可用传递函数矩阵描述为

$$\boldsymbol{P}_A(s)=\boldsymbol{P}(s)+\boldsymbol{W}_1(s)\Delta(s)\boldsymbol{W}_2(s),\quad \|\boldsymbol{\Delta}(s)\|_\infty\leqslant 1 \tag{3-24}$$

其中：$\boldsymbol{W}_1(s)$ 是不确定性输出侧的加权函数；$\boldsymbol{W}_2(s)$ 是输入侧的加权函数。

对于多变量乘法不确定性系统，有

$$P_A(s)=[I+W_1(s)\Delta(s)W_2(s)]P(s),\quad \|\Delta(s)\|_\infty\leqslant 1 \tag{3-25}$$

式(3-24)和式(3-25)的情况分别如图 3-3(a)(b)所示。很显然，图 3-2 是图 3-3 只考虑输出侧加权函数的一种特殊情况。

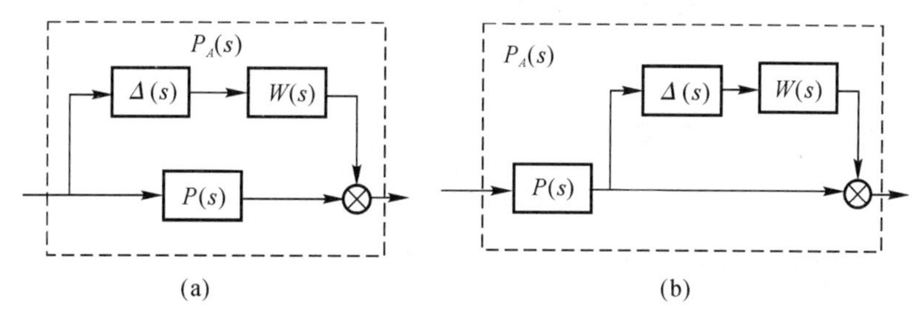

图 3-2　不确定性系统的描述

(a) 具有加法不确定性的系统；(b) 具有乘法不确定性的系统

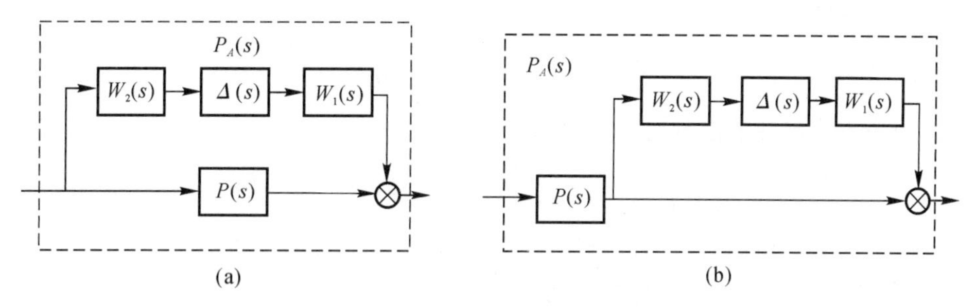

图 3-3　多变量不确定性系统

(a) 多变量加法不确定性系统；(b) 多变量乘法不确定性系统

对于加法不确定性系统，下面的例子说明如何获得加权函数 $W(s)$。

例【3.1】：对于参数变化的情况，考虑

$$P_A(s)=\frac{1}{Ts+1},\quad 1\leqslant T\leqslant 3 \tag{3-26}$$

把式(3-26)化成式(3-22)的形式，即把式(3-24)嵌入到非结构化集合

$$U_A=\{P_A(s)=P(s)+W(s)\Delta(s):\Delta(s)\in\overline{BH_\infty}\} \tag{3-27}$$

设标称模型为

$$P(s)=\frac{1}{2s+1}$$

它是 $T=2$ 即 T 所述区间的中点时 $P_A(s)$ 的值，则加法不确定性为

$$P_A(s)-P(s)=\frac{(2-T)s}{(Ts+1)(2s+1)} \tag{3-28}$$

由于

$$|P_A(\mathrm{j}\omega)-P(\mathrm{j}\omega)|=\left|\frac{\mathrm{j}\omega(2-T)}{(\mathrm{j}\omega T+1)(\mathrm{j}2\omega+1)}\right|\leqslant\left|\frac{\mathrm{j}\omega}{(\mathrm{j}\omega+1)(\mathrm{j}2\omega+1)}\right|$$

因而选择不确定加权函数为

$$W(s)=\frac{s}{(s+1)(2s+1)} \tag{3-29}$$

所以具有加法不确定性的控制对象可表示为

$$P_A(s)=\frac{1}{2s+1}+\frac{s}{(s+1)(2s+1)}\Delta(s),\quad \Delta(s)\in\overline{BH_\infty} \tag{3-30}$$

例【3.2】:考虑动态模型误差的情况,有

$$P_A(s)=\frac{1}{(s+1)}+\frac{1}{s^2+0.01W_ns+W_n^2},\quad 20\leqslant W_n\leqslant 21 \tag{3-31}$$

若忽略高频段的特性,设标称模型为

$$P(s)=\frac{1}{s+1} \tag{3-32}$$

把式(3-32)代入式(3-31)描述的非结构化集合 U_A 中,则有

$$P_A(s)-P(s)=\frac{1}{s^2+0.01W_ns+W_n{}^2} \tag{3-33}$$

当 W_n 变化时,$P_A(\mathrm{j}\omega)-P(\mathrm{j}\omega)$ 将出现高频特性,而加法不确定性加权函数 $W(s)$ 必须覆盖这些高频特性,可以取

$$W(s)=\frac{1}{s^2+0.82s+20.5^2} \tag{3-34}$$

因此,具有加法不确定性的控制对象可表示为

$$P_A(s)=\frac{1}{s+1}+\frac{1}{s^2+0.82s+20.5^2}\Delta(s),\quad \Delta(s)\in\overline{BH_\infty} \tag{3-35}$$

对于乘法不确定性系统,下面的例子说明如何获得加权函数 $W(s)$。

例【3.3】:假设控制对象的标称模型是

$$P(s)=\frac{1}{s^2} \tag{3-36}$$

如直流电动机,当忽略它的黏性阻尼时会有这样的传递函数。假设控制对象的实际模型含有时滞环节,传递函数为

$$P_A(s)=\frac{1}{s^2}\mathrm{e}^{-\tau s} \tag{3-37}$$

并且延时时间仅在一定的范围内,如 $0\leqslant\tau\leqslant 0.1$。将时滞环节 $\mathrm{e}^{-\tau s}$ 作为标称模型的乘法不确定性来处理。为此应选择加权函数 $W(s)$ 满足

$$\left|\frac{P_A(\mathrm{j}\omega)}{P(\mathrm{j}\omega)}-1\right|\leqslant|W(\mathrm{j}\omega)|,\quad \forall\omega,\quad \tau\in\mathbf{R} \tag{3-38}$$

即

$$|\mathrm{e}^{-\mathrm{j}\tau\omega}-1|\leqslant|W(\mathrm{j}\omega)|,\quad \forall\omega,\quad \tau\in\mathbf{R} \tag{3-39}$$

利用伯德图,就可以找到一个合适的一阶加权函数

$$W(s)=\frac{0.21s}{0.1s+1} \tag{3-40}$$

可以验证,这样选择的 $W(s)$ 是保守的,这只要在几个频率点上比较实际的不确定性集合

$$\left\{\frac{P_A(\mathrm{j}\omega)}{P(\mathrm{j}\omega)}:0\leqslant\tau\leqslant 0.1\right\}=\{\mathrm{e}^{-\mathrm{j}\tau\omega}:0\leqslant\tau\leqslant 0.1\} \tag{3-41}$$

与覆盖区域

$$\{s: |s-1| \leqslant |W(\mathrm{j}\omega)|\} \tag{3-42}$$

即可得到验证。

例【3.4】:假定实际控制对象的传递函数

$$P_A(s)=\frac{k}{s-2} \tag{3-43}$$

这里增益 k 是不确定的,但已知它在区间 $[0.1,10]$ 内。这个实际控制对象的标称模型为

$$P(s)=\frac{k_0}{s-2} \tag{3-44}$$

加权函数 $W(s)$ 满足

$$\left|\frac{P_A(\mathrm{j}\omega)}{P(\mathrm{j}\omega)}-1\right| \leqslant |W(\mathrm{j}\omega)|, \quad \forall \omega \in \mathbf{R}, \quad \forall k \in [0.1,10] \tag{3-45}$$

即

$$\max_{0.1 \leqslant k \leqslant 10}\left|\frac{k}{k_0}-1\right| \leqslant |W(\mathrm{j}\omega)|, \quad \forall \omega \in \mathbf{R} \tag{3-46}$$

式(3-46)左边 $k_0=5.05$ 时取最小,对应这个 k_0 值,左边等于$\frac{4.95}{5.05}$。因此,可得

$$P(s)=\frac{5.05}{s-2}, \quad W(s)=\frac{4.95}{5.05} \tag{3-47}$$

上述加法和乘法不确定性系统的描述并非适合所有情况,因为覆盖不确定系统的集合有时只是一种较粗糙的近似。在这种情况下,根据加法和乘法不确定性系统模型设计的控制器相对于原来的不确定性系统模型有可能是太保守了。这说明在建立不确定系统模型时,可能把这个不确定性实际上用较小集合所能达到的效果比用较大集合所设计出来的控制器更好。从这个意义上说,用较大集合设计的控制器对于较小集合而言是保守的。

3.1.2　结构不确定性

在实际控制对象中,描述动态特性的方程式往往是具有已知形式的,即模型的结构是已知的,但是方程式中具有不确定的系数,即模型参数的值是不确定的。一般地,包含在模型参数中的各种系数,由于测量误差、元器件老化、动作特点变化或线性近似等,常常含有不确定性,所以模型参数多少都包含有不确定性。这种不确定性由于具有已知的结构,所以称为结构不确定性。下面考察有状态空间模型描述的不确定性。

1. 结构不确定性描述

考虑下述有状态空间描述的线性时变系统

$$\dot{\boldsymbol{x}}(t)=A(t)[r(t)]\boldsymbol{x}(t)+B[s(t)]\boldsymbol{u}(t) \tag{3-48}$$

$$\boldsymbol{y}(t)=\boldsymbol{C}\boldsymbol{x}(t) \tag{3-49}$$

其中,$\dot{\boldsymbol{x}}(t) \in \mathbf{R}^n$ 是状态,$\boldsymbol{u}(t) \in \mathbf{R}^m$ 是控制输入,$\boldsymbol{y}(t) \in \mathbf{R}^l$ 是输出,$r(t) \in \mathbf{R}_r \subset \mathbf{R}^P$ 和 $s(t) \in \mathbf{R}_s \subset \mathbf{R}^q$ 分别是表示个系数矩阵不确定性的参数变量,而 $\mathbf{R}_r$ 和 $\mathbf{R}_s$ 是 $\mathbf{R}^P$ 和 $\mathbf{R}^q$ 的有界闭集合。可见,这里并不考虑系数矩阵 $\boldsymbol{C}$ 的不确定性。下面用实际的系数矩阵和系数矩阵的标称值之差表示系数矩阵的不确定性,即不确定性描述为

$$\Delta A[r(t)]=A[r(t)]-A \tag{3-50}$$

$$\Delta B[s(t)]=B[s(t)]-B \tag{3-51}$$

其中 A 和 B 分别为各系数矩阵的标称值，$\Delta A[r(t)]$ 和 $\Delta B[s(t)]$ 分别是有界时变的不确定性。对应于不同的类型，$\Delta A[r(t)]$ 和 $\Delta B[s(t)]$ 有下述三种描述方法：

(1) 参数结构的不确定性：

$$\Delta A[r(t)]=\sum_{i=1}^{p} r_i(t)A_i,\ |r_i(t)|\leqslant 1 \tag{3-52}$$

$$\Delta B[s(t)]=\sum_{i=1}^{q} s_i(t)B_i,\ |s_i(t)|\leqslant 1 \tag{3-53}$$

(2) 块结构的不确定性：

$$\Delta A[r(t)]=\sum_{i=1}^{h} D_{A_i}\Delta_{A_i}[r(t)]E_{A_i},\quad \|\Delta_{A_i}[r(t)]\|\leqslant 1 \tag{3-54}$$

$$\Delta B[s(t)]=\sum_{i=1}^{k} D_{B_i}\Delta_{B_i}[s(t)]E_{B_i},\quad \|\Delta_{B_i}[s(t)]\|\leqslant 1 \tag{3-55}$$

(3) 结构的不确定性：

$$\Delta A[r(t)]=\boldsymbol{D}_A\boldsymbol{\Delta}_A[r(t)]\boldsymbol{E}_A,\quad \|\boldsymbol{\Delta}_A[r(t)]\|\leqslant 1 \tag{3-56}$$

$$\Delta B[s(t)]=\boldsymbol{D}_B\boldsymbol{\Delta}_B[s(t)]\boldsymbol{E}_B,\quad \|\boldsymbol{\Delta}_B[s(t)]\|\leqslant 1 \tag{3-57}$$

其中，$\boldsymbol{A}_i,\boldsymbol{B}_i,\cdots,\boldsymbol{D}_A,\boldsymbol{E}_A,\boldsymbol{D}_B$ 和 $\boldsymbol{E}_B$ 等分别是已知的常数矩阵，表示不确定性结构，$r_i(t),s_i(t),\cdots,\boldsymbol{\Delta}_A[r(t)]$ 和 $\boldsymbol{\Delta}_B[s(t)]$ 等分别为未知的有界不确定性参数或矩阵，表示在不确定性结构下的有界时变摄动，$\|\cdot\|$ 表示矩阵的最大奇异值。

若设 $\mathbf{R}^n$ 的自然基底为

$$\boldsymbol{e}_i=[0\ \cdots\ 0\ 1\ 0\ \cdots\ 0] \tag{3-58}$$

而且 $E_{ij}=\boldsymbol{e}_i\boldsymbol{e}_j^{\mathrm{T}}$，则任意的 $\boldsymbol{\Delta}_A[r(t)]=(\delta a_{ij})\in\mathbf{R}^{m\times n}$ 可表达为

$$\boldsymbol{\Delta}_A[r(t)]=\sum_{i,j=1}^{n}\delta a_{ij}E_{ij} \tag{3-59}$$

其中

$$r_{ij}=\frac{\delta a_{ij}}{\max\limits_{i,j}|\delta a_{ij}|},A_{ij}=(\max_{i,j}|\delta a_{ij}|)E_{ij} \tag{3-60}$$

对 $\boldsymbol{\Delta}_B[s(t)]$ 也可以进行类似的描述，常常可以用第(1)种描述方法来表达。应该指出，第(1)种描述方法相当于第(2)种描述方法中假设

$$h=p,\quad D_{A_i}=I,\quad \Delta_{A_i}[r(t)]=r_i(t)I,\quad E_{A_i}=A_i \tag{3-61}$$

$$k=q,\quad D_{B_i}=I,\quad \Delta_{B_i}[s(t)]=s_i(t)I,\quad E_{B_i}=B_i \tag{3-62}$$

时的情形，而第(2)种描述方法作为下属一种特殊情况被包含在第(3)种描述方法中。

$$\boldsymbol{D}_A=[D_{A1}\quad D_{A2}\quad \cdots\quad D_{A_h}] \tag{3-63}$$

$$\boldsymbol{D}_B=[D_{B1}\quad D_{B2}\quad \cdots\quad D_{B_k}] \tag{3-64}$$

$$\boldsymbol{E}_A=[E_{A1}\quad E_{A2}\quad \cdots\quad E_{A_h}]^{\mathrm{T}} \tag{3-65}$$

$$\boldsymbol{E}_B=[E_{B1}\quad E_{B2}\quad \cdots\quad E_{B_k}]^{\mathrm{T}} \tag{3-66}$$

$$\boldsymbol{\Delta}_A=\mathrm{diag}\{\Delta_{A_1},\Delta_{A2},\cdots,\Delta_{A_h}\} \tag{3-67}$$

$$\boldsymbol{\Delta}_B=\mathrm{diag}\{\Delta_{B_1},\Delta_{B_2},\cdots,\Delta_{B_k}\} \tag{3-68}$$

很显然，后一种描述与前一种描述相比，不确定性的自由度有所增加，这意味着后一种更难以反映实际系统所具有的不确定性的结构特征。这就是说，后一种描述必然更容易得出比

前一种描述保守的结果，但是后一种描述的优点是容易得到结构更简单、条件更严密的结果，即容易做出精确的结论。

2. 块对角结构的不确定性

考虑如图 3-4 所示的控制系统，其中 $\boldsymbol{p}$ 是控制对象的公称模型，K 是控制器。在这里把实际控制对象描述为

$$P_A(s)=P(s)+W_1(s)\boldsymbol{\Delta}_1(s) \tag{3-69}$$

其中，$W_1(s)$ 是模型加法不确定性的加权函数；$\boldsymbol{\Delta}_1(s)$ 是规范化模型不确定性，即 $\|\boldsymbol{\Delta}_1(s)\|_\infty<1$。控制系统的性能被描述为

$$\|\boldsymbol{T}_{z_2w_2}(s)\|_\infty<1 \tag{3-70}$$

其中，$\boldsymbol{T}_{z_2w_2}(s)$ 是 ω_2 到 z_2 的闭环传递函数矩阵。也就是说，控制系统设计的目标是寻找使控制系统稳定且满足式(3-70)的控制器 K。

图 3-4 中的 $W_2(s)$ 是性能加权函数，$\boldsymbol{\Delta}_2(s)$ 是表征性能的规范化假象不确定性，满足 $\|\boldsymbol{\Delta}_2(s)\|_\infty<1$。可以说，这是一个鲁棒性能问题。

可以把图 3-4 简化成图 3-5 所表示的形式，其中

$$\boldsymbol{M}=\begin{bmatrix}\boldsymbol{W}_1\boldsymbol{K}(\boldsymbol{I}-\boldsymbol{PK})^{-1} & \boldsymbol{W}_1(\boldsymbol{I}-\boldsymbol{KP})^{-1}\\ \boldsymbol{W}_2(\boldsymbol{I}-\boldsymbol{PK})^{-1} & \boldsymbol{W}_2\boldsymbol{P}(\boldsymbol{I}-\boldsymbol{KP})^{-1}\end{bmatrix} \tag{3-71}$$

$$\boldsymbol{\Delta}=\begin{bmatrix}\boldsymbol{\Delta}_1 & \boldsymbol{0}\\ \boldsymbol{0} & \boldsymbol{\Delta}_2\end{bmatrix} \tag{3-72}$$

这是一个块对角有界摄动(Block Digonal Bounded Perturbation，BDBP) 问题。

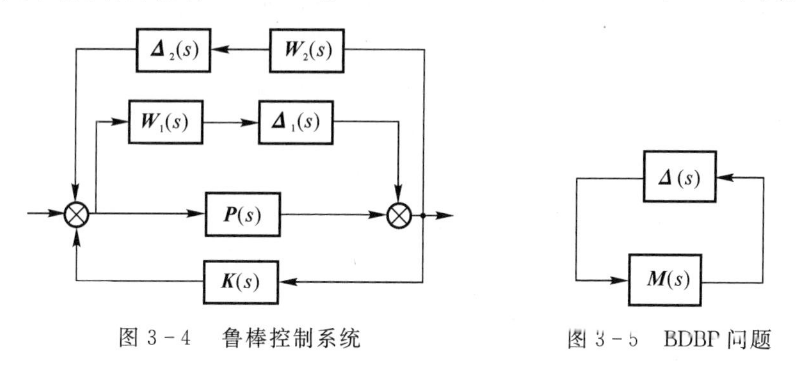

图 3-4 鲁棒控制系统　　图 3-5 BDBP 问题

可以看出 $\boldsymbol{\Delta}$ 具有块对角结构，因而这里考虑的是一个块对角不确定性问题，根据最小增益原理，系统鲁棒稳定性的条件是 $\|\boldsymbol{M}\|_\infty<1$，但是这一条件并不考虑 Δ 具有块对角结构这一特性，因而 $\|\boldsymbol{M}\|_\infty<1$ 获最小化 $\|\boldsymbol{M}\|_\infty$ 所获得的控制器具有较大的保守性。

对于乘法不确定性系统，考虑如图 3-6 所示的鲁棒性问题。实际控制对象描述为

$$\boldsymbol{P}_A(s)=[\boldsymbol{I}+\boldsymbol{W}_1(s)\boldsymbol{\Delta}_1(s)]\boldsymbol{K}(s) \tag{3-73}$$

这是一个具有乘法不确定性的系统。

同样地，图 3-6 也可以简化成图 3-5 所示的 BDBP 问题，其中

$$\boldsymbol{M}=\begin{bmatrix}-\boldsymbol{W}_1\boldsymbol{T} & -\boldsymbol{W}_2\boldsymbol{TP}^{-1}\\ \boldsymbol{W}_2\boldsymbol{SP} & \boldsymbol{W}_2\boldsymbol{S}\end{bmatrix} \tag{3-74}$$

$$\boldsymbol{T}=\boldsymbol{KP}(\boldsymbol{I}+\boldsymbol{KP})^{-1} \tag{3-75}$$

$$\boldsymbol{S}=(\boldsymbol{I}+\boldsymbol{PK})^{-1} \tag{3-76}$$

$\boldsymbol{\Delta}$ 由式(3－72)描述,也具有块对角结构。

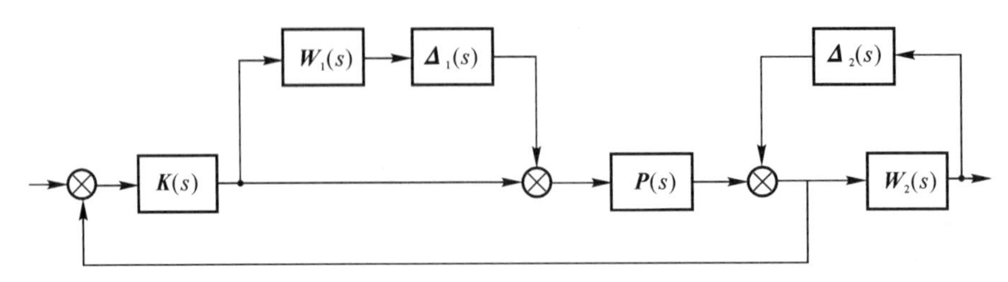

图 3－6　乘法不确定系统的鲁棒性能问题

更一般地,当控制对象具有 m 个不确定性 $\boldsymbol{\Delta}_1,\boldsymbol{\Delta}_2,\cdots,\boldsymbol{\Delta}_m$ 时,控制系统的结构仍然可以化为图 3－5 所示的形式,此时

$$\boldsymbol{\Delta}=\begin{pmatrix}\boldsymbol{\Delta}_1 & 0 & \cdots & 0\\ 0 & \boldsymbol{\Delta}_2 & \cdots & 0\\ \vdots & \vdots & & \vdots\\ 0 & 0 & \cdots & \boldsymbol{\Delta}_m\end{pmatrix}=\mathrm{diag}\{\boldsymbol{\Delta}_1,\boldsymbol{\Delta}_2,\cdots,\boldsymbol{\Delta}_m\} \tag{3-77}$$

控制对象是一个具有块对角不确定性的系统,控制系统设计面临的问题是结构不确定的鲁棒控制问题。

例【3.5】:如图 3－7 所示,当乘法不确定性同时在控制对象输入侧输出侧存在时,有

$$\begin{bmatrix}\boldsymbol{z}_1\\ \boldsymbol{z}_2\\ \boldsymbol{y}\end{bmatrix}=\begin{bmatrix}\boldsymbol{0} & \boldsymbol{0} & \boldsymbol{I}\\ \boldsymbol{PW}_1 & \boldsymbol{0} & \boldsymbol{P}\\ \boldsymbol{PW}_1 & \boldsymbol{W}_2 & \boldsymbol{P}\end{bmatrix}\begin{bmatrix}\boldsymbol{w}_1\\ \boldsymbol{w}_2\\ \boldsymbol{u}\end{bmatrix} \tag{3-78}$$

$$\begin{bmatrix}\boldsymbol{w}_1\\ \boldsymbol{w}_2\end{bmatrix}=\begin{bmatrix}\boldsymbol{\Delta}_1 & \boldsymbol{0}\\ \boldsymbol{0} & \boldsymbol{\Delta}_2\end{bmatrix}\begin{bmatrix}\boldsymbol{z}_1\\ \boldsymbol{z}_2\end{bmatrix} \tag{3-79}$$

可见,不确定性具有块对角结构。把图 3－7 化成图 3－6 的形式,有

$$\boldsymbol{M}=\boldsymbol{F}_l(\boldsymbol{G},\boldsymbol{K}) \tag{3-80}$$

其中

$$\boldsymbol{G}=\begin{bmatrix}\boldsymbol{0} & \boldsymbol{0} & \boldsymbol{I}\\ \boldsymbol{PW}_1 & \boldsymbol{0} & \boldsymbol{P}\\ \boldsymbol{PW}_2 & \boldsymbol{W}_2 & \boldsymbol{P}\end{bmatrix} \tag{3-81}$$

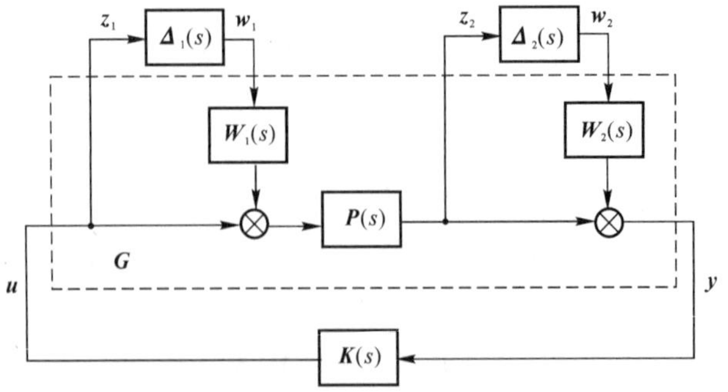

图 3－7　控制对象的输入和输出同时存在乘法不确定性的控制系统

例【3.6】:含有两个参数变化控制对象

$$P_A(s)=\frac{b}{s+a},\quad a\in[1,5],b\in[10,12] \tag{3-82}$$

如图 3-8 所示,可选择

$$a=3+2\Delta_1,\quad \Delta_1\in\overline{BH}_\infty \tag{3-83}$$

$$b=11+\Delta_2,\quad \Delta_2\in\overline{BH}_\infty \tag{3-84}$$

令

$$\begin{bmatrix} z_1\\ z_2\\ y\end{bmatrix}=\boldsymbol{G}\begin{bmatrix} w_1\\ w_2\\ u\end{bmatrix} \tag{3-85}$$

$$\begin{bmatrix} w_1\\ w_2\end{bmatrix}=\boldsymbol{\Delta}\begin{bmatrix} z_1\\ z_2\end{bmatrix} \tag{3-86}$$

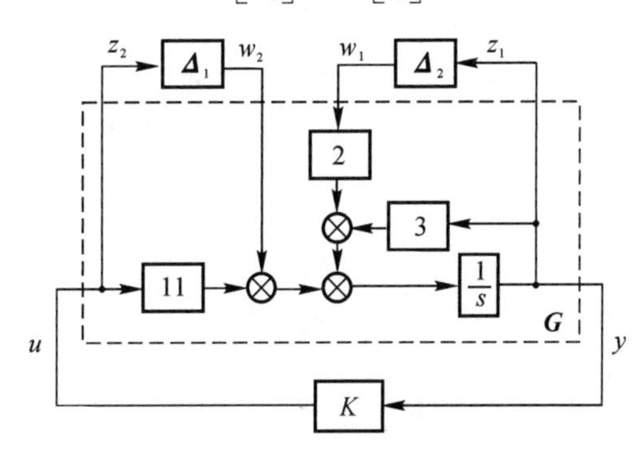

图 3-8　控制对象同时有两个参数变化的控制系统

则有 $\boldsymbol{G}$ 的状态空间表达式

$$\boldsymbol{G}=\begin{bmatrix} -3 & 2 & 1 & 11\\ 1 & 0 & 0 & 0\\ 0 & 0 & 0 & 1\\ 1 & 0 & 0 & 0\end{bmatrix} \tag{3-87}$$

$$\boldsymbol{\Delta}=\begin{bmatrix} \Delta_1 & 0\\ 0 & \Delta_2\end{bmatrix} \tag{3-88}$$

可见,$\boldsymbol{\Delta}$ 也具有块对角结构。

3.2　标准 H_∞ 控制问题

3.2.1　H_∞ 性能指标

在介绍 H_∞ 控制问题之前,首先介绍一下 H_∞ 性能指标的设计思想。我们考察线性系统理论中的最优控制问题,以便更好地理解 H_∞ 设计指标的含义。

假设被控对象由下式给定:

$$\dot{\boldsymbol{x}}=\boldsymbol{A}\boldsymbol{x}+\boldsymbol{B}u,\quad \boldsymbol{x}(0)=\boldsymbol{x}_0 \tag{3-89}$$

其中 $\boldsymbol{x}(t) \in \mathbf{R}^n$ 为状态向量，$u \in \mathbf{R}$ 为控制输入，$\boldsymbol{A} \in \mathbf{R}^{n\times n}$，$\boldsymbol{B} \in \mathbf{R}^{n\times 1}$ 为定常矩阵。

对于被控对象(3－89)，设计状态反馈控制器

$$u = \boldsymbol{K}x, \quad \boldsymbol{K} \in \mathbf{R}^{1\times n} \tag{3-90}$$

使给定的二次型性能指标

$$J = \int_0^\infty [\boldsymbol{x}^{\mathrm{T}}(t)\boldsymbol{Q}x(t) + \rho u^2(t)]\mathrm{d}t \tag{3-91}$$

达到最小，同时，使闭环系统渐进稳定，其中 $\boldsymbol{Q} \geqslant 0$ 为加权矩阵，$\rho > 0$ 为加权系数。

最优控制理论的结果表明，通过借适当的代数 Riccati 方程，可以得到使 J 为最小的控制器 K。但是，在这个问题的设计中，并没有考虑干扰的影响。即性能指标(3－91)的最优性只有在被控对象完全可以由式(3－89)精确描述时才能实现。由于实际系统中存在干扰等不确定性，使得这种最优设计几乎无法实现。

为了克服这一点，在被控对象的模型中，引入干扰响应并考虑干扰对系统响应特性的影响。假设被控对象由下式给定：

$$\dot{\boldsymbol{x}} = \boldsymbol{A}\boldsymbol{x} + \boldsymbol{B}_2\boldsymbol{u} + \boldsymbol{B}_1\boldsymbol{\omega} \tag{3-92}$$

其中 ω 为单位脉冲干扰信号。对于式(3－92)的干扰响应，同样考虑是性能指标 J 为最小的状态反馈控制器。

定义辅助输出信号

$$\boldsymbol{z} = \begin{bmatrix} \boldsymbol{Q}^{1/2} \\ \boldsymbol{0} \end{bmatrix}\boldsymbol{x} + \begin{bmatrix} 0 \\ \sqrt{\rho} \end{bmatrix}\boldsymbol{u} \tag{3-93}$$

其中，$\boldsymbol{Q}^{1/2}$ 表示矩阵的二次方根，即满足 $\boldsymbol{Q} = \boldsymbol{Q}^{1/2}\boldsymbol{Q}^{1/2}$。则式(3－91)的 J 可以表示为

$$J = \int_0^\infty \boldsymbol{z}^{\mathrm{T}}(t)\boldsymbol{z}(t)\mathrm{d}t = \int_0^\infty \boldsymbol{h}^{\mathrm{T}}(t)\boldsymbol{h}(t)\mathrm{d}t \tag{3-94}$$

其中，$\boldsymbol{h}(t)$ 为式(3－92)和式(3－93)构成的闭环系统的脉冲响应。

根据帕斯沃尔(Parseval)恒等式，式(3－94)可以表示为

$$J = \frac{1}{2\pi}\int_{-\infty}^{+\infty} \boldsymbol{T}^{\mathrm{T}}(\mathrm{j}\omega)\boldsymbol{T}(\mathrm{j}\omega)\mathrm{d}\omega = \frac{1}{2\pi}\int_{-\infty}^{+\infty} \mathrm{trace}[\boldsymbol{T}(\mathrm{j}\omega)\boldsymbol{T}^{\mathrm{T}}(\mathrm{j}\omega)]\mathrm{d}\omega \tag{3-95}$$

其中，$\boldsymbol{T}(\cdot)$ 为 ω 到 z 的闭环传递函数。式(3－94)正是有理函数 $\boldsymbol{T}(s)$ 的 H_2 范数的定义式，即

$$\| \boldsymbol{T}(s) \|_2 = \left\{\frac{1}{2\pi}\int_{-\infty}^{+\infty} \mathrm{trace}[\boldsymbol{T}(\mathrm{j}\omega)\boldsymbol{T}^{\mathrm{T}}(\mathrm{j}\omega)]\mathrm{d}\omega\right\}^{1/2} \tag{3-96}$$

因此，上述设计问题等价于求反馈控制器 K 使闭环系统稳定，同时使 $\| \boldsymbol{T}(s) \|_2$ 达到最小的问题。实际上可以证明，这个问题等价于现代控制理论中的线性二次高斯控制(Linear Quadratic Guaussian，LQG)问题。

由此可知，LQG 设计理论只考虑了一种干扰，即单位脉冲(或者说功率谱为 1 的白噪声)信号。但是，工程实际中的干扰很难用这种单一的白噪声信号描述。理想的状况应该考虑干扰信号的集合，即，假设干扰信号是不确定的，但是属于某一个可描述集。例如定义干扰的集合为

$$L_2 = \left\{\omega(t) \,\middle|\, \int_0^\infty \omega^2(t)\mathrm{d}t < \infty\right\} \tag{3-97}$$

如果 $\omega(t)$ 为电流或电压信号，那么 L_2 中包含的是能量有限的信号。对于被控对象式(3－92)，考虑抑制干扰 $\omega \in L_2$ 对系统性能的影响的问题。为此引入表示干扰抑制水准的标

量 $\gamma>0$，即求控制器 K 使得满足

$$\int_0^\infty [\boldsymbol{x}^{\mathrm{T}}(t)Q\boldsymbol{x}(t)+\rho u^2(t)]\,\mathrm{d}t<\gamma^2\int_0^\infty \omega^2(t)\,\mathrm{d}t,\quad \forall\,\omega\in L_2 \tag{3-98}$$

的 γ 达到最小。显然，γ 越小则式(3-98)左端也最小，属于 L_2 的任意干扰 ω 的影响将被抑制在工程允许的水准之下。

同上所述，由帕斯沃尔恒等式，式(3-98)可以表示为

$$\|z\|_2^2<\gamma^2\|\omega\|_2^2,\quad \forall\,\omega\in L_2 \tag{3-99}$$

或者，等价地

$$\frac{\|z\|_2}{\|\omega\|_2}<\gamma,\quad \forall\,\omega\in L_2,\quad \omega\neq 0 \tag{3-100}$$

如果定义

$$\|\boldsymbol{T}_{z\omega}(s)\|_\infty=\sup_{\omega\neq 0}\frac{\|z\|_2}{\|\omega\|_2} \tag{3-101}$$

其中，$\boldsymbol{T}_{z\omega}(s)$ 为由 ω 至 z 的闭环传递函数。即

$$\boldsymbol{T}_{z\omega}(s)=\begin{bmatrix}Q^{1/2}\\ \sqrt{\rho}K\end{bmatrix}(s\boldsymbol{I}-\boldsymbol{A}-\boldsymbol{B}_2\boldsymbol{K})^{-1}\boldsymbol{B}_1 \tag{3-102}$$

那么，式(3-98)就可以表示为

$$\|\boldsymbol{T}_{z\omega}(s)\|_\infty<\gamma \tag{3-103}$$

而设计使满足式(3-103)最小的问题就等价于下式

$$J_\infty=\inf_{K\in S_K}\|\boldsymbol{T}_{z\omega}(s)\|_\infty \tag{3-104}$$

定义的 J_∞ 为目标函数的最优化问题。式中 S_K 表示使闭环系统渐进稳定的控制器的集合。

实际上式(3-101)就是有理函数矩阵 $\boldsymbol{T}_{z\omega}(s)$ 的 H_∞ 范数的定义。而求使 J_∞ 为最小的控制器 K 正是典型的 H_∞ 最优设计问题。进一步考察式(3-101)，得

$$\|\boldsymbol{T}_{z\omega}(s)\|_\infty=\sup_{\omega\neq 0}\frac{\|\boldsymbol{T}_{z\omega}\omega\|_2}{\|\omega\|_2}=\sup_{\|\omega\|_2=1}\|\boldsymbol{T}_{z\omega}\omega\|_2=\sup_{\|\omega\|_2=1}\|z\|_2 \tag{3-105}$$

由此可知，LQG 仅考虑单一干扰下的性能指标 $\|z\|_2$ 的最优性。而 H_∞ 控制则考虑干扰信号，并保证对于该集合最劣的性能指标($\sup\limits_{\|\omega\|_2=1}\|z\|_2$)为最优。这是 H_∞ 性能指标的第一个特点。H_∞ 范数的另一个特点就是可以描述频域特性曲线的整形指标。下面以灵敏度函数的整形为例说明这一点。

可以证明定义的 H_∞ 范数和式(3-101)定义的是等价的。而对于两个有理函数阵之积满足

$$\|\boldsymbol{T}_1(s)\boldsymbol{T}_2(s)\|_\infty<\|\boldsymbol{T}_1(s)\|_\infty\|\boldsymbol{T}_2(s)\|_\infty \tag{3-106}$$

如果，$T_1(s)$ 为标量函数，则

$$\|\boldsymbol{T}_1(s)\boldsymbol{T}_2(s)\|_\infty<1 \tag{3-107}$$

的充分必要条件是

$$\bar{\sigma}[\boldsymbol{T}_2(\mathrm{j}\omega)]<\frac{1}{|\boldsymbol{T}_1(\mathrm{j}\omega)|},\quad \forall\,\omega\in[0,\infty) \tag{3-108}$$

在闭环的系统中，如果期望灵敏度函数 $\boldsymbol{S}=(\boldsymbol{I}+\boldsymbol{PK})^{-1}$ 在低频段($0<\omega<\omega_0$)增益尽可能小，以达到抑制该频段的干扰和模型误差的影响。如图 3-9 所示，可以通过整形 $\boldsymbol{S}$ 的频率特性

使其位于斜线区域以下来达到目的。

设斜线区域的边界线可由 $|V(\mathrm{j}\omega)|$ 来描述。那么,上述设计要求可以表示为

$$|S(\mathrm{j}\omega)| < |V(\mathrm{j}\omega)|, \quad \forall \omega \in [0,\infty) \tag{3-109}$$

根据式(3-106)及式(3-107)的关系,式(3-109)等价于

$$\| \boldsymbol{W}(s)\boldsymbol{S}(s) \|_\infty < 1 \tag{3-110}$$

其中 $\boldsymbol{W}(s)=\boldsymbol{V}^{-1}(s)$。因此,如图 3-9 所示的频率特性的整形设计要求就可以通过解如下 H_∞ 设计问题来达到,即对给定的被控对象 $P(s)$ 和权函数 $\boldsymbol{W}(s)$,求反馈控制器 $K(s)$ 使得闭环系统稳定,且满足

$$\inf_{K(s)} \| \boldsymbol{W}(s)\boldsymbol{S}(s) \|_\infty < 1 \tag{3-111}$$

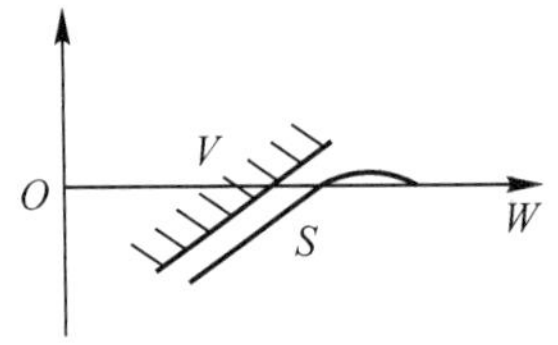

图 3-9　频率特性的整形

如上所述,频域特性的整形设计问题可以归纳为 H_∞ 设计问题,正是因为 H_∞ 范数具有式(3-106)所示的乘积不等式性质。而 LQG 理论中采用的 H_2 范数则不具备这一特性。

3.2.2　标准 H_∞ 鲁棒控制

在实际应用中,许多控制问题都可以化归为所谓 H_∞ 标准控制问题。考虑图 3-10 所示结构的控制系统,图中各信号均为向量值信号。图中 $\boldsymbol{G}$ 为广义被控对象;$\boldsymbol{K}$ 为控制器;$\boldsymbol{G}$ 是系统的给定部分,$\boldsymbol{K}$ 是待设计的;$\boldsymbol{w}$ 为外部输入信号,包括参考(指令)信号,干扰和传感器噪声;$\boldsymbol{z}$ 为被控输出信号,也称为评价信号,通常包括跟踪误差、调节误差和执行机构输出;$\boldsymbol{u}$ 为控制信号;$\boldsymbol{y}$ 为量测输出信号,如传感器输出信号。广义被控对象根据控制目标或实际控制对象的不同而不同。对于同一控制目标,实际对象发生变化时,广义对象一定会发生变化。即使是同一被控对象,由于不同的设计目标,其广义被控对象也可能不同。

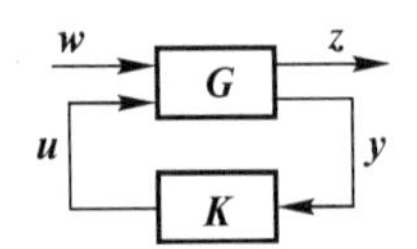

图 3-10　H_∞ 标准问题框图

假设 $\boldsymbol{G}$ 和 $\boldsymbol{K}$ 均是线性时不变系统的传递函数矩阵描述,即 $\boldsymbol{G}(s)$ 和 $\boldsymbol{K}(s)$ 均是真的有理函数矩阵。则设广义被控对象 $\boldsymbol{G}$ 的状态空间实现为

$$\dot{\boldsymbol{x}} = \boldsymbol{A}\boldsymbol{x} + \boldsymbol{B}_1\boldsymbol{w} + \boldsymbol{B}_2\boldsymbol{u} \tag{3-112}$$

$$\boldsymbol{z} = \boldsymbol{C}_1\boldsymbol{x} + \boldsymbol{D}_{11}\boldsymbol{w} + \boldsymbol{D}_{12}\boldsymbol{u} \tag{3-113}$$

$$\boldsymbol{y} = \boldsymbol{C}_2\boldsymbol{x} + \boldsymbol{D}_{21}\boldsymbol{w} + \boldsymbol{D}_{22}\boldsymbol{w} \tag{3-114}$$

式中 $\boldsymbol{x} \in \mathbf{R}^n, \boldsymbol{z} \in \mathbf{R}^m, \boldsymbol{y} \in \mathbf{R}^q, \boldsymbol{w} \in \mathbf{R}^r, \boldsymbol{u} \in \mathbf{R}^p$。相应的传递函数矩阵为

$$\boldsymbol{G}(s)=\begin{bmatrix}\boldsymbol{G}_{11}(s) & \boldsymbol{G}_{12}(s)\\ \boldsymbol{G}_{21}(s) & \boldsymbol{G}_{22}(s)\end{bmatrix} \tag{3-115}$$

记为

$$\boldsymbol{G}=\begin{bmatrix}\boldsymbol{A} & \boldsymbol{B}_1 & \boldsymbol{B}_2\\ \boldsymbol{C}_1 & \boldsymbol{D}_{11} & \boldsymbol{D}_{12}\\ \boldsymbol{C}_2 & \boldsymbol{D}_{21} & \boldsymbol{D}_{22}\end{bmatrix} \tag{3-116}$$

则有

$$\begin{bmatrix}\boldsymbol{z}\\ \boldsymbol{y}\end{bmatrix}=\boldsymbol{G}(s)\begin{bmatrix}\boldsymbol{w}\\ \boldsymbol{u}\end{bmatrix}=\begin{bmatrix}\boldsymbol{G}_{11}(s) & \boldsymbol{G}_{12}(s)\\ \boldsymbol{G}_{21}(s) & \boldsymbol{G}_{22}(s)\end{bmatrix}\begin{bmatrix}\boldsymbol{w}\\ \boldsymbol{u}\end{bmatrix} \tag{3-117}$$

$$\boldsymbol{u}=\boldsymbol{K}(s)\boldsymbol{y} \tag{3-118}$$

于是，在图 3－10 中，从 $\boldsymbol{w}$ 到 $\boldsymbol{z}$ 的闭环传递函数阵等于

$$\boldsymbol{T}_{zw}(s)=\mathrm{LFT}(\boldsymbol{G},\boldsymbol{K})=\boldsymbol{G}_{11}+\boldsymbol{G}_{12}\boldsymbol{K}(\boldsymbol{I}-\boldsymbol{G}_{22}\boldsymbol{K})^{-1}\boldsymbol{G}_{21} \tag{3-119}$$

它是 $\boldsymbol{K}$ 的线性分式变换（Linear Fractional Transformation，LFT）。

H_∞ 最优控制问题：求一正则实有理控制器 K，使闭环系统内部稳定且使传递函数阵 $\boldsymbol{T}_{zw}(s)$ 的 H_∞ 范数极小，即

$$\min_K \|\boldsymbol{T}_{zw}(s)\|_\infty=\gamma_0 \tag{3-120}$$

H_∞ 次优控制问题：求一正则实有理的 K，使闭环系统内部稳定，且使

$$\|\boldsymbol{T}_{zw}(s)\|_\infty<\gamma \tag{3-121}$$

其中 $\gamma\geqslant\gamma_0$。

显然，如果以上两种控制问题有解，可通过逐渐减小 γ 去逼近 γ_0，即由次优问题的解去逼近最优问题的解。

对 H_∞ 次优控制问题，对式(3－121) 做变换，得

$$\left\|\frac{1}{\gamma}\boldsymbol{T}_{zw}(s)\right\|_\infty<1 \tag{3-122}$$

而$\dfrac{1}{\gamma}\boldsymbol{T}_{zw}(s)$ 等于广义被控对象

$$\boldsymbol{G}(s)=\begin{bmatrix}\gamma^{-1}\boldsymbol{G}_{11}(s) & \boldsymbol{G}_{12}(s)\\ \gamma^{-1}\boldsymbol{G}_{21}(s) & \boldsymbol{G}_{22}(s)\end{bmatrix} \tag{3-123}$$

和 $\boldsymbol{K}$ 所构成的图 3－10 所示系统的从 $\boldsymbol{w}$ 到 $\boldsymbol{z}$ 的闭环传函阵。因此，不失一般性，常取 $\gamma=1$。

需要指出的是，H_∞ 最优控制问题难于求解。因此，将主要讨论 H_∞ 次优控制问题的各种解法，并将其称为 H_∞ 标准控制问题。

3.2.3　H_∞ 状态反馈控制

3.2.3.1　基于 Riccati 不等式的状态反馈解

设广义被控对象的状态空间实现为

$$\left.\begin{aligned}\dot{\boldsymbol{x}}&=\boldsymbol{A}\boldsymbol{x}+\boldsymbol{B}_1\boldsymbol{w}+\boldsymbol{B}_2\boldsymbol{u}\\ \boldsymbol{z}&=\boldsymbol{C}_1\boldsymbol{x}+\boldsymbol{D}_{11}\boldsymbol{w}+\boldsymbol{D}_{12}\boldsymbol{u}\\ \boldsymbol{y}&=\boldsymbol{x}\end{aligned}\right\} \tag{3-124}$$

即

$$G(s)=\begin{bmatrix} A & B_1 & B_2 \\ C_1 & D_{11} & D_{12} \\ I & 0 & 0 \end{bmatrix} \tag{3-125}$$

其中 $x\in \mathbf{R}^n, w\in \mathbf{R}^r, z\in \mathbf{R}^m, u\in \mathbf{R}^p, A, B_1, B_2, C_1, D_{11}$ 和 D_{12} 为具有相应维数的常阵。

对上述广义被控对象做如下假设：

假设 A_1 (A,B_2) 能稳定。

假设 A_2 $D_{11}=0, \mathrm{rank}D_{12}=p$(列满秩)。

假设 A_1 为系统可镇定的一个必要条件。因为若(A,B_2)不能稳定，那么就不可能存在使闭环内稳定的反馈控制律 $u=Kx$。因而，H_∞ 控制问题就不可能有解。

假设 A_2 表明，控制目标函数中不显含噪声干扰项。如果条件 $D_{11}=0$ 不满足，那么，可以通过所谓回路成形(loop shaping)技术，将 H_∞ 控制问题等价地表示为对应于某一个满足 $D_{11}=0$ 的广义被控对象的 H_∞ 标准控制问题。假设 A_2 只是为了技术处理上简单而引进的，并不影响问题的一般性。

对于系统(3-124)和给定的 $\gamma>0$，所要求解的问题如下。

问题 1：设计状态反馈控制律

$$u=Kx, \quad K\in \mathbf{R}^{p\times n} \tag{3-126}$$

使得闭环系统内稳定$[A+B_2K]$稳定，且

$$\| G_{zw}(s)\|_\infty<\gamma \tag{3-127}$$

其中，$G_{zw}(s)$ 表示从 w 到 z 的闭环传函阵。

将式(3-126)代入系统式(3-124)，并利用假设 A_2，有

$$\dot{x}=(A+B_2K)x+B_1u \tag{3-128}$$

$$z=(C_1+D_{12}K)x \tag{3-129}$$

由此得

$$G_{zw}(s)=\begin{bmatrix} A+B_2K & B_1 \\ C_1+D_{12}K & 0 \end{bmatrix} \tag{3-130}$$

定理【3.1】：设广义被控对象(3-124)满足假设 A_1、A_2，则问题 1 有解的充要条件为存在正定阵 $P>0$ 满足 Riccati 不等式

$$A^{\mathrm{T}}P+PA+\gamma^{-2}PB_1B_1^{\mathrm{T}}P+C_1^{\mathrm{T}}C_1-(PB_2+C_1^{\mathrm{T}}D_{12})(D_{12}^{\mathrm{T}}D_{12})^{-1}(B_2^{\mathrm{T}}P+D_{12}^{\mathrm{T}}C_1)<0 \tag{3-131}$$

若不等式(3-131)有解 $P>0$，则使闭环系统内稳定，且式(3-127)成立的状态反馈阵由下式给出：

$$K=-(D_{12}^{\mathrm{T}}D_{12})^{-1}(B_2^{\mathrm{T}}P+D_{12}^{\mathrm{T}}C_1) \tag{3-132}$$

证明：闭环系统内稳定等价于 $A_K=A+B_2K$，K 为稳定阵。可知，A_K 为稳定阵，且式(3-127)成立的充分必要条件为存在 $P>0$，满足

$$PA_K+A_K^{\mathrm{T}}P+\gamma^{-2}PB_1B_1^{\mathrm{T}}P+C_K^{\mathrm{T}}C_K<0 \tag{3-133}$$

整理得

$$PA+A^{\mathrm{T}}P+\gamma^{-2}PB_1B_1^{\mathrm{T}}P+C_1^{\mathrm{T}}C_1-(PB_2+C_1^{\mathrm{T}}D_{12})(D_{12}^{\mathrm{T}}D_{12})^{-1}(B_2^{\mathrm{T}}P+D_{12}^{\mathrm{T}}G)+M_K^{\mathrm{T}}M_K<0 \tag{3-134}$$

其中

$$\boldsymbol{M}_K = \boldsymbol{D}_{12}[\boldsymbol{K} + (\boldsymbol{D}_{12}^{\mathrm{T}}\boldsymbol{D}_{12})^{-1}(\boldsymbol{B}_2^{\mathrm{T}}\boldsymbol{P} + \boldsymbol{D}_{12}^{\mathrm{T}}\boldsymbol{C}_1)] \tag{3-135}$$

必要性：如果存在反馈阵 $\boldsymbol{K}$，使得 $\boldsymbol{A}_K$ 稳定，且式(3-127) 成立，则式(3-133) 有正定解 $\boldsymbol{P}>0$，进而由式(3-134) 可知，$\boldsymbol{P}$ 满足 Riccati 不等式(3-131)。

充分性：如果式(3-131) 有正定解 $\boldsymbol{P}>0$，令 $\boldsymbol{K}$ 等于式(3-132) 右端，则式(3-134) 成立，等价于式(3-123) 成立。故 $\boldsymbol{A}_K$ 稳定，且式(3-127) 成立。　　证毕

假设 A_3　$\boldsymbol{D}_{12}^{\mathrm{T}}[\boldsymbol{C}_1 \quad \boldsymbol{D}_{12}] = [\boldsymbol{0} \quad \boldsymbol{I}]$（正交条件）。

假设 A_3 的正交条件 $\boldsymbol{D}_{12}^{\mathrm{T}}\boldsymbol{C}=\boldsymbol{0}$ 和 $\boldsymbol{D}_{12}^{\mathrm{T}}\boldsymbol{D}_{12}=\boldsymbol{I}$，是为使评价信号 $\|\boldsymbol{z}\|^2$ 中不出现 $\boldsymbol{u}$ 和 $\boldsymbol{x}$ 的交叉项，此时

$$\|\boldsymbol{z}\|^2 = \boldsymbol{x}^{\mathrm{T}}\boldsymbol{C}_1^{\mathrm{T}}\boldsymbol{C}_1\boldsymbol{x} + \boldsymbol{u}^{\mathrm{T}}\boldsymbol{u} \tag{3-136}$$

使推导简洁。若不满足正交条件，可用矩阵变换方法将其化为上述形式，这里略。

推论【3.1】：在假设 A_1、A_2、A_3 下，问题 1 有解的充分必要条件为 Riccati 不等式

$$\boldsymbol{PA} + \boldsymbol{A}^{\mathrm{T}}\boldsymbol{P} + \boldsymbol{P}(\gamma^{-2}\boldsymbol{B}_1\boldsymbol{B}_1^{\mathrm{T}} - \boldsymbol{B}_2\boldsymbol{B}_2^{\mathrm{T}})\boldsymbol{P} + \boldsymbol{C}_1^{\mathrm{T}}\boldsymbol{C}_1 < 0 \tag{3-137}$$

有正定解 $\boldsymbol{P}>0$。若式(3-137) 有解，则状态反馈阵由下式给出：

$$\boldsymbol{K} = -\boldsymbol{B}_2^{\mathrm{T}}\boldsymbol{P} \tag{3-138}$$

假设 A_4 $\boldsymbol{D}_{11}=\boldsymbol{0}$，$\boldsymbol{D}_{12}=\boldsymbol{0}$。

$\boldsymbol{D}_{12}=\boldsymbol{0}$ 为前面所讨论情形的一个特例。此时，为证明状态反馈控制律存在的条件的必要性，需要如下引理。

引理【3.1】：设 $\boldsymbol{Q}\in\mathbf{R}^{r\times n}$ 为实对称阵，$\boldsymbol{L}\in\mathbf{R}^{n\times n}$ 为实矩阵且 $\mathrm{rank}\boldsymbol{L}=r$。若对于满足 $\boldsymbol{Lx}=\boldsymbol{0}$ 的任意非零向量 $\boldsymbol{x}\in\mathbf{R}^n$，$\boldsymbol{x}^{\mathrm{T}}\boldsymbol{Qx}<0$ 成立，则存在正数 $\mu_0>0$，使得

$$\boldsymbol{Q} - \mu\boldsymbol{L}^{\mathrm{T}}\boldsymbol{L} < 0 \tag{3-139}$$

对所有 $\mu>\mu_0$ 成立。

证明：因为 $\boldsymbol{L}$ 行满秩，故存在非奇异方阵 $\boldsymbol{T}\in\mathbf{R}^{n\times n}$，使得 $\boldsymbol{LT}=[\boldsymbol{I} \quad \boldsymbol{0}]$。对于给定的 $\mu>0$，$\boldsymbol{Q}-\mu\boldsymbol{L}^{\mathrm{T}}\boldsymbol{L}<0$ 的充分必要条件为

$$\boldsymbol{T}^{\mathrm{T}}(\boldsymbol{Q}-\mu\boldsymbol{L}^{\mathrm{T}}\boldsymbol{L})\boldsymbol{T} = \begin{bmatrix}\boldsymbol{Q}_{11}-\mu\boldsymbol{I} & \boldsymbol{Q}_{12}\\ \boldsymbol{Q}_{12}^{\mathrm{T}} & \boldsymbol{Q}_{22}\end{bmatrix} < 0 \tag{3-140}$$

成立。而任意满足 $\boldsymbol{Lx}=\boldsymbol{0}$ 的 $\boldsymbol{x}\in\mathbf{R}^n$ 均可表示为

$$\boldsymbol{x} = \boldsymbol{T}\begin{bmatrix}\boldsymbol{0}\\ \boldsymbol{y}\end{bmatrix} \tag{3-141}$$

其中 $\boldsymbol{y}\in\mathbf{R}^{n-r}$ 为任意非零向量。故由假设 $\boldsymbol{x}^{\mathrm{T}}\boldsymbol{Qx}<0$，得

$$[\boldsymbol{0} \quad \boldsymbol{y}^{\mathrm{T}}]\boldsymbol{T}^{\mathrm{T}}\boldsymbol{QT}\begin{bmatrix}\boldsymbol{0}\\ \boldsymbol{y}\end{bmatrix} = \boldsymbol{y}^{\mathrm{T}}\boldsymbol{Q}_{22}\boldsymbol{y} < 0, \quad \forall\, \boldsymbol{y}\in\mathbf{R}^{n-r} \tag{3-142}$$

即 $\boldsymbol{Q}_{22}<0$。因此，由 Schur 补引理，$\boldsymbol{T}^{\mathrm{T}}(\boldsymbol{Q}-\mu\boldsymbol{L}^{\mathrm{T}}\boldsymbol{L})T<0$ 成立的充分必要条件为

$$-\mu\boldsymbol{I} + (\boldsymbol{Q}_{11} - \boldsymbol{Q}_{12}\boldsymbol{Q}_{22}^{-1}\boldsymbol{Q}_{12}^{\mathrm{T}}) < 0 \tag{3-143}$$

令 $\mu_0 = \lambda_{\max}[\boldsymbol{Q}_{11} - \boldsymbol{Q}_{12}\boldsymbol{Q}_{22}^{-1}\boldsymbol{Q}_{12}^{\mathrm{T}}] < 0$，则对于所有 $\mu>\mu_0$，式(3-143) 显然成立，即

$$\boldsymbol{Q} - \mu\boldsymbol{L}^{\mathrm{T}}\boldsymbol{L} < 0 \tag{3-144}$$

证毕

定理【3.2】：对式(3-124) 的广义被控对象，在假设 A_1、A_4 下，问题 1 有解的充分必要条件为存在正数 $\varepsilon>0$，使得 Riccati 不等式

$$PA + A^{T}P + P(\gamma^{-2}B_1B_1^{T} - \varepsilon^{-2}B_2B_2^{T})P + C_1^{T}C_1 < 0 \tag{3-145}$$

存在正定解 $P > 0$。若式(3-145)有正定解，则使闭环系统内稳定，且式(3-127)成立的状态反馈控制律由下式给出

$$K = -\frac{1}{2\varepsilon^2}B_2^{T}P \tag{3-146}$$

证明：在假设 A_1、A_4 下，由广义被控对象(3-124)和(3-126)构成的闭环系统为

$$\dot{x} = (A + B_2K)x + B_1w \tag{3-147}$$

$$z = C_1x \tag{3-148}$$

充分性：设存在 $\varepsilon > 0$，使式(3-145)有正定解，且 K 由式(3-146)给定，则式(3-145)成为

$$P(A + B_2K) + (A + B_2K)^{T}P + \gamma^{-2}PB_1B_1^{T}P + C_1^{T}C_1 < 0 \tag{3-149}$$

故 $A + B_2K$ 为稳定阵，且

$$\| \gamma^{-1}G_{zw}(s) \|_{\infty} < 1 \tag{3-150}$$

其中，$G_{zw}(s) = C_1(sI - A - B_2K)^{-1}B_1$。因此

$$\| G_{zw}(s) \|_{\infty} < \gamma \tag{3-151}$$

必要性：设存在 K，使得 $A + B_2K$ 稳定，且式(3-127)成立，则存在正定阵 $P_0 > 0$ 满足

$$P_0(A + B_2K) + (A + B_2K)^{T}P_0 + \gamma^{-2}P_0B_1B_1^{T}P_0 + C_1^{T}C_1 < 0 \tag{3-152}$$

令

$$\left.\begin{aligned} Q &= P_0A + A^{T}P_0 + \gamma^{-2}P_0B_1B_1^{T}P_0 + C_1^{T}C_1 \\ L &= B_2^{T}P_0 \end{aligned}\right\} \tag{3-153}$$

则由式(3-152)可知，对于任意满足 $Lx = B_2^{T}P_0X = 0$ 的非零向量 $X \in \mathbf{R}^n$，$x^{T}Qx < 0$ 成立。根据引理 3.1，存在 $\mu_0 > 0$，使得

$$Q - \mu L^{T}L < 0, \quad \forall \mu > \mu_0 \tag{3-154}$$

即

$$P_0A + A^{T}P_0 + P_0(\gamma^{-2}B_1B_1^{T} - \mu B_2B_2^{T})P_0 + C_1^{T}C_1 < 0 \tag{3-155}$$

令 $\varepsilon = \dfrac{1}{\sqrt{\mu}}$，则 P_0 满足式(3-145)。

证毕。

3.2.3.2 基于 Riccati 方程的状态反馈解

对于广义被控对象(3-124)做如下假设：

假设 B_1 (A, B_2) 能稳定，(C_1, A) 能观测。

假设 B_2 $D_{11} = 0$。

假设 B_3 $D_{12}^{T}[C_1 \quad D_{12}] = [0 \quad I]$。

以上假设条件的解释同 3.2.3.1 节。

定理【3.3】：对满足假设条件的广义被控对象(3-145)，问题1有解的充分必要条件为存在矩阵 $P = P^{T} > 0$，满足如下 Riccati 方程

$$A^{T}P + PA + (\gamma^{-2}B_1B_1^{T} - B_2B_2^{T})P + C_1^{T}C_1 = 0 \tag{3-156}$$

且使闭环系统内稳定的状态反馈阵由下式给出：

$$K = -B_2^{T}P \tag{3-157}$$

证明：

充分性：

设存在矩阵 $\boldsymbol{P}=\boldsymbol{P}^{\mathrm{T}}>0$ 满足方程(3-156)，则考虑到假设 B_3 的正交性条件，方程(3-156)可改写为

$$(\boldsymbol{A}-\boldsymbol{B}_2\boldsymbol{B}_2^{\mathrm{T}}\boldsymbol{P})^{\mathrm{T}}\boldsymbol{P}+\boldsymbol{P}(\boldsymbol{A}-\boldsymbol{B}_2\boldsymbol{B}_2^{\mathrm{T}}\boldsymbol{P})+\gamma^{-2}\boldsymbol{P}\boldsymbol{B}_1\boldsymbol{B}_1^{\mathrm{T}}\boldsymbol{P}+(\boldsymbol{C}_1-\boldsymbol{D}_{12}\boldsymbol{B}_2^{\mathrm{T}}\boldsymbol{P})^{\mathrm{T}}(\boldsymbol{C}_1-\boldsymbol{D}_{12}\boldsymbol{B}_2^{\mathrm{T}}\boldsymbol{P})=\boldsymbol{0} \tag{3-158}$$

将 $\boldsymbol{K}=-\boldsymbol{B}_2^{\mathrm{T}}\boldsymbol{P}$ 代入式(3-158)，得

$$(\boldsymbol{A}+\boldsymbol{B}_2\boldsymbol{K})^{\mathrm{T}}\boldsymbol{P}+\boldsymbol{P}(\boldsymbol{A}+\boldsymbol{B}_2\boldsymbol{K})+\gamma^{-2}\boldsymbol{P}\boldsymbol{B}_1\boldsymbol{B}_1^{\mathrm{T}}P+(\boldsymbol{C}_1+\boldsymbol{D}_{12}\boldsymbol{K})^{\mathrm{T}}(\boldsymbol{C}_1+\boldsymbol{D}_{12}\boldsymbol{K})=\boldsymbol{0} \tag{3-159}$$

则如果 $(\boldsymbol{A}+\boldsymbol{B}_2\boldsymbol{K})$ 稳定，由式(3-159)可知

$$\|\boldsymbol{G}_{zw}\|_\infty=\|(\boldsymbol{C}+\boldsymbol{D}_{12}\boldsymbol{K})(\boldsymbol{SI}-\boldsymbol{A}-\boldsymbol{B}_2\boldsymbol{K})^{-1}\boldsymbol{B}_1\|_\infty<\gamma$$

下证 $(\boldsymbol{A}+\boldsymbol{B}_2\boldsymbol{K})$ 稳定(反证)。

设方程(3-156)的解 $\boldsymbol{P}=\boldsymbol{P}^{\mathrm{T}}>0$，且 $\boldsymbol{K}=-\boldsymbol{B}_2^{\mathrm{T}}\boldsymbol{P}$，使 $\boldsymbol{A}+\boldsymbol{B}_2\boldsymbol{K}=\boldsymbol{A}-\boldsymbol{B}_2\boldsymbol{B}_2^{\mathrm{T}}\boldsymbol{P}$ 不稳定，即存在 $\mathrm{Re}\lambda\geqslant 0$，满足

$$(\boldsymbol{A}+\boldsymbol{B}_2\boldsymbol{K})\boldsymbol{x}=\lambda\boldsymbol{x} \tag{3-160}$$

其中，$\boldsymbol{x}\neq\boldsymbol{0}$。用 $\boldsymbol{x}^*$ 和 $\boldsymbol{x}$ 分别左乘和右乘方程(3-156)，得

$$\boldsymbol{x}^*(\boldsymbol{A}+\boldsymbol{B}_2\boldsymbol{K})^{\mathrm{T}}\boldsymbol{P}\boldsymbol{x}+\boldsymbol{x}^*\boldsymbol{P}(\boldsymbol{A}+\boldsymbol{B}_2\boldsymbol{K})\boldsymbol{x}=-\gamma^{-2}\boldsymbol{x}^*\boldsymbol{P}\boldsymbol{B}_1\boldsymbol{B}_1^{\mathrm{T}}\boldsymbol{P}x-\boldsymbol{x}^*(\boldsymbol{C}_1+\boldsymbol{D}_{12}\boldsymbol{K})^{\mathrm{T}}(\boldsymbol{C}_1+\boldsymbol{D}_{12}\boldsymbol{K})\boldsymbol{x} \tag{3-161}$$

考虑到式(3-160)，式(3-161)成为

$$2\mathrm{Re}\lambda\boldsymbol{x}^*\boldsymbol{P}\boldsymbol{x}=-\gamma^{-2}\boldsymbol{x}^*\boldsymbol{P}\boldsymbol{B}_1\boldsymbol{B}_1^{\mathrm{T}}\boldsymbol{P}\boldsymbol{x}-\boldsymbol{x}^*(\boldsymbol{C}_1+\boldsymbol{D}_{12}\boldsymbol{K})^{\mathrm{T}}(\boldsymbol{C}_1+\boldsymbol{D}_{12}\boldsymbol{K})\boldsymbol{x} \tag{3-162}$$

式(3-162)左端

$$2\mathrm{Re}\lambda\boldsymbol{x}^*\boldsymbol{P}\boldsymbol{x}\geqslant 0 \tag{3-163}$$

$$-\gamma^{-2}\boldsymbol{x}^*\boldsymbol{P}\boldsymbol{B}_1\boldsymbol{B}_1^{\mathrm{T}}\boldsymbol{P}\boldsymbol{x}-\boldsymbol{x}^*(\boldsymbol{C}_1+\boldsymbol{D}_{12}\boldsymbol{K})^{\mathrm{T}}(\boldsymbol{C}_1+\boldsymbol{D}_{12}\boldsymbol{K})\boldsymbol{x}\leqslant 0 \tag{3-164}$$

由此可知，必有

$$-\gamma^{-2}\boldsymbol{x}^*\boldsymbol{P}\boldsymbol{B}_1\boldsymbol{B}_1^{\mathrm{T}}\boldsymbol{P}\boldsymbol{x}-\boldsymbol{x}^*(\boldsymbol{C}_1+\boldsymbol{D}_{12}\boldsymbol{K})^{\mathrm{T}}(\boldsymbol{C}_1+\boldsymbol{D}_{12}\boldsymbol{K})\boldsymbol{x}=\boldsymbol{0} \tag{3-165}$$

即

$$\boldsymbol{B}_1^{\mathrm{T}}\boldsymbol{P}\boldsymbol{x}=\boldsymbol{0},\quad(\boldsymbol{C}_1+\boldsymbol{D}_{12}\boldsymbol{K})\boldsymbol{x}=\boldsymbol{0} \tag{3-166}$$

将式(3-166)中的第二式左乘 $\boldsymbol{D}_{12}^{\mathrm{T}}$，并利用假设条件 B_3，则得

$$\boldsymbol{D}_{12}^{\mathrm{T}}(\boldsymbol{C}_1+\boldsymbol{D}_{12}\boldsymbol{K})\boldsymbol{x}=\boldsymbol{K}\boldsymbol{x}=\boldsymbol{0} \tag{3-167}$$

再由式(3-166)的第二式，得

$$\boldsymbol{C}_1\boldsymbol{x}=\boldsymbol{0} \tag{3-168}$$

另一方面，有

$$(\boldsymbol{A}+\boldsymbol{B}_2\boldsymbol{K})\boldsymbol{x}=\boldsymbol{A}\boldsymbol{x}=\lambda\boldsymbol{x} \tag{3-169}$$

故由 $\boldsymbol{C}_1\boldsymbol{x}=\boldsymbol{0}$ 和 $\boldsymbol{A}\boldsymbol{x}=\lambda\boldsymbol{x}$ 可知，λ 为 $(\boldsymbol{C}_1,\boldsymbol{A})$ 的不能观特征值。这与假设 B_1 的 $(\boldsymbol{C}_1,\boldsymbol{A})$ 能观测矛盾，即 $\boldsymbol{A}+\boldsymbol{B}_2\boldsymbol{K}=\boldsymbol{A}-\boldsymbol{B}_2\boldsymbol{B}_2^{\mathrm{T}}\boldsymbol{P}$ 稳定。

必要性：

设存在状态反馈阵 $\boldsymbol{K}$，使 $\boldsymbol{A}+\boldsymbol{B}_2\boldsymbol{K}$ 稳定，且使

$$\|\boldsymbol{G}_{zw}\|_\infty=\|(\boldsymbol{C}_1+\boldsymbol{D}_{12}\boldsymbol{K})(s\boldsymbol{I}-\boldsymbol{A}-\boldsymbol{B}_2\boldsymbol{K})^{-1}\boldsymbol{B}_1\|_\infty<\gamma \tag{3-170}$$

则必存在 $\widetilde{\boldsymbol{P}}=\widetilde{\boldsymbol{P}}^{\mathrm{T}}>0$，满足如下 Riccati 方程

$$(\boldsymbol{A}+\boldsymbol{B}_2\boldsymbol{K})^{\mathrm{T}}\widetilde{\boldsymbol{P}}+\widetilde{\boldsymbol{P}}(\boldsymbol{A}+\boldsymbol{B}_2\boldsymbol{K})+\gamma^{-2}\widetilde{\boldsymbol{P}}\boldsymbol{B}_1\boldsymbol{B}_1^{\mathrm{T}}\widetilde{\boldsymbol{P}}+(\boldsymbol{C}_1+\boldsymbol{D}_{12}\boldsymbol{K})^{\mathrm{T}}(\boldsymbol{C}_1+\boldsymbol{D}_{12}\boldsymbol{K})=\boldsymbol{0} \tag{3-171}$$

利用假设 B_3，式(3-171)成为

$$\boldsymbol{A}^{\mathrm{T}}\widetilde{\boldsymbol{P}}+\widetilde{\boldsymbol{P}}\boldsymbol{A}+\widetilde{\boldsymbol{P}}(\gamma^{-2}\boldsymbol{B}_1\boldsymbol{B}_1^{\mathrm{T}}-\boldsymbol{B}_2\boldsymbol{B}_2^{\mathrm{T}})\widetilde{\boldsymbol{P}}+\boldsymbol{C}_1^{\mathrm{T}}\boldsymbol{C}_1+(\boldsymbol{K}+\boldsymbol{B}_2^{\mathrm{T}}\widetilde{\boldsymbol{P}})^{\mathrm{T}}(\boldsymbol{K}+\boldsymbol{B}_2^{\mathrm{T}}\widetilde{\boldsymbol{P}})=\boldsymbol{0} \tag{3-172}$$

因为$(\boldsymbol{K}+\boldsymbol{B}_2^{\mathrm{T}}\widetilde{\boldsymbol{P}})^{\mathrm{T}}(\boldsymbol{K}+\boldsymbol{B}_2^{\mathrm{T}}\widetilde{\boldsymbol{P}})\geqslant 0$,所以必存在$\boldsymbol{P}=\boldsymbol{P}^{\mathrm{T}}\geqslant\widetilde{\boldsymbol{P}}>0$,满足如下 Riccati 方程:

$$\boldsymbol{A}^{\mathrm{T}}\boldsymbol{P}+\boldsymbol{P}\boldsymbol{A}+\boldsymbol{P}(\gamma^{-2}\boldsymbol{B}_1\boldsymbol{B}_1^{\mathrm{T}}-\boldsymbol{B}_2\boldsymbol{B}_2^{\mathrm{T}})\boldsymbol{P}+\boldsymbol{C}_1^{\mathrm{T}}\boldsymbol{C}_1=\boldsymbol{0} \tag{3-173}$$

证毕。

注:当H_∞性能指标$\gamma\rightarrow\infty$时,Riccati 方程(3-156)退化为一般 LQ 问题中的 Riccati 方程。就是说,这时的H_∞意义下的最优控制问题就转化为一般线性二次型意义下的最优控制问题。因此,LQ 最优控制可以看做为H_∞最优控制的一个特例。

假设 B_4 $\boldsymbol{D}_{11}=\boldsymbol{0},\boldsymbol{D}_{12}=0$。

定理【3.4】:对满足假设 B_1、B_4 的广义被控系统(3-124),问题1有解的充分必要条件为存在矩阵$\boldsymbol{P}=\boldsymbol{P}^{\mathrm{T}}>0$,满足如下 Riccati 方程:

$$\boldsymbol{A}^{\mathrm{T}}\boldsymbol{P}+\boldsymbol{P}\boldsymbol{A}+\boldsymbol{P}(\gamma^{-2}\boldsymbol{B}_1\boldsymbol{B}_1^{\mathrm{T}}-\boldsymbol{\varepsilon}^{-1}\boldsymbol{B}_2\boldsymbol{B}_2^{\mathrm{T}})\boldsymbol{P}+\boldsymbol{C}_1^{\mathrm{T}}\boldsymbol{C}_1=\boldsymbol{0} \tag{3-174}$$

相应的使$(\boldsymbol{A}+\boldsymbol{B}_2\boldsymbol{K})$稳定的状态反馈阵为

$$\boldsymbol{K}=-\frac{1}{2\varepsilon}\boldsymbol{B}_2^{\mathrm{T}}\boldsymbol{P} \tag{3-175}$$

假设 B_5 $(\boldsymbol{A},\boldsymbol{B}_2)$能稳定,$(\boldsymbol{C}_1,\boldsymbol{A})$能检测。

定理【3.5】:对于满足假设 B_2、B_3、B_5 的广义被控系统(3-124),问题1有解的充分必要条件为 Riccati 方程

$$\boldsymbol{A}^{\mathrm{T}}\boldsymbol{P}+\boldsymbol{P}\boldsymbol{A}+\boldsymbol{P}(\gamma^{-2}\boldsymbol{B}_1\boldsymbol{B}_1^{\mathrm{T}}-\boldsymbol{B}_2\boldsymbol{B}_2^{\mathrm{T}})\boldsymbol{P}+\boldsymbol{C}_1^{\mathrm{T}}\boldsymbol{C}_1=\boldsymbol{0} \tag{3-176}$$

存在解矩阵$\boldsymbol{P}=\boldsymbol{P}^{\mathrm{T}}>0$,且$(\boldsymbol{A}+\boldsymbol{\gamma}^{-2}\boldsymbol{B}_1\boldsymbol{B}_1^{\mathrm{T}}\boldsymbol{P}-\boldsymbol{B}_2\boldsymbol{B}_2^{\mathrm{T}}P)$稳定。相应地使$(\boldsymbol{A}+\boldsymbol{B}_2\boldsymbol{K})$稳定的状态反馈阵由下式给出

$$\boldsymbol{K}=-\boldsymbol{B}_2^{\mathrm{T}}\boldsymbol{P} \tag{3-177}$$

例【3.7】:设二维线性系统为

$$\dot{\boldsymbol{x}}=\begin{bmatrix}1 & 1\\0 & -1\end{bmatrix}\boldsymbol{x}+\begin{bmatrix}0\\1\end{bmatrix}\boldsymbol{w}+\begin{bmatrix}1\\0\end{bmatrix}\boldsymbol{u},\quad \boldsymbol{y}=\boldsymbol{x} \tag{3-178}$$

$$\boldsymbol{z}=\begin{bmatrix}\boldsymbol{x}\\\boldsymbol{u}\end{bmatrix}=\begin{bmatrix}\boldsymbol{I}\\\boldsymbol{0}\end{bmatrix}\boldsymbol{x}+\begin{bmatrix}0\\0\\1\end{bmatrix}\boldsymbol{u} \tag{3-179}$$

要求设计状态反馈控制律K,使闭环内稳定,且使传函$G_{zw}(s)$满足$\|G_{zw}\|_\infty<2$。

解:易验证,该系统满足假设 $B_1\sim B_3$,根据定理3.3,K使闭环内稳定,且使$\|\boldsymbol{G}_{zw}\|_\infty<2$的充分必要条件为 Riccati 方程(3-156)存在解$\boldsymbol{P}=\boldsymbol{P}^{\mathrm{T}}>0$。由 MATLAB 可解得

$$\boldsymbol{P}=\begin{bmatrix}P_{11} & P_{12}\\P_{21} & P_{22}\end{bmatrix}=\begin{bmatrix}4.3070 & 5.9787\\5.9787 & 14.3464\end{bmatrix} \tag{3-180}$$

相应的状态反馈控制律为

$$u=\boldsymbol{K}\boldsymbol{x}=-\boldsymbol{B}_2^{\mathrm{T}}\boldsymbol{P}\boldsymbol{x}=[-4.3070\quad -5.9787]\boldsymbol{x} \tag{3-181}$$

3.2.3.3 状态反馈解的一般解

设广义被控对象的状态空间实现为

$$\left.\begin{aligned}\dot{\boldsymbol{x}}&=\boldsymbol{A}\boldsymbol{x}+\boldsymbol{B}_1\boldsymbol{w}+\boldsymbol{B}_2\boldsymbol{u}\\\boldsymbol{z}&=\boldsymbol{C}_1\boldsymbol{x}+\boldsymbol{D}_{11}\boldsymbol{w}+\boldsymbol{D}_{12}\boldsymbol{u}\\\boldsymbol{y}&=\boldsymbol{x}\end{aligned}\right\} \tag{3-182}$$

即

$$\boldsymbol{G}(s)=\begin{bmatrix}\boldsymbol{A} & \boldsymbol{B}_1 & \boldsymbol{B}_2\\ \boldsymbol{C}_1 & \boldsymbol{D}_{11} & \boldsymbol{D}_{12}\\ \boldsymbol{I} & \boldsymbol{0} & \boldsymbol{0}\end{bmatrix} \tag{3-183}$$

不对 $\boldsymbol{D}_{11}$ 和 $\boldsymbol{D}_{12}$ 附加任何条件，也就是说，将在较一般的意义下，求解状态反馈解。

下面采用矩阵的满秩分解技术，求解式(3－182)的状态反馈解。令

$$\operatorname{rank}\boldsymbol{D}_{12}=i(\leqslant m)>0 \tag{3-184}$$

$\boldsymbol{U}$ 和 $\boldsymbol{\Sigma}$ 是满足下式的任意矩阵

$$\left.\begin{aligned}&\boldsymbol{D}_{12}=\boldsymbol{U\Sigma},\quad \boldsymbol{U}\in\mathbf{R}^{m\times i},\quad \boldsymbol{\Sigma}\in\mathbf{R}^{i\times p}\\ &\operatorname{rank}\boldsymbol{U}=\operatorname{rank}\boldsymbol{\Sigma}=i\end{aligned}\right\} \tag{3-185}$$

选择矩阵 $\boldsymbol{\Phi}_F\in\mathbf{R}^{(p-i)\times p}$，使其满足

$$\boldsymbol{\Phi}_F\boldsymbol{\Sigma}^{\mathrm{T}}=\boldsymbol{0},\quad \boldsymbol{\Phi}_F\boldsymbol{\Phi}_F^{\mathrm{T}}=\boldsymbol{I} \tag{3-186}$$

当 $i=p$，即 $\boldsymbol{D}_{12}$ 为列满秩时，则 $\boldsymbol{\Phi}_F=\boldsymbol{0}$。定义

$$\boldsymbol{R}=\boldsymbol{I}+\boldsymbol{D}_{11}(\gamma^2\boldsymbol{I}-\boldsymbol{D}_{11}^{\mathrm{T}}\boldsymbol{D}_{11})^{-1}\boldsymbol{D}_{11}^{\mathrm{T}}\quad(\boldsymbol{D}_{11}=\boldsymbol{0},\boldsymbol{R}=\boldsymbol{I}) \tag{3-187}$$

$$\boldsymbol{H}_F=\boldsymbol{\Sigma}^{\mathrm{T}}(\boldsymbol{\Sigma\Sigma}^{\mathrm{T}})^{-1}(\boldsymbol{U}^{\mathrm{T}}\boldsymbol{RU})^{-1}(\boldsymbol{\Sigma\Sigma}^{\mathrm{T}})^{-1}\boldsymbol{\Sigma} \tag{3-188}$$

显然，$\boldsymbol{D}_{12}=\boldsymbol{0}$ 时，$\boldsymbol{\Phi}_F=\boldsymbol{I}$，$\boldsymbol{H}_F=\boldsymbol{0}$。

$$\left.\begin{aligned}&\boldsymbol{A}_F=\boldsymbol{A}+\boldsymbol{B}_1(\gamma^2\boldsymbol{I}-\boldsymbol{D}_{11}^{\mathrm{T}}\boldsymbol{D}_{11})^{-1}\boldsymbol{D}_{11}^{\mathrm{T}}\boldsymbol{C}_1\\ &\boldsymbol{B}_F=\boldsymbol{B}_2+\boldsymbol{B}_1(\gamma^2\boldsymbol{I}-\boldsymbol{D}_{11}^{\mathrm{T}}\boldsymbol{D}_{11})^{-1}\boldsymbol{D}_{11}^{\mathrm{T}}\boldsymbol{D}_{12}\end{aligned}\right\} \tag{3-189}$$

定义

$$\boldsymbol{C}_F=[\boldsymbol{I}+\boldsymbol{D}_{11}(\gamma^2\boldsymbol{I}-\boldsymbol{D}_{11}^{\mathrm{T}}\boldsymbol{D}_{11})^{-1}\boldsymbol{D}_{11}^{\mathrm{T}}]^{\frac{1}{2}}\boldsymbol{C}_1 \tag{3-190}$$

$$\boldsymbol{D}_F=\boldsymbol{B}_1(\gamma^2\boldsymbol{I}-\boldsymbol{D}_{11}^{\mathrm{T}}\boldsymbol{D}_{11})^{-\frac{1}{2}} \tag{3-191}$$

$$\boldsymbol{F}_F=[\boldsymbol{I}+\boldsymbol{D}_{11}(\gamma^2\boldsymbol{I}-\boldsymbol{D}_{11}^{\mathrm{T}}\boldsymbol{D}_{11})^{-1}\boldsymbol{D}_{11}^{\mathrm{T}}]^{\frac{1}{2}}\boldsymbol{D}_{12} \tag{3-192}$$

定理【3.6】：对于满足假设 A_1 的系统(3－182)，使得存在状态反馈阵 $\boldsymbol{K}$，满足 $\boldsymbol{A}+\boldsymbol{B}_2\boldsymbol{K}$ 稳定，且

$$\|\boldsymbol{G}_{zw}(s)\|_\infty<\gamma \tag{3-193}$$

其中

$$\boldsymbol{G}_{zw}(s)=(\boldsymbol{C}_1+\boldsymbol{D}_{12}\boldsymbol{K})(s\boldsymbol{I}-\boldsymbol{A}-\boldsymbol{B}_2\boldsymbol{K})^{-1}\boldsymbol{D}_1+\boldsymbol{D}_{11} \tag{3-194}$$

成立的充分必要条件如下：

(1)$\boldsymbol{D}_{11}^{\mathrm{T}}\boldsymbol{D}_{11}<\gamma^2\boldsymbol{I}$；

(2) 存在常数 $\varepsilon>0$ 和正定阵 $\boldsymbol{Q}$，使得 Riccati 方程

$$\begin{aligned}&(\boldsymbol{A}_F-\boldsymbol{B}_F\boldsymbol{H}_F\boldsymbol{F}_F^{\mathrm{T}}\boldsymbol{C}_F)^{T}\boldsymbol{P}+\boldsymbol{P}(\boldsymbol{A}_F-\boldsymbol{B}_F\boldsymbol{H}_F\boldsymbol{F}_F^{\mathrm{T}}\boldsymbol{C}_F)+\boldsymbol{PD}_F\boldsymbol{D}_F^{\mathrm{T}}\boldsymbol{P}-\boldsymbol{PB}_F\boldsymbol{H}_F\boldsymbol{B}_F^{\mathrm{T}}\boldsymbol{P}-\\ &\frac{1}{\varepsilon}\boldsymbol{PB}_F\boldsymbol{\Phi}_F^{\mathrm{T}}\boldsymbol{\Phi}_F\boldsymbol{B}_F^{\mathrm{T}}\boldsymbol{P}+\boldsymbol{C}_F^{\mathrm{T}}(\boldsymbol{I}-\boldsymbol{F}_F\boldsymbol{H}_F\boldsymbol{F}_F^{\mathrm{T}})\boldsymbol{C}_F+\boldsymbol{Q}=\boldsymbol{0}\end{aligned} \tag{3-195}$$

存在正定解 $\boldsymbol{P}>0$。若上述条件成立，则所求解的状态反馈阵为

$$\boldsymbol{K}=-\left[\frac{1}{2\varepsilon}\boldsymbol{\Phi}_F^{\mathrm{T}}\boldsymbol{\Phi}_F+\boldsymbol{H}_F\right]\boldsymbol{B}_F^{\mathrm{T}}\boldsymbol{P}-\boldsymbol{H}_F\boldsymbol{F}_F^{\mathrm{T}}\boldsymbol{C}_F \tag{3-196}$$

证明：令

$$\boldsymbol{A}_K=\boldsymbol{A}+\boldsymbol{B}_2\boldsymbol{K},\quad \boldsymbol{C}_K=\boldsymbol{C}_1+\boldsymbol{D}_{12}K \tag{3-197}$$

则

$$\boldsymbol{G}_{zw}(s)=\boldsymbol{C}_K(s\boldsymbol{I}-\boldsymbol{A}_K)^{-1}\boldsymbol{B}_1+\boldsymbol{D}_{11} \tag{3-198}$$

充分性:设条件(1)和(2)成立,且反馈阵 $\boldsymbol{K}$ 由式(3-196)给定,则 $\varepsilon>0$ 和 $\boldsymbol{Q}>0$ 使式(3-195)具有正定解 $\boldsymbol{P}>0$。利用等式

$$\boldsymbol{H}_F\boldsymbol{F}_F^{\mathrm{T}}\boldsymbol{F}_F\boldsymbol{H}_F=\boldsymbol{H}_F \tag{3-199}$$

由式(3-195),经整理得

$$\boldsymbol{A}_K^{\mathrm{T}}\boldsymbol{P}+\boldsymbol{P}\boldsymbol{A}_K+(\boldsymbol{P}\boldsymbol{B}_1+\boldsymbol{C}_K^{\mathrm{T}}\boldsymbol{D}_{11})(\gamma^2\boldsymbol{I}-\boldsymbol{D}_{11}^{\mathrm{T}}\boldsymbol{D}_{11})^{-1}(\boldsymbol{B}_1^{\mathrm{T}}\boldsymbol{P}+\boldsymbol{D}_{11}^{\mathrm{T}}\boldsymbol{C}_K)+\boldsymbol{C}_K^{\mathrm{T}}\boldsymbol{C}_K+\boldsymbol{Q}=\boldsymbol{0} \tag{3-200}$$

注意到 $\boldsymbol{Q}>0$,则 $\boldsymbol{A}_K$ 稳定,且 $\|\boldsymbol{G}_{zw}(s)\|_\infty<\gamma$。

必要性:条件(1)的必要性显然。

设存在 $\boldsymbol{K}$,使 $\boldsymbol{A}_K$ 稳定且 $\|\boldsymbol{G}_{zw}(s)\|_\infty<\gamma$,则存在正定阵 $\boldsymbol{Q}_1(=\varepsilon\boldsymbol{I})$ 和 $\boldsymbol{P}>0$,使得

$$\boldsymbol{A}_K^{\mathrm{T}}\boldsymbol{P}+\boldsymbol{P}\boldsymbol{A}_K+(\boldsymbol{P}\boldsymbol{B}_1+\boldsymbol{C}_K^{\mathrm{T}}\boldsymbol{D}_{11})(\gamma^2\boldsymbol{I}-\boldsymbol{D}_{11}^{\mathrm{T}}\boldsymbol{D}_{11})^{-1}(\boldsymbol{B}_1^{\mathrm{T}}\boldsymbol{P}+\boldsymbol{D}_{11}^{\mathrm{T}}\boldsymbol{C}_K)+\boldsymbol{C}_K^{\mathrm{T}}\boldsymbol{C}_K+\boldsymbol{Q}_1=\boldsymbol{0} \tag{3-201}$$

从而有

$$\boldsymbol{A}_K^{\mathrm{T}}\boldsymbol{P}+\boldsymbol{P}\boldsymbol{A}_K+\boldsymbol{P}\boldsymbol{D}_F\boldsymbol{D}_F^{\mathrm{T}}\boldsymbol{P}+\boldsymbol{K}^{\mathrm{T}}(\boldsymbol{F}_F^{\mathrm{T}}\boldsymbol{C}_F+\boldsymbol{B}_F^{\mathrm{T}}\boldsymbol{P})+(\boldsymbol{F}_F^{\mathrm{T}}\boldsymbol{C}_F+\boldsymbol{B}_F^{\mathrm{T}}\boldsymbol{P})^{\mathrm{T}}\boldsymbol{K}+\boldsymbol{K}^{\mathrm{T}}\boldsymbol{F}_F^{\mathrm{T}}\boldsymbol{F}_F\boldsymbol{K}+\boldsymbol{C}_K^{\mathrm{T}}\boldsymbol{C}_K+\boldsymbol{Q}_1=\boldsymbol{0} \tag{3-202}$$

定义

$$\boldsymbol{T}=\begin{bmatrix}\boldsymbol{\Sigma}^{\mathrm{T}} & \boldsymbol{\Phi}_F^{\mathrm{T}}\end{bmatrix}\in\mathbf{R}^{p\times p} \tag{3-203}$$

其中,若 $i=p$,则 $\boldsymbol{T}=\boldsymbol{\Sigma}^{\mathrm{T}}$。因为 $\boldsymbol{\Sigma}^{\mathrm{T}}$ 为列满秩,而 $\boldsymbol{\Phi}_F^{\mathrm{T}}$ 与 $\boldsymbol{\Sigma}^{\mathrm{T}}$ 直交($\boldsymbol{\Phi}_F\boldsymbol{\Sigma}^{\mathrm{T}}=0$))且 $\boldsymbol{\Phi}_F\boldsymbol{\Phi}_F^{\mathrm{T}}=\boldsymbol{I}$,知 $\boldsymbol{T}$ 为非奇异矩阵。令

$$\boldsymbol{L}=\begin{bmatrix}\boldsymbol{L}_1\\ \boldsymbol{L}_2\end{bmatrix}=\boldsymbol{T}^{-1}\boldsymbol{K} \tag{3-204}$$

则有

$$\begin{aligned}\boldsymbol{K}^{\mathrm{T}}\boldsymbol{F}_F^{\mathrm{T}}\boldsymbol{F}_F\boldsymbol{K}+\boldsymbol{K}^{\mathrm{T}}(\boldsymbol{F}_F^{\mathrm{T}}\boldsymbol{C}_F+\boldsymbol{B}_F^{\mathrm{T}}\boldsymbol{P})+(\boldsymbol{F}_F^{\mathrm{T}}\boldsymbol{C}_F+\boldsymbol{B}_F^{\mathrm{T}}\boldsymbol{P})\boldsymbol{K}=\ &\boldsymbol{L}_1^{\mathrm{T}}\boldsymbol{\Sigma}\boldsymbol{\Sigma}^{\mathrm{T}}\boldsymbol{U}^{\mathrm{T}}\boldsymbol{R}\boldsymbol{U}\boldsymbol{\Sigma}\boldsymbol{\Sigma}^{\mathrm{T}}\boldsymbol{L}_1+\\ &\boldsymbol{L}_1^{\mathrm{T}}\boldsymbol{\Sigma}(\boldsymbol{F}_F^{\mathrm{T}}\boldsymbol{C}_F+\boldsymbol{B}_F^{\mathrm{T}}\boldsymbol{P})+(\boldsymbol{F}_F^{\mathrm{T}}\boldsymbol{C}_F+\boldsymbol{B}_F^{\mathrm{T}}\boldsymbol{P})^{\mathrm{T}}\boldsymbol{\Sigma}^{\mathrm{T}}\boldsymbol{L}_1+\boldsymbol{L}_2^{\mathrm{T}}\boldsymbol{\Phi}_F\boldsymbol{B}_F^{\mathrm{T}}\boldsymbol{P}+\boldsymbol{P}\boldsymbol{B}_F\boldsymbol{\Phi}_F^{\mathrm{T}}\boldsymbol{L}_2=\\ &\boldsymbol{W}^{\mathrm{T}}\boldsymbol{W}-(\boldsymbol{F}_F^{\mathrm{T}}\boldsymbol{C}_F+\boldsymbol{B}_F^{\mathrm{T}}\boldsymbol{P})^{\mathrm{T}}\boldsymbol{H}_F(\boldsymbol{F}_F^{\mathrm{T}}\boldsymbol{C}_F+\boldsymbol{B}_F^{\mathrm{T}}\boldsymbol{P})+\boldsymbol{L}_2^{\mathrm{T}}\boldsymbol{\Phi}_F\boldsymbol{B}_F^{\mathrm{T}}\boldsymbol{P}+\boldsymbol{P}\boldsymbol{B}_F\boldsymbol{\Phi}_F^{\mathrm{T}}\boldsymbol{L}_2\end{aligned} \tag{3-205}$$

其中

$$\boldsymbol{W}=(\boldsymbol{U}^{\mathrm{T}}\boldsymbol{R}\boldsymbol{U})^{\frac{1}{2}}(\boldsymbol{\Sigma}\boldsymbol{\Sigma}^{\mathrm{T}})\boldsymbol{L}_1+(\boldsymbol{U}^{\mathrm{T}}\boldsymbol{R}\boldsymbol{U})^{-\frac{1}{2}}(\boldsymbol{\Sigma}\boldsymbol{\Sigma}^{\mathrm{T}})^{-1}\boldsymbol{\Sigma}(\boldsymbol{F}_F^{\mathrm{T}}\boldsymbol{C}_F+\boldsymbol{B}_F^{\mathrm{T}}\boldsymbol{P}) \tag{3-206}$$

因此

$$\begin{aligned}&\boldsymbol{A}_F^{\mathrm{T}}\boldsymbol{P}+\boldsymbol{P}\boldsymbol{A}_F+\boldsymbol{P}\boldsymbol{D}_F\boldsymbol{D}_F^{\mathrm{T}}\boldsymbol{P}+\boldsymbol{C}_F^{\mathrm{T}}\boldsymbol{C}_F+\boldsymbol{Q}_1+\boldsymbol{W}^{\mathrm{T}}\boldsymbol{W}-(\boldsymbol{F}_F^{\mathrm{T}}\boldsymbol{C}_F+\boldsymbol{B}_F^{\mathrm{T}}\boldsymbol{P})^{T}\boldsymbol{H}_F(\boldsymbol{F}_F^{\mathrm{T}}\boldsymbol{C}_F+\boldsymbol{B}_F^{\mathrm{T}}\boldsymbol{P})+\\ &\qquad\boldsymbol{L}_2^{\mathrm{T}}\boldsymbol{\Phi}_F\boldsymbol{B}_F^{\mathrm{T}}\boldsymbol{P}+\boldsymbol{P}\boldsymbol{B}_F\boldsymbol{\Phi}_F^{\mathrm{T}}\boldsymbol{L}_2=\boldsymbol{0}\end{aligned} \tag{3-207}$$

对于所有使得 $\boldsymbol{\Phi}_F\boldsymbol{B}_F^{\mathrm{T}}\boldsymbol{P}\boldsymbol{x}=0$ 的非零向量 $\boldsymbol{x}$,下式成立:

$$\boldsymbol{x}^{\mathrm{T}}[\boldsymbol{A}_F^{\mathrm{T}}\boldsymbol{P}+\boldsymbol{P}\boldsymbol{A}_F+\boldsymbol{P}\boldsymbol{D}_F\boldsymbol{D}_F^{\mathrm{T}}\boldsymbol{P}+\boldsymbol{C}_F^{\mathrm{T}}\boldsymbol{C}_F-(\boldsymbol{F}_F^{\mathrm{T}}\boldsymbol{C}_F+\boldsymbol{B}_F^{\mathrm{T}}\boldsymbol{P})^{\mathrm{T}}\boldsymbol{H}_F(\boldsymbol{F}_F^{\mathrm{T}}\boldsymbol{C}_F+\boldsymbol{B}_F^{\mathrm{T}}\boldsymbol{P})]\boldsymbol{x}\leqslant-\boldsymbol{x}^{\mathrm{T}}\boldsymbol{Q}_1\boldsymbol{x}<0 \tag{3-208}$$

由引理 3.1 可知,存在 $\varepsilon>0$,使如下矩阵不等式成立

$$\boldsymbol{A}_F^{\mathrm{T}}\boldsymbol{P}+\boldsymbol{P}\boldsymbol{A}_F+\boldsymbol{P}\boldsymbol{D}_F\boldsymbol{D}_F^{\mathrm{T}}\boldsymbol{P}+\boldsymbol{C}_F^{\mathrm{T}}\boldsymbol{C}_F-\frac{1}{\varepsilon}\boldsymbol{P}\boldsymbol{B}_F\boldsymbol{\Phi}_F^{\mathrm{T}}\boldsymbol{\Phi}_F B_F^{\mathrm{T}}\boldsymbol{P}-(\boldsymbol{C}_F+\boldsymbol{P})^{\mathrm{T}}\boldsymbol{H}_F(\boldsymbol{F}_F^{\mathrm{T}}\boldsymbol{C}_F+\boldsymbol{B}_F^{\mathrm{T}}\boldsymbol{P})<0 \tag{3-209}$$

定义矩阵 $\boldsymbol{Q}$ 为

$$-\boldsymbol{Q}=\boldsymbol{A}_F^{\mathrm{T}}\boldsymbol{P}+\boldsymbol{P}\boldsymbol{A}_F+\boldsymbol{P}\boldsymbol{D}_F\boldsymbol{D}_F^{\mathrm{T}}\boldsymbol{P}+\boldsymbol{C}_F^{\mathrm{T}}\boldsymbol{C}_F-(\boldsymbol{F}_F^{\mathrm{T}}\boldsymbol{C}_F+\boldsymbol{B}_F^{\mathrm{T}}\boldsymbol{P})^{\mathrm{T}}\boldsymbol{H}_F(\boldsymbol{F}_F^{\mathrm{T}}\boldsymbol{C}_F+\boldsymbol{B}_F^{\mathrm{T}}\boldsymbol{P})-\frac{1}{\varepsilon}\boldsymbol{P}\boldsymbol{B}_F\boldsymbol{\Phi}_F^{\mathrm{T}}\boldsymbol{\Phi}_F\boldsymbol{B}_F^{\mathrm{T}}\boldsymbol{P} \tag{3-210}$$

则 $\boldsymbol{Q}>0$。从而条件(2) 成立。

值得注意的是在定理 3.6 中，在假设 A_2、A_3 下，$\boldsymbol{R}=\boldsymbol{I}$，$\boldsymbol{D}_{12}$ 列满秩。因此，$\boldsymbol{\Phi}_F=\boldsymbol{0}$，且 $\boldsymbol{\Sigma}$ 非奇异，故 $\boldsymbol{H}_F=\boldsymbol{I}$。进而由 $\boldsymbol{D}_{12}^{\mathrm{T}}\boldsymbol{C}_1=\boldsymbol{0}$ 可得 $\boldsymbol{C}_F^{\mathrm{T}}\boldsymbol{F}_F=\boldsymbol{0}$。称本节所得的状态反馈解为状态反馈一般解。

3.2.3.4　状态反馈解的完全解

设广义被控对象的状态空间实现取如下的特殊形式：

$$\boldsymbol{G}(s)=\begin{bmatrix}\boldsymbol{A} & \boldsymbol{B}_1 & \boldsymbol{B}_2\\ \boldsymbol{C}_1 & \boldsymbol{D}_{11} & \boldsymbol{D}_{12}\\ \bar{\boldsymbol{I}} & \boldsymbol{I} & \boldsymbol{0}\end{bmatrix} \tag{3-211}$$

式中，$\bar{\boldsymbol{I}}=\begin{bmatrix}\boldsymbol{I}\\ \boldsymbol{0}\end{bmatrix}$。此时，$\boldsymbol{y}=\begin{bmatrix}\boldsymbol{x}\\ \boldsymbol{w}\end{bmatrix}$，即广义被控对象的状态 $\boldsymbol{z}$ 和外部干扰输入 $\boldsymbol{w}$ 均能量测到(完全可检测)，均能直接用于控制律的设计。式(3-211) 结构的广义对象对应的 H_∞ 控制问题，也称为全信息 (full information) 问题，相应的状态反馈解称为完全解。

设式(3-211) 满足如下假设条件：

假设 C_1　$(\boldsymbol{A},\boldsymbol{B}_2)$ 能稳定。

假设 C_2　$\boldsymbol{D}_{12}^{\mathrm{T}}[\boldsymbol{C}_1\quad \boldsymbol{D}_{12}]=[\boldsymbol{0}\quad \boldsymbol{I}]$。

假设 C_3　$\boldsymbol{D}_{11}=\boldsymbol{0}$。

假设 C_4　$\boldsymbol{G}_{12}(s)$ 在虚轴上无零点。

C_1 是镇定系统所必需的，C_2 和 C_3 如前所述，则是为了推导简便。C_4 则是本节所述方法的必要条件。

对广义被控对象(3-211)，目的是求对应的 H_∞ 标准控制问题可解的充分必要条件，并求使闭环系统内稳定且 $\|\boldsymbol{G}_{zw}(s)\|_\infty<1$ 的所有反馈控制器

$$u=\boldsymbol{K}(s)y=\boldsymbol{K}_x(s)x+\boldsymbol{K}_w(s)w \tag{3-212}$$

其中，$\boldsymbol{K}(s)=[\boldsymbol{K}_x(s)\quad \boldsymbol{K}_w(s)]$。

显然，控制器(3-212) 为动态控制器，且包括状态反馈和干扰前馈两个部分。严格地说，控制器(3-212) 已经是动态输出反馈控制器。为推导控制器(3-212)，先介绍如下引理。

引理【3.2】：考虑图 3-11 所示反馈系统。其中

$$\boldsymbol{G}(s)=\begin{bmatrix}\boldsymbol{G}_{11}(s) & \boldsymbol{G}_{12}(s)\\ \boldsymbol{G}_{21}(s) & \boldsymbol{G}_{22}(s)\end{bmatrix}\in \mathbf{R}H_\infty \tag{3-213}$$

若 $\boldsymbol{G}^{\mathrm{T}}(-s)\boldsymbol{G}(s)=\boldsymbol{I}$，$\boldsymbol{G}_{21}^{-1}(s)\in\mathbf{R}H_\infty$，则该系统内稳定且 $\|\boldsymbol{G}_{zw}(s)\|_\infty<1$ 的充分必要条件是 $\boldsymbol{Q}(s)\in\mathbf{R}H_\infty$，且满足 $\|\boldsymbol{Q}(s)\|_\infty<1$(该引理的证明略)。

引理【3.3】：设广义被控对象(3-211) 满足假设 $C_1\sim C_4$。如果 Riccati 方程

$$\boldsymbol{P}\boldsymbol{A}+\boldsymbol{A}^{\mathrm{T}}\boldsymbol{P}+\boldsymbol{P}(\boldsymbol{B}_1\boldsymbol{B}_1^{\mathrm{T}}-\boldsymbol{B}_2\boldsymbol{B}_2^{\mathrm{T}})\boldsymbol{P}+\boldsymbol{C}_1^{\mathrm{T}}\boldsymbol{C}_1=\boldsymbol{0} \tag{3-214}$$

有解 $\boldsymbol{P}\geqslant 0$，使得 $\boldsymbol{A}+(\boldsymbol{B}_1\boldsymbol{B}_1^{\mathrm{T}}-\boldsymbol{B}_2\boldsymbol{B}_2^{\mathrm{T}})\boldsymbol{P}$ 是稳定阵，则 H_∞ 标准控制问题有解，并且所有解由下式给出

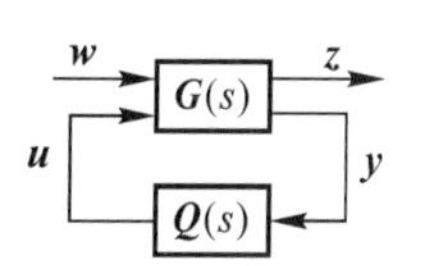

图 3-11　内稳定性

$$\boldsymbol{K}(s)=[-\boldsymbol{Q}(s)\boldsymbol{F}_1+\boldsymbol{F}_2\quad \boldsymbol{Q}(s)] \tag{3-215}$$

其中，$\boldsymbol{F}_1=\boldsymbol{B}_1^{\mathrm{T}}\boldsymbol{P}$，$\boldsymbol{F}_2=-\boldsymbol{B}_2^{\mathrm{T}}\boldsymbol{P}$，而$\boldsymbol{Q}(s)$是在$s$闭右半平面解析且$\|\boldsymbol{Q}(s)\|_\infty<1$的任意有理函数阵，即$\boldsymbol{Q}(s)=\mathbf{R}H_\infty$。

证明：设Riccati方程(3-214)存在半正定解$\boldsymbol{P}\geqslant 0$，使得$\boldsymbol{A}+(\boldsymbol{B}_1\boldsymbol{B}_1^{\mathrm{T}}-\boldsymbol{B}_2\boldsymbol{B}_2^{\mathrm{T}})\boldsymbol{P}$是稳定阵。以下证明使闭环系统内稳定且$\|\boldsymbol{G}_{zw}(s)\|_\infty<1$的控制器由式(3-215)给定。

令$\boldsymbol{K}(s)$由式(3-215)给定，则闭环系统为

$$\left.\begin{aligned}\dot{\boldsymbol{x}}&=\boldsymbol{A}\boldsymbol{x}+\boldsymbol{B}_1\boldsymbol{w}+\boldsymbol{B}_2\boldsymbol{u}\\ \boldsymbol{z}&=\boldsymbol{C}_1\boldsymbol{x}+\boldsymbol{D}_{12}\boldsymbol{u}\\ \boldsymbol{u}&=(-\boldsymbol{Q}(s)\boldsymbol{F}_1+\boldsymbol{F}_2)\boldsymbol{x}+\boldsymbol{Q}(s)w\end{aligned}\right\} \tag{3-216}$$

定义辅助信号

$$\boldsymbol{v}=\boldsymbol{u}-\boldsymbol{F}_2\boldsymbol{x} \tag{3-217}$$

则闭环系统(3-216)可以表示为

$$\left.\begin{aligned}\dot{\boldsymbol{x}}&=\boldsymbol{A}_F\boldsymbol{x}+\boldsymbol{B}_1\boldsymbol{w}+\boldsymbol{B}_2\boldsymbol{u}\\ \boldsymbol{z}&=\boldsymbol{C}_F\boldsymbol{x}+\boldsymbol{D}_{12}\boldsymbol{v}\\ \boldsymbol{v}&=-\boldsymbol{Q}(s)\boldsymbol{F}_1\boldsymbol{x}+\boldsymbol{Q}(s)w\end{aligned}\right\} \tag{3-218}$$

其中$\boldsymbol{A}_F=\boldsymbol{A}+\boldsymbol{B}_2\boldsymbol{F}_2$，$\boldsymbol{C}_F=\boldsymbol{C}_1+\boldsymbol{D}_{12}\boldsymbol{F}_2$。

令

$$\tilde{\boldsymbol{y}}=[-\boldsymbol{F}_1\quad \boldsymbol{I}]\boldsymbol{y}=-\boldsymbol{F}_1\boldsymbol{x}+w \tag{3-219}$$

则闭环系统(3-218)可以表示为图3-12所示结构。其中，等价的广义被控对象$\hat{\boldsymbol{G}}(s)$由下式给定：

$$\hat{\boldsymbol{G}}(s)=\left[\begin{array}{c|cc}\boldsymbol{A}_F&\boldsymbol{B}_1&\boldsymbol{B}_1\\ \hline \boldsymbol{C}_F&\boldsymbol{0}&\boldsymbol{D}_{12}\\ -\boldsymbol{F}_1&\boldsymbol{I}&\boldsymbol{0}\end{array}\right] \tag{3-220}$$

所以，由引理3.2可知，如果

(1) $\boldsymbol{A}_F$是稳定阵。

(2) $\hat{\boldsymbol{G}}^{\mathrm{T}}(-s)\hat{\boldsymbol{G}}(s)=\boldsymbol{I}$。

(3) $\hat{\boldsymbol{G}}_{21}^{-1}(s)=[\boldsymbol{I}-\boldsymbol{F}_1(s\boldsymbol{I}-\boldsymbol{A}_F)^{-1}\boldsymbol{B}_1]^{-1}\in\mathbf{R}H_\infty$。

则对于任意$\boldsymbol{Q}(s)\in\mathbf{R}H_\infty(\|\boldsymbol{Q}(s)\|_\infty<1)$，图3-12所示系统内稳定，且$\|\boldsymbol{G}_{zw}(s)\|_\infty<1$，定理得证。

因此，以下只需证明(1)～(3)成立。

(1) Riccati方程(3-214)可以表示为

$$\boldsymbol{P}\boldsymbol{A}_F+\boldsymbol{A}_F^{\mathrm{T}}\boldsymbol{P}=-\hat{\boldsymbol{C}}_F^{\mathrm{T}}\hat{\boldsymbol{C}}_F \tag{3-221}$$

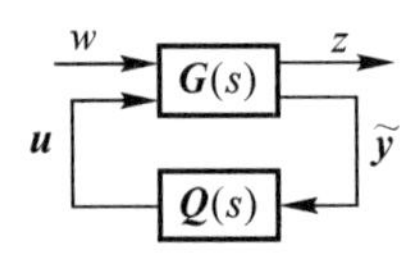

图3-12 等价闭环系统

其中

$$\hat{\boldsymbol{C}}_F=\begin{bmatrix}\boldsymbol{C}_F\\ -\boldsymbol{F}_1\end{bmatrix} \tag{3-222}$$

因为$\boldsymbol{A}_F+[\boldsymbol{0}\quad -\boldsymbol{B}_1]\hat{\boldsymbol{C}}_F=\boldsymbol{A}-\boldsymbol{B}_2\boldsymbol{B}_2^{\mathrm{T}}\boldsymbol{P}+\boldsymbol{B}_1\boldsymbol{B}_1^{\mathrm{T}}\boldsymbol{P}$是稳定阵，所以$(\hat{\boldsymbol{C}}_F,\boldsymbol{A}_F)$是能检测的。故由Lyapunov方程(3-221)可知，$\boldsymbol{A}_F$为稳定阵。

(2) 令

$$\hat{\boldsymbol{B}}=[\boldsymbol{B}_1\quad \boldsymbol{B}_2],\quad \hat{\boldsymbol{D}}=\begin{bmatrix}\boldsymbol{0} & \boldsymbol{D}_{12}\\ \boldsymbol{I} & \boldsymbol{0}\end{bmatrix} \tag{3-223}$$

则

$$\hat{\boldsymbol{G}}(s)=\begin{bmatrix}\boldsymbol{A}_F & \hat{\boldsymbol{B}}\\ \hat{\boldsymbol{C}}_F & \hat{\boldsymbol{D}}\end{bmatrix} \tag{3-224}$$

不难验证，$\hat{\boldsymbol{D}}^{\mathrm{T}}\hat{\boldsymbol{D}}=\mathrm{I}$ 且 $\hat{\boldsymbol{D}}^{\mathrm{T}}\hat{\boldsymbol{C}}_F+\hat{\boldsymbol{B}}^{\mathrm{T}}\boldsymbol{P}=\boldsymbol{0}$。再考虑到式(3-221)，则可得 $\hat{\boldsymbol{G}}^{\mathrm{T}}(-s)\hat{\boldsymbol{G}}(s)=\boldsymbol{I}$。

(3) 因为 $\hat{\boldsymbol{G}}_{21}^{-1}(s)=[\boldsymbol{A}_F,\boldsymbol{B}_1,-\boldsymbol{F}_1,\boldsymbol{I}]^{-1}=[\boldsymbol{A}_F+\boldsymbol{B}_1\boldsymbol{F}_1,\boldsymbol{B}_1,\boldsymbol{F}_1,\boldsymbol{I}]$，而

$$\boldsymbol{A}_F+\boldsymbol{B}_1\boldsymbol{F}_1=\boldsymbol{A}-\boldsymbol{B}_2\boldsymbol{B}_2^{\mathrm{T}}\boldsymbol{P}+\boldsymbol{B}_1\boldsymbol{B}_1^{\mathrm{T}}\boldsymbol{P} \tag{3-225}$$

是稳定的，故 $\hat{\boldsymbol{G}}_{21}^{-1}(s)\in \mathbf{R}H_\infty$。

最后，证明所有满足 $\|\boldsymbol{G}_{zw}(s)\|_\infty<1$ 的控制器均可表示为式(3-215)的形式。设 $\boldsymbol{K}(s)$ 使闭环系统内稳定，且 $\|\boldsymbol{G}_{zw}(s)\|_\infty<1$，则 $\boldsymbol{G}_{zw}(s)_\infty\in\mathbf{R}H_\infty$。由图 3-12 可知

$$\boldsymbol{G}_{zw}(s)=\hat{\boldsymbol{G}}_{11}(s)+\hat{\boldsymbol{G}}_{12}(s)\boldsymbol{G}_{vw}(s) \tag{3-226}$$

其中 $\boldsymbol{G}_{vw}(s)$ 表示从 w 到 v 的闭环传函阵。令

$$\boldsymbol{Q}(s)=[\boldsymbol{I}+\boldsymbol{G}_{vw}(s)\hat{\boldsymbol{G}}_{21}^{-1}(s)\hat{\boldsymbol{G}}_{22}(s)]^{-1}\boldsymbol{G}_{vw}(s)\hat{\boldsymbol{G}}_{21}^{-1}(s) \tag{3-227}$$

则

$$\boldsymbol{G}_{vw}(s)=\boldsymbol{Q}(s)\,[\boldsymbol{I}-\hat{\boldsymbol{G}}_{22}(s)\boldsymbol{Q}(s)]^{-1}\hat{\boldsymbol{G}}_{21}^{-1}(s) \tag{3-228}$$

将式(3-228)代入式(3-226)，得

$$\boldsymbol{G}_{zw}(s)=\hat{\boldsymbol{G}}(s)+\hat{\boldsymbol{G}}(s)\boldsymbol{Q}(s)\,[\boldsymbol{I}-\hat{\boldsymbol{G}}_{22}(s)\boldsymbol{Q}(s)]^{-1}\hat{\boldsymbol{G}}_{21}^{-1}(s)=\mathrm{LFT}(\hat{\boldsymbol{G}}(s),\boldsymbol{Q}(s)) \tag{3-229}$$

由定理前一部分的证明可知，(1) ~ (3) 成立，故由引理 3.2，式(3-227)给出的 $\boldsymbol{Q}(s)\in\mathbf{R}H_\infty$，且 $\|\boldsymbol{Q}(s)\|_\infty\leqslant 1$。

由式(3-228)和式(3-217)可知

$$u=\boldsymbol{F}_2x+v=\boldsymbol{F}_2x+\boldsymbol{G}_{vw}(s)w=\boldsymbol{F}_2x+\boldsymbol{Q}(s)(-\boldsymbol{F}_1x+w)=[-\boldsymbol{Q}(s)\boldsymbol{F}_1+\boldsymbol{F}_2\quad \boldsymbol{Q}(s)]\begin{bmatrix}x\\ w\end{bmatrix} \tag{3-230}$$

证毕。

在控制器集合(3-214)中，如果取 $\boldsymbol{Q}(s)=0$，则 $\boldsymbol{K}(s)=[\boldsymbol{F}_2\quad \boldsymbol{0}]$，即控制器中包含状态反馈项而不含干扰前馈项。因此有

$$\boldsymbol{u}=\boldsymbol{F}_2x=-\boldsymbol{B}_2^{\mathrm{T}}\boldsymbol{P}x \tag{3-231}$$

引理 3.3 表明，广义对象(3-211)的 H_∞ 标准控制问题解存在的一个充分条件是 Riccati 方程(3-214)具有半正定解 $\boldsymbol{P}\geqslant 0$。实际上，这一条件也是必要的。必要性的证明是 H_∞ 控制理论中推导最为烦琐的部分，这里略。

3.2.3.5　基于 LMI 的状态反馈解

Riccati 不等式(方程)的求解往往依赖于参数的调整，并且无法对性能指标 γ 进行优化。而线性矩阵不等式(Linear Matrix Inequality，LMI)方法可以克服 Riccati 方法的上述缺点。近年来，LMI 方法广泛应用于鲁棒 H_∞ 控制问题的求解，大有取代 Riccati 方法之势。MATLAB 已开发出 LMI 求解工具箱，为控制系统仿真与设计提供了极大的方便。Riccati 不等式为二次矩阵不等式，将二次矩阵不等式转换为线性矩阵不等式，Schur 补引理起着决定性的作用。因此，首先介绍 Schur 补引理并给出证明。需要注意的是并不是所有的二次矩阵不

等式都能转换为线性矩阵不等式。

引理【3.4】:(Schur 补引理)对于任意分块 Hermitian 矩阵

$$\boldsymbol{Q}=\begin{bmatrix}\boldsymbol{Q}_{11} & \boldsymbol{Q}_{12}\\ \boldsymbol{Q}_{12}^{*} & \boldsymbol{Q}_{22}\end{bmatrix} \tag{3-232}$$

$\boldsymbol{Q}>0$ 当且仅当

$$\left.\begin{aligned}&\boldsymbol{Q}_{22}>0\\ &\boldsymbol{Q}_{11}-\boldsymbol{Q}_{12}\boldsymbol{Q}_{22}^{-1}\boldsymbol{Q}_{12}^{*}>0\end{aligned}\right\} \tag{3-233}$$

或者

$$\left.\begin{aligned}&\boldsymbol{Q}_{11}>0\\ &\boldsymbol{Q}_{22}-\boldsymbol{Q}_{12}^{*}\boldsymbol{Q}_{11}^{-1}\boldsymbol{Q}_{12}>0\end{aligned}\right\} \tag{3-234}$$

证明:

必要性:设 $\boldsymbol{Q}>0$。仅证明式(3-233)。显然 $\boldsymbol{Q}_{22}>0$ 是必要的。根据 $\boldsymbol{Q}$ 的分块,将向量 $\boldsymbol{x}$ 分块为

$$\boldsymbol{x}=\begin{bmatrix}\boldsymbol{x}_1^{*} & \boldsymbol{x}_2^{*}\end{bmatrix}^{*} \tag{3-235}$$

有

$$\boldsymbol{x}^{*}\boldsymbol{Q}\boldsymbol{x}=\boldsymbol{x}_1^{*}\boldsymbol{Q}_{11}\boldsymbol{x}_1+2\boldsymbol{x}_1^{*}\boldsymbol{Q}_{12}\boldsymbol{x}_2+\boldsymbol{x}_2^{*}\boldsymbol{Q}_{22}\boldsymbol{x}_2 \tag{3-236}$$

令 $\boldsymbol{x}_2$ 满足方程 $\boldsymbol{Q}_{22}\boldsymbol{x}_2=0$。如果 $\boldsymbol{Q}_{12}\boldsymbol{x}_2\neq 0$,令 $x_1=-\alpha\boldsymbol{Q}_{12}\boldsymbol{x}$,$\alpha>0$,则

$$\boldsymbol{x}^{*}\boldsymbol{Q}\boldsymbol{x}=\alpha^{2}\boldsymbol{x}_2^{*}\boldsymbol{Q}_{12}^{*}\boldsymbol{Q}_{11}\boldsymbol{Q}_{12}\boldsymbol{x}_2-2\alpha\boldsymbol{x}_2^{*}\boldsymbol{Q}_{12}^{*}\boldsymbol{Q}_{12}\boldsymbol{x}_2 \tag{3-237}$$

式(3-237)对充分小的 $\alpha>0$ 是负定的。因此,对所有满足 $\boldsymbol{Q}_{22}\boldsymbol{x}_2=\boldsymbol{0}$ 的 $\boldsymbol{x}_2$,必有 $\boldsymbol{Q}_{12}\boldsymbol{x}_2=\boldsymbol{0}$。这意味着 $\boldsymbol{Q}_{12}$ 的诸行必是 $\boldsymbol{Q}_{22}$ 诸行的线性组合,即

$$\boldsymbol{Q}_{12}=\boldsymbol{L}\boldsymbol{Q}_{22} \tag{3-238}$$

对某矩阵 $\boldsymbol{L}$(非唯一)成立。

由于 $\boldsymbol{Q}_{22}>0$,对任意 $\boldsymbol{x}_1$,式(3-236)的二次型关于 $\boldsymbol{x}_2$ 有极小点。于是,式(3-238)对 $\boldsymbol{x}_2$ 求偏导数,有

$$0=\frac{\partial(x^{*}\boldsymbol{Q}x)}{\partial\boldsymbol{x}_2^{*}}=2\boldsymbol{Q}_{12}^{*}\boldsymbol{x}_1+2\boldsymbol{Q}_{22}\boldsymbol{x}_2=2\boldsymbol{Q}_{22}L^{*}\boldsymbol{x}_1+2\boldsymbol{Q}_{22}\boldsymbol{x}_2 \tag{3-239}$$

解得

$$\boldsymbol{Q}_{22}\boldsymbol{L}^{*}\boldsymbol{x}_1=-\boldsymbol{Q}_{22}\boldsymbol{x}_2 \tag{3-240}$$

将式(3-238)和式(3-240)代入式(3-236),得到对任意 $\boldsymbol{x}_1$ 二次型 $\boldsymbol{x}^{*}\boldsymbol{Q}\boldsymbol{x}$ 关于 $\boldsymbol{x}_2$ 的极小值

$$\min_{x_2}x^{*}\boldsymbol{Q}\boldsymbol{x}=\boldsymbol{x}_1^{*}(\boldsymbol{Q}_{11}-\boldsymbol{L}\boldsymbol{Q}_{22}\boldsymbol{L}^{*})\boldsymbol{x}_1=\boldsymbol{x}_1^{*}(\boldsymbol{Q}_{11}-\boldsymbol{Q}_{12}-\boldsymbol{Q}_{22}^{-1}\boldsymbol{Q}_{12}^{*})\boldsymbol{x}_1 \tag{3-241}$$

因此,式(3-233)是必要的。

充分性:条件(3-233)隐含对任意 x_1,二次型 $\boldsymbol{x}^{*}\boldsymbol{Q}\boldsymbol{x}$ 关于 $\boldsymbol{x}_2$ 的极小值是正定的,因此条件(3-233)也是充分的。

下面的定理给出了基于 LMI 的状态反馈 H_∞ 控制问题的解。

定理【3.7】:对于满足假设 $\mathrm{B}_1\sim\mathrm{B}_3$ 的线性定常广义系统(3-124)和给定的正数 $\gamma>0$,存在状态反馈阵 $\boldsymbol{K}$,使式(3-127)的性能指标成立的充分必要条件是存在正定对称阵 $\boldsymbol{P}_1$ 和矩阵 $\boldsymbol{P}_2$,使得下式成立

$$\begin{bmatrix} AP_1 + P_1A^{\mathrm{T}} + B_2P_2 + P_2B_2^{\mathrm{T}} + \gamma^{-2}B_1B_1^{\mathrm{T}} & (C_1P_1 + D_{12}P_2)^{\mathrm{T}} \\ C_1P_1 + D_{12}P_2 & -I \end{bmatrix} < 0 \tag{3-242}$$

相应的系统的镇定控制律为

$$u = Kx = P_2P_1^{-1}x \tag{3-243}$$

注意到，矩阵不等式(3-242)线性(仿射)依赖于未知矩阵变量 P_1、P_2，故称其为线性矩阵不等式。

证明：

充分性：由 Schur 补引理，线性矩阵不等式等价于如下二次矩阵不等式：

$$AP_1 + P_1A^{\mathrm{T}} + B_2P_2 + P_2B_2^{\mathrm{T}} + \gamma^{-2}B_1B_1^{\mathrm{T}} + (C_1P_1 + D_{12}P_2)^{\mathrm{T}}C_1P_1 + D_{12}P_2 < 0 \tag{3-244}$$

假设存在正定对称阵 P_1 和矩阵 P_2 满足矩阵不等式(3-242)，也即满足不等式(3-244)。令

$$K = P_2P_1^{-1} \tag{3-245}$$

则可将不等式(3-244)改写为

$$(A + B_2K)P_1 + P_1(A + B_2K)^{\mathrm{T}} + \gamma^{-2}B_1B_1^{\mathrm{T}} + P_1(C_1 + D_{12}K)^{\mathrm{T}}(C_1 + D_{12}K)P_1 < 0 \tag{3-246}$$

取 $P = P_1^{-1} > 0$，并将式(3-246)两边分别左乘和右乘矩阵 P，则有

$$(A + B_2K)^{\mathrm{T}}P + P(A + B_2K) + \gamma^{-2}PB_1B_1^{\mathrm{T}}P + (C_1 + D_{12}K)^{\mathrm{T}}(C_1 + D_{12}K) < 0 \tag{3-247}$$

因此，可得

$$\| G_{zw}(s) \|_\infty < \gamma \tag{3-248}$$

且$(A + B_2K)$为稳定阵。充分性得证。

必要性：假设存在状态反馈阵 K，使矩阵$(A+B_2K)$稳定，且式(3-244)的性能指标成立。令 $P_1 = P^{-1} > 0$，则由式(3-247)可得式(3-246)。再令 $P_2 = KP_1$，则由式(3-246)可得式(3-244)，且式(3-242)与式(3-244)等价。必要性得证。

将线性矩阵不等式(3-242)各分块元素同时乘以 $\gamma > 0$，并记 $\bar{P}_1 = \gamma^2P_1$，$\bar{P}_2 = \gamma^2P_2$。则得

$$\begin{bmatrix} A\bar{P}_1 + \bar{P}_1A^{\mathrm{T}} + B_2\bar{P}_2 + \bar{P}_2B_2^{\mathrm{T}} + B_1B_1^{\mathrm{T}} & (C_1\bar{P}_1 + D_{12}\bar{P}_2)^{\mathrm{T}} \\ C_1\bar{P}_1 + D_{12}\bar{P}_2 & -\gamma^{-2}I \end{bmatrix} < 0 \tag{3-249}$$

式(3-249)仍为线性矩阵不等式。我们注意到，线性矩阵不等式(3-242)或式(3-249)是利用 Schur 补引理，由二次矩阵不等式(Riccati 不等式)得到的。可见 Schur 补引理在这种转换中的重要作用。

根据定理 3.7，状态反馈 H_∞ 控制问题，可以转化为式(3-242)式(3-249)的线性矩阵不等式如下的优化性能指标：

$$J = \min\gamma \tag{3-250}$$

使得式(3-244)或式(3-249)成立，或 $P_1 > 0$ 或 $\bar{P}_1 > 0$。其中式(3-242)或式(3-249)右端矩阵是优化变量 P_1、P_2 和正数 γ^2 的线性(仿射)函数。也就是式(3-242)或式(3-249)的不等式约束为线性矩阵不等式约束。

如果以

$$F(x) < 0 \tag{3-251}$$

表示一般的线性矩阵不等式约束，其中 x 为优化变量，$F(x)$ 为 x 的线性(仿射)矩阵函数，则可以证明线性矩阵不等式约束(3-251)为凸约束。事实上，如果有 $F(x_1) < 0$ 和 $F(x_2) < 0$. 则对于任意 $0 \leqslant \alpha \leqslant 1$，显然有

$$F(\alpha x_1 + (1-\alpha)x_2) = \alpha F(x_1) + (1-\alpha)F(x_2) < 0 \tag{3-252}$$

成立。因此，优化问题(3-250)实质上是线性目标函数在凸约束下的优化问题，即是一种典型的凸优化问题。式(3-250)给出的优化问题，可利用 MATLAB 中的 LMI 工具箱求解。

3.2.4 H_∞ 输出反馈控制

3.2.4.1 H_∞ 输出反馈控制问题

状态反馈控制器设计，一般是采用静态控制器设计方法，即设计定常反馈增益阵 $\boldsymbol{K}$，即可使得闭环系统内稳定，且满足 H_∞ 性能指标。与此不同，输出反馈控制器设计一般是采用动态控制器设计方法，以期达到所提出的设计性能目标。与静态控制器相比，动态控制器在结构上要复杂得多。首先考虑输出反馈控制器设计的一种较简单的特殊情况。设广义被控对象

$$\dot{\boldsymbol{x}} = \boldsymbol{A}\boldsymbol{x} + \boldsymbol{B}_1\boldsymbol{w} + \boldsymbol{B}_2\boldsymbol{u} \tag{3-253}$$

$$\boldsymbol{z} = \boldsymbol{C}_1\boldsymbol{x} + \boldsymbol{D}_{11}\boldsymbol{w} + \boldsymbol{D}_{12}\boldsymbol{u} \tag{3-254}$$

$$\boldsymbol{y} = \boldsymbol{C}_2\boldsymbol{x} + \boldsymbol{D}_{21}\boldsymbol{w} + \boldsymbol{D}_{22}\boldsymbol{u} \tag{3-255}$$

满足如下假设条件：

假设 D_1　$(\boldsymbol{A}_1, \boldsymbol{B}_1)$ 能稳定，$(\boldsymbol{C}_2, \boldsymbol{A})$ 能检测。

假设 D_2　$\boldsymbol{D}_{21}[\boldsymbol{D}_{21}^{\mathrm{T}} \quad \boldsymbol{B}_1^{\mathrm{T}}] = [\boldsymbol{I} \quad \boldsymbol{0}]$(正交条件)。

假设 D_3　$\boldsymbol{G}_{21}(s)$ 在虚轴上无零点。

除以上一般性的假设条件之外，本节进一步假设系统满足如下两个特定条件：

假设 D_4　$\boldsymbol{D}_{12} = \boldsymbol{I}$。

假设 D_5　$\boldsymbol{A} - \boldsymbol{B}_2\boldsymbol{C}_1$ 是稳定阵。

即广义对象的状态空间实现为

$$\boldsymbol{G}(s) = \left[\begin{array}{c|cc} \boldsymbol{A} & \boldsymbol{B}_1 & \boldsymbol{B}_2 \\ \hline \boldsymbol{C}_1 & \boldsymbol{0} & \boldsymbol{I} \\ \boldsymbol{C}_2 & \boldsymbol{D}_{21} & \boldsymbol{0} \end{array}\right] \tag{3-256}$$

对于上述形式的广义被控对象，下面求解 H_∞ 标准控制问题，即求使得图 3-12 所示闭环系统内稳定，且 $\|\boldsymbol{G}_{zw}(s)\|_\infty < 1$ 的输出反馈控制器

$$\boldsymbol{u} = \boldsymbol{K}(s)\boldsymbol{y} \tag{3-257}$$

存在的充分必要条件，并设计相应的动态控制器 $\boldsymbol{K}(s)$。

为了下述定理必要性的推导，先给出如下引理。

引理【3.5】：考虑图 3-13 所示系统。对于给定的 $\boldsymbol{G}(s)$，反馈控制器 $\boldsymbol{K}(s)$ 使图 3-13(a) 所示系统内稳定且 $\|\boldsymbol{G}_{zw}(s)\|_\infty < 1$ 成立的充分必要条件是图 3-13(b) 所示的对偶系统内稳定且 $\|\boldsymbol{G}_{\tilde{z}\tilde{w}}\|_\infty < 1$。

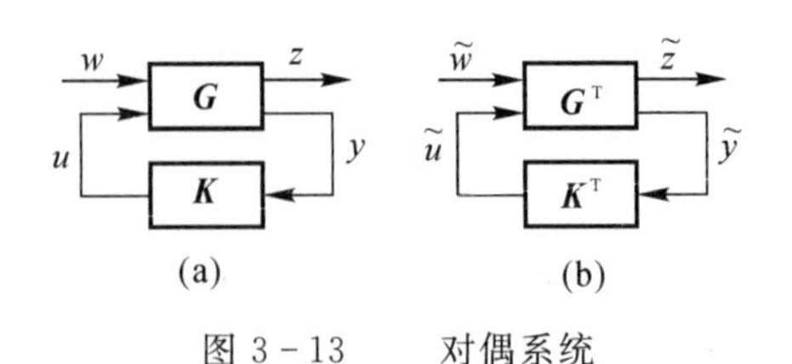

图 3-13　对偶系统

该引理的证明，读者可作为练习，自行证明。

定理【3.8】：设广义被控对象(3-253)满足假设条件 $D_1 \sim D_5$，则存在动态反馈控制器(3-257)，使得图3-13所示闭环系统内稳定且 $\| \boldsymbol{G}_{zw}(s) \|_\infty < 1$ 成立的充分必要条件是Riccati方程

$$\boldsymbol{AY} + \boldsymbol{YA}^{\mathrm{T}} + \boldsymbol{Y}(\boldsymbol{C}_1^{\mathrm{T}}\boldsymbol{C}_1 - \boldsymbol{C}_2^{\mathrm{T}}\boldsymbol{C}_2)\boldsymbol{Y} + \boldsymbol{B}_1\boldsymbol{B}_1^{\mathrm{T}} = \boldsymbol{0} \tag{3-258}$$

具有半正定解 $\boldsymbol{Y} \geqslant 0$，使得 $\boldsymbol{A}^{\mathrm{T}} + (\boldsymbol{C}_1^{\mathrm{T}}\boldsymbol{C}_1 - \boldsymbol{C}_2^{\mathrm{T}}\boldsymbol{C}_2)\boldsymbol{Y}$ 是稳定阵。如果存在这样的 $\boldsymbol{Y}$，则 H_∞ 标准控制问题的解为

$$\boldsymbol{K}(s) = \begin{bmatrix} \boldsymbol{A} - \boldsymbol{B}_2\boldsymbol{C}_1 - \boldsymbol{LC}_2 & -\boldsymbol{L} \\ \boldsymbol{C}_1 & \boldsymbol{0} \end{bmatrix} \tag{3-259}$$

其中，$\boldsymbol{L} = \boldsymbol{YC}_2^{\mathrm{T}}$。

证明：充分性。设Riccati方程(3-258)有解 $\boldsymbol{Y} \geqslant 0$，并令控制器 $\boldsymbol{K}(s)$ 由式(3-259)给定。即控制器的状态空间实现为

$$\left.\begin{aligned} \dot{\boldsymbol{x}}_c &= (\boldsymbol{A} - \boldsymbol{B}_2\boldsymbol{C}_1 - \boldsymbol{LC}_2)\boldsymbol{x}_c - \boldsymbol{Ly} \\ \boldsymbol{u} &= \boldsymbol{C}_1\boldsymbol{x}_c \end{aligned}\right\} \tag{3-260}$$

而广义被控对象的状态空间实现为

$$\left.\begin{aligned} \dot{\boldsymbol{x}} &= \boldsymbol{Ax} + \boldsymbol{B}_1\boldsymbol{w} + \boldsymbol{B}_2\boldsymbol{u} \\ \boldsymbol{z} &= \boldsymbol{C}_1\boldsymbol{x} + \boldsymbol{u} \\ \boldsymbol{y} &= \boldsymbol{C}_2\boldsymbol{x} + \boldsymbol{D}_{21}\boldsymbol{w} \end{aligned}\right\} \tag{3-261}$$

由式(3-260)和式(3-261)可得增广闭环系统的状态空间表示

$$\begin{bmatrix} \dot{\boldsymbol{x}} \\ \dot{\boldsymbol{x}}_c \end{bmatrix} = \begin{bmatrix} \boldsymbol{A} & \boldsymbol{B}_2\boldsymbol{C}_1 \\ -\boldsymbol{LC}_2 & \boldsymbol{A} - \boldsymbol{B}_2\boldsymbol{C}_1 - \boldsymbol{LC}_2 \end{bmatrix} \begin{bmatrix} \boldsymbol{x} \\ \boldsymbol{x}_c \end{bmatrix} + \begin{bmatrix} \boldsymbol{B}_1 \\ -\boldsymbol{LD}_{21} \end{bmatrix} \boldsymbol{w} \tag{3-262}$$

$$\boldsymbol{z} = [\boldsymbol{C}_1 \quad \boldsymbol{C}_1] \begin{bmatrix} \boldsymbol{x} \\ \boldsymbol{x}_c \end{bmatrix} \tag{3-263}$$

对式(3-263)进行如下非奇异变换

$$\begin{bmatrix} \boldsymbol{x} \\ \boldsymbol{x}_e \end{bmatrix} = \begin{bmatrix} \boldsymbol{I} & \boldsymbol{0} \\ \boldsymbol{I} & \boldsymbol{I} \end{bmatrix} \begin{bmatrix} \boldsymbol{x} \\ \boldsymbol{x}_c \end{bmatrix} \tag{3-264}$$

则得

$$\left.\begin{aligned} \begin{bmatrix} \dot{\boldsymbol{x}} \\ \dot{\boldsymbol{x}}_e \end{bmatrix} &= \begin{bmatrix} \boldsymbol{A} - \boldsymbol{B}_2\boldsymbol{C}_1 & \boldsymbol{B}_2\boldsymbol{C}_1 \\ \boldsymbol{0} & \boldsymbol{A} - \boldsymbol{LC}_2 \end{bmatrix} \begin{bmatrix} \boldsymbol{x} \\ \boldsymbol{x}_e \end{bmatrix} + \begin{bmatrix} \boldsymbol{B}_1 \\ \boldsymbol{B}_1 - \boldsymbol{LD}_{21} \end{bmatrix} \boldsymbol{w} \\ \boldsymbol{z} &= [\boldsymbol{0} \quad \boldsymbol{C}_1] \begin{bmatrix} \boldsymbol{x} \\ \boldsymbol{x}_e \end{bmatrix} \end{aligned}\right\} \tag{3-265}$$

将Riccati方程(3-258)改写为

$$(\boldsymbol{A} - \boldsymbol{LC}_2)\boldsymbol{Y} + \boldsymbol{Y}(\boldsymbol{A} - \boldsymbol{LC}_2)^{\mathrm{T}} + \boldsymbol{B}_Y\boldsymbol{B}_Y^{\mathrm{T}} = 0 \tag{3-266}$$

其中，$\boldsymbol{B}_Y = [\boldsymbol{YC}_1^{\mathrm{T}} \quad \boldsymbol{L} \quad \boldsymbol{B}_1]$。根据假设 D_1 可知，$(\boldsymbol{A} - \boldsymbol{LC}_2, \boldsymbol{B}_Y)$ 能稳定；故由式(3-266)和Lyapunov定理，$\boldsymbol{A} - \boldsymbol{LC}_2$ 是稳定阵。再由假设 D_5 和 $\boldsymbol{A} - \boldsymbol{B}_2\boldsymbol{C}$ 是稳定阵。因此，闭环系统(3-265)稳定。

下证 $\| \boldsymbol{G}_{zw}(s) \|_\infty < 1$ 成立。由式(3-265)，得

$$\| \boldsymbol{G}_{zw}(s) \|_\infty = \boldsymbol{C}_1(s\boldsymbol{I} - \boldsymbol{A}_L)^{-1}\boldsymbol{B}_L \tag{3-267}$$

其中，$A_L = A - LC_2$，$B_L = B_1 - LD_{21}$。

利用假设 D_1，Riccati 方程式(3-258)等价于

$$A_L Y + YA_L^{\mathrm{T}} + YC_1^{\mathrm{T}} C_1 Y + B_L B_L^{\mathrm{T}} = 0 \tag{3-268}$$

且 $A_L^{\mathrm{T}} + C_1^{\mathrm{T}} C_1 Y$ 稳定。故可知

$$\| G_{zw}^{\mathrm{T}}(s) \|_{\infty} = \| B_L^{\mathrm{T}} (sI - A_L^{\mathrm{T}})^{-1} C_1^{\mathrm{T}} \|_{\infty} < 1 \tag{3-269}$$

因此

$$\| G_{zw}(s) \| = \| G_{zw}^{\mathrm{T}}(s) \|_{\infty} < 1 \tag{3-270}$$

必要性。设对于由式(3-256)给定的 $G(s)$ 存在 $K(s)$，使得图 3-13(a) 所示系统内稳定，且

$$\| G_{zw}(s) \|_{\infty} < 1 \tag{3-271}$$

则由引理 3.5 可知，图 3-13(b) 所示对偶系统内稳定，且

$$\| G_{\tilde{z}\tilde{w}}(s) \|_{\infty} < 1 \tag{3-272}$$

因为

$$G^{\mathrm{T}}(s) = \begin{bmatrix} A^{\mathrm{T}} & C_1^{\mathrm{T}} & C_2^{\mathrm{T}} \\ B_1^{\mathrm{T}} & 0 & D_{21}^{\mathrm{T}} \\ B_2^{\mathrm{T}} & I & 0 \end{bmatrix} \tag{3-273}$$

即 $G^{\mathrm{T}}(s)$ 的状态空间实现为

$$\left.\begin{aligned} \xi &= A^{\mathrm{T}} \xi + C_1^{\mathrm{T}} \tilde{w} + C_2^{\mathrm{T}} \tilde{u} \\ \tilde{z} &= B_1^{\mathrm{T}} \xi + D_{21}^{\mathrm{T}} \tilde{u} \\ \tilde{y} &= B_2^{\mathrm{T}} \xi + \tilde{w} \end{aligned}\right\} \tag{3-274}$$

则控制器可以表示为

$$\tilde{u} = K^{\mathrm{T}}(s)\tilde{y} = K^{\mathrm{T}}(s)B_2^{\mathrm{T}}\xi + K^{\mathrm{T}}(s)\tilde{w} = [K^{\mathrm{T}}(s)B_2^{\mathrm{T}} \quad K^{\mathrm{T}}(s)] \begin{bmatrix} \xi \\ \tilde{w} \end{bmatrix} = \tilde{K}(s) \begin{bmatrix} \xi \\ \tilde{w} \end{bmatrix} \tag{3-275}$$

由式(3-274)以及式(3-275)可知，对于等价的广义被控对象

$$\tilde{G}(s) = \begin{bmatrix} A^{\mathrm{T}} & C_1^{\mathrm{T}} & C_2^{\mathrm{T}} \\ B_1^{\mathrm{T}} & 0 & D_{21}^{\mathrm{T}} \\ \bar{I} & \bar{\bar{I}} & 0 \end{bmatrix} \tag{3-276}$$

$\tilde{K}(s)$ 正是 H_∞ 标准控制问题的完全解。式(3-276)中：$\bar{I} = \begin{bmatrix} I \\ 0 \end{bmatrix}$；$\bar{\bar{I}} = \begin{bmatrix} 0 \\ I \end{bmatrix}$。因此，如果 $\tilde{G}(s)$ 满足上节的假设 $C_1 \sim C_4$ 则由定理 3.6 可知，与 Riccati 方程(3-176)相对应的 Riccati 方程(3-258)有半正定解 $Y \geqslant 0$，且使得 $A^{\mathrm{T}} + (C_1^{\mathrm{T}} C_1 - C_2^{\mathrm{T}} C_2)Y$ 是稳定阵。因此，定理的必要性得证。

下面就来验证，对于 $\tilde{G}(s)$，假设 $C_1 \sim C_4$ 成立。首先，由假设 D_1，(C_2, A) 能检测，故 $(A^{\mathrm{T}}, C_2^{\mathrm{T}})$ 能稳定，则假设 C_1 成立。显然，假设 D_2、D_3 与 C_2、C_4 是等价的，证毕。

需要指出的是，假设条件 D_1 对控制系统的设计来说是比较苛刻的。因此，定理 3.8 只是说明了输出反馈动态控制器设计的一种思路。下面，将在较一般的假设条件下，利用 Riccati 方法和 LMI 方法，求解 H_∞ 标准控制问题的输出动态反馈解。

3.2.4.2 基于 Riccati 方程的输出反馈解

现在，去掉上节对广义对象所做的假设 D_4 和 D_5，即设广义被控对象的状态空间实现为

$$G(s)=\begin{bmatrix}A & B_1 & B_2\\ C_1 & 0 & D_{12}\\ C_2 & D_{21} & 0\end{bmatrix} \tag{3-277}$$

并做如下假设：

假设 E_1　(A,B_1) 能稳定，(C_1,A) 能检测。

假设 E_2　(A,B_2) 能稳定，(C_2,A) 能检测。

假设 E_3　$D_{12}^{T}[C_1\quad D_{12}]=[0\quad I]$。

假设 E_4　$\begin{bmatrix}B_1\\ D_{21}\end{bmatrix}D_{21}^{T}=\begin{bmatrix}0\\ I\end{bmatrix}$。

系统(3-277) 中，我们实际上已经取 $D_{11}=0$ 和 $D_{22}=0$。关于 $D_{11}=0$ 的讨论同关于状态反馈情形的讨论。如前，假设 $E_1\sim E_4$ 都是很一般的假设，无需再做解释。

对广义被控对象(3-277) 和给定的 $\gamma>0$，在假设 $E_1\sim E_4$ 下，所要求解的 H_∞ 标准控制问题如下：

问题 2：(H_∞ 次优控制) 设计输出反馈控制律

$$u=K(s)Y \tag{3-278}$$

使得图 3-11 所示闭环系统内稳定，且

$$\|G_{zw}(s)\|_\infty<\gamma \tag{3-279}$$

我们看到，所要设计的满足 H_∞ 性能的输出反馈控制律(3-278) 为动态控制律。

定理【3.9】：问题 2 有解的充分必要条件如下。

(1) Riccati 方程：

$$\left.\begin{aligned}&A^{T}X_\infty+X_\infty A+X_\infty(\gamma^{-2}B_1B_1^{T}-B_2B_2^{T})X_\infty+C_1^{T}C_1=0\\ &AY_\infty+Y_\infty A^{T}+Y_\infty(\gamma^{-2}C_1^{T}C_1-C_2^{T}C_2)Y_\infty+B_1B_1^{T}=0\end{aligned}\right\} \tag{3-280}$$

有解 $X_\infty\geqslant 0,Y_\infty\geqslant 0$。

(2)$\bar{\sigma}(X_\infty,Y_\infty)<\gamma^2$。

若上述条件成立，则使闭环内稳定且式(3-279) 成立的输出反馈动态控制器为

$$K(s)=\begin{bmatrix}\hat{A}_\infty & -Z_\infty L_\infty\\ F_\infty & 0\end{bmatrix} \tag{3-281}$$

其中

$$\hat{A}_\infty=A+\gamma^{-2}B_1B_1^{T}X_\infty+B_2F_\infty+Z_\infty L_\infty C_2 \tag{3-282}$$

$$F_\infty=-B_2^{T}X_\infty,\quad L_\infty=-Y_\infty C_2^{T},\quad Z_\infty=(I-\gamma^{-2}Y_\infty X_\infty)^{-1} \tag{3-283}$$

下面的定理给出了问题 2 的所有解的集合。

定理【3.10】：如果定理 3.9 中的条件(1)(2) 成立，则问题 2 的所有解等于图 3-14 中从 $\boldsymbol{y}$ 到 $\boldsymbol{u}$ 的传递函数矩阵的集合。其中 $Q(s)\in \mathbf{R}H_\infty$。且 $\|Q(s)\|_\infty<\gamma$。M_∞ 的状态空间实现为

$$M_\infty(s)=\begin{bmatrix}\hat{A}_\infty & -Z_\infty L_\infty & Z_\infty B_2\\ F_\infty & 0 & I\\ -C_2 & I & 0\end{bmatrix} \tag{3-284}$$

其中 $\hat{A}_\infty$、Z_∞、L_∞ 的定义同定理 3.9。

值得注意的是如在定理 3.10 的 H_∞ 次优控制器参数化结果中，令参数 $Q(s)=0$，则得到定

理 3.9 的控制器(3-281),称为 H_∞ 中心控制器。

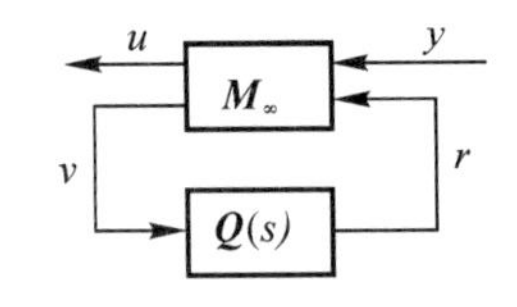

图 3-14 控制器参数化

定理 3.9 给出的输出反馈 H_∞ 次优控制器的状态空间设计方法是 Doyle 等四人(简称为 DGKF) 首先提出的。但定理 3.9 的证明比较冗长,并且涉及算子理论、泛函空间等知识,这里证明略。DGKF 的结果表明了 H_∞ 次优控制器的结构分离特性和与 LQG(H_2) 控制器的关系。对以上两点,从系统信号的关系出发,做如下分析。因为,根据第 2 章的泛函分析知识,传函阵的 H_∞ 范数可表示为信号的 H_2 范数的透导范数,而求反馈控制器 $u=\boldsymbol{K}(s)y$ 的问题,也可以解释为求控制信号 $u(t)$ 的问题。所以,从系统信号关系角度分析控制系统,有利于进一步理解 H_∞ 控制器的机理。首先,考虑状态反馈 H_∞ 控制系统的情况。

由第 2 章的数学知识可知,$\| G_{zw}(s) \|_\infty < 1$ 等价于

$$\sup_{w\in L_2[0,+\infty)} \frac{\| \boldsymbol{z} \|_2^2}{\| \boldsymbol{w} \|_2^2} < 1 \tag{3-285}$$

因此,对于状态反馈的完全解所考虑的广义被控对象

$$\left.\begin{aligned} \dot{\boldsymbol{x}} &= \boldsymbol{A}\boldsymbol{x} + \boldsymbol{B}_1\boldsymbol{w} + \boldsymbol{B}_2\boldsymbol{u} \\ \boldsymbol{z} &= \boldsymbol{C}_1\boldsymbol{x} + \boldsymbol{D}_{12}\boldsymbol{u} \end{aligned}\right\} \tag{3-286}$$

求反馈控制器使得闭环系统内稳定,且满足

$$\inf_u \| G_{zw}(s) \|_\infty < 1 \tag{3-287}$$

的问题,从信号的角度就可记为

$$\inf_u \sup_w \frac{\| \boldsymbol{z} \|_2^2}{\| \boldsymbol{w} \|_2^2} < 1 \tag{3-288}$$

或者,等价于求控制输入信号 $\boldsymbol{u}$,使得系统稳定[$\boldsymbol{x} \in L_2[0,+\infty)$],且

$$\inf_u \| \boldsymbol{z} \|_2^2 < \| \boldsymbol{w} \|_2^2, \quad \forall\, \boldsymbol{w} \in L_2[0,+\infty) \tag{3-289}$$

设广义被控对象(3-286) 满足假设条件 $C_1 \sim C_4$,且 Riccati 方程(3-214) 有半正定解 $\boldsymbol{P} \geqslant 0$。令

$$V[\boldsymbol{x}(t)] = \boldsymbol{x}^{\mathrm{T}}(t)\boldsymbol{P}\boldsymbol{x}(t) \tag{3-290}$$

对于任意给定的 $w \in L_2[0,+\infty)$ 和初始状态 $x(0)=0$,函数 $V[\boldsymbol{x}(t)]$ 沿方程(3-286) 的解轨迹 $\boldsymbol{x}(t)$ 的导数为

$$\dot{V}[\boldsymbol{x}(t)] = \dot{\boldsymbol{x}}^{\mathrm{T}}\boldsymbol{P}\boldsymbol{x} + \boldsymbol{x}^{\mathrm{T}}\boldsymbol{P}\dot{\boldsymbol{x}} = x^{\mathrm{T}}[\boldsymbol{A}^{\mathrm{T}}\boldsymbol{P} + \boldsymbol{P}\boldsymbol{A}]\boldsymbol{x} + 2\boldsymbol{w}^{\mathrm{T}}\boldsymbol{B}_1^{\mathrm{T}}\boldsymbol{P}\boldsymbol{x} + 2\boldsymbol{u}^{\mathrm{T}}\boldsymbol{B}_2^{\mathrm{T}}\boldsymbol{P}\boldsymbol{x} \tag{3-291}$$

将 Riccati 方程代入上式,得

$$\begin{aligned} \dot{V}[\boldsymbol{x}(t)] &= \boldsymbol{x}^{\mathrm{T}}\boldsymbol{P}\boldsymbol{B}_2\boldsymbol{B}_2^{\mathrm{T}}\boldsymbol{P}\boldsymbol{x} - \boldsymbol{x}^{\mathrm{T}}\boldsymbol{P}\boldsymbol{B}_1\boldsymbol{B}_1^{\mathrm{T}}\boldsymbol{P}\boldsymbol{x} - \boldsymbol{x}^{\mathrm{T}}\boldsymbol{C}_1^{\mathrm{T}}\boldsymbol{C}_1\boldsymbol{x} + 2\boldsymbol{w}^{\mathrm{T}}\boldsymbol{B}_1^{\mathrm{T}}\boldsymbol{P}\boldsymbol{x} + 2\boldsymbol{u}^{\mathrm{T}}\boldsymbol{B}_2^{\mathrm{T}}\boldsymbol{P}\boldsymbol{x} = \\ &\quad - \| \boldsymbol{w} - \boldsymbol{B}_1^{\mathrm{T}}\boldsymbol{P}\boldsymbol{x} \|^2 + \| \boldsymbol{u} - \boldsymbol{B}_2^{\mathrm{T}}\boldsymbol{P}x \|^2 - \| \boldsymbol{z} \|^2 + \| \boldsymbol{w} \|^2 \end{aligned} \tag{3-292}$$

其中,$\| \boldsymbol{z} \|^2 = \boldsymbol{z}^{\mathrm{T}}\boldsymbol{z}$ 如果控制信号 $\boldsymbol{u}$ 使系统稳定,即 $\boldsymbol{x} \in L_2[0,+\infty)$,则 $\boldsymbol{x}(\infty)=\boldsymbol{0}$。因此,注意到 $\boldsymbol{x}(0)=\boldsymbol{0}$,得

$$\int_0^\infty \dot{V}[\boldsymbol{x}(t)]\mathrm{d}t = - \| \boldsymbol{w} - \boldsymbol{B}_1^{\mathrm{T}}\boldsymbol{P}x \|_2^2 + \| \boldsymbol{u} + \boldsymbol{B}_2^{\mathrm{T}}\boldsymbol{P}x \|_2^2 - \| \boldsymbol{z} \|_2^2 + \| \boldsymbol{w} \|_2^2 = \boldsymbol{0} \tag{3-293}$$

因此,式(3-293) 给出了系统(3-286) 的扰动信号 $\boldsymbol{w}$ 和控制输入信号 $\boldsymbol{u}$ 之间的恒等关系

$$\| \boldsymbol{z} \|_2^2 = \| \boldsymbol{w} \|_2^2 + \| \boldsymbol{u} + \boldsymbol{B}_2^{\mathrm{T}}\boldsymbol{P}\boldsymbol{x} \|_2^2 - \| \boldsymbol{w} - \boldsymbol{B}_1^{\mathrm{T}}\boldsymbol{P}\boldsymbol{x} \|_2^2 \tag{3-294}$$

显然，如果取

$$\boldsymbol{u}=-\boldsymbol{B}_2^{\mathrm{T}}\boldsymbol{P}\boldsymbol{x} \tag{3-295}$$

则由式(3－294)可知，对于任意的 $\boldsymbol{w}\in L_2[0,+\infty)$，式(3－289)成立。或者，等价于满足式(3－288)的 $\boldsymbol{u}$ 可以由状态反馈生成。而式(3－295)的 $\boldsymbol{u}$ 正是定理3.7给出的基于状态反馈的 H_∞ 标准控制同题的解[取参数 $Q(s)=0$]。

将式(3－295)给出的状态反馈控制律代入式(3－294)，可得

$$\frac{\|\boldsymbol{z}\|_2^2}{\|\boldsymbol{w}\|_2^2}=1-\frac{\|\boldsymbol{w}-\boldsymbol{B}_1^{\mathrm{T}}\boldsymbol{P}\boldsymbol{x}\|_2^2}{\|\boldsymbol{w}\|_2^2} \tag{3-296}$$

式(3－296)表明，对于任意 $\boldsymbol{w}\neq\boldsymbol{B}_1^{\mathrm{T}}\boldsymbol{P}\boldsymbol{x}$，有

$$\frac{\|\boldsymbol{z}\|_2^2}{\|\boldsymbol{w}\|_2^2}<1 \tag{3-297}$$

而对于扰动信号

$$\boldsymbol{w}=\boldsymbol{B}_1^{\mathrm{T}}\boldsymbol{P}\boldsymbol{x}\in L_2[0,+\infty) \tag{3-298}$$

有

$$\frac{\|\boldsymbol{z}\|_2^2}{\|\boldsymbol{w}\|_2^2}=1 \tag{3-299}$$

即，对于由式(3－298)给定的扰动信号，系统从 $\boldsymbol{w}$ 到 $\boldsymbol{z}$ 的“增益”为最大。从控制目的来讲，就是要减小这个“增益”，使该“增益”为最小(H_∞ 最优控制)或小于某给定值(H_∞ 次优控制)。因此，从这个意义上讲，由式(3－298)给定的 $\boldsymbol{w}$ 称为最劣扰动输入，记为 $\boldsymbol{w}_{\mathrm{worst}}$。而与此对应，称式(3－295)的 H 为最佳控制输入。显然，这里所说的“增益”正是闭环系统从 $\boldsymbol{w}$ 到 $\boldsymbol{z}$ 的算子的范数，即闭环系统的 H_∞ 范数。

下面再来分析由定理3.9给出的 H_∞ 输出反馈控制器。显然，式(3－281)的控制器 $\boldsymbol{K}(s)$ 的状态空间描述为

$$\dot{\hat{\boldsymbol{x}}}=\boldsymbol{A}\hat{\boldsymbol{x}}+\boldsymbol{B}_1\hat{\boldsymbol{w}}_{\mathrm{worst}}+\boldsymbol{B}_2\boldsymbol{u}-\boldsymbol{Z}_\infty\boldsymbol{L}_\infty(\boldsymbol{y}-\boldsymbol{C}_2\hat{\boldsymbol{x}}) \tag{3-300}$$

$$\boldsymbol{u}=-\boldsymbol{B}_2^{\mathrm{T}}\boldsymbol{X}_\infty\hat{\boldsymbol{x}} \tag{3-301}$$

其中

$$\hat{\boldsymbol{w}}_{\mathrm{worst}}=\gamma^{-2}\boldsymbol{B}_1^{\mathrm{T}}\boldsymbol{X}_\infty\hat{\boldsymbol{x}} \tag{3-302}$$

$$\boldsymbol{Z}_\infty=(\boldsymbol{I}-\gamma^{-2}\boldsymbol{Y}_\infty\boldsymbol{X}_\infty)^{-1} \tag{3-303}$$

$$\boldsymbol{L}_\infty=-\boldsymbol{Y}_\infty\boldsymbol{C}_2^{\mathrm{T}} \tag{3-304}$$

系统的结构如图3－14所示。从图中可以看出，输出反馈 H_∞ 控制器由两部分构成：第一部分是状态估计器，它由方程(3－300)表示，如前所述，$\hat{\boldsymbol{w}}_{\mathrm{worst}}$ 实际上是 $\dfrac{\|\boldsymbol{z}\|_2^2}{\|\boldsymbol{w}\|_2^2}$ 最大(干扰抑制效果最差)时，扰动输入的一个估计值，故称式(3－300)为最劣扰动下的状态估计器；第二部分是利用状态估计值进行反馈控制的项，即式(3－301)。这两部分的作用与LQG最优控制中利用估计器获得状态估计值，然后再利用状态估计值实现最优反馈控制是类似的。并且，状态估计值 $\hat{\boldsymbol{x}}(t)$ 的计算与最佳控制输入阵 $\boldsymbol{F}_\infty=-\boldsymbol{B}_2^{\mathrm{T}}\boldsymbol{X}_\infty$ 的计算是相互独立的，即 H_∞ 输出反馈控制器具有结构分离特性。

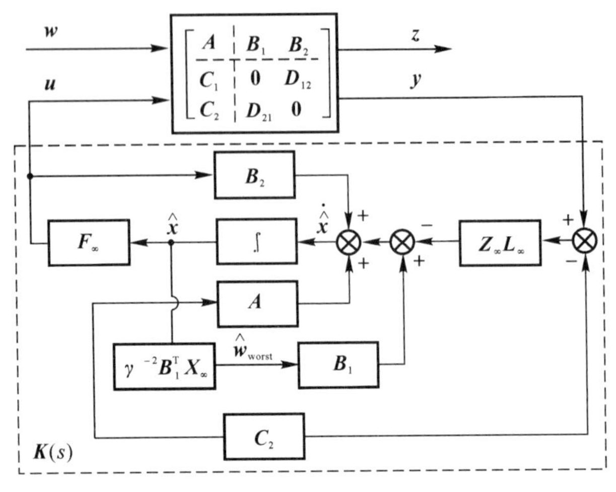

图 3－14　输出反馈 H_∞ 控制系统结构图

另外，如果令 $\gamma \to \infty$，则式(3－300)的控制器化为

$$\dot{\hat{x}}(t)=A\hat{x}+B_2u-L_\infty(Y-C_2\hat{x}) \tag{3-305}$$

$$u=-B_2^{\mathrm{T}}X_\infty\hat{x} \tag{3-306}$$

其中，X_∞ 和 Y_∞ 分别是 Riccati 方程(3－280)当 $\gamma \to \infty$ 时的解。这时，输出反馈 H_∞ 控制器就变为输出反馈的 LQG(H_2)控制器。因此，LQG 最优控制问题可以看做 H_∞ 最优控制问题的一个特例。即当放宽对闭环系统 H_∞ 范数要求时，H_∞ 最优控制问题就化为 LQG 最优控制问题。

最后，通过一个算例来说明输出反馈 H_∞ 控制器的设计方法和步骤。

例【3.8】：考虑一阶线性定常系统

$$\dot{x}=-2x+w_1+u \tag{3-307}$$

$$y=x+w_2 \tag{3-308}$$

其中：w_1 和 w_2 分别为过程噪声和量测噪声；u 和 y 分别为控制输入和量测输出。干扰抑制目标可用如下被控输出表示：

$$z=\begin{bmatrix} x \\ u \end{bmatrix} \tag{3-309}$$

要求设计动态输出反馈控制器 $K(s)$，使系统从 $w=\begin{bmatrix} w_1 \\ w_2 \end{bmatrix}$ 到 $z=\begin{bmatrix} x \\ u \end{bmatrix}$ 的传递函数矩阵 $G_{zw}(s)$ 满足

$$\|G_{zw}\|_\infty<1 \tag{3-310}$$

系统设计分如下四步进行：

(1) 将广义被控对象化为标准形式

$$\left.\begin{aligned} \dot{x}&=-2x+\begin{bmatrix}1 & 0\end{bmatrix}\begin{bmatrix} w_1 \\ w_2 \end{bmatrix}+u \\ y&=x+\begin{bmatrix}1 & 0\end{bmatrix}\begin{bmatrix} w_1 \\ w_2 \end{bmatrix} \\ z&=\begin{bmatrix}1 \\ 0\end{bmatrix}x+\begin{bmatrix}0 \\ 1\end{bmatrix}u \end{aligned}\right\} \tag{3-311}$$

即

$$
G(s)=\left[\begin{array}{ccc} -2 & \begin{bmatrix}1 & 0\end{bmatrix} & 1 \\ \begin{bmatrix}1\\0\end{bmatrix} & \begin{bmatrix}0 & 0\\0 & 0\end{bmatrix} & \begin{bmatrix}0\\1\end{bmatrix} \\ 1 & \begin{bmatrix}0 & 1\end{bmatrix} & 0 \end{array}\right] \tag{3-312}
$$

（2）验证假设条件 $E_1 \sim E_4$。

假设 E_1　$(\boldsymbol{A},\boldsymbol{B}_1)=(-2,[1\quad 0])$ 能控，$(\boldsymbol{C}_1,\boldsymbol{A})=\left(\begin{bmatrix}1\\0\end{bmatrix},-2\right)$ 能观测。

假设 E_2　$(\boldsymbol{A},\boldsymbol{B}_2)=(-2,1)$ 能稳定，$(\boldsymbol{C}_2,\boldsymbol{A})=(1,-2)$ 能检测。

假设 E_3　$\boldsymbol{D}_{12}^{\mathrm{T}}[\boldsymbol{C}_1\quad \boldsymbol{D}_{12}]=[0\quad 1]\begin{bmatrix}1 & 0\\0 & 1\end{bmatrix}=[0\quad 1]$。

假设 E_4　$\begin{bmatrix}\boldsymbol{B}_1\\ \boldsymbol{D}_{21}\end{bmatrix}\boldsymbol{D}_{21}^{\mathrm{T}}=\begin{bmatrix}1 & 0\\0 & 1\end{bmatrix}\begin{bmatrix}0\\1\end{bmatrix}=\begin{bmatrix}0\\1\end{bmatrix}$。

假设条件 $E_1 \sim E_4$ 均成立。

（3）求解式(3-280)的 Riccati 方程。

$$
\left.\begin{array}{l} -2X_\infty-2X_\infty+1=0 \\ -2Y_\infty-2Y_\infty+1=0 \end{array}\right\} \tag{3-313}
$$

解得 $X_\infty=Y_\infty=\dfrac{1}{4}>0$。验证式(3-283)：

$$
X_\infty Y_\infty=\frac{1}{16}<\gamma^2=1 \tag{3-314}
$$

即式(3-281)的三个条件均满足，于是存在输出反馈 H_∞ 控制器 $K(s)$，使得闭环系统内稳定并且

$$
\| \boldsymbol{G}_{zw}(s) \|_\infty<1 \tag{3-315}
$$

成立。

（4）构造输出反馈控制器 $K(s)$。根据式(3-306)，输出反馈 H_∞ 控制器的方程为

$$
\left.\begin{array}{l} \dot{\hat{x}}=-\dfrac{121}{60}\hat{x}+\dfrac{4}{15}y+u \\ u=-\dfrac{1}{4}\hat{x} \end{array}\right\} \tag{3-116}
$$

对上两式取拉氏变换，求得从 $Y(s)$ 到 $U(s)$ 的传函即为 $K(s)$。

3.2.4.3　基于 LMI 的输出反馈解

考虑 n 阶线性时不变广义被控对象，其状态空间实现为

$$
G(s)=\begin{bmatrix}\boldsymbol{A} & \boldsymbol{B}_1 & \boldsymbol{B}_2\\ \boldsymbol{C}_1 & \boldsymbol{D}_{11} & \boldsymbol{D}_{12}\\ \boldsymbol{C}_2 & \boldsymbol{D}_{21} & \boldsymbol{D}_{22}\end{bmatrix} \tag{3-317}
$$

假设矩阵 $\boldsymbol{D}_{22}$ 能使闭环系统是良定的，详见下面的讨论，而关于系统矩阵 $\boldsymbol{A}$、$\boldsymbol{B}_1$、$\boldsymbol{B}_2$、$\boldsymbol{C}_1$、$\boldsymbol{C}_2$、$\boldsymbol{D}_{11}$、$\boldsymbol{D}_{12}$、$\boldsymbol{D}_{21}$，我们不做任何假设，这一点不同于上节的 Riccati 方法。也就是说，我们将在较一般的条件下，求解系统输出反馈 H_∞ 控制问题。

考虑 n_c 阶线性时不变动态（$n_c>0$）控制器

$$\left.\begin{aligned}\dot{\boldsymbol{x}}_c&=\boldsymbol{A}_c\boldsymbol{x}_c+\boldsymbol{B}_c\boldsymbol{y}\\ \boldsymbol{u}&=\boldsymbol{C}_c\boldsymbol{x}_c+\boldsymbol{D}_c\boldsymbol{y}\end{aligned}\right\} \tag{3-318}$$

或静态（$n_c=0$）控制器

$$\boldsymbol{u}=\boldsymbol{K}\boldsymbol{y} \tag{3-319}$$

其中，$\boldsymbol{x}_c\in\mathbf{R}^{n_c}$ 是控制器状态。

用 $\boldsymbol{\Sigma}_c$ 表示式(3-318)和式(3-319)的全体控制器($n_c\geqslant 0$)。

下面的讨论假定 $\boldsymbol{D}_{22}=\boldsymbol{0}$。当实际的广义被控对象的 $\boldsymbol{D}_{22}\neq\boldsymbol{0}$ 时，可以通过适当的变换，使其等于零。事实上，如果定义虚构的量测输出信号

$$\hat{\boldsymbol{y}}=\boldsymbol{C}_2\boldsymbol{x}+\boldsymbol{D}_{21}\boldsymbol{w} \tag{3-320}$$

并假设 $\hat{\boldsymbol{y}}$ 可用于系统(3-317)的动态控制器的设计。即，此时的动态控制器为

$$\dot{\boldsymbol{x}}_c=\boldsymbol{A}_c\boldsymbol{x}_c+\boldsymbol{B}_c\hat{\boldsymbol{y}} \tag{3-321}$$

$$\boldsymbol{u}=\boldsymbol{C}_c\boldsymbol{x}_c+\boldsymbol{D}_c\hat{\boldsymbol{y}} \tag{3-322}$$

然后，以 $\boldsymbol{y}-\boldsymbol{D}_{22}\boldsymbol{u}$ 代替 $\hat{\boldsymbol{y}}$，则由式(3-322)，有

$$\boldsymbol{u}=(\boldsymbol{I}+\boldsymbol{D}_c\boldsymbol{D}_{22})^{-1}(\boldsymbol{C}_c\boldsymbol{x}_c+\boldsymbol{D}_c\boldsymbol{y})=\widetilde{\boldsymbol{C}}_c\boldsymbol{x}_c+\widetilde{\boldsymbol{D}}_c\boldsymbol{y} \tag{3-323}$$

可见，式(3-323)具有与式(3-318)相同的形式。这样，如果实际的 $\boldsymbol{D}_{22}\neq\boldsymbol{0}$，可按 $\boldsymbol{D}_{22}=\boldsymbol{0}$ 设计控制器，得到控制器参数 $\widetilde{\boldsymbol{C}}_c$ 和 $\widetilde{\boldsymbol{D}}_c$，再按变换式(3-323)求得 $\boldsymbol{D}_{22}\neq 0$ 时的控制器参数 $\boldsymbol{C}_c$ 和 $\boldsymbol{D}_c$。当然，对 $\boldsymbol{A}_c$ 和 $\boldsymbol{B}_c$ 也要做相应的变换。因此，在良定性的假设下［$(\boldsymbol{I}+\boldsymbol{D}_c\boldsymbol{D}_{22})^{-1}$ 存在］，此时仅需考虑在 $\boldsymbol{D}_{22}=\boldsymbol{0}$ 条件下，系统(3-317)的 H_∞ 控制问题。

考虑线性时不变控制器（$\boldsymbol{\Sigma}_c$）和广义被控对象(3-317)，其中 $\boldsymbol{D}_{22}=\boldsymbol{0}$。广义对象(3-317)与静态控制器(3-319)构成的闭环系统为

$$\dot{\boldsymbol{x}}=\boldsymbol{A}_{cl}\boldsymbol{x}+\boldsymbol{B}_{cl}\boldsymbol{w} \tag{3-324}$$

$$\boldsymbol{z}=\boldsymbol{C}_{cl}\boldsymbol{x}+\boldsymbol{D}_{cl}\boldsymbol{w} \tag{3-325}$$

其中

$$\begin{bmatrix}\boldsymbol{A}_{cl} & \boldsymbol{B}_{cl}\\ \boldsymbol{C}_{cl} & \boldsymbol{D}_{cl}\end{bmatrix}=\begin{bmatrix}\boldsymbol{A} & \boldsymbol{B}_1\\ \boldsymbol{C}_1 & \boldsymbol{D}_{11}\end{bmatrix}+\begin{bmatrix}\boldsymbol{B}_2\\ \boldsymbol{D}_{12}\end{bmatrix}\boldsymbol{K}[\boldsymbol{C}_2\quad \boldsymbol{D}_{21}] \tag{3-326}$$

对于动态控制器(3-318)，相应的闭环系统仍具有式(3-326)的形式，但此时的闭环状态变量为 $\hat{\boldsymbol{x}}=[\boldsymbol{x}^{\mathrm{T}}\quad \boldsymbol{x}_c^{\mathrm{T}}]^{\mathrm{T}}$，而系统矩阵分别为

$$\boldsymbol{A}_{cl}=\begin{bmatrix}\boldsymbol{A}+\boldsymbol{B}_2\boldsymbol{D}_c\boldsymbol{C}_2 & \boldsymbol{B}_2\boldsymbol{C}_c\\ \boldsymbol{B}_c\boldsymbol{C}_2 & \boldsymbol{A}_c\end{bmatrix}=\begin{bmatrix}\boldsymbol{A} & \boldsymbol{0}\\ \boldsymbol{0} & \boldsymbol{0}\end{bmatrix}+\begin{bmatrix}\boldsymbol{B}_2 & \boldsymbol{0}\\ \boldsymbol{0} & \boldsymbol{I}\end{bmatrix}\begin{bmatrix}\boldsymbol{D}_c & \boldsymbol{C}_c\\ \boldsymbol{B}_c & \boldsymbol{A}_c\end{bmatrix}\begin{bmatrix}\boldsymbol{C}_2 & \boldsymbol{0}\\ \boldsymbol{0} & \boldsymbol{I}\end{bmatrix} \tag{3-327}$$

$$\boldsymbol{B}_{cl}=\begin{bmatrix}\boldsymbol{B}_1+\boldsymbol{B}_2\boldsymbol{D}_c\boldsymbol{D}_{21}\\ \boldsymbol{B}_c\boldsymbol{D}_{21}\end{bmatrix}=\begin{bmatrix}\boldsymbol{B}_1\\ \boldsymbol{0}\end{bmatrix}+\begin{bmatrix}\boldsymbol{B}_2 & \boldsymbol{0}\\ \boldsymbol{0} & \boldsymbol{I}\end{bmatrix}\begin{bmatrix}\boldsymbol{D}_c & \boldsymbol{C}_c\\ \boldsymbol{B}_c & \boldsymbol{A}_c\end{bmatrix}\begin{bmatrix}\boldsymbol{D}_{21}\\ \boldsymbol{0}\end{bmatrix} \tag{3-328}$$

$$\boldsymbol{C}_{cl}=[\boldsymbol{C}_1+\boldsymbol{D}_{12}\boldsymbol{D}_c\boldsymbol{C}_2\quad \boldsymbol{D}_{12}\boldsymbol{C}_c]=[\boldsymbol{C}_1\quad \boldsymbol{0}]+[\boldsymbol{D}_{12}\quad \boldsymbol{0}]\begin{bmatrix}\boldsymbol{D}_c & \boldsymbol{C}_c\\ \boldsymbol{B}_c & \boldsymbol{A}_c\end{bmatrix}\begin{bmatrix}\boldsymbol{C}_2 & \boldsymbol{0}\\ \boldsymbol{0} & \boldsymbol{I}\end{bmatrix} \tag{3-329}$$

$$\boldsymbol{D}_{cl}=\boldsymbol{D}_{11}+\boldsymbol{D}_{12}\boldsymbol{D}_c\boldsymbol{D}_{21}=\boldsymbol{D}_{11}+[\boldsymbol{D}_{12}\quad \boldsymbol{0}]\begin{bmatrix}\boldsymbol{D}_c & \boldsymbol{C}_c\\ \boldsymbol{B}_c & \boldsymbol{A}_c\end{bmatrix}\begin{bmatrix}\boldsymbol{D}_{21}\\ \boldsymbol{0}\end{bmatrix} \tag{3-330}$$

若引入如下记号：

$$\begin{bmatrix} \hat{\boldsymbol{A}} & \hat{\boldsymbol{B}}_1 & \hat{\boldsymbol{B}}_2 \\ \hat{\boldsymbol{C}}_1 & \hat{\boldsymbol{D}}_{11} & \hat{\boldsymbol{D}}_{12} \\ \hat{\boldsymbol{C}}_2 & \hat{\boldsymbol{D}}_{21} & \hat{\boldsymbol{K}} \end{bmatrix} = \begin{bmatrix} \boldsymbol{A} & \boldsymbol{0} & \boldsymbol{B}_1 & \boldsymbol{B}_2 & \boldsymbol{0} \\ \boldsymbol{0} & \boldsymbol{0} & \boldsymbol{0} & \boldsymbol{0} & \boldsymbol{I}_{nc} \\ \boldsymbol{C}_1 & \boldsymbol{0} & \boldsymbol{D}_{11} & \boldsymbol{D}_{12} & \boldsymbol{0} \\ \boldsymbol{C}_2 & \boldsymbol{0} & \boldsymbol{D}_{21} & \boldsymbol{D}_c & \boldsymbol{C}_c \\ \boldsymbol{0} & \boldsymbol{I}_{nc} & \boldsymbol{0} & \boldsymbol{B}_c & \boldsymbol{A}_c \end{bmatrix} \tag{3-331}$$

则式(3-327) ～ 式(3-330) 中各闭环系统矩阵仍具有式(3-326) 的形式，只是将各系统矩阵和静态控制器 K 换成式(3-331) 中各系统矩阵和控制器 $\hat{K}$，因此固定阶次的动态控制器的设计问题可看作具有式(3-330) 结构的系统矩阵的静态控制器设计的一个特例。因此，在以下的讨论中，我们将把静态与动态控制器的设计问题放在一起进行，并且采用静态控制器的符号。为了得到动态控制器，只需将相应的矩阵换成式(3-331) 的各矩阵即可。

定义【3.1】：(H_∞ 控制器) 给定标量 $\gamma > 0$。称控制器 $\boldsymbol{\Sigma}_c$ 是 H_∞ 控制器，如果下述两个条件成立：

(1)$\boldsymbol{A}_d$ 是渐近稳定的；

(2) $\| \boldsymbol{G}_{zw} \|_\infty < \gamma$。

其中：$\boldsymbol{G}_{zw}$ 表示从 w 到 z 的闭环传函阵；不失一般性，取 $\gamma = 1$。

以下将讨论定义 3.1 给出的 H_∞ 控制器存在的充分必要条件，以及如果这样的控制器存在，找到所有这样的控制器。

首先，将 H_∞ 控制问题转化为关于控制器参数 $\boldsymbol{K}$ 或 $\hat{\boldsymbol{K}}$ 的 LMI 的求解问题，为此，需要如下引理。

引理【3.6】：给定广义被控对象和控制器($\boldsymbol{\Sigma}_c$)。定义

$$\boldsymbol{Q} = \boldsymbol{A}_d\boldsymbol{P} + \boldsymbol{P}\boldsymbol{A}_d^{\mathrm{T}} + (\boldsymbol{P}\boldsymbol{C}_d^{\mathrm{T}} + \boldsymbol{B}_d\boldsymbol{D}_d^{\mathrm{T}})\boldsymbol{R}^{-1}(\boldsymbol{P}\boldsymbol{C}_d^{\mathrm{T}} + \boldsymbol{B}_d\boldsymbol{D}_d^{\mathrm{T}})^{\mathrm{T}} + \boldsymbol{B}_d\boldsymbol{B}_d^{\mathrm{T}} \tag{3-332}$$

$$\boldsymbol{R} = \boldsymbol{I} - \boldsymbol{D}_d\boldsymbol{D}_d^{\mathrm{T}} \tag{3-333}$$

则如下命题等价：

(1)($\boldsymbol{\Sigma}_c$) 是一个 H_∞ 控制器；

(2)$\boldsymbol{R} > 0$，且存在 $\boldsymbol{P} > 0$ 满足 $\boldsymbol{Q} < 0$。

从式(3-326) 中可以看出，对于静态控制器(3-319)，每个闭环系统矩阵 ($\boldsymbol{A}_d$, $\boldsymbol{B}_d$, $\boldsymbol{C}_d$, $\boldsymbol{D}_d$) 均为控制器参数 K 的线性函数。因此，条件 $\boldsymbol{Q} < 0$ 和 $\boldsymbol{R} > 0$ 关于参数 K 是非线性函数。对于动态控制器(3-318)，情况也是类似的。下面的引理将两个非线性矩阵不等式 $\boldsymbol{Q} < 0$ 和 $\boldsymbol{R} > 0$ 转换为一个线性矩阵不等式。

引理【3.7】：考虑广义被控对象(3-317) 和静态控制器(3-319)。如下命题等价：

(1) 控制器(3-319) 是一个 H_∞ 控制器。

(2) 存在矩阵 $\boldsymbol{P} > 0$ 满足

$$\boldsymbol{BKC} + (\boldsymbol{BKC})^{\mathrm{T}} + \boldsymbol{\Omega} < 0 \tag{3-334}$$

其中

$$\left[\begin{array}{c:c} \boldsymbol{B} & \boldsymbol{\Omega} \\ \hdashline * & \boldsymbol{C} \end{array}\right] = \left[\begin{array}{c:ccc} \boldsymbol{B}_2 & \boldsymbol{AP} + \boldsymbol{PA}^{\mathrm{T}} & \boldsymbol{PC}_1^{\mathrm{T}} & \boldsymbol{B}_1 \\ \boldsymbol{D}_{12} & \boldsymbol{C}_1\boldsymbol{P} & -\boldsymbol{I} & \boldsymbol{D}_{11} \\ \boldsymbol{0} & \boldsymbol{B}_1^{\mathrm{T}} & \boldsymbol{D}_{11}^{\mathrm{T}} & -\boldsymbol{I} \\ \hdashline * & \boldsymbol{C}_2\boldsymbol{P} & \boldsymbol{0} & \boldsymbol{D}_{21} \end{array}\right] \tag{3-335}$$

式中 * 号表示无关部分。

证明：由 Schur 补引理，式(3-332) 和式(3-333) 定义的 $\boldsymbol{Q}$ 和 $\boldsymbol{R}$ 满足 $\boldsymbol{Q}<0$ 和 $\boldsymbol{R}>0$，当且仅当

$$\begin{bmatrix} \boldsymbol{A}_{cl}\boldsymbol{X}_{cl}+\boldsymbol{X}_{cl}\boldsymbol{A}_{cl}^{T}+\boldsymbol{B}_{cl}\boldsymbol{B}_{cl}^{T} & \boldsymbol{X}_{cl}\boldsymbol{C}_{cl}^{T}+\boldsymbol{B}_{cl}\boldsymbol{D}_{cl}^{T} \\ \boldsymbol{C}_{cl}\boldsymbol{X}_{cl}+\boldsymbol{D}_{cl}\boldsymbol{B}_{cl}^{T} & \boldsymbol{D}_{cl}\boldsymbol{D}_{cl}^{T}-\boldsymbol{I} \end{bmatrix}<0 \tag{3-336}$$

将上式改写为

$$\begin{bmatrix} \boldsymbol{A}_{cl}\boldsymbol{X}_{cl}+\boldsymbol{X}_{cl}\boldsymbol{A}_{cl}^{T} & \boldsymbol{X}_{cl}\boldsymbol{C}_{cl}^{T} \\ \boldsymbol{C}_{cl}\boldsymbol{X}_{cl} & -\boldsymbol{I} \end{bmatrix}+\begin{bmatrix} \boldsymbol{B}_{cl} \\ \boldsymbol{D}_{cl} \end{bmatrix}\begin{bmatrix} \boldsymbol{B}_{cl}^{T} & \boldsymbol{D}_{cl}^{T} \end{bmatrix}<0 \tag{3-337}$$

再由 Schur 补引理，式(3-336) 等价于

$$\begin{bmatrix} \boldsymbol{A}_{cl}\boldsymbol{X}_{cl}+\boldsymbol{X}_{cl}\boldsymbol{A}_{cl}^{T} & \boldsymbol{X}_{cl}\boldsymbol{C}_{cl}^{T} & \boldsymbol{B}_{cl} \\ \boldsymbol{C}_{cl}\boldsymbol{X}_{cl} & -\boldsymbol{I} & \boldsymbol{D}_{cl} \\ \boldsymbol{B}_{cl}^{T} & \boldsymbol{D}_{cl}^{T} & -I \end{bmatrix}<0 \tag{3-338}$$

将式(3-326) 中的各闭环系统矩阵代入式(3-338)，可得式(3-334) 与式(3-336) 的等价性。

证毕。

显然，矩阵不等式(3-334) 关于控制器参数 K 已是线性矩阵不等式。由引理 3.6 可知，定义 3.5 给出的 H_∞ 控制器的求解等价于线性矩阵不等式(3-334) 的可解性。下面的定理给出了式(3-334) 的 LMI 可解的充分必要条件。

定理【3.11】：给定对称矩阵 $\boldsymbol{\Omega}$ 和具有适当维数的矩阵 $\boldsymbol{B}$ 和 $\boldsymbol{C}$，则存在矩阵 $\boldsymbol{K}$ 使得式(3-334) 成立的充分必要条件为

$$\boldsymbol{B}_{\perp}^{T}\boldsymbol{\Omega}\boldsymbol{B}_{\perp}<0 \tag{3-339}$$

且

$$(\boldsymbol{C}^{T})_{\perp}^{T}\boldsymbol{\Omega}(\boldsymbol{C}^{T})_{\perp}<0 \tag{3-340}$$

其中 $\boldsymbol{B}_{\perp}$ 称为 $\boldsymbol{B}$ 的直交补矩阵，即 $\boldsymbol{B}$ 的列由 $\boldsymbol{B}^{T}$ 的零空间的一个基底构成。

根据定理 3.10，可得广义被控系统的如下基于 LMI 的 H_∞ 控制器设计问题的可解性条件。

定理【3.12】：考虑广义被控系统(3-317)。令 $[\boldsymbol{W}_1^{T}\quad \boldsymbol{W}_2^{T}]^{T}$ 和 $[\boldsymbol{V}_1^{T}\quad \boldsymbol{V}_2^{T}]^{T}$ 分别为 $[\boldsymbol{B}_1^{T}\quad \boldsymbol{D}_{12}^{T}]^{T}$ 和 $[\boldsymbol{C}_2\quad \boldsymbol{D}_{21}^{T}]^{T}$的直交补矩阵，则 H_∞ 控制器设计问题可解，当且仅当存在两个对称阵 $\boldsymbol{X},\boldsymbol{Y}\in\mathbf{R}^{n\times n}$ 满足如下三个 LMI：

$$\begin{bmatrix} \boldsymbol{W}_1 & \boldsymbol{0} \\ \boldsymbol{W}_2 & \boldsymbol{0} \\ \boldsymbol{0} & \boldsymbol{I} \end{bmatrix}^{T}\begin{bmatrix} \boldsymbol{AX}+\boldsymbol{XA}^{T} & \boldsymbol{XC}_1^{T} & \boldsymbol{B}_1 \\ \boldsymbol{C}_1\boldsymbol{X} & -\boldsymbol{I} & \boldsymbol{D}_{11} \\ \boldsymbol{B}_1^{T} & \boldsymbol{D}_{11}^{T} & -I \end{bmatrix}\begin{bmatrix} \boldsymbol{W}_2 & \boldsymbol{0} \\ \boldsymbol{W}_2 & \boldsymbol{0} \\ \boldsymbol{0} & \boldsymbol{I} \end{bmatrix}<0 \tag{3-341}$$

$$\begin{bmatrix} \boldsymbol{V}_1 & \boldsymbol{0} \\ \boldsymbol{V}_2 & \boldsymbol{0} \\ \boldsymbol{0} & \boldsymbol{I} \end{bmatrix}^{T}\begin{bmatrix} \boldsymbol{A}^{T}\boldsymbol{Y}+\boldsymbol{YA} & \boldsymbol{YB}_1 & \boldsymbol{C}_1^{T} \\ \boldsymbol{B}_1^{T}\boldsymbol{Y} & -\boldsymbol{I} & \boldsymbol{D}_{11}^{T} \\ \boldsymbol{C}_1 & \boldsymbol{D}_{11} & -\boldsymbol{I} \end{bmatrix}\begin{bmatrix} \boldsymbol{V}_1 & \boldsymbol{0} \\ \boldsymbol{V}_2 & \boldsymbol{0} \\ \boldsymbol{0} & \boldsymbol{I} \end{bmatrix}<0 \tag{3-342}$$

$$\begin{bmatrix} \boldsymbol{X} & \boldsymbol{I} \\ \boldsymbol{I} & \boldsymbol{Y} \end{bmatrix}\geqslant 0 \tag{3-343}$$

进而，如果对于解矩阵 $\boldsymbol{X}$、$\boldsymbol{Y}$ 有 $\mathrm{rank}(\boldsymbol{I}-\boldsymbol{XY})=n_c\leqslant n$，则存在阶次为 n_c 的全阶(降阶)H_∞ 控制器。

可验证,式(3-341)～式(3-343)中的三个LMI约束条件是凸约束。也就是说,求解式(3-341)～式(3-343)的LMI的解$(\boldsymbol{X},\boldsymbol{Y})$是一个凸优化问题:

$$\min\gamma \text{ 使得式(3-341)～式(3-343)中三个LMI成立}$$

该凸优化问题可通过MATLAB中的LMI工具箱中的相应函数求解。一旦解得(X,Y),那么H_∞控制器可按如下方法求得。如果$n_c=\mathrm{rank}(\boldsymbol{I}-\boldsymbol{XY})=0$,则置$\boldsymbol{P}=\boldsymbol{Y}$,相应地得到静态控制器。否则,通过SVD(奇异值分解)技术,计算两个列满秩矩阵$\boldsymbol{M},\boldsymbol{N}\in\mathbf{R}^{n\times n}$,使得

$$\boldsymbol{MN}^{\mathrm{T}}=\boldsymbol{I}-\boldsymbol{XY} \tag{3-344}$$

然后,求解如下线性矩阵方程:

$$\begin{bmatrix}\boldsymbol{Y} & \boldsymbol{I}\\ \boldsymbol{N}^{\mathrm{T}} & \boldsymbol{0}\end{bmatrix}=P\begin{bmatrix}\boldsymbol{I} & \boldsymbol{X}\\ \boldsymbol{0} & \boldsymbol{M}^{\mathrm{T}}\end{bmatrix} \tag{3-345}$$

得到唯一解$\boldsymbol{P}$。注意,当$\boldsymbol{Y}>0$和$\boldsymbol{M}$列满秩时,方程(3-345)总是可解的,并且式(3-343)保证了$\boldsymbol{P}>0$。

最后,利用LMI优化算法,可求解式(3-334),得到控制器参数阵$\boldsymbol{A}_c$、$\boldsymbol{B}_c$、$\boldsymbol{C}_c$和$\boldsymbol{D}_c$也可以通过下述的代数方法,求解控制器参数阵,并得到所有H_∞控制器的解集合。下面给出一种简单的特例。

设矩阵$\boldsymbol{B}$列满秩,矩阵$\boldsymbol{C}$行满秩,则式(3-334)的LMI的所有解置可按如下代数方法求取:

$$\boldsymbol{K}=-\boldsymbol{R}^{-1}\boldsymbol{B}^{\mathrm{T}}\boldsymbol{\Phi}\boldsymbol{C}^{\mathrm{T}}(\boldsymbol{C}\boldsymbol{\Phi}\boldsymbol{C}^{\mathrm{T}})^{-1}+\boldsymbol{R}^{-1}\boldsymbol{S}^{\frac{1}{2}}\boldsymbol{L}(\boldsymbol{C}\boldsymbol{\Phi}\boldsymbol{C}^{\mathrm{T}})^{-\frac{1}{2}} \tag{3-346}$$

$$\boldsymbol{\Phi}=(\boldsymbol{B}\boldsymbol{R}^{-1}\boldsymbol{B}^{\mathrm{T}}-\boldsymbol{\Omega})^{-1}>0 \tag{3-347}$$

$$\boldsymbol{S}=\boldsymbol{R}-\boldsymbol{B}^{\mathrm{T}}[\boldsymbol{\Phi}-\boldsymbol{\Phi}\boldsymbol{C}^{\mathrm{T}}(\boldsymbol{C}\boldsymbol{\Phi}\boldsymbol{C}^{\mathrm{T}})^{-1}\boldsymbol{C}\boldsymbol{\Phi}]\boldsymbol{B} \tag{3-348}$$

其中自由参数$\boldsymbol{R}$、$\boldsymbol{L}$满足

$$\boldsymbol{R}>0,\quad \|\boldsymbol{L}\|<1 \tag{3-349}$$

如果矩阵$\boldsymbol{B}$、$\boldsymbol{C}$为降秩矩阵,则可采用矩阵的满秩分解技术,求得相应的控制器集合,这里略。

对上面的讨论做一下总结。H_∞控制器(Σ_c)的求解分两步进行:首先,求解由式(3-341)～式(3-343)给定的三个LMI,这里待求解的未知量是与广义对象阶次相等的两个对称阵$\boldsymbol{X}$和$\boldsymbol{Y}$;第二步,已知$\boldsymbol{X}$和$\boldsymbol{Y}$,以及广义对象状态空间参数阵,求解式(3-334)的LMI(可称为控制器LMI)或式(3-346)～式(3-348)给出的代数方程,得到动态控制器参数阵$\boldsymbol{K}(\boldsymbol{A}_c,\boldsymbol{B}_c,\boldsymbol{C}_c,\boldsymbol{D}_c)$或静态控制器的增益阵$\boldsymbol{K}$。

3.3 二次稳定化控制

这里所讨论的结构不确定性系统的鲁棒稳定化问题,主要是针对状态空间模型中系数矩阵具有不确定性的时变系统,来考察二次稳定化控制问题。下面首先给出稳定半径的概念。

3.3.1 稳定半径

考察没有控制作用的状态空间系统

$$\dot{\boldsymbol{x}}(t)=\boldsymbol{A}(r(t))\,\boldsymbol{x}(t) \tag{3-350}$$

其中,$\boldsymbol{x}(t)$是系统的状态,它的系数矩阵$\boldsymbol{A}(r(t))$具有结构不确定性,即

$$\boldsymbol{A}(r(t))=\boldsymbol{A}+\boldsymbol{D\Delta E},\quad \|\boldsymbol{\Delta}\|\leqslant r \tag{3-351}$$

其中，$\|\boldsymbol{\Delta}\|$ 表示$\boldsymbol{\Delta}$的最大奇异值。一般地，不确定性$\boldsymbol{\Delta}$是复数矩阵，它的最大值是r。现在考虑的问题是，在标称系统即$\boldsymbol{\Delta}=\boldsymbol{0}$时的系统式稳定的前提下，求使系统(3-350)变为不稳定时不确定性$\boldsymbol{\Delta}$的最小变化范围，也就是求系统(3-350)不是鲁棒稳定时最小的r值。这个问题的解

$$r(\boldsymbol{A};\boldsymbol{D},\boldsymbol{E})=\min\{\|\boldsymbol{\Delta}\|:\boldsymbol{A}+\boldsymbol{D\Delta E}\text{ 为不稳定}\} \tag{3-352}$$

由$\boldsymbol{A}$,$\boldsymbol{D}$和$\boldsymbol{E}$唯一确定，称为稳定矩阵$\boldsymbol{A}$对不确定性$\boldsymbol{D\Delta E}$的稳定半径。这个稳定半径不仅作为表示鲁棒稳定性的度量是重要的，而且也是鲁棒稳定性理论中的一个重要概念。

关于稳定性半径$r(\boldsymbol{A};\boldsymbol{D},\boldsymbol{E})$，有下述结论。

定理【3.13】:假设矩阵$\boldsymbol{A}$是稳定的，而且$\boldsymbol{G}(s)=\boldsymbol{E}(s\boldsymbol{I}-\boldsymbol{A})^{-1}$,$\boldsymbol{D}\neq 0$，则稳定半径$r_c$为

$$r_c=r(\boldsymbol{A};\boldsymbol{D},\boldsymbol{E})=\|\boldsymbol{G}(s)\|_{\infty}^{-1} \tag{3-353}$$

证明：由于系统(3-350)可以等价为

$$\begin{aligned}\dot{\boldsymbol{x}}&=\boldsymbol{Ax}+\boldsymbol{Du}\\ \boldsymbol{y}&=\boldsymbol{Ex}\\ \boldsymbol{u}&=\boldsymbol{\Delta y}\end{aligned} \tag{3-354}$$

如图3-15所示，根据小增益原理，对于满足$\|\boldsymbol{\Delta}\|\leqslant\|\boldsymbol{G}(s)\|_{\infty}^{-1}$的不确定性$\boldsymbol{\Delta}$，这个等价系统是鲁棒稳定的，所以稳定半径$r_c$为

$$r_c\geqslant\|\boldsymbol{G}(s)\|_{\infty}^{-1} \tag{3-355}$$

因此，只要证明存在一个复数矩阵$\boldsymbol{\Delta}$，使$\boldsymbol{A}+\boldsymbol{D\Delta E}$具有不稳定的特征根，且$\|\boldsymbol{\Delta}\|=\|\boldsymbol{G}(s)\|_{\infty}^{-1}$，即

$$\|\boldsymbol{\Delta}\|=(\sup\|\boldsymbol{G}(s)\|^{-1}) \tag{3-356}$$

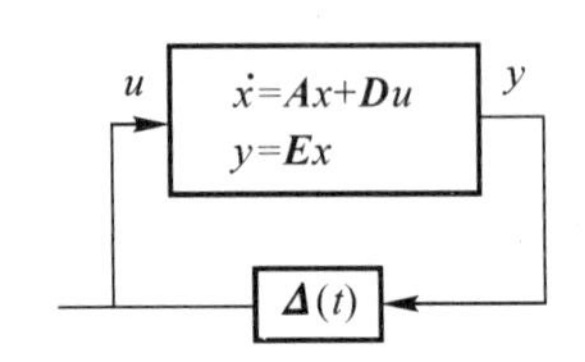

图3-15 不确定系统的等价描述

就可以证明这个定理。

假设使$\|\boldsymbol{G}(\mathrm{j}\omega)\|$为最大的$\omega$为$\omega_0$，对$\boldsymbol{G}(\mathrm{j}\omega_0)$作奇异值分解

$$\boldsymbol{G}(\mathrm{j}\omega_0)=\sum_{i=1}^{m}\sigma_i u_i v_i^* \tag{3-357}$$

其中

$$\sigma_1=\|\boldsymbol{G}(\mathrm{j}\omega_0)\|\geqslant\sigma_2\geqslant\cdots\geqslant\sigma_m \tag{3-358}$$

设$\{u(i)\}$和$\{v(i)\}$均为适当的线性空间正交基。令

$$\boldsymbol{\Delta}=\sigma_1^{-1}v_1u_1^* \tag{3-359}$$

在式(3-357)两边右乘$\boldsymbol{\Delta}u_1=\sigma_1^{-1}v_1$，并注意到$\{u(i)\}$和$\{v(i)\}$为正交性，可得

$$\boldsymbol{Ex}_1=u_1 \tag{3-360}$$

$$x_1=(\mathrm{j}\omega_0 I-A)^{-1}\boldsymbol{D\Delta}u_1 \tag{3-361}$$

其中$x_1\neq 0$。把式(3-360)代入式(3-361)，有

$$(\mathrm{j}\omega_0\boldsymbol{I}-\boldsymbol{A}-\boldsymbol{D\Delta E})x_1=\boldsymbol{0} \tag{3-362}$$

即 $\boldsymbol{A}+\boldsymbol{D\Delta E}$ 在虚轴上有特征根。从式(3-359)容易得出

$$\|\boldsymbol{\Delta}\| = \sigma_1^{-1} = \|\boldsymbol{G}(\mathrm{j}\omega)\|^{-1} \tag{3-363}$$

这就证明了这个定理。

从定理 3.13 的证明中可知，稳定半径 r_c 可用式(3-353)简单地表示，这是由于不确定性选择为复数矩阵所导致的。若把不确定性限制为实数矩阵，则求稳定半径 r_R 的问题要复杂一些，有下述定理。

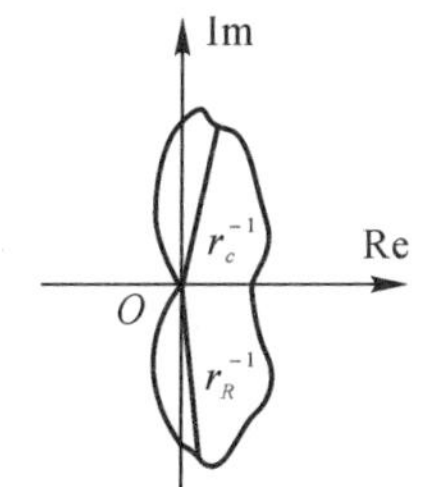

图 3-16　Nyquist 曲线图和稳定半径

定理【3.14】：在式(3-352)中不确定性 $\boldsymbol{\Delta}$ 限定为实数的场合，则稳定矩阵 $\boldsymbol{A}$ 对实数不确定性 $\boldsymbol{D\Delta E}$ 的稳定半径 r_R 为

$$r_R = r_R(\boldsymbol{A};\boldsymbol{D\Delta E}) = (\sup_{\omega\in\Omega}|\boldsymbol{G}_R(\mathrm{j}\omega)|)^{-1} \tag{3-364}$$

其中 $\boldsymbol{\Omega}=\{\boldsymbol{\Omega}\in\mathbf{R};G_I(\mathrm{j}\omega)=0\}$，$G_R(s)$ 和 $G_I(s)$ 分别为 $G(s)$ 的实部和虚部。

由式(3-353)给出的 r_c 和由式(3-364)给出的 r_R 均可以用 $G(s)$ 的 Nyquist 曲线图来说明，如图 3-16 所示是 $G(s)$ 的 Nyquist 曲线图与稳定半径 r_c 和 r_R 之间的关系。

例【3.9】：在式(3-350)中设：

$$\boldsymbol{A}=\begin{bmatrix}0 & 1\\ -1 & -\xi\end{bmatrix},\quad \boldsymbol{D}=\begin{bmatrix}1\\ -\xi\end{bmatrix},\quad \boldsymbol{E}=[1\quad 0],\quad \xi>0 \tag{3-365}$$

则有

$$G(\mathrm{j}\omega)=\boldsymbol{E}(\mathrm{j}\omega\boldsymbol{I}-\boldsymbol{A})^{-1}\boldsymbol{D}=-\frac{\xi}{1-\omega^2+\mathrm{j}\omega\xi} \tag{3-366}$$

$$G_R(\mathrm{j}\omega)=-\frac{\xi(1-\omega^2)}{(1-\omega^2)^2+(\omega\xi)^2} \tag{3-367}$$

$$G_I(\mathrm{j}\omega)=-\mathrm{j}\,\frac{\xi^2\omega}{(1-\omega^2)^2+(\omega\xi)^2} \tag{3-368}$$

由式(3-368)，$\boldsymbol{\Omega}=\{0\}$，根据定理 3.14，可得

$$r_R=|\boldsymbol{G}_R(0)|^{-1}=\xi^{-1} \tag{3-369}$$

另一方面，通过简单的计算得

$$\max_{\omega}|\boldsymbol{G}(\mathrm{j}w)|^2=\max_{\omega}\frac{\xi^2}{(1-\omega^2)^2+(\omega\xi)^2}=\frac{4}{4-\xi^2} \tag{3-370}$$

由定理 3.13 可知

$$r_c=\left[\frac{2}{\sqrt{4-\xi^2}}\right]^{-1} \tag{3-371}$$

很显然，r_c 和 r_R 与 ξ 有关，特别是当 $\xi\to0$，时 $r_c\to1$，$r_R\to\infty$。这表明，当不确定性是复数时，所得到的稳定半径是非常保守的。

对于系数矩阵 $\boldsymbol{A}[r(t)]$ 具有结构不确定性的系统式(3-350)，用状态反馈 $\boldsymbol{u}=-\boldsymbol{Kx}$ 进行稳定化控制，得

$$\dot{\boldsymbol{x}}=(\boldsymbol{A}_k+\boldsymbol{D\Delta E})\boldsymbol{x}(t) \tag{3-372}$$

$$\boldsymbol{A}_K=\boldsymbol{A}+\boldsymbol{BK} \tag{3-373}$$

此时稳定半径 r_c 可定义为

$$r_c=r(\boldsymbol{A}_K,\boldsymbol{D},\boldsymbol{E})=\|\boldsymbol{E}(s\boldsymbol{I}-\boldsymbol{A}_K)^{-1}\boldsymbol{D}\|_\infty^{-1} \tag{3-374}$$

很显然，通过求解相应的 H_{∞} 控制问题，可以获得使稳定半径 r_c 最大的状态反馈增益矩阵 $\boldsymbol{K}$。

3.3.2 二次稳定性

应该指出，在前面讨论 Lyapunov 方程与稳定性中给出的定理对于解决时变系统的稳定性是非常有效的，Lyapunov 函数的存在性可以保证系统的稳定性。对于系数矩阵含有结构不确定性的时变系统，必然有鲁棒稳定性的问题，因而在获得 Lyapunov 函数时必须考虑不确定性。最简单的方法是使 Lyapunov 函数具有正定二次型的形式，它不直接依赖于不确定性。由这种 Lyapunov 函数保证的稳定性称为二次稳定性，这是当今处理时变系统最有效的鲁棒稳定性概念。

考虑由状态空间模型描述的线性时变系统

$$\dot{\boldsymbol{x}}(t)=\boldsymbol{A}[r(t)]\boldsymbol{x}(t)+\boldsymbol{B}[s(t)]\boldsymbol{u}(t) \tag{3-375}$$

有下面的二次稳定性定义。

定义【3.2】：对于系统式(3-375)，若存在适当的 n 维常数矩阵 $\boldsymbol{P}>0$ 和常数 $a>0$，而且二次型函数

$$V(\boldsymbol{x})=\boldsymbol{x}^{\mathrm{T}}(t)\boldsymbol{P}\boldsymbol{x}(t) \tag{3-376}$$

对时间的导数不依赖于未知参数 $r(t)$ 而满足

$$V(t)=\boldsymbol{x}^{\mathrm{T}}(t)\{\boldsymbol{A}^{\mathrm{T}}[r(t)]\boldsymbol{P}+\boldsymbol{P}\boldsymbol{A}[r(t)]\}\boldsymbol{x}(t)\leqslant-\alpha\ \|\boldsymbol{x}(t)\|^2 \tag{3-377}$$

则称系统(3-375)是二次稳定的(quadratically stable)。

从上述定义中可知，二次稳定性的特征是保证渐近稳定性的 Lyapunov 函数 $V(\boldsymbol{x})$ 可以选择为 $\boldsymbol{x}$ 的正定二次型函数，而且与不确定性 $r(t)$ 无关。由于保证稳定性的 Lyapunov 函数 $V(\boldsymbol{x})$ 是 $\boldsymbol{x}$ 的二次型函数，因而系统的稳定性称为二次稳定性，相应的鲁棒稳定化问题称为二次稳定化问题。

由式(3-377)可以看出状态轨迹的有关特性。首先根据式(3-376)，有

$$c_1\ \|\boldsymbol{x}\|^2\leqslant V(\boldsymbol{x})\leqslant c_2\ \|\boldsymbol{x}\|^2 \tag{3-378}$$

其中

$$c_1=\lambda_{\min}(\boldsymbol{P})>0 \tag{3-379}$$

$$c_2=\lambda_{\max}(\boldsymbol{P})>0 \tag{3-380}$$

分别是矩阵 $\boldsymbol{P}$ 的最小和最大特征值。从式(3-378)右边的不等式可知 $V(x)$ 满足

$$V(\boldsymbol{x})\leqslant-\alpha\ \|\boldsymbol{x}\|^2\leqslant-\frac{\alpha}{c_2}V(\boldsymbol{x}) \tag{3-381}$$

所以有

$$V(\boldsymbol{x})\leqslant V[\boldsymbol{x}(0)]\mathrm{e}^{-\frac{\alpha}{c_2}t} \tag{3-382}$$

因此，由式(3-378)可得状态轨迹 $x(t)$ 满足

$$c_1\ \|\boldsymbol{x}(t)\|^2\leqslant c_2\ \|\boldsymbol{x}(0)\|^2\mathrm{e}^{-\frac{\alpha}{c_2}t} \tag{3-383}$$

即

$$\|\boldsymbol{x}(t)\|\leqslant\sqrt{\frac{c_2}{c_1}}\ \|\boldsymbol{x}(0)\|\ \mathrm{e}^{-\frac{\alpha}{c_2}t} \tag{3-384}$$

这说明，系统在平衡点 $x=0$ 是大范围一致指数稳定的，状态轨迹 $x(t)$ 的大小 $\|\boldsymbol{x}(t)\|$ 是从上往下按指数衰减的，衰减的程度由 P 和 a 决定。

定义【3.3】:在系统(3-375)中,若存在连续的状态反馈控制

$$\boldsymbol{u}(t)=f(\boldsymbol{x}(t)),\quad f(0)=0 \tag{3-385}$$

以及 n 维常数矩阵 $\boldsymbol{P}>0$ 和常数 $\alpha>0$,而且对应于闭环控制系统

$$\dot{\boldsymbol{x}}(t)=\boldsymbol{A}(r(t))\boldsymbol{x}(t)+\boldsymbol{B}(s(t))f(\boldsymbol{x}(t)) \tag{3-386}$$

函数 $V(x)=\boldsymbol{x}^{\mathrm{T}}\boldsymbol{P}\boldsymbol{x}$ 对时间的导数不依赖于 $r(t)$ 和 $s(t)$ 的值而满足

$$\dot{V}(x)=\boldsymbol{x}^{\mathrm{T}}\{[\boldsymbol{A}+\Delta\boldsymbol{A}(r(t))]^{\mathrm{T}}\boldsymbol{P}+\boldsymbol{P}[\boldsymbol{A}+\Delta\boldsymbol{A}(r(t))]\}\boldsymbol{x}-2\boldsymbol{x}^{\mathrm{T}}\boldsymbol{P}[\boldsymbol{B}+\Delta\boldsymbol{B}(s(t))]f(x)\leqslant -\alpha\|\boldsymbol{x}\|^{2},\quad \forall\boldsymbol{x}\in\mathbf{R}_{1}^{n},\quad \forall t\in\mathbf{R} \tag{3-387}$$

则称系统(3-375)是二次稳定化的(quadratically stabilizable)。

特别地,如果上述 $f(\boldsymbol{x})$ 是线性函数

$$f(\boldsymbol{x})=-\boldsymbol{K}\boldsymbol{x} \tag{3-388}$$

那么称系统(3-375)是可通过线性控制实现二次稳定化的。这时,控制式(3-385)或式(3-388)称为二次稳定化控制。

根据定义3.1和定义3.2,有下面的定义。

定义【3.4】:下面两种陈述是等价的。

(1) 系统(3-375)可通过线性控制 $\boldsymbol{u}=-\boldsymbol{K}\boldsymbol{x}$ 实现二次稳定化;

(2) 对系统(3-375)实施适当的线性状态反馈 $u=-\boldsymbol{K}\boldsymbol{x}$ 后获得的闭环控制系统是二次稳定的。

二次稳定性具有一些代数方面的性质,有下面的引理。

引理【3.8】:下述三个结论是等价的:

(1) 系统(3-375)是二次稳定的;

(2) 存在常数矩阵 $\boldsymbol{P}>0$ 和 $\alpha>0$,使

$$\boldsymbol{A}^{\mathrm{T}}(r(t))\boldsymbol{P}+\boldsymbol{P}\boldsymbol{A}(r(t))\leqslant-\alpha\boldsymbol{I},\quad \forall r(t)\in\mathbf{R}_{r} \tag{3-389}$$

(3) 存在常数矩阵 $\boldsymbol{P}>0$,满足

$$\boldsymbol{A}^{\mathrm{T}}(r(t))\boldsymbol{P}+\boldsymbol{P}\boldsymbol{A}(r(t))\leqslant 0,\quad \forall r(t)\in\mathbf{R}_{r} \tag{3-390}$$

证明:根据式(3-377)和式(3-389)的等价性,可以得出(1)和(2)是等价的,而从式(3-389)和式(3-390)可知,由(2)能够导出(3),因此只要证明由(3)可以导出(2)即可。设式(3-390)的左边等于 $-\boldsymbol{Q}[r(t)]$,在式(3-389)中的 α 定义为

$$\alpha=\min\{\lambda_{\min}[\boldsymbol{Q}(r(t))];r(t)\in\mathbf{R}_{r}\} \tag{3-391}$$

由式(3-390)得 $\alpha>0$,而且

$$\alpha\boldsymbol{I}\leqslant\boldsymbol{Q}(r(t)) \tag{3-392}$$

即式(3-389)成立。

关于可二次稳定化,有下面的性质。

引理【3.9】:下述两个结论是等价的:

(1) 系统(3-375)是可二次稳定化的;

(2) 存在 n 维常数矩阵 $\boldsymbol{S}>0$,使

$$\boldsymbol{x}^{\mathrm{T}}[\boldsymbol{A}(r(t))\boldsymbol{S}+\boldsymbol{S}\boldsymbol{A}^{\mathrm{T}}(r(t))]\boldsymbol{x}<0,\quad \forall\boldsymbol{x}(\neq 0)\in\mathbf{R}_{x},\quad \forall r(t)\in\mathbf{R}_{r} \tag{3-393}$$

其中

$$\boldsymbol{R}_{r}=\{x\in\mathbf{R}^{n}:\exists\boldsymbol{B}\in\mathbf{R}_{l},\boldsymbol{B}^{\mathrm{T}}x=0\} \tag{3-394}$$

$$\boldsymbol{B}(R_{s})=\{\boldsymbol{B}(s):\boldsymbol{S}\in\mathbf{R}_{s}\} \tag{3-395}$$

集合 R_s 表示 $B(R_s)$ 的凸闭集合，即 $B(R_s)$ 的最小凸闭集合。

在上述引理中，从定义 3.3 可知由(1) 可以导出(2)，反过来在(2) 下通过求非线性二次稳定化控制能够从(2) 导出(1)。

引理 3.9 的结论(2) 给出了判别一个系统是可二次稳定化的充分与必要条件，它作为考察系统可二次稳定化和二次稳定化控制的基础具有重要意义。

应该指出，不可通过线性控制实现二次稳定化的系统，有可能通过非线性控制实现二次稳定化。但是，如果对系统(3-375) 和非线性控制 $\boldsymbol{u}=f(\boldsymbol{x})$ 加以下述限制，那么在所有的情况下，可通过非线性控制实现二次稳定化的系统(3-375)，也可以通过线性控制实现二次稳定化。

(1) $f(\boldsymbol{x})$ 是连续可导的[$f(\boldsymbol{x})\in C^1$]；

(2) 输入矩阵没有不确定性($\Delta \boldsymbol{B}=\boldsymbol{0}$)；

(3) 状态矩阵没有不确定性($\Delta \boldsymbol{A}=\boldsymbol{0}$)；

(4) $[\boldsymbol{\Delta A}\quad \boldsymbol{\Delta B}]=\boldsymbol{D\Delta}(t)[\boldsymbol{E}_a\quad \boldsymbol{E}_b]$，$\|\boldsymbol{\Delta}(t)\|<1$。

3.3.3 二次稳定化控制

考虑系数矩阵具有结构不确定性的系统

$$\dot{\boldsymbol{x}}(t)=[\boldsymbol{A}+\boldsymbol{\Delta A}(r(t))]\boldsymbol{x}(t)+[\boldsymbol{B}+\boldsymbol{\Delta B}(s(t))]\boldsymbol{u}(t) \tag{3-396}$$

采用线性时不变反馈控制

$$\boldsymbol{u}(t)=-\boldsymbol{Kx}(t),\quad \boldsymbol{K}\in \mathbf{R}^{m\times n} \tag{3-397}$$

实现二次稳定化的条件和线性二次稳定化控制规律 $\boldsymbol{K}$。首先以定义 3.3 为基础，给出可线性二次稳定化的定义。

定义【3.5】：若存在适当的常数矩阵 $\boldsymbol{P}>0$ 和常数 $\alpha>0$，而且

$$\dot{V}(\boldsymbol{x})=\boldsymbol{x}^{\mathrm{T}}\{[\boldsymbol{A}+\boldsymbol{\Delta A}(r(t))]^{\mathrm{T}}\boldsymbol{P}+\boldsymbol{P}[\boldsymbol{A}+\boldsymbol{\Delta A}(r(t))]\}\boldsymbol{x}-2\boldsymbol{x}^{\mathrm{T}}\boldsymbol{P}[\boldsymbol{B}+\boldsymbol{\Delta B}(s(t))]\boldsymbol{K}(\boldsymbol{x})\leqslant -\alpha\|\boldsymbol{x}\|^2\quad \forall \boldsymbol{x}\in\mathbf{R}^n,\quad \forall t\in\mathbf{R} \tag{3-398}$$

不依赖于未知参数 $r(t)$ 和 $s(t)$ 而成立，则系统(3-396) 是可线性二次稳定化的。

由于可二次稳定化也意味着公称系统的稳定化，所以下面假设($\boldsymbol{A},\boldsymbol{B}$) 是可稳定化的

现在假设存在使系统(3-396) 二次稳定化的控制规律 K，特别地，考虑 $\boldsymbol{\Delta A}$ 和 $\boldsymbol{\Delta B}$ 同时为 0 的情况。由式(3-398) 可知

$$\boldsymbol{x}^{\mathrm{T}}\boldsymbol{PB}=0\quad\Rightarrow\quad \boldsymbol{x}^{\mathrm{T}}(\boldsymbol{A}^{\mathrm{T}}P+\boldsymbol{PA})\boldsymbol{x}<0 \tag{3-399}$$

因此，容易得到使公称系统稳定化的控制规律为

$$\boldsymbol{K}=\frac{1}{\varepsilon}\boldsymbol{B}^{\mathrm{T}}\boldsymbol{P},\quad \varepsilon>0 \tag{3-400}$$

它使得不等式(3-398) 的左边对于任意的 $\boldsymbol{x}\in\mathbf{R}^n$，$t\in\mathbf{R}$ 和充分小的 $\varepsilon>0$ 均为负的。事实上，对于一般的系统(3-396)，二次稳定化控制规律均具有式(3-399) 的形式。可以证明，当存在满足

$$\begin{aligned}&[\boldsymbol{\Delta A}\quad \boldsymbol{\Delta B}]=\boldsymbol{B}[\boldsymbol{D}(r(t))\quad \boldsymbol{E}(s(t))],\quad \|\boldsymbol{E}(s(t))\|<1\\&\forall r(t)\in\mathbf{R}_r^n,\forall s(t)\in\mathbf{R}_s\end{aligned} \tag{3-401}$$

的 $D(r(t))$ 和正 $E(s(t))$ 时，形如式(3-399) 的控制规律是二次稳定化控制规律。条件(3-401) 称为匹配条件 (matching condition)。有下面的结论。

结论：当匹配条件(3-401) 成立时，利用 Riccati 方程

$$\boldsymbol{PA}+\boldsymbol{A}^{\mathrm{T}}\boldsymbol{P}-\delta\boldsymbol{PBB}^{\mathrm{T}}\boldsymbol{P}+\boldsymbol{Q}=\boldsymbol{0} \tag{3-402}$$

的正定解 P 可构成二次稳定化控制规律

$$\boldsymbol{K}=\frac{1}{2\varepsilon}\boldsymbol{B}^{\mathrm{T}}\boldsymbol{P} \tag{3-403}$$

$$\varepsilon=\frac{1}{\delta+1}[1-\|\boldsymbol{E}(s(t))\|] \tag{3-404}$$

其中，δ 是任意的正数，对于适当的 $\alpha>0$，$\boldsymbol{Q}$ 是满足

$$\boldsymbol{Q}\geqslant\boldsymbol{D}^{\mathrm{T}}(r(t))\boldsymbol{D}(r(t))+\alpha\boldsymbol{I},\quad\forall\, r(t)\in\mathbf{R}_r \tag{3-405}$$

的任意正定对称矩阵。

证明：首先把式(3-401) 和式(3-404) 代入式(3-398)，并整理得

$$\dot{V}(x)=\boldsymbol{x}^{\mathrm{T}}(\boldsymbol{A}^{\mathrm{T}}\boldsymbol{P}+\boldsymbol{PA}-\varepsilon^{-1}\boldsymbol{PBB}^{\mathrm{T}}\boldsymbol{P})\boldsymbol{x}+\boldsymbol{x}^{\mathrm{T}}(\boldsymbol{D}^{\mathrm{T}}\boldsymbol{B}^{\mathrm{T}}\boldsymbol{P}+\boldsymbol{PBD})\boldsymbol{x}-(2\varepsilon)^{-1}\boldsymbol{x}^{\mathrm{T}}\boldsymbol{PB}(\boldsymbol{E}+\boldsymbol{E}^{\mathrm{T}})\boldsymbol{B}^{\mathrm{T}}\boldsymbol{Px} \tag{3-406}$$

在上式右边的第 1 项考虑式(3-404) 和式(3-405)，在第 2 项和第 3 项分别考虑

$$\boldsymbol{D}^{\mathrm{T}}\boldsymbol{B}^{\mathrm{T}}\boldsymbol{P}+\boldsymbol{PBD}=\boldsymbol{PBB}^{\mathrm{T}}\boldsymbol{P}+\boldsymbol{D}^{\mathrm{T}}\boldsymbol{D}-(\boldsymbol{B}^{\mathrm{T}}\boldsymbol{D}-\boldsymbol{D})^{\mathrm{T}}(\boldsymbol{B}^{\mathrm{T}}\boldsymbol{P}-\boldsymbol{D})\leqslant\boldsymbol{PBB}^{\mathrm{T}}\boldsymbol{P}+\boldsymbol{D}^{\mathrm{T}}\boldsymbol{D} \tag{3-407}$$

$$\begin{aligned}-(\boldsymbol{E}+\boldsymbol{E}^{\mathrm{T}})&=\|\boldsymbol{E}\|\left[\frac{1}{\|\boldsymbol{E}\|^2}\boldsymbol{E}^{\mathrm{T}}\boldsymbol{E}+\boldsymbol{I}-\left(\frac{1}{\|\boldsymbol{E}\|}\boldsymbol{E}+\boldsymbol{I}\right)^{\mathrm{T}}\times\left(\frac{1}{\|\boldsymbol{E}\|}\boldsymbol{E}+\boldsymbol{I}\right)\right]\leqslant\\&\|\boldsymbol{E}\|(\boldsymbol{I}+\boldsymbol{I})=2\|\boldsymbol{E}\|I\leqslant 2\max_{s\in\mathbf{R}_s}\|\boldsymbol{E}(s)\|\boldsymbol{I}\end{aligned} \tag{3-408}$$

则有

$$\begin{aligned}\dot{V}\leqslant&-\boldsymbol{x}^{\mathrm{T}}[(\varepsilon^{-1}-\delta)\boldsymbol{PBB}^{\mathrm{T}}\boldsymbol{P}+\boldsymbol{D}^{\mathrm{T}}\boldsymbol{D}+\alpha\boldsymbol{I}]\boldsymbol{x}+\boldsymbol{x}^{\mathrm{T}}(\boldsymbol{PBB}^{\mathrm{T}}\boldsymbol{P}+\boldsymbol{D}^{\mathrm{T}}\boldsymbol{D})\boldsymbol{x}-\\&\varepsilon^{-1}\max_{s\in\mathbf{R}_s}\|\boldsymbol{E}(s)\|\boldsymbol{x}^{\mathrm{T}}\boldsymbol{PBB}^{\mathrm{T}}\boldsymbol{Px}=-\alpha\|\boldsymbol{x}\|^2\end{aligned} \tag{3-409}$$

即得式(3-398)。

上述利用 Riccati 方程的解 $\boldsymbol{P}$ 获得的控制规律是下述一般的二次稳定化控制规律的基础。若$(\boldsymbol{A},\boldsymbol{B})$ 是可稳定化的，则 Riccati 方程(3-402) 通常具有正定解，根据上述结论，匹配条件(3-401) 是可二次稳定化的一个充分条件。但是，这个条件是一个相当强的条件，即使不满足这个条件，可二次稳定化的条件也不少。下面不假定匹配条件，针对一般的系统，利用 Riccati 方程来判断是否可二次稳定化以及二次稳定化控制规律。

把 Riccati 方程作为求解二次稳定化问题的方法是目前最主要的方法，其中的二次有界法(quadratic bound method)与 Riccati 方程的可解性有关：

(1)根据 Riccati 方程是否存在正定解来判断是否可二次稳定化；

(2)利用这个 Riccati 方程的正定解来构成二次稳定化控制规律。

下面介绍二次有界法。假设系统(3-396)具有下述形式的参数结构不确定性。

$$\boldsymbol{\Delta A}(r(t))=\sum_{i=1}^{p}r_i(t)A_i,\quad |r_i(t)|\leqslant\bar{r},\quad 1\leqslant i\leqslant p \tag{3-410}$$

$$\boldsymbol{\Delta B}(s(t))=\sum_{i=1}^{q}s_i(t)B_i,\quad |s_i(t)|\leqslant\bar{s},\quad 1\leqslant i\leqslant q \tag{3-411}$$

其中 $\boldsymbol{A}_i$ 和 $\boldsymbol{B}_i$ 可分别构成 2 个已知向量的乘积

$$\boldsymbol{A}_i=\boldsymbol{d}_i\boldsymbol{e}_i^{\mathrm{T}} \tag{3-412}$$

$$\boldsymbol{B}_i = \boldsymbol{f}_i \boldsymbol{g}_i \tag{3-413}$$

对于这种不确定性，定义 4 个矩阵

$$\boldsymbol{T} = \bar{r} \sum_{i=1}^{q} \boldsymbol{d}_i \boldsymbol{d}_i^{\mathrm{T}} \tag{3-414}$$

$$\boldsymbol{U} = \bar{r} \sum_{i=1}^{p} \boldsymbol{e}_i \boldsymbol{e}_i^{\mathrm{T}} \tag{3-415}$$

$$\boldsymbol{V} = \frac{1}{2} \bar{s} \sum_{i=1}^{q} \boldsymbol{g}_i \boldsymbol{g}_i^{\mathrm{T}} \tag{3-416}$$

$$\boldsymbol{W} = \frac{1}{2} \bar{s} \sum_{i=1}^{q} \boldsymbol{f}_i \boldsymbol{f}_i^{\mathrm{T}} \tag{3-417}$$

以及二次型函数 $\bar{\lambda}(x,S)$ 和集合 $\bar{R}_x$ 为

$$\bar{\lambda}(x,S) = \boldsymbol{x}^{\mathrm{T}}(\boldsymbol{AS} + \boldsymbol{SA}^{\mathrm{T}})\boldsymbol{x} + \boldsymbol{x}^{\mathrm{T}}(\boldsymbol{T} + \boldsymbol{SUS})\boldsymbol{x} \tag{4-418}$$

$$\bar{\boldsymbol{R}}_x = \{x \in \mathbf{R}^n, \boldsymbol{x}^{\mathrm{T}}(\boldsymbol{BR}^{-1}\boldsymbol{B}^{-T} - \boldsymbol{BR}^{-1}\boldsymbol{VR}^{-1}\boldsymbol{B}^{\mathrm{T}} - \boldsymbol{W})\boldsymbol{x} \leqslant 0\} \tag{3-419}$$

其中 $\boldsymbol{R} \in \mathbf{R}^{m\times n}$ 是任意正定对称矩阵。根据引理 3.8，有下面的结论。

结论：对于系统(3-396)，有

(1) 如果对于适当的常数矩阵 $\boldsymbol{S} > 0$，满足不等式条件

$$\bar{\lambda}(x,\boldsymbol{S}) < 0, \quad \forall x(\neq 0) \in \bar{R}_s \tag{3-420}$$

那么系统是可二次稳定化的；

(2) 若对于适当的实数 $\varepsilon > 0$ 和矩阵 $\boldsymbol{Q} > 0$，Riccati 方程

$$\boldsymbol{A}^{\mathrm{T}}\boldsymbol{P} + \boldsymbol{PA} - \boldsymbol{P}[\varepsilon^{-1}(\boldsymbol{BR}^{-1}\boldsymbol{B}^{\mathrm{T}} - \boldsymbol{BR}^{-1}\boldsymbol{VR}^{-1}\boldsymbol{B}^{\mathrm{T}} - \boldsymbol{W}) - \boldsymbol{T}]\boldsymbol{P} + \boldsymbol{U} + \varepsilon\boldsymbol{Q} = \boldsymbol{0} \tag{3-421}$$

具有正定解，则 $\boldsymbol{S} = \boldsymbol{P}^{-1}$ 满足式(3-420)；

(3) 当 Riccati 方程式具有正定解 $\boldsymbol{P}$ 时，系统可通过线性控制

$$\boldsymbol{u}(t) = -\boldsymbol{K}x(t), \quad \boldsymbol{K} = \frac{1}{2\varepsilon}\boldsymbol{R}^{-1}\boldsymbol{B}^{\mathrm{T}}\boldsymbol{P}$$

实现二次稳定化。

很显然，上述结论的(1) 和(2) 把引理 3.9 的(2) 变成了一个充分条件，可根据 Riccati 方程(3-421) 的可解性来判断是否可二次稳定化。实际上，这个充分条件当 $\boldsymbol{\Delta B} = \boldsymbol{0}$ 和 $p = 1$ 时也是一个必要条件。下面的结论给出了只有矩阵 $\boldsymbol{A}$ 具有不确定性时可二次稳定化的充分与必要条件。

结论：假定 $\boldsymbol{Q} \in \mathbf{R}^{n\times n}$ 和 $\boldsymbol{R} \in \mathbf{R}^{m\times m}$ 是任意给定的正定对称矩阵，这时系统

$$\dot{x}(t) = [\boldsymbol{A} + \boldsymbol{D\Delta}(t)\boldsymbol{E}]\boldsymbol{x} + \boldsymbol{Bu}(t), \quad \|\boldsymbol{\Delta}(t)\| \leqslant 1 \tag{3-422}$$

可通过线性控制实现二次稳定化的充分与必要条件是 *Riccati* 方程

$$\boldsymbol{A}^{\mathrm{T}}\boldsymbol{P} + \boldsymbol{PA} - \varepsilon^{-1}\boldsymbol{PBR}^{-1}\boldsymbol{B}^{\mathrm{T}}\boldsymbol{P} + \boldsymbol{PDD}^{\mathrm{T}}\boldsymbol{P} + \boldsymbol{E}^{\mathrm{T}}\boldsymbol{E} + \varepsilon\boldsymbol{Q} = 0 \tag{3-423}$$

对于适当的常数 $\varepsilon > 0$ 具有正定解，而其中的一个线性二次稳定化控制规律为

$$\boldsymbol{u}(t) = -\boldsymbol{Kx}(t), \quad \boldsymbol{K} = \frac{r}{2\varepsilon}\boldsymbol{R}^{-1}\boldsymbol{B}^{\mathrm{T}}\boldsymbol{P}, \quad r \geqslant 1 \tag{3-424}$$

可见，Riccati 方程(3-423) 的可解性是重要的，有下述两个性质：

(1) 正定解 P 的存在性与矩阵 $\boldsymbol{Q}$ 和 $\boldsymbol{R}$ 的选择方法无关；

(2) 如果对于某一正数 ε^* 存在正定解，则对于任意的 $\varepsilon \in (0,\varepsilon^*)$ 也存在正定解。

结合上述性质和结论，有下述二次稳定化算法：

(1) 选择 $\boldsymbol{Q} > 0$，$\boldsymbol{R} > 0$ 和 $\varepsilon > 0$ 的初始值，例如假设 $\boldsymbol{Q} = \boldsymbol{I}$，$\boldsymbol{R} = \boldsymbol{I}$，$\varepsilon = 1$；

(2) 求解 Riccati 方程(3-423)，若存在正定解 P，则按式(3-424) 求二次稳定化控制规律 K，否则进入下一步；

(3) 把 ε 的值折半，返回到第(2) 步，但是如果 ε 比要求精度 ε_M 小，则可判定系统(3-422) 是不可线性二次稳定化的。

对于只有矩阵 $\boldsymbol{B}$ 具有不确定性的场合，考虑系统

$$\dot{\boldsymbol{x}}(t)=\boldsymbol{Ax}(t)+[\boldsymbol{B}+\boldsymbol{D\Delta}(t)\boldsymbol{E}]\boldsymbol{u}(t),\quad \|\boldsymbol{\Delta}(t)\|\leqslant 1 \tag{3-425}$$

假设矩阵 $\boldsymbol{E}$ 的奇异值分解为

$$\boldsymbol{E}=[\boldsymbol{U}_1\quad \boldsymbol{U}_2]\begin{bmatrix}\boldsymbol{J} & \boldsymbol{0}\\ \boldsymbol{0} & \boldsymbol{0}\end{bmatrix}\begin{bmatrix}\boldsymbol{V}_1^{\mathrm{T}}\\ \boldsymbol{V}_2^{\mathrm{T}}\end{bmatrix} \tag{3-426}$$

定义方阵 $\boldsymbol{\Phi}$ 和 $\boldsymbol{\Xi}$ 分别为

$$\boldsymbol{\Phi}=\boldsymbol{V}_2^{\mathrm{T}},\quad \boldsymbol{\Xi}=\boldsymbol{V}_1\boldsymbol{J}^{-2}\boldsymbol{V}_1^{\mathrm{T}} \tag{3-427}$$

当 $\boldsymbol{E}=\boldsymbol{0}$ 时，$\boldsymbol{\Xi}=\boldsymbol{0}$，$\boldsymbol{\Phi}$ 是任意的可逆矩阵。当 $\boldsymbol{E}$ 满足 $|\boldsymbol{E}^{\mathrm{T}}\boldsymbol{E}|\neq\boldsymbol{0}$ 时，$\boldsymbol{\Phi}=\boldsymbol{0}$，$\boldsymbol{\Xi}=(\boldsymbol{E}^{\mathrm{T}}\boldsymbol{E})^{-1}$。有下面的结论。

结论：假设 $\boldsymbol{Q}\in\mathbf{R}^{n\times n}$ 是任意给定的正定对称矩阵，这时系统(3-425) 为可二次稳定化的充分与必要条件是 Riccati 方程

$$\boldsymbol{A}^{\mathrm{T}}\boldsymbol{P}+\boldsymbol{PA}-\boldsymbol{PB\Xi B}^{\mathrm{T}}\boldsymbol{P}-\varepsilon^{-1}\boldsymbol{PB\Phi}^{\mathrm{T}}\boldsymbol{\Phi B}^{\mathrm{T}}\boldsymbol{P}+\boldsymbol{PDD}^{\mathrm{T}}\boldsymbol{P}+\varepsilon\boldsymbol{Q}=0 \tag{3-428}$$

对于适当的正数 ε 具有正定解，而其中的一个线性二次稳定化控制规律是

$$\boldsymbol{u}(t)=-\boldsymbol{Kx}(t),\quad \boldsymbol{K}=\left(\frac{1}{2\varepsilon}\boldsymbol{\Phi\Phi}^{\mathrm{T}}+\boldsymbol{\Xi}\right)\boldsymbol{B}^{\mathrm{T}}\boldsymbol{P} \tag{3-429}$$

由于 Riccati 方程(3-428) 的可解性与 Riccati 方程(3-423) 的可解性具有同样的性质，因而根据以上结论可以得到类似的二次稳定化算法。由结论可知，如果系统(3-425) 可通过非线性控制实现二次稳定化，那么也可通过线性控制实现二次稳定化。

对于 $\boldsymbol{A}$ 矩阵和 $\boldsymbol{B}$ 矩阵均具有不确定性的情况，考虑系统

$$\dot{\boldsymbol{x}}(t)=[\boldsymbol{A}+\boldsymbol{D\Delta}(t)\boldsymbol{E}_a]\boldsymbol{x}(t)+[\boldsymbol{B}+\boldsymbol{D\Delta}(t)\boldsymbol{E}_b]\boldsymbol{u}(t) \tag{3-430}$$

其中 $\|\boldsymbol{\Delta}(t)\|\leqslant 1$。基于矩阵 $\boldsymbol{E}_b$ 的奇异值分解

$$\boldsymbol{E}=[\boldsymbol{U}_1\quad \boldsymbol{U}_2]\begin{bmatrix}\boldsymbol{J} & \boldsymbol{0}\\ \boldsymbol{0} & \boldsymbol{0}\end{bmatrix}\begin{bmatrix}\boldsymbol{V}_1^{\mathrm{T}}\\ \boldsymbol{V}_2^{\mathrm{T}}\end{bmatrix} \tag{3-431}$$

矩阵 $\boldsymbol{\Phi}$ 和 $\boldsymbol{\Xi}$ 定义成式(3-427)。当 $\boldsymbol{E}_b=\boldsymbol{0}$ 时，$\boldsymbol{\Xi}=\boldsymbol{0}$，$\boldsymbol{\Phi}$ 为任意的可逆矩阵。$\boldsymbol{E}_b$ 满足 $|\boldsymbol{E}_b^{\mathrm{T}}\boldsymbol{E}_b|\neq\boldsymbol{0}$ 时，$\boldsymbol{\Phi}=\boldsymbol{0}$，$\boldsymbol{\Xi}=(\boldsymbol{E}_b^{\mathrm{T}}\boldsymbol{E}_b)^{-1}$。结合以上结论，有下述一般情况下的结论。

结论：假定 $\boldsymbol{Q}\in\mathbf{R}^{n\times n}$ 是任意给定的正定对称矩阵，这时系统(3-430) 可通过线性控制实现二次稳定化的充分与必要条件是 Riccati 方程

$$(\boldsymbol{A}-\boldsymbol{B\Xi E}_b^{\mathrm{T}}\boldsymbol{E}_b)^{\mathrm{T}}\boldsymbol{P}+\boldsymbol{P}(\boldsymbol{A}-\boldsymbol{B\Xi E}_b^{\mathrm{T}}\boldsymbol{E}_a)+\boldsymbol{PDD}^{\mathrm{T}}\boldsymbol{P}-\boldsymbol{PB\Xi B}^{\mathrm{T}}\boldsymbol{P} \tag{3-432}$$

$$-\frac{1}{\varepsilon}\boldsymbol{PB\Phi}^{\mathrm{T}}\boldsymbol{\Phi B}^{\mathrm{T}}\boldsymbol{P}+\boldsymbol{E}_a^{\mathrm{T}}(\boldsymbol{I}-\boldsymbol{E}_b^{\mathrm{T}}\boldsymbol{\Xi E}_b)\boldsymbol{E}_a+\varepsilon\boldsymbol{Q}=\boldsymbol{0} \tag{3-433}$$

对于适当的正数 ε 具有正定解 $\boldsymbol{P}$，而其中的一个线性二次稳定化控制规律为

$$\boldsymbol{u}(t)=-\left[\left(\frac{1}{2\varepsilon}\boldsymbol{\Phi}^{\mathrm{T}}\boldsymbol{\Phi}+\boldsymbol{\Xi}\right)\boldsymbol{B}^{\mathrm{T}}\boldsymbol{P}+\boldsymbol{\Xi E}_b^{\mathrm{T}}\boldsymbol{E}_a\right]\boldsymbol{x}(t) \tag{3-434}$$

应该指出，这些结论是容易证明的，只要注意到可二次稳定化的定义和 Lyapunov 函数的选择就可以了。

与上述方法不同,只要利用系统(3－430)可线性二次稳定化与广义系统

$$\begin{bmatrix}\dot{x}\\ \dot{u}\end{bmatrix}=\begin{bmatrix}A+\Delta A(t) & B+\Delta B(t)\\ 0 & 0\end{bmatrix}\begin{bmatrix}x\\ u\end{bmatrix}+\begin{bmatrix}0\\ I\end{bmatrix}v \tag{3-435}$$

可线性二次稳定化是等价的这一性质,在广义系统(3－435)的基础上应用以上结论即可。实际上,定义

$$x_e=\begin{bmatrix}x\\ u\end{bmatrix},\quad A_e=\begin{bmatrix}A & B\\ 0 & 0\end{bmatrix},\quad D_e=\begin{bmatrix}D\\ 0\end{bmatrix} \tag{3-436}$$

$$B_e=\begin{bmatrix}0\\ I\end{bmatrix},\quad E=[E_a\quad E_b] \tag{3-437}$$

则广义系统(3－435)可写成

$$\dot{x}_e=[A_e+D_e\Delta(t)E_e]x+B_e v \tag{3-438}$$

它与式(3－422)具有同样的形式。

3.3.4　二次稳定化问题与 H_∞ 控制问题

应该指出,二次稳定化问题可以归结为基于状态反馈的 H_∞ 控制问题。

考虑式(3－420)的系统

$$\dot{x}(t)=[A+D\Delta(t)E]x(t)+Bu(t),\quad \|\Delta(t)\|<1 \tag{3-439}$$

其中(A,D)是可稳定化的。有下面的定理。

定理【3.15】:系统(3－439)是二次稳定的充分与必要条件是下述两个等价的条件成立。

(1)A 是稳定矩阵,而且 $\|E(sI-A)^{-1}D\|_\infty<1$;

(2)Riccati 不等式

$$PA+A^{\mathrm{T}}P+PDD^{\mathrm{T}}P+E^{\mathrm{T}}E<0 \tag{3-440}$$

具有正定解 $P>0$。

上述定理的证明比较复杂,但是只要适当地利用前面给出的有关结果,并注意到二次稳定性、Lyapunov 函数、Riccati 方程和 H_∞ 范数的有关特性及其运算规律,就可以得到证明。

实际上,引入外部输入 w 和控制输出 z,系统(3－439)可等价为

$$\left.\begin{aligned}\dot{x}(t)&=A(t)x(t)+Dw(t)+Bu(t)\\ z(t)&=Ex(t)\\ w(t)&=\Delta(t)z(t),\quad \|\Delta(t)\|<1\end{aligned}\right\} \tag{3-441}$$

如图 3－17 所示。

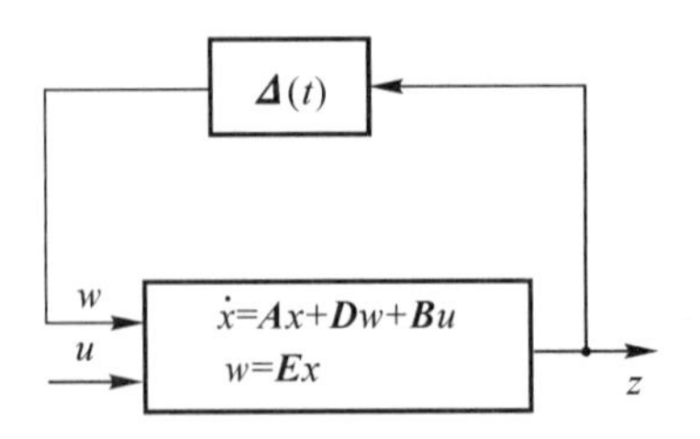

图 3－17　结构不确定性系统的等价描述

若 A 是稳定的,$\Delta(t)$ 是常数矩阵 Δ,由 $\|\Delta\|<1$ 可知,这个闭环控制系统的回路增益满足

$$\| E(sI-A)^{-1}D\Delta \|_\infty \leqslant \| E(sI-A)^{-1}D \|_\infty \| \Delta \|_\infty \leqslant \| E(sI-A)^{-1}D \|_\infty \tag{3-442}$$

因此，若定理 3.15 中的条件(1) 得到满足，由小增益定理可得，这个闭环控制系统是稳定的。也就是说，如果如图 3-17 所示的控制系统具有时不变的不确定性 $\boldsymbol{\Delta}$，定理 3.15 中的条件(1) 保证了闭环控制系统的鲁棒稳定性。但是，这样得到的条件仅仅是保证鲁棒稳定性的充分条件，而从定理 3.15 中可知，这个条件在时变的不确定性 $\boldsymbol{\Delta}(t)$ 下是保证闭环控制系统二次稳定性的充分与必要条件。

考虑对系统(3-439) 实施线性控制

$$\boldsymbol{u}(t) = -\boldsymbol{K}\boldsymbol{x}(t) \tag{3-443}$$

的二次稳定化问题。根据可二次稳定化的定义和定理 3.15，可得可二次稳定化的充分与必要条件是

(1)$\boldsymbol{A}-\boldsymbol{BK}$ 是稳定矩阵；

(2) $\| \boldsymbol{E}(s\boldsymbol{I}-\boldsymbol{A}+\boldsymbol{BK})^{-1}\boldsymbol{D} \|_\infty < 1$。

很显然，求满足上述条件的矩阵 $\boldsymbol{K}$ 就是对图 3-17 中 $\boldsymbol{\Delta}(t)=0$ 的开环控制系统即由式(3-441) 描述的系统实施适当的状态反馈控制(3-443)，使由 w 到 z 的闭环传递函数 $\boldsymbol{T}_{zw}(s)$ 满足 $\| \boldsymbol{T}_{zw}(s) \|_\infty < 1$，即二次稳定化问题可归结为基于状态反馈的 H_∞ 控制问题。

对于系统(3-441) 的二次稳定化问题，用同样的方法可以转换成 H_∞ 控制问题。在系统(3-441) 中实施线性控制(3-443)，则有

$$\dot{\boldsymbol{x}}(t) = [\boldsymbol{A}-\boldsymbol{BK}+\boldsymbol{D}\boldsymbol{\Delta}(t)(\boldsymbol{E}_a-\boldsymbol{E}_b\boldsymbol{K})]\boldsymbol{x}(t) \tag{3-444}$$

因此，有下面的结论。

结论：系统(3-441) 可通过线性控制(3-443) 实现二次稳定化，即系统(3-441) 是二次稳定的充分与必要条件是

(1)$\boldsymbol{A}-\boldsymbol{BK}$ 是稳定矩阵；

(2) $\| (\boldsymbol{E}_a-\boldsymbol{E}_b\boldsymbol{K})(s\boldsymbol{I}-\boldsymbol{A}+\boldsymbol{BK})^{-1}\boldsymbol{D} \|_\infty < 1$。

容易得出，求满足上述条件的 $\boldsymbol{K}$ 这个二次稳定化问题可以归结为求解 H_∞ 控制问题，即寻找控制器 $\boldsymbol{K}$，使闭环控制系统

$$\left.\begin{aligned} \dot{\boldsymbol{x}}(t) &= \boldsymbol{A}(t)\boldsymbol{x}(t)+\boldsymbol{D}\boldsymbol{w}(t)+\boldsymbol{B}\boldsymbol{u}(t) \\ \boldsymbol{z}(t) &= \boldsymbol{E}_a\boldsymbol{x}(t)+\boldsymbol{E}_b\boldsymbol{u}(t) \\ \boldsymbol{u}(t) &= -\boldsymbol{K}\boldsymbol{x}(t) \end{aligned}\right\} \tag{3-445}$$

稳定，而且由 $\boldsymbol{w}$ 到 $\boldsymbol{z}$ 的闭环传递函数 $\boldsymbol{T}_{zw}(s)$ 满足 $\| \boldsymbol{T}_{zw}(s) \|_\infty < 1$。

3.4 最优控制与 H_∞ 鲁棒控制

3.4.1 LQR 最优控制

考虑如下的动态系统：

$$\dot{\boldsymbol{x}} = \boldsymbol{A}\boldsymbol{x}+\boldsymbol{B}_2\boldsymbol{u}, \quad \boldsymbol{x}(t_0)=\boldsymbol{x}_0 \tag{3-446}$$

其中，$\boldsymbol{x}_0$ 为系统任意初值。其目标是找一个定义在 $[t_0, T]$ 内的控制函数 $\boldsymbol{u}(t)$，它可以是状态 $\boldsymbol{x}(t)$ 的函数，使得状态 $\boldsymbol{x}(t)$ 在时刻 T 被引导至原点的一小邻域内，这就是调节器问题。显然，

若系统可控,则对任意 $T > t_0$,该问题有解。事实上,若控制器能够提供任意大的能量,则根据可控性的定义,能够构造出这样的控制函数,使得状态可在任意短的时间内被引导至原点。但这并不现实,因为任何物理系统的能量均有限,即上述情况下系统执行机构最终将饱和。过大的控制量也很容易使系统走出线性模型赖以成立的区域。因此,在实际工程应用中必须用不同的方法对控制施加某些限制,例如,

$$\int_{t_0}^{T} \| \boldsymbol{u} \| \mathrm{d}t, \quad \int_{t_0}^{T} \| \boldsymbol{u} \|^2 \mathrm{d}t, \quad \sup_{t\in[t_0,T]} \| \boldsymbol{u} \| \tag{3-447}$$

即可以按 L_1 范数、L_2 范数、L_∞ 范数,或者更为一般地,就某些常数加权阵 $\boldsymbol{W}_u$,用加权 L_1 范数、L_2 范数以及 L_∞ 范数

$$\int_{t_0}^{T} \| \boldsymbol{W}_u\boldsymbol{u} \| \mathrm{d}t, \quad \int_{t_0}^{T} \| \boldsymbol{W}_u u \|^2 \mathrm{d}t, \quad \sup_{t\in[t_0,T]} \| \boldsymbol{W}_u\boldsymbol{u} \| \tag{3-448}$$

来度量。

同理,就某些加权矩阵 $\boldsymbol{W}_r$,也可以用类似的方式

$$\int_{t_0}^{T} \| \boldsymbol{W}_r\boldsymbol{x} \| \mathrm{d}t, \quad \int_{t_0}^{T} \| \boldsymbol{W}_r\boldsymbol{x} \|^2 \mathrm{d}t, \quad \sup_{t\in[t_0,T]} \| \boldsymbol{W}_r\boldsymbol{x} \| \tag{3-449}$$

对过渡过程响应 $\boldsymbol{x}(t)$ 施加某些限制。因此,调节器问题可以定义为具有某个如上面所给出的,将 $\boldsymbol{x}$ 和 $\boldsymbol{u}$ 结合在一起的性能指标的最优控制问题。不失一般性,假定 $t_0=0, T\to\infty$,求一个定义在$[0,\infty)$ 上的控制 $\boldsymbol{u}(t)$,使得状态 $\boldsymbol{x}(t)$ 在 $t\to\infty$ 被引导到原点并使如下性能指标对某些 $\boldsymbol{Q}=\boldsymbol{Q}^*$、$\boldsymbol{S}$ 及 $\boldsymbol{R}=\boldsymbol{R}^* > 0$ 最小:

$$\min_{u} \int_{0}^{\infty} \begin{bmatrix} \boldsymbol{x}(t) \\ \boldsymbol{u}(t) \end{bmatrix}^* \begin{bmatrix} \boldsymbol{Q} & \boldsymbol{S} \\ \boldsymbol{S}^* & \boldsymbol{R} \end{bmatrix} \begin{bmatrix} \boldsymbol{x}(t) \\ \boldsymbol{u}(t) \end{bmatrix} \mathrm{d}t \tag{3-450}$$

这一问题传统上被称为线性二次型调节器问题(Linear Quadratic Regulator,LQR)问题。假设 $\boldsymbol{R} > 0$,即 $\boldsymbol{u}(t) \in L_2[0,\infty)$,这就是使得积分最小化的空间。进而,也一般地假设

$$\begin{bmatrix} \boldsymbol{Q} & \boldsymbol{S} \\ \boldsymbol{S}^* & \boldsymbol{R} \end{bmatrix} \geqslant 0 \tag{3-451}$$

由于 $\boldsymbol{R}$ 正定,故其二次方根 $\boldsymbol{R}^{1/2}$ 也是正定的。由于式(3-451)中的矩阵是半正定的且 $\boldsymbol{R}=\boldsymbol{I}$,故可分解为

$$\begin{bmatrix} \boldsymbol{Q} & \boldsymbol{S} \\ \boldsymbol{S}^* & \boldsymbol{R} \end{bmatrix} = \begin{bmatrix} \boldsymbol{C}_1^* \\ \boldsymbol{D}_{12}^* \end{bmatrix} [\boldsymbol{C}_1 \quad \boldsymbol{D}_{12}] \tag{3-452}$$

而式(3-450)可重新写为

$$\min_{u\in L_2[0,\infty)} \| \boldsymbol{C}_1\boldsymbol{x} + \boldsymbol{D}_{12}\boldsymbol{u} \|_2^2 \tag{3-453}$$

事实上,LQR 问题传统上被视为如下最小化问题:

$$\begin{gathered} \min_{u\in L_2[0,\infty)} \| \boldsymbol{C}_1\boldsymbol{x} + \boldsymbol{D}_{12}\boldsymbol{u} \|_2^2 \\ \dot{\boldsymbol{x}} = \boldsymbol{A}\boldsymbol{x} + \boldsymbol{B}\boldsymbol{u}, \quad \boldsymbol{x}(0) = \boldsymbol{x}_0 \end{gathered} \tag{3-454}$$

线性二次型调节器问题的提法具有普遍意义。虽然在 LQR 问题的提法中没有指出应该通过何种形式的反馈,开环还是闭环,状态反馈还是输出反馈。LQR 问题只要求设计一控制器,使得性能指标(3-450)达到最小,似乎这可能是一个开环控制问题。开环控制问题无法及时修正因扰动引起的系统状态偏离,因此无法有效地用于实际系统的控制,然而已经证明这样的提法易于获得解析解,而且 LQR 问题的解是线性状态反馈的结构。

本节主要考虑无限时间状态调节器问题。该问题问题描述如下：对于线性时不变系统

$$\left.\begin{aligned}\dot{\boldsymbol{x}}(t)&=\boldsymbol{A}\boldsymbol{x}(t)+\boldsymbol{B}\boldsymbol{u}(t)\\ \boldsymbol{x}(0)&=\boldsymbol{x}_0\end{aligned}\right\} \tag{3-455}$$

其中，$\boldsymbol{x}\in\mathbf{R}^n$，$\boldsymbol{u}\in\mathbf{R}^r$。求使下述性能指标最小的控制器：

$$\min_u J=\frac{1}{2}\int_0^\infty[\boldsymbol{x}^{\mathrm{T}}(t)\boldsymbol{Q}\boldsymbol{x}(t)+\boldsymbol{u}^{\mathrm{T}}(t)\boldsymbol{R}\boldsymbol{u}(t)]\mathrm{d}t \tag{3-456}$$

其中，$\boldsymbol{Q}\in\mathbf{R}^{n\times n}$ 为半正定状态加权阵，$\boldsymbol{R}\in\mathbf{R}^{r\times r}$ 为正定控制加权阵。

可以看出无限时间状态调节器问题有三个特点：

(1) 无限时间，$t_f\to\infty$；

(2) 没有稳态误差这一项，即稳态误差$\frac{1}{2}\boldsymbol{x}^{\mathrm{T}}(t_f)\boldsymbol{S}\boldsymbol{x}(t_f)\to 0$（对于渐进稳定的系统而言，稳态误差自然为零）。

(3) 对于时不变系统，加权矩阵 $\boldsymbol{Q}$ 和 $\boldsymbol{R}$ 也是时不变的。

无限时间调节器问题与定值控制的思想是一致的，并且在讨论二次型最优调节器时，默认系统是完全能控、完全能观测的。

定理【3.16】：对于系统式(3-455)，使性能指标式(3-456)达到最小的控制为

$$\boldsymbol{u}=-\boldsymbol{K}\boldsymbol{x} \tag{3-457}$$

其中

$$\boldsymbol{K}=\boldsymbol{R}^{-1}\boldsymbol{B}^{\mathrm{T}}\boldsymbol{P} \tag{3-458}$$

而 $\boldsymbol{P}$ 为下述 Riccati 矩阵代数方程

$$\boldsymbol{A}^{\mathrm{T}}\boldsymbol{P}+\boldsymbol{P}\boldsymbol{A}-\boldsymbol{P}\boldsymbol{B}\boldsymbol{R}^{-1}\boldsymbol{B}^{\mathrm{T}}\boldsymbol{P}+\boldsymbol{Q}=\boldsymbol{0} \tag{3-459}$$

的正定解。

关于该定理有几个说明：

(1) 当且仅当$(\boldsymbol{A},\boldsymbol{B})$能稳定时，Riccati 矩阵方程式(3-459)有唯一的正定解 $\boldsymbol{P}$。

(2) 当且仅当$(\boldsymbol{A},\boldsymbol{B})$能稳定时，该闭环系统式(3-455)(3-457)(3-458)是渐进稳定的。

(3) 对于给定能控系统式(3-455)，选定一组加权矩阵 $\boldsymbol{Q}$ 和 $\boldsymbol{R}$，就有唯一的最优调节器。

系统能控的条件是保证性能指标 J 的最小值为有限值的前提条件。如果系统式(3-455)不完全能控，且不能控的状态最终不收敛到零的话，性能指标 J 就不会是一个有限值。当最优解存在，则必有

$$\lim_{t\to\infty}\boldsymbol{x}(t)=0,\quad \lim_{t\to\infty}\boldsymbol{u}(t)=0 \tag{3-460}$$

下面直接引用最优性条件证明定理 3.16。

证明：不难理解，在数学上二次型最优调节器问题是一个有约束条件的泛函极值问题。因此，可通过协状态 $\lambda(t)(\lambda\in\mathbf{R}^n)$ 将上述问题转化为一无约束的泛函极小值问题，故构造 Hamilton 函数

$$H(\boldsymbol{x},\boldsymbol{u},\boldsymbol{\lambda})=\frac{1}{2}(\boldsymbol{x}^{\mathrm{T}}\boldsymbol{Q}\boldsymbol{x}+\boldsymbol{u}^{\mathrm{T}}\boldsymbol{R}\boldsymbol{u})+\boldsymbol{\lambda}^{\mathrm{T}}(\boldsymbol{A}\boldsymbol{x}+\boldsymbol{B}\boldsymbol{u}) \tag{3-461}$$

因此，优化问题转化为

$$\min_u J^*=\min_u\int_0^\infty[H(\boldsymbol{x},\boldsymbol{u},\boldsymbol{\lambda})-\boldsymbol{\lambda}^{\mathrm{T}}(\boldsymbol{A}\boldsymbol{x}+\boldsymbol{B}\boldsymbol{u})]\mathrm{d}t \tag{3-462}$$

引用极小化问题的最优性条件：

$$\left.\begin{aligned}\frac{\partial H}{\partial \boldsymbol{x}}&=-\boldsymbol{\lambda}\text{(伴随方程)}\\ \frac{\partial H}{\partial \boldsymbol{u}}&=0\text{(伴随方程)}\\ \frac{\partial H}{\partial \boldsymbol{\lambda}}&=\dot{\boldsymbol{x}}\text{(伴随方程)}\end{aligned}\right\}\tag{3-463}$$

上述条件为必要条件。由伴随方程可得

$$\boldsymbol{Qx}+\boldsymbol{A}^{\mathrm{T}}\boldsymbol{\lambda}=-\boldsymbol{\lambda}\tag{3-464}$$

由耦合方程可得

$$\boldsymbol{Ru}+\boldsymbol{B}^{\mathrm{T}}\boldsymbol{\lambda}=0\tag{3-465}$$

最优性条件中的状态方程即为系统状态方程(3-455)。因为$\boldsymbol{R}$为正定矩阵，由式(3-465)知最优控制具有如下形式：

$$\boldsymbol{u}=-\boldsymbol{R}^{-1}\boldsymbol{B}^{\mathrm{T}}\boldsymbol{\lambda}\tag{3-466}$$

将上式代入系统状态方程可得：

$$\dot{\boldsymbol{x}}=\boldsymbol{Ax}-\boldsymbol{BR}^{-1}\boldsymbol{B}^{\mathrm{T}}\boldsymbol{\lambda}\tag{3-467}$$

由式(3-464)和式(3-467)可构成增广系统：

$$\begin{bmatrix}\dot{\boldsymbol{x}}\\ \dot{\boldsymbol{\lambda}}\end{bmatrix}=\begin{bmatrix}\boldsymbol{A} & -\boldsymbol{BR}^{-1}\boldsymbol{B}^{\mathrm{T}}\\ -\boldsymbol{Q} & -\boldsymbol{A}^{\mathrm{T}}\end{bmatrix}\begin{bmatrix}\boldsymbol{x}\\ \boldsymbol{\lambda}\end{bmatrix}\tag{3-468}$$

显然这是一个二维系统，且具有混合式两点边值条件：

$$\boldsymbol{x}(0)=\boldsymbol{x}_0,\quad \boldsymbol{\lambda}(t_f)=\boldsymbol{0}\tag{3-469}$$

上述增广系统给出了完整的最优反馈的闭环信息。由矩阵

$$\boldsymbol{H}=\begin{bmatrix}\boldsymbol{A} & -\boldsymbol{BR}^{-1}\boldsymbol{B}^{\mathrm{T}}\\ -\boldsymbol{Q} & -\boldsymbol{A}^{\mathrm{T}}\end{bmatrix}\tag{3-470}$$

所确定的特征值包含了最优闭环系统的所有极点，而且是由矩阵$\boldsymbol{H}$的所有左半平面的特征值所构成的，即矩阵$\boldsymbol{H}$的特征值包含最优闭环系统的镜像对称的极点，称$\boldsymbol{H}$矩阵为Hamilton矩阵。

为求出最优控制律$\boldsymbol{u}$，必须求出协状态$\lambda(t)$的显式表达式，当然我们希望求得的最优控制律$\boldsymbol{u}$与状态向量$\boldsymbol{x}$存在线性的反馈关系：

$$\boldsymbol{\lambda}(t)=\boldsymbol{Px}(t)\tag{3-471}$$

为了确定时变矩阵$\boldsymbol{P}$，将式(3-471)代入式(3-464)和式(3-467)得

$$\dot{\boldsymbol{\lambda}}=-\boldsymbol{Qx}-\boldsymbol{A}^{\mathrm{T}}\boldsymbol{Px}\tag{3-472}$$

$$\dot{\boldsymbol{x}}=\boldsymbol{Ax}-\boldsymbol{BR}^{-1}\boldsymbol{B}^{\mathrm{T}}\boldsymbol{Px}\tag{3-473}$$

对式(3-471)两边求导可得

$$\dot{\boldsymbol{\lambda}}(t)=\boldsymbol{P}\dot{\boldsymbol{x}}(t)\tag{3-474}$$

由上述三式可得

$$-\boldsymbol{Qx}-\boldsymbol{A}^{\mathrm{T}}\boldsymbol{Px}=\boldsymbol{P}(\boldsymbol{Ax}-\boldsymbol{BR}^{-1}\boldsymbol{B}^{\mathrm{T}}\boldsymbol{Px})\tag{3-475}$$

或

$$(\boldsymbol{A}^{\mathrm{T}}\boldsymbol{P}+\boldsymbol{PA}-\boldsymbol{PBR}^{-1}\boldsymbol{B}^{\mathrm{T}}\boldsymbol{P}+\boldsymbol{Q})\boldsymbol{x}=0\tag{3-476}$$

式(3-476)对于该系统得所有运动轨迹均成立，故有恒等式(Riccati方程)：

$$\boldsymbol{A}^{\mathrm{T}}\boldsymbol{P}+\boldsymbol{PA}-\boldsymbol{PBR}^{-1}\boldsymbol{B}^{\mathrm{T}}\boldsymbol{P}+\boldsymbol{Q}=\boldsymbol{0}\tag{3-477}$$

由式(3-477)求解矩阵 $\boldsymbol{P}$ 后可得最优控制律：

$$\boldsymbol{u}=-\boldsymbol{R}^{-1}\boldsymbol{B}^{\mathrm{T}}\boldsymbol{P}\boldsymbol{x} \tag{3-478}$$

注意到 Riccati 方程的对称性，由于 $\boldsymbol{Q}$ 为半正定对称阵，$\boldsymbol{R}$ 为正定对称阵，对 Riccati 方程式(3-477)两边求转置后可知

$$\boldsymbol{P}=\boldsymbol{P}^{\mathrm{T}} \tag{3-479}$$

即矩阵 $\boldsymbol{P}$ 也是对称阵。而且可以证明对于给定的能控系统$(\boldsymbol{A},\boldsymbol{B})$，只要 $\boldsymbol{Q}$ 和 $\boldsymbol{R}$ 分别为半正定(或正定)和正定的加权矩阵，则由 Riccati 方程可求得唯一的正定解。

对于 Hamilton 矩阵 $\boldsymbol{H}$，运用行列式运算不难得出 Hamilton 矩阵 $\boldsymbol{H}$ 的特征方程具有如下性质：

$$\det(s\boldsymbol{I}-\boldsymbol{H})=\det(-s\boldsymbol{I}-\boldsymbol{H}) \tag{3-480}$$

式中，s 和 $-s$ 均为 $\boldsymbol{H}$ 的实特征值，说明矩阵 $\boldsymbol{H}$ 若有实特征值 s，则必有实特征值 $-s$，而且不存在纯虚部的特征值。由于矩阵 $\boldsymbol{H}$ 的所有副实部特征值构成线性最优状态反馈控制闭环系统的极点，显然这样的闭环系统是渐进稳定的，即最优闭环系统：

$$\dot{\boldsymbol{x}}=(\boldsymbol{A}-\boldsymbol{B}\boldsymbol{R}^{-1}\boldsymbol{B}^{\mathrm{T}}\boldsymbol{P})\boldsymbol{x} \tag{3-481}$$

是渐进稳定的。采用最优控制律后，系统的性能指标为

$$J=\frac{1}{2}\boldsymbol{x}_0^{\mathrm{T}}\boldsymbol{P}\boldsymbol{x} \tag{3-482}$$

例【3.10】：已知系统

$$\dot{\boldsymbol{x}}=\begin{bmatrix}0 & 1\\ -1 & 0\end{bmatrix}\boldsymbol{x}+\begin{bmatrix}0\\ 1\end{bmatrix}\boldsymbol{u} \tag{3-483}$$

试求使性能指标

$$J=\frac{1}{2}\int_0^{\infty}(\boldsymbol{x}^{\mathrm{T}}\boldsymbol{x}+\boldsymbol{u}^{\mathrm{T}}\boldsymbol{u})\mathrm{d}t \tag{3-484}$$

达到最小的最优控制 $\boldsymbol{u}$。

解：已知 $R=1,Q=I$，故 Riccati 方程为

$$\begin{bmatrix}0 & -1\\ 1 & 0\end{bmatrix}\begin{bmatrix}p_{11} & p_{12}\\ p_{12} & p_{22}\end{bmatrix}+\begin{bmatrix}p_{11} & p_{12}\\ p_{12} & p_{22}\end{bmatrix}\begin{bmatrix}0 & 1\\ 1 & 0\end{bmatrix}-\begin{bmatrix}p_{11} & p_{12}\\ p_{12} & p_{22}\end{bmatrix}\begin{bmatrix}0\\ 1\end{bmatrix}\begin{bmatrix}0 & 1\end{bmatrix}\begin{bmatrix}p_{11} & p_{12}\\ p_{12} & p_{22}\end{bmatrix}+\begin{bmatrix}1 & 0\\ 0 & 1\end{bmatrix}=\boldsymbol{0} \tag{3-485}$$

化简得

$$\begin{aligned}&-2p_{12}-p_{12}^2+1=0\\ &2p_{12}-p_{22}^2+1=0\\ &p_{11}-p_{22}-p_{12}p_{22}=0\end{aligned} \tag{3-486}$$

可求得唯一得正定解

$$\boldsymbol{P}=\begin{bmatrix}1.91 & 0.414\\ 0.414 & 1.35\end{bmatrix} \tag{3-487}$$

由此可得最优控制律为

$$u=-\boldsymbol{R}^{-1}\boldsymbol{B}^{\mathrm{T}}\boldsymbol{P}\boldsymbol{x}=-0.414x_1-1.35x_2 \tag{3-488}$$

3.4.2 LQG最优控制

本节主要考虑有测量噪声的最优输出反馈控制问题,线性二次型高斯(LQG)问题。

1.卡尔曼-布西滤波器

考虑如下随机系统的状态估计问题:

$$\dot{\boldsymbol{x}}=\boldsymbol{A}\boldsymbol{x}+\boldsymbol{B}\boldsymbol{u}+\boldsymbol{\varepsilon} \tag{3-489}$$

式中,控制输入 $\boldsymbol{u}$ 可测量,状态 $\boldsymbol{x}$ 不可直接测量。由于测量噪声输出是浑浊的:

$$\boldsymbol{y}=\boldsymbol{C}\boldsymbol{x}+\boldsymbol{\theta} \tag{3-490}$$

这里,$\boldsymbol{\varepsilon}(t)$ 和 $\boldsymbol{\theta}(t)$ 是不相关的、零均值、白噪声,且相关矩阵为

$$\boldsymbol{E}\{\boldsymbol{\varepsilon}(t)\boldsymbol{\varepsilon}^{\mathrm{T}}(\tau)\}=\boldsymbol{\Xi}\delta(t-\tau) \tag{3-491}$$

$$\boldsymbol{E}\{\boldsymbol{\theta}(t)\boldsymbol{\theta}^{\mathrm{T}}(\tau)\}=\boldsymbol{\Theta}\delta(t-\tau) \tag{3-492}$$

$\varepsilon(t)$ 和 $\theta(t)$ 分别称作过程噪声和测量噪声。

那么如何通过对输出的测量,最优地估计系统的状态 $\boldsymbol{x}(t)$。设状态的估计值为 $\hat{\boldsymbol{x}}$,估计误差为 $\tilde{\boldsymbol{x}}=\boldsymbol{x}-\hat{\boldsymbol{x}}$,估计误差的性能指标具有如下形式:

$$\boldsymbol{V}_f=\lim_{t\to\infty}\boldsymbol{E}\{\tilde{\boldsymbol{x}}^{\mathrm{T}}(t)\boldsymbol{c}\boldsymbol{c}^{\mathrm{T}}\tilde{\boldsymbol{x}}(t)\} \tag{3-493}$$

其中,$\boldsymbol{c}^{\mathrm{T}}$ 为一给定的固定行向量。例如,$\boldsymbol{c}^{\mathrm{T}}=[1\quad 0\quad \cdots]$ 就对应于最小化向量误差 $\tilde{\boldsymbol{x}}$ 的第一个元素的均方差。为了简便起见,假设估计器系统具有如下结构

$$\dot{\hat{\boldsymbol{x}}}=\boldsymbol{A}\hat{\boldsymbol{x}}+\boldsymbol{B}\boldsymbol{u}+\boldsymbol{K}_f(\boldsymbol{y}-\boldsymbol{c}\hat{\boldsymbol{x}}) \tag{3-494}$$

其中,$\boldsymbol{K}_f$ 为滤波器的增益矩阵。这个形式可以视为由输出估计误差 $\boldsymbol{y}-\boldsymbol{c}\hat{\boldsymbol{x}}$ 激励的必然等价系统 $\dot{\boldsymbol{x}}=\boldsymbol{A}\boldsymbol{x}+\boldsymbol{B}\boldsymbol{u}$ 的一个模拟。将式(3-489)减去式(3-494),并将式(3-490)代入,得估计误差的微分方程:

$$\dot{\tilde{\boldsymbol{x}}}=(\boldsymbol{A}-\boldsymbol{K}_f\boldsymbol{C})\tilde{\boldsymbol{x}}+\boldsymbol{\psi} \tag{3-495}$$

其中,$\boldsymbol{\psi}=\boldsymbol{\varepsilon}-\boldsymbol{K}_f\boldsymbol{\theta}$ 为零均值、高斯、白噪声过程,其相关矩阵为

$$\boldsymbol{E}\{\boldsymbol{\psi}(t)\boldsymbol{\psi}^{\mathrm{T}}(\tau)\}=(\boldsymbol{K}_f\boldsymbol{\Theta}\boldsymbol{K}_f^{\mathrm{T}}+\boldsymbol{\Xi})\delta(t-\tau) \tag{3-496}$$

$\boldsymbol{\psi}$ 之所以为白噪声是因为两个白噪声的线性组合必定为白噪声。式(3-496)的相关矩阵中无乘积项,这是由于过程 ε 和 θ 是不相关的。式(3-493)中的 $\boldsymbol{V}_f$ 可根据下式计算:

$$\left.\begin{aligned}&\boldsymbol{V}_f=\mathrm{trace}(\boldsymbol{S}\boldsymbol{c}\boldsymbol{c}^{\mathrm{T}})\\&(\boldsymbol{A}-\boldsymbol{K}_f\boldsymbol{C})\boldsymbol{S}+\boldsymbol{S}(\boldsymbol{A}-\boldsymbol{K}_f\boldsymbol{C})^{\mathrm{T}}+\boldsymbol{\Xi}+\boldsymbol{K}_f\boldsymbol{\Theta}\boldsymbol{K}_f^{\mathrm{T}}=0\end{aligned}\right\} \tag{3-497}$$

如果将式(3-497)与下面的确定型LQR问题比较

$$\begin{aligned}&V_c=\mathrm{trace}\boldsymbol{P}\boldsymbol{x}(0)\boldsymbol{x}^{\mathrm{T}}(0)\\&(\boldsymbol{A}-\boldsymbol{B}\boldsymbol{K})^{\mathrm{T}}\boldsymbol{P}+\boldsymbol{P}(\boldsymbol{A}-\boldsymbol{B}\boldsymbol{K})+\boldsymbol{Q}+\boldsymbol{K}^{\mathrm{T}}\boldsymbol{P}\boldsymbol{K}=0\end{aligned} \tag{3-498}$$

可得如下的对偶关系:

(1)$\boldsymbol{Q}$ 与 $\boldsymbol{\Xi}$ 对偶,$\boldsymbol{R}$ 与 $\boldsymbol{\Theta}$ 对偶;

(2)$\boldsymbol{x}(0)$ 与 $\boldsymbol{c}$ 对偶;

(3)$\boldsymbol{A}$ 与 $\boldsymbol{A}^{\mathrm{T}}$ 对偶,$\boldsymbol{B}$ 与 $\boldsymbol{C}^{\mathrm{T}}$ 对偶;

(4)$\boldsymbol{K}$ 与 $\boldsymbol{K}_f^{\mathrm{T}}$ 对偶;

(5)$\boldsymbol{P}$ 与 $\boldsymbol{S}$ 对偶。

根据最优线性二次型调节器理论可知,使式(3-498)中 $\boldsymbol{V}_c$ 最小化的 $\boldsymbol{K}=\boldsymbol{R}^{-2}\boldsymbol{B}^{\mathrm{T}}\boldsymbol{P}$,其中,矩

阵 $\boldsymbol{P}$ 满足：

$$\boldsymbol{A}^{\mathrm{T}}\boldsymbol{P}+\boldsymbol{P}\boldsymbol{A}+\boldsymbol{Q}-\boldsymbol{P}\boldsymbol{B}\boldsymbol{R}^{-1}\boldsymbol{B}^{\mathrm{T}}\boldsymbol{P}=\boldsymbol{0} \tag{3-499}$$

由随机-确定型的对偶性，可以推断出使得式(3-497)中 $\boldsymbol{V}_f$ 最小化的 $\boldsymbol{K}_f$ 为

$$\boldsymbol{K}_f=\boldsymbol{S}\boldsymbol{C}^{\mathrm{T}}\boldsymbol{\Theta}^{-1} \tag{3-500}$$

其中，$\boldsymbol{S}$ 满足滤波器代数 Riccati 方程(FARE)：

$$\boldsymbol{A}\boldsymbol{S}+\boldsymbol{S}\boldsymbol{A}^{\mathrm{T}}+\boldsymbol{\Xi}-\boldsymbol{S}\boldsymbol{C}^{\mathrm{T}}\boldsymbol{\Theta}^{-1}\boldsymbol{C}\boldsymbol{S}=\boldsymbol{0} \tag{3-501}$$

如果$(\boldsymbol{A}^{\mathrm{T}},\boldsymbol{C}^{\mathrm{T}})$是可稳定的，$(\boldsymbol{A}^{\mathrm{T}},\boldsymbol{E})$是可检测的，这里$\boldsymbol{\Xi}=\boldsymbol{E}^{\mathrm{T}}\boldsymbol{E}$，$\boldsymbol{\Theta}$是正定的，那么根据对偶性，存在一个使矩阵$(\boldsymbol{A}-\boldsymbol{K}_f\boldsymbol{C})$稳定的式(3-501)的正定解 $\boldsymbol{S}$。

最优估计其有两个重要特性：

(1) 估计向量 $\hat{\boldsymbol{x}}$ 和估计误差 $\tilde{\boldsymbol{x}}$ 是不相关的，$E\{\hat{\boldsymbol{x}}(t)\tilde{\boldsymbol{x}}^{\mathrm{T}}(t)\}=0$；

(2) $\boldsymbol{y}-\boldsymbol{C}\hat{\boldsymbol{x}}$ 常称为修正过程，它是零均值的，且相关矩阵为 $\boldsymbol{\Theta}\delta(t-\tau)$。

对于时变系统的卡尔曼-布西滤波器，有

$$\boldsymbol{K}_f(t)=\boldsymbol{S}(t)\boldsymbol{C}^{\mathrm{T}}\boldsymbol{\Theta}^{-1} \tag{3-502}$$

其中，$\boldsymbol{S}(t)$ 满足 Riccati 微分方程：

$$\begin{aligned}\dot{\boldsymbol{S}}&=\boldsymbol{A}\boldsymbol{S}+\boldsymbol{S}\boldsymbol{A}^{\mathrm{T}}+\boldsymbol{\Xi}-\boldsymbol{S}\boldsymbol{C}^{\mathrm{T}}\boldsymbol{\Theta}^{-1}\boldsymbol{C}\boldsymbol{S}\\ \boldsymbol{S}(t_0)&=\boldsymbol{S}_0\end{aligned} \tag{3-503}$$

矩阵 $\boldsymbol{S}(t)$ 表示估计误差 $\tilde{\boldsymbol{x}}(t)$ 的协方差阵：

$$\boldsymbol{S}(t)=E\{\tilde{\boldsymbol{x}}(t)\tilde{\boldsymbol{x}}^{\mathrm{T}}(t)\}\text{。}$$

2. 分离原理——LQG 的求解

考虑如下稳态 LQG 问题：对于给定的随机系统(3-489)，以及白噪声过程 $\boldsymbol{\varepsilon}$ 和 $\boldsymbol{\theta}$ 的噪声矩阵 $\boldsymbol{\Xi}$ 和 $\boldsymbol{\Theta}$，用对 $\boldsymbol{u}$ 和 $\boldsymbol{y}=\boldsymbol{C}\boldsymbol{x}+\theta$ 的测量来确定一个补偿器，产生一个控制输入 $\boldsymbol{u}$ 使得下述性能指标最小化：

$$V=\lim_{t\to\infty}E\{\boldsymbol{x}^{\mathrm{T}}\boldsymbol{Q}\boldsymbol{x}+\boldsymbol{u}^{\mathrm{T}}\boldsymbol{R}\boldsymbol{u}\} \tag{3-504}$$

定理【3.17】：分离原理：最优 LQG 问题可以分离为对最优估计问题和确定型必然等价控制问题的求解。

证明：由于 $\hat{\boldsymbol{x}}$ 和 $\tilde{\boldsymbol{x}}$ 不相关，有

$$V=E\{\boldsymbol{x}^{\mathrm{T}}\boldsymbol{Q}\boldsymbol{x}+\boldsymbol{u}^{\mathrm{T}}\boldsymbol{R}\boldsymbol{u}\}=E\{(\hat{\boldsymbol{x}}+\tilde{\boldsymbol{x}})^{\mathrm{T}}\boldsymbol{Q}(\hat{\boldsymbol{x}}+\tilde{\boldsymbol{x}})+\boldsymbol{u}^{\mathrm{T}}\boldsymbol{R}\boldsymbol{u}\}=E\{\hat{\boldsymbol{x}}^{\mathrm{T}}\boldsymbol{Q}\hat{\boldsymbol{x}}+\boldsymbol{u}^{\mathrm{T}}\boldsymbol{R}\boldsymbol{u}+\tilde{\boldsymbol{x}}^{\mathrm{T}}\boldsymbol{Q}\tilde{\boldsymbol{x}}\} \tag{3-505}$$

此时，问题已分离为两部分：一部分为估计误差动态方程(3-495)，它依赖于滤波器增益 $\boldsymbol{K}_f$，不依赖于控制输入 $\boldsymbol{u}$；另一部分，由于过程$(\boldsymbol{y}-\boldsymbol{C}\hat{\boldsymbol{x}})$是零均值、白噪声的，则被估计的状态动态方程(3-494)与

$$E\{\hat{\boldsymbol{x}}^{\mathrm{T}}\boldsymbol{Q}\hat{\boldsymbol{x}}+\boldsymbol{u}^{\mathrm{T}}\boldsymbol{R}\boldsymbol{u}\}$$

一起构成了以 $\hat{\boldsymbol{x}}$ 为状态变量的加性噪声状态反馈问题。根据必然等价性，此问题的最优解为

$$\left.\begin{aligned}\boldsymbol{u}&=-\boldsymbol{K}_c\hat{\boldsymbol{x}}\\ \boldsymbol{K}_c&=\boldsymbol{R}^{-1}\boldsymbol{B}^{\mathrm{T}}\boldsymbol{P}\end{aligned}\right\} \tag{3-506}$$

其中，$\boldsymbol{P}$ 满足 Riccati 方程：

$$\boldsymbol{A}^{\mathrm{T}}\boldsymbol{P}+\boldsymbol{P}\boldsymbol{A}+\boldsymbol{Q}-\boldsymbol{P}\boldsymbol{B}\boldsymbol{R}^{-1}\boldsymbol{B}^{\mathrm{T}}\boldsymbol{P}=\boldsymbol{0} \tag{3-507}$$

这样，对于式(3-505)给定的 V 的最小化问题即可分离为关于 $\boldsymbol{K}_f$ 的最小化和关于 $\boldsymbol{u}=$

$-\boldsymbol{K}_c\hat{\boldsymbol{x}}$ 的最小化问题。

分离原理表明了 LQG 问题可以简化为解耦了的 Riccati 方程(3-501) 和式(3-507) 的求解,而且最优补偿器的阶数等于原系统的阶数。

LQG 控制器可以用两种方法实现:一种是分离实现,先产生 $\hat{\boldsymbol{x}}$,然后用 $-\boldsymbol{K}_c$ 乘卡尔曼-布西滤波器的输出 $\hat{\boldsymbol{x}}$,得控制输入 $\boldsymbol{u}=-\boldsymbol{K}_c\hat{\boldsymbol{x}}$。此种方法称为估计器实现,如图 3-18 所示得状态估计反馈。该方法的优点是它是一个总是稳定的补偿器结构,这是因为卡尔曼-布西滤波器总是稳定的;其缺点是还需要对控制输入信号 $\boldsymbol{u}$ 进行测量。另一种补偿器的实现方法是,计算一个等价的从输出 $\boldsymbol{y}$ 到输入 $\boldsymbol{u}$ 的反馈传递矩阵 $F(s)$,称之为串联实现方法,如图 3-19 所示。

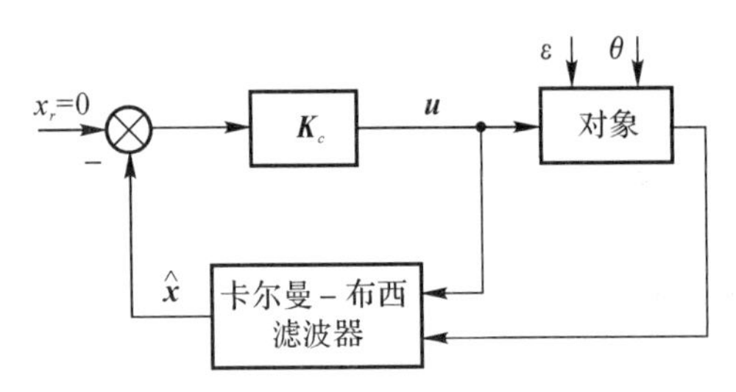

图 3-18　滤波器的状态估计反馈实现

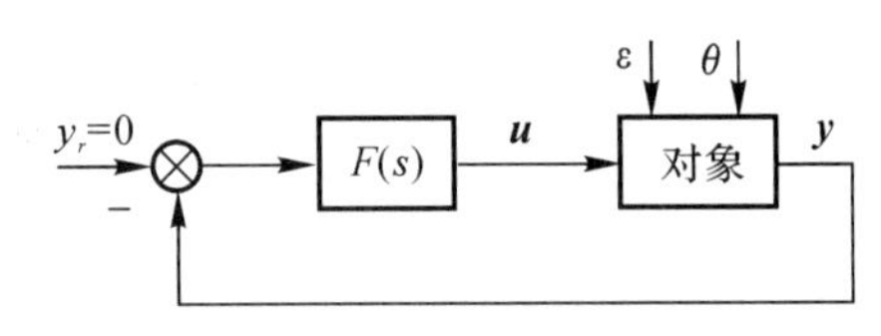

图 3-19　补偿器的串联实现

将 $\boldsymbol{u}=-\boldsymbol{K}_c\hat{\boldsymbol{x}}$ 代回状态估计方程(3-494),可得

$$\dot{\hat{\boldsymbol{x}}}=(\boldsymbol{A}-\boldsymbol{B}\boldsymbol{K}_c-\boldsymbol{K}_f\boldsymbol{C})\hat{\boldsymbol{x}}+\boldsymbol{K}_f\boldsymbol{y} \tag{3-508}$$

从 $\boldsymbol{y}$ 到 $-\boldsymbol{u}$ 的传递函数为

$$\boldsymbol{F}(s)=\boldsymbol{K}_c(s\boldsymbol{I}-\boldsymbol{A}+\boldsymbol{B}\boldsymbol{K}_c+\boldsymbol{K}_c\boldsymbol{C})^{-1}\boldsymbol{K}_f \tag{3-509}$$

为了简便起见,令

$$\boldsymbol{F}(s)=\boldsymbol{C}_f(s\boldsymbol{I}-\boldsymbol{A}_f)^{-1}\boldsymbol{B}_f+\boldsymbol{D}_f \tag{3-510}$$

其实现为

$$\boldsymbol{F}(s):=\begin{bmatrix}\boldsymbol{A}_f & \boldsymbol{B}_f\\ \boldsymbol{C}_f & \boldsymbol{D}_f\end{bmatrix} \tag{3-511}$$

则状态空间的串联实现可写为

$$\boldsymbol{F}(s):=\begin{bmatrix}\boldsymbol{A}-\boldsymbol{B}\boldsymbol{K}_c-\boldsymbol{K}_f\boldsymbol{C} & \boldsymbol{K}_f\\ \boldsymbol{K}_c & \boldsymbol{0}\end{bmatrix} \tag{3-512}$$

值得注意的是,即使 $(\boldsymbol{A}-\boldsymbol{B}\boldsymbol{K}_c)$ 和 $(\boldsymbol{A}-\boldsymbol{K}_f\boldsymbol{C})$ 都是稳定矩阵,矩阵 $(\boldsymbol{A}-\boldsymbol{B}\boldsymbol{K}_c-\boldsymbol{K}_f\boldsymbol{C})$ 也可能不稳定。这样对于某些问题而言,即使对象稳定,串联实现也可能是一个不稳定的补偿器,这是串联实现的缺点。

定理【3.18】:由式(3-504) 给出的 LQG 性能指标的最小值可根据下式计算:

$$V^*=\mathrm{trace}\{\boldsymbol{P}\boldsymbol{K}_f\boldsymbol{\Theta}\boldsymbol{K}_f^{\mathrm{T}}\}+\mathrm{trace}\{\boldsymbol{S}\boldsymbol{Q}\} \tag{3-513}$$

其中,$\boldsymbol{K}_f=\boldsymbol{S}\boldsymbol{C}^{\mathrm{T}}\boldsymbol{\Theta}^{-1}$,$\boldsymbol{P}$ 满足控制 Riccati 方程(3-499),$\boldsymbol{S}$ 满足滤波器 Riccati 方程(3-501)。

证明:由于 $\hat{\boldsymbol{x}}(t)$ 和 $\tilde{\boldsymbol{x}}(t)$ 不相关,V^* 可以写作 $V^*=V_c+V_f$。其中

$$V_c=E\{\hat{\boldsymbol{x}}^{\mathrm{T}}\boldsymbol{Q}\hat{\boldsymbol{x}}+\boldsymbol{u}^{\mathrm{T}}\boldsymbol{R}\boldsymbol{u}\} \tag{3-514}$$

$$V_f=E\{\tilde{\boldsymbol{x}}^{\mathrm{T}}\boldsymbol{Q}\tilde{\boldsymbol{x}}\} \tag{3-515}$$

马尔可夫过程 $\hat{\boldsymbol{x}}(t)$ 和 $\tilde{\boldsymbol{x}}(t)$ 满足方程

$$\dot{\hat{x}} = A\hat{x} + Bu + K_f(y - C\hat{x}) \tag{3-516}$$

$$\dot{\tilde{x}} = (A + K_fC)\tilde{x} + \psi \tag{3-517}$$

其中，$\psi = \varepsilon - K_f\theta$，这里 $\psi(t)$ 是一个白噪声过程，协方差矩阵为 $K_f\Theta K_f^T + \Xi$；$K_f(y - C\hat{x})$ 也是一个白噪声过程，协方差阵为 $K_f\Theta K_f^T$。式(3-514) 可以写成

$$V_c = \text{trace}\{PK_f\Theta K_f^T\} \tag{3-518}$$

满足方程(3-517)，由式(3-515) 给出的 V_f 为

$$V_f = \text{trace}\{SQ\} \tag{3-519}$$

因 $V^* = V_c + V_f$，定理得证。

例【3.11】：考虑系统

$$\dot{x} = \begin{bmatrix} 0 & 1 \\ 0 & 0 \end{bmatrix} x + \begin{bmatrix} 0 \\ 1 \end{bmatrix} u + \varepsilon; \quad y = \begin{bmatrix} 1 & 0 \end{bmatrix} x + \theta \tag{3-520}$$

性能指标为

$$V = \lim_{t\to\infty} E\{x^T(t)Qx(t) + u^T(t)Ru(t)\} \tag{3-521}$$

其中

$$Q = \begin{bmatrix} 1 & 0 \\ 0 & 0 \end{bmatrix}; \quad R = [1] \tag{3-522}$$

ε 和 θ 的噪声矩阵分别为

$$\Xi = \begin{bmatrix} 0 & 0 \\ 0 & 1 \end{bmatrix}, \quad \Theta = [1] \tag{3-523}$$

解：根据式(3-501) 和式(3-507) 得

$$\begin{aligned} S = P &= \begin{bmatrix} \sqrt{2} & 1 \\ 1 & \sqrt{2} \end{bmatrix} \\ K_c &= R^{-1}B^TP = \begin{bmatrix} 1 & \sqrt{2} \end{bmatrix} \\ K_f &= \begin{bmatrix} \sqrt{2} \\ 1 \end{bmatrix} \end{aligned} \tag{3-524}$$

则串联补偿器实现为

$$F(s) := \begin{bmatrix} A_f & B_f \\ C_f & D_f \end{bmatrix} \tag{3-525}$$

其中

$$A_F = \begin{bmatrix} -\sqrt{2} & 1 \\ -2 & -\sqrt{2} \end{bmatrix}, \quad B_f = K_f, \quad C_f = K_c, \quad D_f = 0 \tag{3-526}$$

对于此例

$$V^* = \text{trace}[PK_f\Theta K_f^T] + \text{trace}[SQ] = 6\sqrt{2} \tag{3-527}$$

对于时变 LQG 问题，类似可得到其解为

$$\begin{aligned} u &= -K_c(t)\hat{x}(t) \\ K_c(t) &= R^{-1}B^TP(t) \end{aligned} \tag{3-528}$$

$P(t)$ 满足 Riccati 微分方程：

$$-\dot{\boldsymbol{P}}=\boldsymbol{A}^{\mathrm{T}}\boldsymbol{P}+\boldsymbol{PA}+\boldsymbol{Q}-\boldsymbol{PBR}^{-1}\boldsymbol{B}^{\mathrm{T}}\boldsymbol{P} \tag{3-529}$$

$$P(t_f)=M \tag{3-530}$$

$\hat{\boldsymbol{x}}(t)$ 是满足方程(3-508)的最优状态估计,$\boldsymbol{K}_f(t)=\boldsymbol{S}(t)\boldsymbol{C}^{\mathrm{T}}\Theta^{-1}$,$\boldsymbol{S}(t)$ 为滤波器Riccati微分方程(3-503)的解。上述时变LQG问题的解将使得下述性能指标最小化:

$$V=E\left\{\int_0^{t_f}(\boldsymbol{x}^{\mathrm{T}}\boldsymbol{Qx}+\boldsymbol{u}^{\mathrm{T}}R\boldsymbol{u})\mathrm{d}\tau+\boldsymbol{x}^{\mathrm{T}}(t_f)M\boldsymbol{x}(t_f)\right\} \tag{3-531}$$

3.4.3 H_2 控制

本节主要讨论以 H_2 范数为指标的控制问题。考虑如图3-20所示的输出反馈控制问题:图中 $\boldsymbol{G}$ 为广义受控对象,$\boldsymbol{K}$ 为控制器,$\boldsymbol{G}$ 和 $\boldsymbol{K}$ 均为实真有理矩阵。

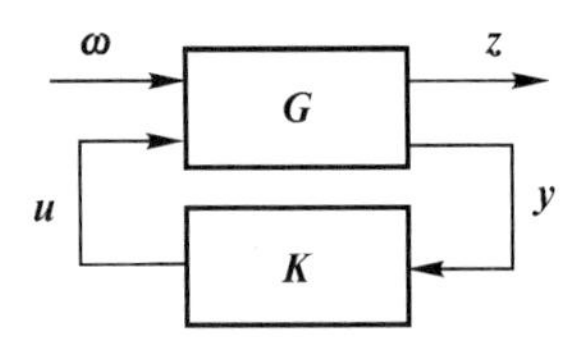

图3-20 输出反馈控制问题

假定广义受控对象 $\boldsymbol{G}$ 的状态空间实现为

$$\begin{aligned}\dot{\boldsymbol{x}}&=\boldsymbol{Ax}+\boldsymbol{B}_1\boldsymbol{\omega}+\boldsymbol{B}_2\boldsymbol{u}\\ \boldsymbol{z}&=\boldsymbol{C}_1\boldsymbol{x}+\boldsymbol{D}_{12}\boldsymbol{u}\\ \boldsymbol{y}&=\boldsymbol{C}_2\boldsymbol{x}+\boldsymbol{D}_{21}\boldsymbol{\omega}\end{aligned} \tag{3-532}$$

即

$$\boldsymbol{G}:=\begin{bmatrix}\boldsymbol{A} & \boldsymbol{B}_1 & \boldsymbol{B}_2\\ \boldsymbol{C}_1 & \boldsymbol{0} & \boldsymbol{D}_{12}\\ \boldsymbol{C}_2 & \boldsymbol{D}_{21} & \boldsymbol{0}\end{bmatrix}. \tag{3-533}$$

其中:状态 $\boldsymbol{x}\in\mathbf{R}^n$;外部输入(包括参考信号、干扰和传感器噪声等)$\boldsymbol{\omega}\in\mathbf{R}^{m_1}$;受控输出(包括跟踪误差、调节误差等)$\boldsymbol{z}\in\mathbf{R}^{p_1}$;控制输入 $\boldsymbol{u}\in\mathbf{R}^{m2}$;测量输出 $\boldsymbol{y}\in\mathbf{R}^{p_2}$;矩阵 $\boldsymbol{A}\in\mathbf{R}^{n\times n}$;$\boldsymbol{B}_1\in\mathbf{R}^{n\times m_1}$;$\boldsymbol{B}_2\in\mathbf{R}^{n\times m_2}$;$\boldsymbol{C}_1\in\mathbf{R}^{p_1\times n}$;$\boldsymbol{C}_2\in\mathbf{R}^{p_2\times n}$;$\boldsymbol{D}_{12}$ 和 $\boldsymbol{D}_{21}$ 均为具有相应维数的实数矩阵。

如果定义图3-20中由 ω 到 z 的闭环传递函数矩阵为 $\boldsymbol{T}_{z\omega}(s)$,则根据 H_2 范数的定义,$\boldsymbol{T}_{z\omega}(s)\in\mathbf{R}H_2$ 的范数可表示为

$$\|\boldsymbol{T}_{z\omega}(s)\|_2=\left(\frac{1}{2\pi}\int_{-\infty}^{\infty}\mathrm{trace}[\boldsymbol{T}_{z\omega}^*(\mathrm{j}\omega)\boldsymbol{T}_{z\omega}(\mathrm{j}\omega)]\mathrm{d}\omega\right)^{\frac{1}{2}} \tag{3-534}$$

其中,$\boldsymbol{T}_{z\omega}^*$ 为 $\boldsymbol{T}_{z\omega}$ 的共轭转置。

在求解 H_2 控制问题时,假设广义受控对象 G 满足下述条件:

(1)$(\boldsymbol{A},\boldsymbol{B}_1)$ 是可稳定的,$(\boldsymbol{C}_1,\boldsymbol{A})$ 是可观测的;

(2)$(\boldsymbol{A},\boldsymbol{B}_2)$ 是可稳定的,$(\boldsymbol{C}_2,\boldsymbol{A})$ 是可观测的;

(3)$\boldsymbol{D}_{12}^{\mathrm{T}}[\boldsymbol{C}_1\quad \boldsymbol{D}_{12}]=[\boldsymbol{0}\quad \boldsymbol{I}]$;

(4)$\begin{bmatrix}\boldsymbol{B}_1\\ \boldsymbol{D}_{21}\end{bmatrix}\boldsymbol{D}_{21}^{\mathrm{T}}=\begin{bmatrix}\boldsymbol{0}\\ \boldsymbol{I}\end{bmatrix}$

上述条件(1)和条件(2)保证了 H_2 问题中的两个Hamilton矩阵($\boldsymbol{H}_2$ 和 $\boldsymbol{J}_2$)属于

dom(Ric)，它简化了理论的描述和证明。条件(3) 意味着 $\boldsymbol{C}_1\boldsymbol{x}$ 和 $\boldsymbol{D}_{12}\boldsymbol{u}$ 是正交的，这样对 $\boldsymbol{z}=\boldsymbol{C}_1\boldsymbol{x}+\boldsymbol{D}_{12}\boldsymbol{u}$ 的代价，也包括了对控制 u 的一个非奇异、归一化的代价。实际上，在常规 H_2 控制问题中，设置这个条件意味着在状态和控制输入之间不存在交叉加权，这样控制加权矩阵是单位阵。其他非奇异的控制加权也都可以转换成同样的问题。放宽这个正交条件，就表明在控制律中再引入几个附加项。条件(4) 与条件(3) 是对偶的，它涉及外部信号 ω 是如何引入 $\boldsymbol{G}$ 的，这里 ω 包含了对象扰动和传感器噪声，它们也是正交的，且传感器噪声加权是归一化和非奇异的。

此处还隐含了两个假设条件，即在 $\boldsymbol{G}(s)$ 的实现中，假设了 $\boldsymbol{D}_{11}=\boldsymbol{0}$ 和 $\boldsymbol{D}_{22}=\boldsymbol{0}$。这两个假设条件是为了获得较为简单的输出反馈控制器形式。实际上，广义受控对象总可以通过等价变换简化成 $\boldsymbol{D}_{11}=\boldsymbol{0}$ 和 $\boldsymbol{D}_{22}=\boldsymbol{0}$ 的问题。

对于满足假设条件(1) ～ (4) 的广义受控对象 $\boldsymbol{G}(s)$，图 3 - 20 所示的 H_2 输出反馈控制问题可以描述如下：

问题 1：寻找一个控制器 $\boldsymbol{K}_{\mathrm{opt}}(s)$，使得闭环系统内部稳定，且由 $\boldsymbol{\omega}$ 到 $\boldsymbol{z}$ 的闭环传递函数矩阵 $\boldsymbol{T}_{z\omega}$ 的 H_2 范数最小化，即

$$\min_{\boldsymbol{K}_{\mathrm{opt}}(s)} \|\boldsymbol{T}_{z\omega}\|_2 \tag{3-535}$$

问题 2：寻找使得闭环控制系统内部稳定，且由 $\boldsymbol{\omega}$ 到 $\boldsymbol{z}$ 的闭环传递函数矩阵 $\boldsymbol{T}_{z\omega}(s)$ 满足

$$\|\boldsymbol{T}_{z\omega}(s)\|_2<\gamma \tag{3-536}$$

的所有控制器的集合 $K(s)$，其中 γ 为一给定的正数。

显然，问题 1 是最优控制问题，问题 2 是次优控制问题。

有 Hamilton 矩阵：

$$\boldsymbol{H}_2:=\begin{bmatrix}\boldsymbol{A} & -\boldsymbol{B}_2\boldsymbol{B}_2^{\mathrm{T}}\\ -\boldsymbol{C}_1^{\mathrm{T}}\boldsymbol{C}_1 & -\boldsymbol{A}^{\mathrm{T}}\end{bmatrix}\in \mathrm{dom(Ric)} \tag{3-537}$$

$$\boldsymbol{J}_2:=\begin{bmatrix}\boldsymbol{A}^{\mathrm{T}} & -\boldsymbol{C}_2^{\mathrm{T}}\boldsymbol{C}_2\\ -\boldsymbol{B}_1\boldsymbol{B}_1^{\mathrm{T}} & -\boldsymbol{A}\end{bmatrix}\in \mathrm{dom(Ric)} \tag{3-538}$$

且

$$\boldsymbol{X}_2:=\mathrm{Ric}(H_2) \tag{3-539}$$

$$\boldsymbol{Y}_2:=\mathrm{Ric}(J_2) \tag{3-540}$$

定义：

$$\left.\begin{aligned}
&\boldsymbol{F}_2=-\boldsymbol{B}_2^{\mathrm{T}}\boldsymbol{X}_2\\
&\boldsymbol{L}_2=-\boldsymbol{Y}_2\boldsymbol{C}_2^{\mathrm{T}}\\
&\boldsymbol{A}_{F2}=\boldsymbol{A}+\boldsymbol{B}_2\boldsymbol{F}_2,\quad \boldsymbol{C}_{1F2}=\boldsymbol{C}_1+\boldsymbol{D}_{12}\boldsymbol{F}_2\\
&\boldsymbol{A}_{L2}=\boldsymbol{A}+\boldsymbol{L}_2\boldsymbol{C}_2,\quad \boldsymbol{C}_{1L2}=\boldsymbol{B}_1+\boldsymbol{L}_2\boldsymbol{D}_{21}\\
&\hat{\boldsymbol{A}}_2=\boldsymbol{A}+\boldsymbol{B}_2\boldsymbol{F}_2+\boldsymbol{L}_2\boldsymbol{C}_2\\
&\boldsymbol{G}_c=\begin{bmatrix}\boldsymbol{A}_{F2} & \boldsymbol{I}\\ \boldsymbol{C}_{1F2} & \boldsymbol{0}\end{bmatrix}\\
&\boldsymbol{G}_f=\begin{bmatrix}\boldsymbol{A}_{L2} & \boldsymbol{B}_{1L2}\\ \boldsymbol{I} & \boldsymbol{0}\end{bmatrix}
\end{aligned}\right\} \tag{3-541}$$

那么，对于最优控制问题 1，有如下定理。

定理【3.19】:在唯一的最优 H_2 控制器为

$$\boldsymbol{K}_{\text{opt}}(s)=\begin{bmatrix}\hat{\boldsymbol{A}}_2 & -\boldsymbol{L}_2\\ \boldsymbol{F}_2 & \boldsymbol{0}\end{bmatrix} \tag{3-542}$$

使得

$$\min\|\boldsymbol{T}_{zw}(s)\|_2=(\|\boldsymbol{G}_c\boldsymbol{B}_1\|_2^2+\|\boldsymbol{F}_2\boldsymbol{G}_f\|_2^2)^{1/2}=(\|\boldsymbol{G}_c\boldsymbol{L}_2\|_2^2+\|\boldsymbol{C}_1\boldsymbol{G}_f\|_2^2)^{1/2} \tag{3-543}$$

证明:定义新的控制变量

$$\boldsymbol{v}=\boldsymbol{u}-\boldsymbol{F}_2\boldsymbol{x} \tag{3-544}$$

则到 $\boldsymbol{z}$ 的传递函数变为

$$\boldsymbol{z}=\begin{bmatrix}\boldsymbol{A}_{F2} & \boldsymbol{B}_1 & \boldsymbol{B}_2\\ \boldsymbol{C}_{1F2} & \boldsymbol{0} & \boldsymbol{D}_{12}\end{bmatrix}\begin{bmatrix}\boldsymbol{\omega}\\ \boldsymbol{v}\end{bmatrix}=\boldsymbol{G}_c\boldsymbol{B}_1\boldsymbol{\omega}+\boldsymbol{U}_v \tag{3-545}$$

其中

$$\boldsymbol{G}_c(s)=\begin{bmatrix}\boldsymbol{A}_{F2} & \boldsymbol{I}\\ \boldsymbol{C}_{1F2} & \boldsymbol{0}\end{bmatrix}$$
$$\boldsymbol{U}(s)=\begin{bmatrix}\boldsymbol{A}_{F2} & \boldsymbol{B}_2\\ \boldsymbol{C}_{1F2} & \boldsymbol{D}_{12}\end{bmatrix} \tag{3-546}$$

这里 $\boldsymbol{U}$ 是内矩阵,即 $\tilde{\boldsymbol{U}}\boldsymbol{U}=\boldsymbol{I}$,$\tilde{\boldsymbol{U}}\boldsymbol{G}_c\in\mathbf{R}H_2^{\perp}$。

令 $\boldsymbol{K}$ 为任意允许的控制器,且注意到 $\boldsymbol{v}$ 的构成,有图 3-21 的结构。

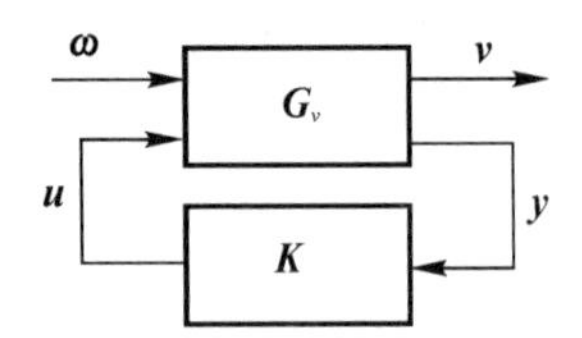

图 3-21　$\boldsymbol{G}_v$ 的输出反馈结构

其中

$$\boldsymbol{G}_v=\begin{bmatrix}\boldsymbol{A} & \boldsymbol{B}_1 & \boldsymbol{B}_2\\ -\boldsymbol{F}_2 & \boldsymbol{0} & \boldsymbol{I}\\ \boldsymbol{C}_2 & \boldsymbol{D}_{21} & \boldsymbol{0}\end{bmatrix} \tag{3-547}$$

由于 $\boldsymbol{G}$ 和 $\boldsymbol{G}_v$ 具有同一个 $\boldsymbol{A}$ 矩阵,因此如果 $\boldsymbol{K}$ 稳定化 $\boldsymbol{G}_v$,那么也必定稳定化 $\boldsymbol{G}$。由式(3-547)可知,$\boldsymbol{G}_v$ 具有输出估计问题的结构。根据式(3-545)和 $\boldsymbol{U}$ 阵的特性,有

$$\min\|\boldsymbol{T}_{zw}\|_2^2=\|\boldsymbol{G}_c\boldsymbol{B}_1\|_2^2+\min\|\boldsymbol{T}_{vw}\|_2^2 \tag{3-548}$$

图 3-21 的输出反馈问题是一最优输出估计问题,使得 $\|\boldsymbol{T}_{vw}\|_2^2$ 最小的唯一控制器为

$$\begin{bmatrix}\boldsymbol{A}+\boldsymbol{B}_2F_2+\boldsymbol{L}_2\boldsymbol{C}_2 & -\boldsymbol{L}_2\\ \boldsymbol{F}_2 & \boldsymbol{0}\end{bmatrix} \tag{3-549}$$

而且

$$\min\|\boldsymbol{T}_{vw}\|_2=\|\boldsymbol{F}_2\boldsymbol{G}_f\|_2 \tag{3-550}$$

对于次优控制问题 2,有如下定理:

定理【3.20】:所有使得 $\|\boldsymbol{T}_{zw}(s)\|_2<\gamma$ 的 H_2 次优控制器的集合等于图 3-22 中从 $\boldsymbol{y}$ 到 $\boldsymbol{u}$

所有传递函数矩阵的集合

$$\boldsymbol{K}(s)=\boldsymbol{F}_l(\boldsymbol{M}_2,\boldsymbol{Q}) \tag{3-551}$$

其中

$$\boldsymbol{M}_2(s)=\begin{bmatrix}\hat{\boldsymbol{A}} & -\boldsymbol{L}_2 & \boldsymbol{B}_2\\ \boldsymbol{F}_2 & \boldsymbol{0} & \boldsymbol{I}\\ -\boldsymbol{C}_2 & \boldsymbol{I} & \boldsymbol{0}\end{bmatrix} \tag{3-552}$$

$$\boldsymbol{Q}\in \mathbf{R}H_2,\quad \|\boldsymbol{Q}\|_2^2<\gamma^2-(\|\boldsymbol{G}_c\boldsymbol{B}_1\|_2^2+\|\boldsymbol{F}_2\boldsymbol{G}_f\|_2^2) \tag{3-553}$$

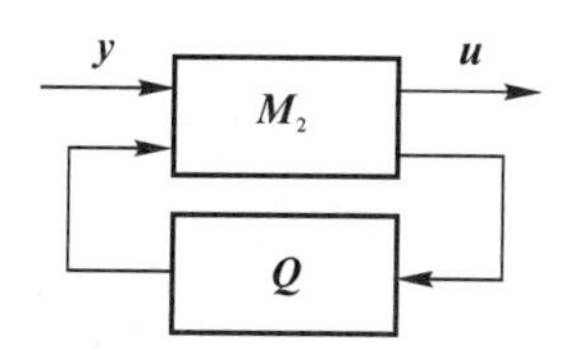

图 3－22　次优控制器的参数化结构

证明：根据定理3.20的证明可知，定理3.20中所有次优控制器的集合是等于图3-21中使得不等式

$$\|\boldsymbol{T}_{zw}\|_2^2<\gamma^2-\|\boldsymbol{G}_c\boldsymbol{B}_1\|_2^2 \tag{3-554}$$

成立的所有控制器 K 的集合。这样就称为输出估计问题的次优设计问题。可得控制器的参数化形式如图 3－22 所示。其中

$$\left.\begin{aligned}&\boldsymbol{M}_2(s)=\begin{bmatrix}\boldsymbol{A}_2 & -\boldsymbol{L}_2 & \boldsymbol{B}_2\\ \boldsymbol{F}_2 & \boldsymbol{0} & \boldsymbol{I}\\ -\boldsymbol{C}_2 & \boldsymbol{I} & \boldsymbol{0}\end{bmatrix}\\ &\boldsymbol{Q}\in \mathbf{R}H_2\\ &\|\boldsymbol{Q}\|_2^2<\gamma^2-\|\boldsymbol{G}_1\boldsymbol{B}_1\|_2^2-\|\boldsymbol{F}_2\boldsymbol{G}_f\|_2^2\end{aligned}\right\} \tag{3-555}$$

定理 3.20 表明，次优控制器被一个固定的(独立于 γ) 具有自由参数 $\boldsymbol{Q}$ 的线性分式变换参数化。当 $\boldsymbol{Q}=0$ 时，为最优控制的情况，可见，定理 3.20 包含了定理 3.19。

3.5　非线性系统的 H_∞ 控制

3.5.1　状态反馈非线性 H_∞ 控制

考虑非线性系统

$$\left.\begin{aligned}\dot{\boldsymbol{x}}&=\boldsymbol{f}(x)+\boldsymbol{g}_1(x)\boldsymbol{\omega}+\boldsymbol{g}_2(x)\boldsymbol{u}\\ \boldsymbol{z}&=\boldsymbol{h}_1(x)+\boldsymbol{j}_{12}(x)\boldsymbol{u}\end{aligned}\right\} \tag{3-556}$$

其中，$\boldsymbol{x}\in\mathbf{R}^n$ 是状态向量，$\boldsymbol{\omega}\in\mathbf{R}^{m_1}$ 是外部干扰信号，$\boldsymbol{u}\in\mathbf{R}^{m_2}$ 为控制输入，$\boldsymbol{z}\in\mathbf{R}^{p_1}$ 为评价输出。$\boldsymbol{f}$，$\boldsymbol{h}_1$ 和 $\boldsymbol{g}_i(i=1,2)$ 是充分光滑的已知函数，$\boldsymbol{f}(0)=\boldsymbol{0}$，$\boldsymbol{h}_1(0)=\boldsymbol{0}$。为简单起见，对于所有的 $\boldsymbol{x}\in\mathbf{R}^n$，假设

$$[\boldsymbol{h}_1^{\mathrm{T}}\quad \boldsymbol{j}_{12}^{\mathrm{T}}]\boldsymbol{j}_{12}=[\boldsymbol{0}\quad \boldsymbol{I}] \tag{3-557}$$

而且考虑使用状态反馈控制规律

$$u=k(x) \tag{3-558}$$

并假设闭环控制系统由 ω 到 z 的输入输出关系记为 $S_{z\omega}$。

状态反馈非线性 H_∞ 控制问题可描述为，对于非线性系统(3-556)和给定的正常数 γ，寻找使闭环控制系统

$$\dot{x}=f(x)+g_2(x)k(x) \tag{3-559}$$

渐进稳定，而且满足 $\| S_{z\omega} \|_{L_2^C}<\gamma$ 的状态反馈规律 $k(x)$。

引理【3.10】：如果下述两个条件中有一个条件成立，则系统 $S_{z\omega}$ 是渐进稳定的，而且 $\| S_{z\omega} \|_{L_2^C}<\gamma$。

(1) 在 $x=0$ 附近存在一个半正定函数 $\varphi(x)$，使哈密顿-雅可比方程

$$\frac{\partial \phi}{\partial x^{\mathrm{T}}}f+\frac{1}{4\gamma^2}\frac{\partial \phi}{\partial x^{\mathrm{T}}}gg^{\mathrm{T}}\frac{\partial \phi}{\partial x}+h^{\mathrm{T}}h=0 \tag{3-560}$$

成立，而且系统

$$\left.\begin{aligned}\dot{x}&=f(x)+\frac{1}{2\gamma^2}gg^{\mathrm{T}}\frac{\partial \phi}{\partial x}(x)+g(x)v\\ \omega&=\frac{1}{2\gamma^2}g^{\mathrm{T}}\frac{\partial \phi}{\partial x}(x)+v\end{aligned}\right\} \tag{3-561}$$

是渐进稳定和局部 L_2 稳定的。

(2) 在 $x=0$ 附近，存在正定函数 $\phi(x)$ 和 $\varphi(x)$，使哈密顿-雅可比方程

$$\frac{\partial \phi}{\partial x^{\mathrm{T}}}f+\frac{1}{4\gamma^2}\frac{\partial \phi}{\partial x^{\mathrm{T}}}gg^{\mathrm{T}}\frac{\partial \phi}{\partial x}+h^{\mathrm{T}}h+\varphi\leqslant 0 \tag{3-562}$$

成立，而且

$$\lim_{x\to 0}\frac{\left\|\frac{1}{2}g^{\mathrm{T}}\frac{\partial \phi}{\partial x}\right\|^2}{\varphi}<\infty \quad 或 \quad \lim_{x\to\infty}\frac{\| h \|^2}{\varphi}<\infty \tag{3-563}$$

3.5.2 状态反馈非线性 H_∞ 控制及其存在性条件

状态反馈非线性 H_∞ 控制问题的可解性条件有如下的定理。

定理【3.21】：状态反馈非线性 H_∞ 控制问题的可解性条件是下述两个条件之一成立：

(a) 在 $x=0$ 附近，存在半正定函数 $\varphi(x)$，使哈密顿-雅可比方程

$$\frac{\partial \phi}{\partial x^{\mathrm{T}}}f+\frac{1}{4}\frac{\partial \phi}{\partial x^{\mathrm{T}}}\left(\frac{1}{\gamma^2}g_1g_1^{\mathrm{T}}-g_2g_2^{\mathrm{T}}\right)\frac{\partial \phi}{\partial x}+h_1^{\mathrm{T}}h_1=0 \tag{3-564}$$

成立，而且系统

$$\left.\begin{aligned}\dot{x}&=f(x)+\frac{1}{2\gamma^2}g_1g_1^{\mathrm{T}}\frac{\partial \phi}{\partial x}-\frac{1}{2}g_2g_2^{\mathrm{T}}\frac{\partial \varphi}{\partial x}+g_1\tilde{z}\\ \omega&=\frac{1}{2\gamma^2g_1^{\mathrm{T}}}\frac{\partial \phi}{\partial x}+\tilde{z}\end{aligned}\right\} \tag{3-565}$$

是渐进稳定的，而且是局部 L_2 稳定的。

(b) 在 $x=0$ 附近，存在正定函数 $\phi(x)$ 和 $\varphi(x)$，使哈密顿-雅可比不等式

$$\frac{\partial \phi}{\partial x^{\mathrm{T}}}f+\frac{1}{4}\frac{\partial \phi}{\partial x^{\mathrm{T}}}\left(\frac{1}{\gamma^2}g_1g_1^{\mathrm{T}}-g_2g_2^{\mathrm{T}}\right)\frac{\partial \phi}{\partial x}+h_1^{\mathrm{T}}h_1+\varphi\leqslant 0 \tag{3-566}$$

成立，而且

$$\lim_{x\to 0}\frac{\left\|\boldsymbol{g}_1^{\mathrm{T}}\frac{\partial\boldsymbol{\phi}}{\partial\boldsymbol{x}}\right\|^2}{\boldsymbol{\varphi}}<\infty \tag{3-567}$$

当上述两个条件之一满足时，状态反馈非线性 H_∞ 控制规律为

$$k(\boldsymbol{x})=-\frac{1}{2}\boldsymbol{g}_2^{\mathrm{T}}\frac{\partial\boldsymbol{\phi}}{\partial\boldsymbol{x}} \tag{3-568}$$

3.5.3　输出反馈非线性 H_∞ 控制

考虑非线性系统

$$\left.\begin{aligned}\dot{\boldsymbol{x}}&=\boldsymbol{f}(\boldsymbol{x})+\boldsymbol{g}_1(\boldsymbol{x})\omega+\boldsymbol{g}_2(\boldsymbol{x})\boldsymbol{u}\\ \boldsymbol{z}&=\boldsymbol{h}_1(\boldsymbol{x})+\boldsymbol{j}_{12}(\boldsymbol{x})\boldsymbol{u}\\ \boldsymbol{y}&=\boldsymbol{h}_2(\boldsymbol{x})+\boldsymbol{j}_{21}(\boldsymbol{x})\boldsymbol{u}\end{aligned}\right\} \tag{3-569}$$

其中，$\boldsymbol{x}\in\mathbf{R}^n$，$\boldsymbol{\omega}\in\mathbf{R}^{m_1}$，$\boldsymbol{u}\in\mathbf{R}^{m_2}$，$\boldsymbol{z}\in\mathbf{R}^{p_1}$，$\boldsymbol{y}\in\mathbf{R}^{p_2}$ 是测量输出。$\boldsymbol{f}$，$\boldsymbol{h}_i$，$\boldsymbol{g}_i(i=1,2)$，$\boldsymbol{j}_{12}$ 和 $\boldsymbol{j}_{21}$ 是充分平滑的已知函数。$\boldsymbol{f}(0)=\boldsymbol{0}$，$\boldsymbol{h}_1(0)=\boldsymbol{0}$，$\boldsymbol{h}_2(0)=\boldsymbol{0}$。为简单起见，对于所有的 $x\in\mathbf{R}^n$，假设

$$\left.\begin{aligned}[\boldsymbol{h}_1^{\mathrm{T}}\quad \boldsymbol{j}_{12}^{\mathrm{T}}]\,\boldsymbol{j}_{12}&=[\boldsymbol{0}\quad \boldsymbol{I}]\\ \boldsymbol{j}_{21}[\boldsymbol{g}_1^{\mathrm{T}}\quad \boldsymbol{j}_{21}^{\mathrm{T}}]&=[\boldsymbol{0}\quad \boldsymbol{I}]\end{aligned}\right\} \tag{3-570}$$

考虑使用非线性补偿器

$$\begin{aligned}\dot{\varepsilon}&=\eta(\varepsilon,y)\\ u&=k(\varepsilon)\end{aligned} \tag{3-571}$$

并假设闭环控制系统由 ω 到 z 的输入输出关系记为 $S_{z\omega}$。

输出反馈非线性 H_∞ 控制问题可描述为，对于由式(3-569)描述的非线性系统和给定的正常数 γ，寻找非线性补偿器(3-571)，使闭环控制系统是渐进稳定的，而且满足 $\|S_{z\omega}\|_{L_2^C}<\gamma$。

3.5.4　输出反馈非线性 H_∞ 控制及其存在条件

下面的定理给出了输出反馈非线性 H_∞ 控制问题的可解性条件以及非线性 H_∞ 控制器的形式。

定理【3.22】：给定正常数 γ，这时输出反馈非线性 H_∞ 控制问题的可解性条件是下述三个条件同时得到满足。

(a) 在 $\boldsymbol{x}=0$ 附近，存在正定函数 $\tilde{\boldsymbol{\phi}}(x)$，使哈密顿-雅可比方程

$$\frac{\partial\tilde{\boldsymbol{\phi}}}{\partial\boldsymbol{x}^{\mathrm{T}}}\boldsymbol{f}+\frac{1}{4}\frac{\partial\tilde{\boldsymbol{\phi}}}{\partial\boldsymbol{x}^{\mathrm{T}}}\left(\frac{1}{\gamma^2}\boldsymbol{g}_1\boldsymbol{g}_1^{\mathrm{T}}-\boldsymbol{g}_2\boldsymbol{g}_2^{\mathrm{T}}\right)\frac{\partial\tilde{\boldsymbol{\phi}}}{\partial\boldsymbol{x}}+\boldsymbol{h}_1^{\mathrm{T}}\boldsymbol{h}_1+\tilde{\boldsymbol{\phi}}=0 \tag{3-572}$$

成立，而且

$$\lim_{\|x\|\to 0}\frac{\left\|\boldsymbol{g}_1^{\mathrm{T}}\frac{\partial\tilde{\boldsymbol{\phi}}}{\partial\boldsymbol{x}}\right\|}{\tilde{\boldsymbol{\varphi}}}<\infty \tag{3-573}$$

(b) 在 $\boldsymbol{x}=0$ 附近，存在正定函数 $\hat{\boldsymbol{\phi}}(x)$，使哈密顿-雅可比不等式

$$\frac{\partial\hat{\boldsymbol{\phi}}}{\partial\boldsymbol{x}^{\mathrm{T}}}\boldsymbol{f}+\frac{1}{4\gamma^2}\frac{\partial\hat{\boldsymbol{\phi}}}{\partial\boldsymbol{x}^{\mathrm{T}}}\boldsymbol{g}_1\boldsymbol{g}_1^{\mathrm{T}}\frac{\partial\tilde{\phi}}{\partial\boldsymbol{x}}+\boldsymbol{h}_1^{\mathrm{T}}\boldsymbol{h}_1-\gamma^2\boldsymbol{h}_2^{\mathrm{T}}\boldsymbol{h}_2+\varepsilon\boldsymbol{x}^{\mathrm{T}}\boldsymbol{x}\leqslant 0 \tag{3-574}$$

成立；

(c) 在 $\boldsymbol{x}=0$ 附近，$\hat{\boldsymbol{\phi}}-\tilde{\boldsymbol{\phi}}$ 是正定的，存在满足

$$\varepsilon \boldsymbol{x}^{\mathrm{T}}\boldsymbol{x}-\tilde{\boldsymbol{\varphi}} \geqslant \varepsilon_1 \boldsymbol{x}^{\mathrm{T}}\boldsymbol{x} \tag{3-575}$$

的 ε_1。

这时，非线性 H_∞ 控制器为

$$\dot{\boldsymbol{\xi}}=\boldsymbol{f}(\xi)+\frac{1}{2\gamma^2}\boldsymbol{g}_1^{\mathrm{T}}(\xi)\boldsymbol{g}_1(\xi)\frac{\partial\tilde{\boldsymbol{\phi}}}{\partial\boldsymbol{x}}(\boldsymbol{\xi})-\frac{1}{2}\boldsymbol{g}_2^{\mathrm{T}}(\xi)\boldsymbol{g}_2(\xi)\frac{\partial\tilde{\boldsymbol{\phi}}}{\partial\boldsymbol{x}}(\boldsymbol{\xi})+\boldsymbol{L}(\xi)[\boldsymbol{h}_2(\boldsymbol{\xi})-\boldsymbol{y}] \tag{3-576}$$

$$\boldsymbol{u}=-\frac{1}{2}\boldsymbol{g}_2^{\mathrm{T}}(\xi)\frac{\partial\hat{\boldsymbol{\phi}}}{\partial\boldsymbol{x}}(\boldsymbol{x}) \tag{3-577}$$

其中，$\boldsymbol{L}(x)$ 在 $\boldsymbol{x}=0$ 附近满足

$$\frac{1}{2}\left[\frac{\partial\hat{\boldsymbol{\phi}}}{\partial\boldsymbol{x}^{\mathrm{T}}}(\boldsymbol{x})-\frac{\partial\tilde{\boldsymbol{\phi}}}{\partial\boldsymbol{x}^{\mathrm{T}}}(\boldsymbol{x})\right]\boldsymbol{L}(x)=-\gamma^2\boldsymbol{h}_2^{\mathrm{T}}(\boldsymbol{x}) \tag{3-578}$$

证明：假设

$$\left.\begin{aligned}\boldsymbol{\alpha}_1(x)&=\frac{1}{2\gamma^2}\boldsymbol{g}_1^{\mathrm{T}}(x)\frac{\partial\boldsymbol{\phi}}{\partial\boldsymbol{x}}(\boldsymbol{x})\\ \boldsymbol{\alpha}_2(x)&=-\frac{1}{2}\boldsymbol{g}_2^{\mathrm{T}}(x)\frac{\partial\boldsymbol{\phi}}{\partial\boldsymbol{x}}(\boldsymbol{x})\end{aligned}\right\} \tag{3-579}$$

利用条件(1) 进行平方计算得

$$\gamma^2\ \|\boldsymbol{\omega}\|_2^2-\|\boldsymbol{z}\|_2^2\geqslant\gamma^2\ \|\tilde{\boldsymbol{\omega}}\|_2^2-\|\tilde{\boldsymbol{u}}\|_2^2 \tag{3-580}$$

其中

$$\left.\begin{aligned}\tilde{\boldsymbol{\omega}}&=\boldsymbol{\omega}-\boldsymbol{\alpha}_1(\boldsymbol{x})\\ \tilde{\boldsymbol{u}}&=\boldsymbol{u}-\boldsymbol{\alpha}_2(\boldsymbol{x})\end{aligned}\right\} \tag{3-581}$$

把 $\tilde{\omega}$ 和 $\tilde{u}$ 分别看作是新的外部扰动信号和评价输出，则有

$$\left.\begin{aligned}\dot{\boldsymbol{x}}&=\boldsymbol{f}(\boldsymbol{x})+\boldsymbol{g}_1(\boldsymbol{x})\boldsymbol{\alpha}_1(\boldsymbol{x})+\boldsymbol{g}_1(\boldsymbol{x})\tilde{\boldsymbol{\omega}}+\boldsymbol{g}_2(\boldsymbol{x})\boldsymbol{u}\\ \tilde{\boldsymbol{u}}&=-\boldsymbol{\alpha}_2(\boldsymbol{x})+\boldsymbol{u}\\ \boldsymbol{y}&=\boldsymbol{h}_2(\boldsymbol{x})+\boldsymbol{j}_{21}(\boldsymbol{x})\tilde{\boldsymbol{\omega}}\end{aligned}\right\} \tag{3-582}$$

这时，只要能够得到

$$\gamma^2\ \|\tilde{\boldsymbol{\omega}}\|_2^2-\|\tilde{\boldsymbol{u}}\|_2^2\geqslant 0 \tag{3-583}$$

即可。因此，由条件(a) 和条件(b)，可以导出

$$\frac{\partial\boldsymbol{W}}{\partial\boldsymbol{x}^{\mathrm{T}}}(f+g_1\alpha_1)+\frac{1}{4\gamma^2}\frac{\partial\boldsymbol{W}}{\partial\boldsymbol{x}^{\mathrm{T}}}\boldsymbol{g}_1\boldsymbol{g}_1^{\mathrm{T}}\frac{\partial\boldsymbol{W}}{\partial\boldsymbol{x}}+\frac{1}{4}\frac{\partial\tilde{\boldsymbol{\phi}}}{\partial\boldsymbol{x}^{\mathrm{T}}}\boldsymbol{g}_2\boldsymbol{g}_2^{\mathrm{T}}\frac{\partial\tilde{\boldsymbol{\phi}}}{\partial\boldsymbol{x}}-\gamma^2\boldsymbol{h}_2^{\mathrm{T}}\boldsymbol{h}_2+\varepsilon\boldsymbol{x}^{\mathrm{T}}\boldsymbol{x}\leqslant 0 \tag{3-584}$$

其中

$$\boldsymbol{W}(x)=\hat{\boldsymbol{\phi}}(x)-\tilde{\boldsymbol{\phi}}(x) \tag{3-585}$$

应用式(3-574)，上式可写成

$$\frac{\partial\boldsymbol{W}}{\partial\boldsymbol{x}^{\mathrm{T}}}(\boldsymbol{f}+\boldsymbol{g}_1\boldsymbol{\alpha}_1+\boldsymbol{L}\boldsymbol{h}_2)+\frac{1}{4\gamma^2}\frac{\partial\boldsymbol{W}}{\partial\boldsymbol{x}^{\mathrm{T}}}(\boldsymbol{g}_1+\boldsymbol{L}\boldsymbol{j}_{21})(\boldsymbol{g}_1+\boldsymbol{L}\boldsymbol{j}_{21})^{\mathrm{T}}\frac{\partial\boldsymbol{W}}{\partial\boldsymbol{x}}+\boldsymbol{\alpha}_2^{\mathrm{T}}\boldsymbol{\alpha}_2+\varepsilon_1\boldsymbol{x}^{\mathrm{T}}\boldsymbol{x}\leqslant 0 \tag{3-586}$$

另外，设 $\boldsymbol{e}=\boldsymbol{x}-\boldsymbol{\xi}$，由式(3-576) 和式(3-582) 可得

$$\left.\begin{aligned}\dot{\boldsymbol{e}}&=(\boldsymbol{f}-\bar{\boldsymbol{f}})+(\boldsymbol{g}_1\boldsymbol{\alpha}_1-\bar{\boldsymbol{g}}_1\bar{\boldsymbol{\alpha}}_1)+(\boldsymbol{g}_2-\bar{\boldsymbol{g}}_2)\bar{\boldsymbol{\alpha}}_2+\bar{\boldsymbol{L}}(\boldsymbol{h}_2-\bar{\boldsymbol{h}}_2)+(\boldsymbol{g}_1-\bar{\boldsymbol{L}}\boldsymbol{j}_{21})\tilde{\boldsymbol{\omega}}\\ \tilde{\boldsymbol{u}}&=-\boldsymbol{\alpha}_2+\bar{\boldsymbol{\alpha}}_2\end{aligned}\right\} \tag{3-587}$$

其中，$\bar{\boldsymbol{f}},\bar{\boldsymbol{g}}_i,\bar{\boldsymbol{\alpha}}_i(i=1,2),\bar{\boldsymbol{h}}_2$ 和 $\bar{\boldsymbol{L}}$ 等是 $\boldsymbol{\xi}$ 的函数，其他函数的自变量为 $\boldsymbol{x}$。

如果

$$\boldsymbol{f}-\bar{\boldsymbol{f}}=\boldsymbol{f}(\boldsymbol{e})$$

$$\boldsymbol{g}_1\boldsymbol{\alpha}_1-\bar{\boldsymbol{g}}_1\bar{\boldsymbol{\alpha}}_1=\boldsymbol{g}_1\boldsymbol{\alpha}_1(\boldsymbol{e})$$

$$(\boldsymbol{g}_2-\bar{\boldsymbol{g}}_2)\bar{\boldsymbol{\alpha}}_2=0$$

$$\boldsymbol{h}_2-\bar{\boldsymbol{h}}_2=\boldsymbol{h}_2(\boldsymbol{e})$$

$$-\boldsymbol{\alpha}_2+\bar{\boldsymbol{\alpha}}_2=-\boldsymbol{\alpha}_2(\boldsymbol{e})$$

$\boldsymbol{L}(x)$ 是常数矩阵，而且在式(3-587)中用 $\boldsymbol{e}$ 代替 $\boldsymbol{x}$，则对于式(3-587)所示的系统，式(3-583)成立，这与线性系统的证明思路相同。但是，在非线性的场合，$\boldsymbol{f}-\bar{\boldsymbol{f}}=\boldsymbol{f}(\boldsymbol{e})$ 等上述条件在大范围内不成立，因此，仅仅注意到在 $\boldsymbol{x}=0$ 附近进行泰勒级数展开的一次项，并在 $\boldsymbol{x}=0$ 的充分小邻域，利用 $\boldsymbol{f}(\boldsymbol{e})$ 与 $\boldsymbol{f}-\bar{\boldsymbol{f}}$ 相等的性质可以得到证明。

需要注意的是，上述定理中的充分条件虽实际上保证了局部 L_2 增益的条件，但不能定量地给出多大的状态 x 范围内可以满足 L_2 增益的条件，也就是说，即使上述定理中的哈密顿－雅可比不等式在大范围内成立，L_2 稳定性也仅仅是局部的，这一点与状态反馈时的情况不相同。

思　考　题

3-1　设系统的状态空间实现给定如下：

$$\begin{cases}\dot{\boldsymbol{x}}=\boldsymbol{A}\boldsymbol{x}+\boldsymbol{B}_1\boldsymbol{w}+\boldsymbol{B}_2\boldsymbol{u}\\ \boldsymbol{z}_1=\boldsymbol{C}_1\boldsymbol{x}+\boldsymbol{D}_{11}\boldsymbol{w}+\boldsymbol{D}_{12}\boldsymbol{u}\\ \boldsymbol{z}_2=\boldsymbol{C}_2\boldsymbol{x}+\boldsymbol{D}_{21}\boldsymbol{w}+\boldsymbol{D}_{21}\boldsymbol{u}\\ \boldsymbol{y}=\boldsymbol{C}_3\boldsymbol{x}+\boldsymbol{D}_{31}\boldsymbol{w}+\boldsymbol{D}_{32}\boldsymbol{u}\end{cases}$$

$$u=\boldsymbol{K}(s)y$$

试证明存在 $\boldsymbol{K}(s)$ 使得 $\|\boldsymbol{T}_{z_1w}(s)\|_\infty<1$ 的充分必要条件是对于充分小正数 $\varepsilon>0$ 该 $\boldsymbol{K}(s)$ 满足

$$\left\|\begin{bmatrix}\boldsymbol{T}_{z_1w}(s)\\ \varepsilon\boldsymbol{T}_{z_2w}(s)\end{bmatrix}\right\|_\infty<1$$

其中，$\boldsymbol{T}_{z_1w}$ 和 $\boldsymbol{T}_{z_2w}$ 分别表示由 $\boldsymbol{w}$ 到 $\boldsymbol{z}_1$ 和 $\boldsymbol{z}_2$ 的闭环传递函数。

3-2　如图 3-23 所示，用三个传函阵 $\boldsymbol{T}_3$、$\boldsymbol{Q}_1$、$\boldsymbol{T}_2$ 的串联去逼近传函阵 $\boldsymbol{T}_1$。其中 $\boldsymbol{T}_1,\boldsymbol{T}_2,\boldsymbol{T}_3\in\mathbf{R}H_\infty$ 已知，$\boldsymbol{Q}\in\mathbf{R}H_\infty$ 待求。

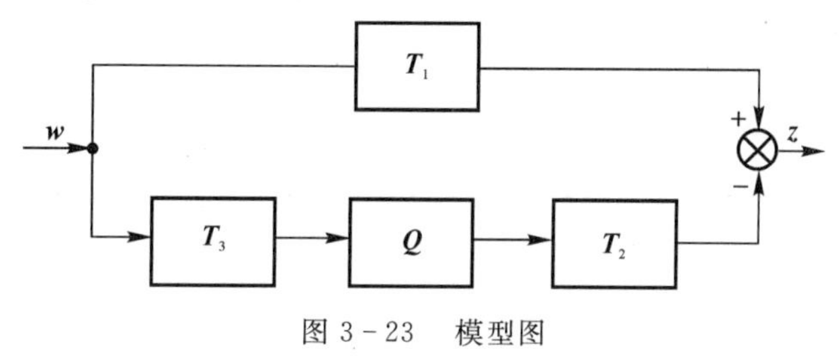

图 3-23　模型图

模型匹配问题的提法是选择 $\boldsymbol{Q} \in \mathbf{R}H_{\infty}$，使

$$\sup\{ \| \boldsymbol{z} \|_2 \mid \boldsymbol{w} \in H_2, \| \boldsymbol{w} \|_2 \leqslant 1\}$$

极小，即 $\| \boldsymbol{T}_1 - \boldsymbol{T}_2\boldsymbol{Q}\boldsymbol{T}_3 \|_{\infty}$ 极小。试将上述模型匹配问题化为图 3-23 所示的 H_{∞} 最优控制问题。(提示：取控制器 $\boldsymbol{K} = -\boldsymbol{Q}$)

3-3　设 $\boldsymbol{G}(s) = \boldsymbol{C}(s\boldsymbol{I} - \boldsymbol{A})^{-1}\boldsymbol{B} \in \mathbf{R}H_{\infty}$。试证明 $\| \boldsymbol{G}(s) \|_{\infty} < \gamma$ ($\gamma > 0$ 为常数) 的充分必要条件是

$$\boldsymbol{P}\boldsymbol{A} + \boldsymbol{A}^{\mathrm{T}}\boldsymbol{P} + \gamma^2 \boldsymbol{P}\boldsymbol{B}\boldsymbol{B}^{\mathrm{T}}\boldsymbol{P} + \boldsymbol{C}^{\mathrm{T}}\boldsymbol{C} = \boldsymbol{0}$$

有半正定解 $\boldsymbol{P} \geqslant 0$，且 $\boldsymbol{A} + \gamma^{-2}\boldsymbol{B}\boldsymbol{B}^{\mathrm{T}}\boldsymbol{P}$ 为稳定阵。

3-4　设 $\boldsymbol{G}(s) = \boldsymbol{C}(s\boldsymbol{I} - \boldsymbol{A})^{-1}\boldsymbol{B} + \boldsymbol{D}, \boldsymbol{D} \neq 0$，且 $\boldsymbol{A}$ 为稳定阵。试证明对于给定的 $\gamma (> \| \boldsymbol{D} \|_{\infty})$，$\| \boldsymbol{G}(s) \|_{\infty} < \gamma$ 的充分必要条件为 Riccati 方程：

$$\boldsymbol{P}(\boldsymbol{A} + \boldsymbol{B}\boldsymbol{R}^{-1}\boldsymbol{D}^{\mathrm{T}}\boldsymbol{C}) + (\boldsymbol{A} + \boldsymbol{B}\boldsymbol{R}^{-1}\boldsymbol{D}^{\mathrm{T}}\boldsymbol{C})^{\mathrm{T}}\boldsymbol{P} + \boldsymbol{P}\boldsymbol{B}\boldsymbol{R}^{-1}\boldsymbol{B}^{\mathrm{T}}P + \boldsymbol{C}^{\mathrm{T}}(\boldsymbol{I} + \boldsymbol{D}\boldsymbol{R}^{-1}\boldsymbol{D}^{\mathrm{T}})\boldsymbol{C} = \boldsymbol{0}$$

有非负定解 $\boldsymbol{P} \geqslant 0$，且 $\boldsymbol{A} + \boldsymbol{B}\boldsymbol{R}^{-1}(\boldsymbol{B}^{\mathrm{T}}\boldsymbol{P} + \boldsymbol{D}^{\mathrm{T}}\boldsymbol{C})$ 为稳定阵。其中 $\boldsymbol{R} = \gamma^2\boldsymbol{I} - \boldsymbol{D}^{\mathrm{T}}\boldsymbol{D} > 0$。

3-5　给定二阶系统

$$\dot{\boldsymbol{x}} = \begin{bmatrix} -1 & 0 \\ 0 & -2 \end{bmatrix} \boldsymbol{x} + \begin{bmatrix} 1 \\ 1 \end{bmatrix} \boldsymbol{w} + \begin{bmatrix} 1 \\ 0 \end{bmatrix} \boldsymbol{u}$$

和被控输出

$$\boldsymbol{z} = \begin{bmatrix} \boldsymbol{x} \\ \boldsymbol{u} \end{bmatrix}$$

(1) 写出 H_{∞} 控制问题的广义被控对象的动态方程。

(2) 判断是否存在状态反馈控制律，使闭环传函阵 $\boldsymbol{G}_{zw}(s)$ 的 H_{∞} 范数小于 3。

(3) 如果这样的状态反馈控制律存在，试计算并写出它的表达式。

3-6　给定一阶系统

$$\dot{x} = -x + w + u$$

和被控输出

$$\boldsymbol{z} = \begin{bmatrix} x \\ u \end{bmatrix}$$

试设计状态反馈控制律，使得从噪声 w 到被控输出 $\boldsymbol{z}$ 的传函 $\boldsymbol{G}_{zw}(s)$ 的 H_{∞} 范数小于 2。

3-7　设 $\boldsymbol{T}_{zw}(s) = \boldsymbol{C}(s\boldsymbol{I} - \boldsymbol{A})^{-1}\boldsymbol{B} + \boldsymbol{D} \in \mathbf{R}H_{\infty}$，且 $\bar{\sigma}(\boldsymbol{D}) < 1$。试证明，若 $\| \boldsymbol{T}_{zw}(s) \|_{\infty} < 1$，则存在 $\beta_+ > 0$，使得对每个 $\beta \in [0, \beta_+)$，如下不等式成立

$$\| \boldsymbol{T}_{zw}(s)\boldsymbol{T}_{\beta}(s) \|_{\infty} < 1$$

其中

$$\boldsymbol{T}_{\beta} = \boldsymbol{C}(s\boldsymbol{I} - \boldsymbol{A})^{-1}\sqrt{\boldsymbol{\beta}}\boldsymbol{I}$$

第4章 μ 综合设计方法

第3章的 H_∞ 控制方法将鲁棒性需求直接反映在系统的设计指标中，将不确定性反映在相应的加权函数上，然后以非结构化不确定性和小增益定理为设计框架，因此，在最坏情况下的设计将导致过大的保守性，并且这种方法忽略了对鲁棒性能的设计要求。由于系统的鲁棒稳定性和鲁棒性能在 H_∞ 范数意义下是统一的，因此，设想存在一个虚拟的“性能”不确定性块 $\boldsymbol{\Delta}_p$，将控制系统鲁棒性能的设计问题转化为鲁棒稳定性设计问题，并利用 H_∞ 控制方法进行控制器的求解。此时，不确定性块 $\boldsymbol{\Delta}_p$ 为对角结构，即 $\boldsymbol{\Delta}_{\mathrm{M}}=\mathrm{diag}(\boldsymbol{\Delta},\boldsymbol{\Delta}_p)$，常称为结构不确定性。因此，在分析此时控制系统的鲁棒稳定性问题即原系统的鲁棒稳定性和鲁棒性能时，如果仍使用 H_∞ 范数作为控制系统性能度量工具的话，将会带来很大的保守性。为此，1982年Doyle提出了结构奇异值的概念来减少这种保守性，逐渐发展形成了 μ 理论。

4.1 标准的 μ 综合设计方法

4.1.1 结构奇异值

4.1.1.1 结构奇异值 μ 的定义

为了定义结构奇异值，可以把含有不确定性的系统分隔为两部分：不确定性 $\boldsymbol{\Delta}(s)\in\mathbf{R}H_\infty^{n\times n}$ 和 $\boldsymbol{M}(s)$，得到如图4-1所示的 $\boldsymbol{M}-\boldsymbol{\Delta}$ 标准结构。

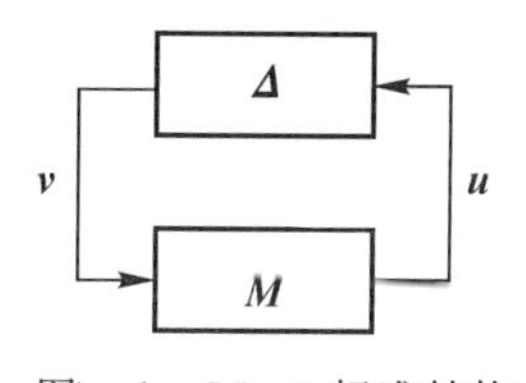

图4-1 $\boldsymbol{M}-\boldsymbol{\Delta}$ 标准结构

图4-1中传递函数矩阵 $\boldsymbol{M}\in\mathbf{C}^{n\times n}$，包括对象的标称模型、控制器和不确定性的加权函数。摄动块 $\boldsymbol{\Delta}$ 是一个块对角结构，包含各种类型的不确定性摄动。图4-1还反映了系统的摄动 $\boldsymbol{\Delta}$ 是如何与有限维的线性定常系统 $\boldsymbol{M}$ 互相联系的。标称系统 $\boldsymbol{M}$ 的输入 $\boldsymbol{v}$ 包含所有的外部输入信号，即需要跟踪的参考指令信号、扰动及传感器噪声和反馈控制输入。$\boldsymbol{M}$ 的输出 $\boldsymbol{u}$ 包含所有需要满足的稳定性和性能指标的受控对象输出和反馈到控制器的传感器信号。

$\boldsymbol{\Delta}$ 结构是根据实际问题的不确定性和各系统所要求的性能指标来确定的，它属于矩阵集合 $\underline{\boldsymbol{\Delta}}(s)$。这个集合描述了包含下面三个部分的块对角结构：

(1) 摄动块的个数；

(2) 每个摄动子块的类型；

(3) 每个摄动子块的维数。

考虑两类摄动块 —— 重复标量摄动块和不确定性全块。前者表示对象的参数不确定性，后者表示对象的动态不确定性。

假设 $\boldsymbol{\Delta} \in \mathbf{C}^{n\times n}$ 是复数块对角的矩阵，由重复标量块和满块矩阵组成，可表示为

$$\boldsymbol{\Delta} = \{\mathrm{diag}(\delta_1 \boldsymbol{I}_{r1}, \cdots, \delta_S \boldsymbol{I}_{rS}, \boldsymbol{\Delta}_1, \cdots, \boldsymbol{\Delta}_F) : \delta_i \in \mathbf{C}, \boldsymbol{\Delta}_j \in \mathbf{C}^{m_j \times m_j}\} \tag{4-1}$$

其中：S 和 F 分别表示复数标量块矩阵和满块矩阵的个数；$\boldsymbol{I}_{ri}$ 表示 $r_i \times r_i$ 维实单位矩阵，而且

$$\sum_{i=1}^{S} r_i + \sum_{j=1}^{F} m_j = n \tag{4-2}$$

所有具有式(4-1)结构的 $\boldsymbol{\Delta}$ 集合可表示为 $\underline{\boldsymbol{\Delta}}$。

在图4-1中，需要考虑的一个重要问题是多大的 $\boldsymbol{\Delta}$(在 $\|\boldsymbol{\Delta}\|_\infty$ 的意义下)不至于使反馈系统不稳定。可以看出，反馈系统的闭环极点由 $\det(\boldsymbol{I}-\boldsymbol{M\Delta})=0$ 给出。如果对于 $\mathrm{Re}s \geqslant 0$，有 $\det(\boldsymbol{I}-\boldsymbol{M\Delta})=0$ 成立，则反馈系统就是不稳定的。设 $\alpha > 0$ 是一个充分小的常数，对于所有稳定的 $\|\boldsymbol{\Delta}\|_\infty < \alpha$，反馈系统是稳定的。如果增大 α，直到 $\alpha_{\max}$ 使得反馈系统变得不稳定，则 $\alpha_{\max}$ 是鲁棒稳定性裕量。根据小增益定理，如果 $\boldsymbol{\Delta}$ 是非结构不确定性，则

$$\frac{1}{\alpha_{\max}} = \|\boldsymbol{M}\|_\infty = \sup_{\mathrm{Re}s\geqslant 0} \sigma_{\max}[\boldsymbol{M}(s)] = \sup_{\omega} \sigma_{\max}[\boldsymbol{M}(\mathrm{j}\omega)] \tag{4-3}$$

对于任意固定的 $\mathrm{Re}(s) \geqslant 0$，$\sigma_{\max}[\boldsymbol{M}(s)]$ 可以写为

$$\sigma_{\max}[\boldsymbol{M}(s)] = (\min\{\sigma_{\max}(\boldsymbol{\Delta}) : \det(\boldsymbol{I}-\boldsymbol{M\Delta})=0, \boldsymbol{\Delta}\text{ 是非结构性}\})^{-1} \tag{4-4}$$

即 $\boldsymbol{M}$ 的最大奇异值的倒数反映了引起反馈系统不稳定的最小非结构不确定性 $\boldsymbol{\Delta}$。

为了量化导致反馈系统不稳定的最小结构不确定性 $\boldsymbol{\Delta}$，需要定义一般化的奇异值概念。矩阵 $\boldsymbol{M}(s)$ 的最大奇异值由式(4-4)给出，而 $\boldsymbol{M}(s)$ 关于复数结构不确定性 $\boldsymbol{\Delta}$ 的最大结构奇异值 $\mu_{\underline{\Delta}}(\boldsymbol{M})$ 定义为

$$\mu_{\underline{\Delta}}(\boldsymbol{M}) = \begin{cases} (\min\limits_{\Delta\in\underline{\Delta}}\{\sigma_{\max}(\boldsymbol{\Delta}) : \boldsymbol{\Delta} \in \underline{\boldsymbol{\Delta}}, \det(\boldsymbol{I}-\boldsymbol{M\Delta})=0\})^{-1} \\ 0, \quad \text{如果 } \det(\boldsymbol{I}-\boldsymbol{M\Delta}) \neq 0, \quad \forall \boldsymbol{\Delta} \in \underline{\boldsymbol{\Delta}} \end{cases} \tag{4-5}$$

式(4-5)中，若 $\underline{\boldsymbol{\Delta}}$ 为空集，则定义 $\mu_{\underline{\Delta}}(\boldsymbol{M})=0$。这里，$\sigma_{\max}(\boldsymbol{\Delta})$ 为 $\boldsymbol{\Delta}$ 的最大奇异值，可知，若

$$\sigma_{\max}(\boldsymbol{\Delta}) < \frac{1}{\mu_{\underline{\Delta}}(\boldsymbol{M})}, \quad \forall \boldsymbol{\Delta} \in \underline{\boldsymbol{\Delta}} \tag{4-6}$$

则

$$\det(\boldsymbol{I}-\boldsymbol{M\Delta}) \neq 0, \quad \forall \boldsymbol{\Delta} \in \underline{\boldsymbol{\Delta}} \tag{4-7}$$

反之，若存在 $\boldsymbol{\Delta} \in \underline{\boldsymbol{\Delta}}$，使得

$$\sigma_{\max}(\boldsymbol{\Delta}) \geqslant \frac{1}{\mu_{\underline{\Delta}}(\boldsymbol{M})} \tag{4-8}$$

则存在 $\boldsymbol{\Delta} \in \underline{\boldsymbol{\Delta}}$，使得 $\det(\boldsymbol{I}-\boldsymbol{M\Delta})=0$。

一般而言，$\mu_{\Delta}(\boldsymbol{M})$ 越小，允许的摄动幅度就越大，从而在保证控制系统稳定的前提下，使摄动幅度最大的问题就转换为使 $\mu_{\underline{\Delta}}(\boldsymbol{M})$ 最小的问题。

对于具有复数结构不确定性的反馈系统，鲁棒稳定性裕量显而易见，即

$$\frac{1}{\sigma_{\max}} = -\sup_{\mathrm{Re}s\geqslant 0} \mu_{\Delta}[M(s)] \geqslant \sup_{\omega} \mu_{\Delta}[M(\mathrm{j}\omega)] \tag{4-9}$$

4.1.1.2 结构奇异值 μ 的性质

根据结构奇异值 μ 的定义，下面两种极端情况很容易得到证明。

(1) 如果 $\boldsymbol{\Delta}=\{\delta \boldsymbol{I}:\delta \in \mathbf{C}\}$，即 $\delta=1, F=0, r_1=n$ 的情况，则 $\mu_{\Delta}(\boldsymbol{M})=\rho(\boldsymbol{M})$。

(2) 如果 $\boldsymbol{\Delta}=\mathbf{C}^{n\times n}$，即 $S=0, F=1, m_1=n$ 的情况，则 $\mu_{\Delta}(\boldsymbol{M})=\bar{\sigma}(\boldsymbol{M})$。

很显然，对于由式(4-1) 描述的 $\boldsymbol{\Delta}$，肯定有

$$\{\delta \boldsymbol{I}:\delta \in \mathbf{C}\} \subset \boldsymbol{\Delta} \subset \mathbf{C}^{n\times n} \tag{4-10}$$

根据 μ 的定义，从上述两种极端情况可以直接得出

$$\rho(\boldsymbol{M}) \leqslant \mu_{\Delta}(\boldsymbol{M}) \leqslant \bar{\sigma}(\boldsymbol{M}) \tag{4-11}$$

实际上，上述关系式可以通过下述方法得到证明。首先证明 $\rho(\boldsymbol{M}) \leqslant \mu_{\Delta}(\boldsymbol{M})$。由于 $\rho(\boldsymbol{M})$ 的定义意味着存在一个特征值 λ_i 和一个特征向量 $\boldsymbol{x}_i$，使得 $|\lambda_i|=\rho(\boldsymbol{M})$ 和 $\boldsymbol{M}\boldsymbol{x}_i=\lambda_i\boldsymbol{x}_i$，因而由

$$\left(\boldsymbol{I}-\boldsymbol{M}\frac{1}{\lambda_i}\boldsymbol{I}\right)\boldsymbol{x}_i=\boldsymbol{x}_i-\lambda_i\boldsymbol{x}_i\frac{1}{\lambda_i}=0 \tag{4-12}$$

得到

$$\det\left(\boldsymbol{I}-\boldsymbol{M}\frac{1}{\lambda}\boldsymbol{I}\right)=0 \tag{4-13}$$

令 $\boldsymbol{\Delta}=\frac{1}{\lambda_i}\boldsymbol{I}$，式(4-13) 意味着

$$\frac{1}{\mu_{\Delta}(\boldsymbol{M})} \leqslant \frac{1}{\rho(\boldsymbol{M})} \tag{4-14}$$

由此得到 $\rho(\boldsymbol{M}) \leqslant \mu_{\Delta}(\boldsymbol{M})$。

接下来，继续证明 $\mu_{\boldsymbol{\Delta}}(\boldsymbol{M}) \leqslant \bar{\sigma}(\boldsymbol{M})$。由 μ 的定义，可知

$$\frac{1}{\mu_{\boldsymbol{\Delta}}(\boldsymbol{M})} \geqslant \inf_{\boldsymbol{\Delta}\in \mathbf{C}^{n\times n}}\{\bar{\sigma}(\boldsymbol{\Delta}):\det(\boldsymbol{I}-\boldsymbol{M}\boldsymbol{\Delta})=0\} \tag{4-15}$$

即

$$\frac{1}{\mu_{\boldsymbol{\Delta}}(\boldsymbol{M})} \geqslant \frac{1}{\bar{\sigma}(\boldsymbol{M})} \tag{4-16}$$

由此得到 $\mu_{\boldsymbol{\Delta}}(\boldsymbol{M}) \leqslant \bar{\sigma}(\boldsymbol{M})$。

然而，仅仅知道式(4-11) 的两个边界是不充分的，因为这两个边界可能相差很大。例如，当假设

$$\boldsymbol{\Delta}=\begin{bmatrix}\delta_1 & 0\\ 0 & \delta_2\end{bmatrix} \tag{4-17}$$

时，下述两种情况下的 $\rho(\boldsymbol{M})$ 和 $\bar{\sigma}(\boldsymbol{M})$ 相差很大。

(1) 当

$$\boldsymbol{M}=\begin{bmatrix}0 & \beta\\ 0 & 0\end{bmatrix},\quad \beta>0 \tag{4-18}$$

时，$\rho(\boldsymbol{M})=0$，$\bar{\sigma}(\boldsymbol{M})=\beta$，但 $\mu_{\boldsymbol{\Delta}}(\boldsymbol{M})=0$，因为 $\det(\boldsymbol{I}-\boldsymbol{M}\boldsymbol{\Delta})=1$ 对于所有的 $\boldsymbol{\Delta}$ 均成立。

(2) 当

$$\boldsymbol{M}=\begin{bmatrix}-\frac{1}{2} & \frac{1}{2}\\ -\frac{1}{2} & \frac{1}{2}\end{bmatrix} \tag{4-19}$$

时，$\rho(\boldsymbol{M})=0$，$\bar{\sigma}(\boldsymbol{M})=1$，因为

$$\det(\boldsymbol{I}-\boldsymbol{M\Delta})=1+\frac{\delta_1-\delta_2}{2} \tag{4-20}$$

很显然，有

$$\inf\left\{\sup_i|\delta_i|:1+\frac{\delta_1-\delta_2}{2}=0\right\}=1 \tag{4-21}$$

则 $\mu_{\boldsymbol{\Delta}}(\boldsymbol{M})=1$。

不过，$\mu_{\boldsymbol{\Delta}}(\boldsymbol{M})$ 的这种边界可以通过对 $\boldsymbol{M}$ 的变形加以紧缩，而这种变形并不影响 $\mu_{\boldsymbol{\Delta}}(\boldsymbol{M})$。为了做到这一点，定义 $\mathbf{C}^{n\times n}$ 的两个子集：

$$\underline{\boldsymbol{U}}=\{\boldsymbol{U}\in\underline{\boldsymbol{\Delta}}:\boldsymbol{UU}^*=\boldsymbol{I}_n\} \tag{4-22}$$

$$\boldsymbol{D}=\begin{Bmatrix}\mathrm{diag}(\boldsymbol{D}_1,\cdots,\boldsymbol{D}_s d_1,\boldsymbol{I}_{m1},\cdots,d_{F-1}\boldsymbol{I}_{mF-1},\boldsymbol{I}_{mF}):\boldsymbol{D}_i\in\mathbf{C}^{r_i\times r_i},\quad \boldsymbol{D}_i=\boldsymbol{D}_i^*>0\\ d_j\in\mathbf{R},d_j>0\end{Bmatrix} \tag{4-23}$$

对于任意的 $\boldsymbol{\Delta}\in\underline{\boldsymbol{\Delta}}$，$\boldsymbol{U}\in\underline{\boldsymbol{U}}$ 和 $\boldsymbol{D}\in\underline{\boldsymbol{D}}$，相应地有

$$\left.\begin{aligned}&\boldsymbol{U}^*\in\underline{\boldsymbol{U}},\quad \boldsymbol{U\Delta}\in\underline{\boldsymbol{\Delta}},\quad \boldsymbol{\Delta U}\in\underline{\boldsymbol{\Delta}}\\&\bar{\sigma}(\boldsymbol{U\Delta})=\bar{\sigma}(\boldsymbol{\Delta U})=\bar{\sigma}(\boldsymbol{\Delta})\\&\boldsymbol{D\Delta}=\boldsymbol{\Delta D}\end{aligned}\right\} \tag{4-24}$$

定理【4.1】：对于所有的 $\boldsymbol{U}\in\underline{\boldsymbol{U}}$ 和 $\boldsymbol{D}\in\underline{\boldsymbol{D}}$，有

$$\mu_{\boldsymbol{\Delta}}(\boldsymbol{MU})=\mu_{\boldsymbol{\Delta}}(\boldsymbol{UM})=\mu_{\boldsymbol{\Delta}}(\boldsymbol{M})=\mu_{\boldsymbol{\Delta}}(\boldsymbol{DMD}^{-1}) \tag{4-25}$$

证明：对于所有的 $\boldsymbol{D}\in\underline{\boldsymbol{D}}$ 和 $\boldsymbol{\Delta}\in\underline{\boldsymbol{\Delta}}$，由式(4-24)得

$$\begin{aligned}\det(\boldsymbol{I}-\boldsymbol{DMD}^{-1}\boldsymbol{\Delta})&=\det(\boldsymbol{I}-\boldsymbol{DMD}^{-1}\boldsymbol{D\Delta D}^{-1})=\det(\boldsymbol{DD}^{-1}-\boldsymbol{DM\Delta D}^{-1})=\\&\det(\boldsymbol{D})\det(\boldsymbol{I}-\boldsymbol{M\Delta})\det(\boldsymbol{D}^{-1})\end{aligned} \tag{4-26}$$

当且仅当 $\det(\boldsymbol{I}-\boldsymbol{M\Delta})=0$ 时，$\det(\boldsymbol{I}-\boldsymbol{DMD}^{-1}\Delta)=0$，即 $\mu_{\boldsymbol{\Delta}}(\boldsymbol{M})=\mu_{\boldsymbol{\Delta}}(\boldsymbol{DMD}^{-1})$。同样，对于每一个 $\boldsymbol{U}\in\underline{\boldsymbol{U}}$，当且仅当 $\det(\boldsymbol{I}-\boldsymbol{MUU}^*\Delta)=0$ 时，$\det(\boldsymbol{I}-\boldsymbol{\Delta M})=0$，由 $\boldsymbol{U}^*\boldsymbol{\Delta}\in\underline{\boldsymbol{\Delta}}$ 和 $\bar{\sigma}(\boldsymbol{U}^*\boldsymbol{\Delta})=\bar{\sigma}(\boldsymbol{\Delta})$ 得 $\mu_{\boldsymbol{\Delta}}(\boldsymbol{MU})=\mu_{\boldsymbol{\Delta}}(\boldsymbol{M})$。对于 $\boldsymbol{UM}$ 的情形，可以用同样的方法证明。

因此，式(4-11)的边界可以缩进为

$$\max_{U\in\underline{U}}\rho(\boldsymbol{MU})\leqslant\mu_{\boldsymbol{\Delta}}(\boldsymbol{M})\leqslant\inf_{D\in\underline{D}}\bar{\sigma}(\boldsymbol{DMD}^{-1}) \tag{4-27}$$

集合 $\underline{\boldsymbol{D}}$ 中的最后一个元素被规范为 $\boldsymbol{I}_{mF}$，这是因为对于任何的非零标量 γ，有 $\boldsymbol{DMD}^{-1}=(\gamma\boldsymbol{D})\boldsymbol{M}(\gamma\boldsymbol{D})^{-1}$ 成立。

4.1.1.3 结构奇异值 μ 的边界

对于一般的结构，并不总是能够在数值上量化 μ 的值，但总是能够用两个边界来界定 μ 的值。此外，可以使用其他的变换来收紧此界。边界通常可以被收紧到上界和下界相等的一个点上，在这种情况下可以准确知道 μ 值。在其他情况下，上界和下界可能是足够接近于 μ 的一个近似。

考虑如图 4-2 所示的简图，图中三部分是等价的，但是在两种极端情况下，所进行的稳定鲁棒分析(变换引入到图 4-2 的左边和右边之后)产生了 μ 的上界和下界。

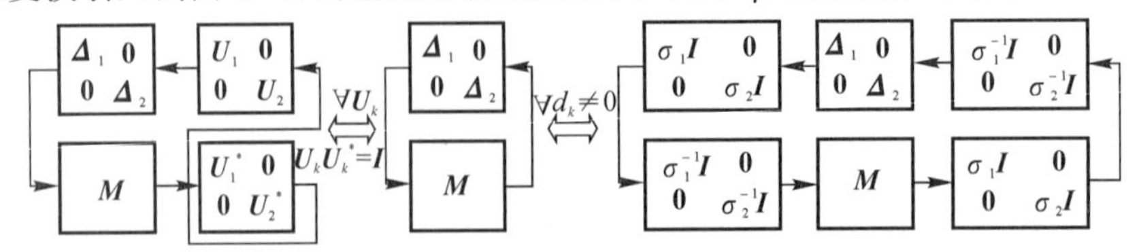

图 4-2　保持摄动大小的变换

左边的变换涉及酉矩阵 $\boldsymbol{U}$，其中

$$\boldsymbol{U}^*\boldsymbol{U}=\boldsymbol{U}\boldsymbol{U}^*=\boldsymbol{I} \tag{4-28}$$

另外，这些矩阵的结构与 $\boldsymbol{U}$ 相一致（带有以 k 为下标的块）。不确定集的大小在这些变换中没有改变，变换如下：

$$\bar{\sigma}[\boldsymbol{\Delta}_k\boldsymbol{U}_k]=\lambda^{1/2}[\boldsymbol{\Delta}_k\boldsymbol{U}_k\boldsymbol{U}_k^*\boldsymbol{\Delta}_k^*]=\lambda^{1/2}[\boldsymbol{\Delta}\boldsymbol{\Delta}^*]=\bar{\sigma}[\boldsymbol{\Delta}_k] \tag{4-29}$$

由于不确定集的大小不变，图4-2中间部分 $\mu[\boldsymbol{M}]<1$ 的问题等价于图4-2左边部分 $\mu[\boldsymbol{M}\bar{\boldsymbol{U}}]<1$ 的问题。对于任何 $\bar{\boldsymbol{U}}=\mathrm{diag}\{\bar{\boldsymbol{U}}_k\}$，$\rho[\boldsymbol{M}\bar{\boldsymbol{U}}]<\mu[\boldsymbol{M}\bar{\boldsymbol{U}}]$，因此，可通过一些步骤收紧边界。总之，对于下界，有

$$\sup_{U_k}\rho[\bar{\boldsymbol{U}}\boldsymbol{M}]\leqslant\mu[\boldsymbol{M}] \tag{4-30}$$

右边变换包括尺度矩阵 $\boldsymbol{D}$，其结构与 $\boldsymbol{\Delta}$ 相一致（带有以 k 为下标的块）。图4-2假定全 $\boldsymbol{\Delta}$ 块。这样，如果这些块是重复的标量，那么可以用 $\boldsymbol{D}_k$ 代替 $\boldsymbol{d}_k\boldsymbol{I}$。经过这些变换但不确定集的大小并不改变，如下所示：

$$\bar{\sigma}[\boldsymbol{d}_k\boldsymbol{\Delta}_k\boldsymbol{d}_k^{-1}]=\bar{\sigma}[\boldsymbol{\Delta}_k] \tag{4-31}$$

由于不确定集的大小不改变，那么图4-2中间部分 $\mu[\boldsymbol{M}]<1$ 的问题等价于右边 $\mu[\boldsymbol{DMD}^{-1}]<1$ 的问题。因为对于任何 $\boldsymbol{D}=\mathrm{diag}\{d_k\}$，$\mu[\boldsymbol{DMD}^{-1}]<\sigma[\boldsymbol{DMD}^{-1}]$，那么可采取一些步骤收紧边界。总之，对于上界，

$$\mu[\boldsymbol{M}]\leqslant\inf_{d_k}\bar{\sigma}[\boldsymbol{DMD}^{-1}] \tag{4-32}$$

最后，综合式(4-30)和式(4-32)可以为 $\mu[\boldsymbol{M}]$ 计算上界和下界：

$$\sup_{U_k}\rho[\bar{\boldsymbol{U}}\boldsymbol{M}]\leqslant\mu[\boldsymbol{M}]\leqslant\inf_{d_k}\bar{\sigma}[\boldsymbol{DMD}^{-1}] \tag{4-33}$$

这些边界依赖于 $\boldsymbol{\Delta}$ 的不确定集结构。$\boldsymbol{D}$ 是 $\boldsymbol{M}$ 的一个尺度矩阵，当 $\boldsymbol{M}$ 是传递函数矩阵时，这个上界是 $\boldsymbol{M}$ 被尺度变换后的 H_∞ 范数，下面的例子说明了尺度矩阵 $\boldsymbol{D}$ 在计算结构奇异值 μ 中的应用。

例[4.1]：假定 a 为实数，而且对于矩阵

$$\boldsymbol{M}_1=\begin{bmatrix}1 & a\\ \frac{1}{a} & 1\end{bmatrix},\quad \boldsymbol{M}_2=\begin{bmatrix}1 & -a\\ \frac{1}{a} & 1\end{bmatrix} \tag{4-34}$$

假设 $\boldsymbol{\Delta}=\mathrm{diag}(\boldsymbol{\Delta}_1,\boldsymbol{\Delta}_2)$，$\|\boldsymbol{\Delta}_1\|_\infty<1$，$\|\boldsymbol{\Delta}_2\|_\infty<1$。可以计算出，对应于 $\boldsymbol{M}_1$ 和 $\boldsymbol{M}_2$，式(4-11)的下界和上界分别为

$$\left.\begin{aligned}&\rho(\boldsymbol{M}_1)=2\\&\bar{\sigma}(\boldsymbol{M}_1)=2+a^{-2}+a^2\geqslant4\end{aligned}\right\} \tag{4-35}$$

$$\left.\begin{aligned}&\rho(\boldsymbol{M}_2)=\sqrt{2}\\&\bar{\sigma}(\boldsymbol{M}_2)=\frac{1}{2}[2+a^{-2}+a^2+\sqrt{2+a^{-2}+a^2-16}]\geqslant2\end{aligned}\right\} \tag{4-36}$$

显然，根据 a 的取值不同，最大奇异值 $\bar{\sigma}(\boldsymbol{M}_1)$ 和 $\bar{\sigma}(\boldsymbol{M}_2)$ 的取值分别相差很大，但是当 $\boldsymbol{M}_1$ 和 $\boldsymbol{M}_2$ 的非对角元素绝对值相等时，$\bar{\sigma}(\boldsymbol{M}_1)$ 和 $\bar{\sigma}(\boldsymbol{M}_2)$ 分别达到最小，因此，不能由式(4-11)的下界和上界来确定结构奇异值 $\mu_{\boldsymbol{\Delta}}(\boldsymbol{M}_1)$ 和 $\mu_{\boldsymbol{\Delta}}(\boldsymbol{M}_2)$。由于 $S=0$，$F=2$，可以利用尺度矩阵 $\boldsymbol{D}$ 正确地计算结构奇异值 $\mu_{\boldsymbol{\Delta}}(\boldsymbol{M}_1)$ 和 $\mu_{\boldsymbol{\Delta}}(\boldsymbol{M}_2)$。设 $\boldsymbol{D}=\mathrm{diag}(d_1,d_2)$，$d_1>0$，$d_2>0$，则

$$DM_1D^{-1}=\begin{bmatrix}1 & a\dfrac{d_1}{d_2}\\ \dfrac{1}{a}\dfrac{d_2}{d_1} & 1\end{bmatrix},\quad DM_2D^{-1}=\begin{bmatrix}1 & -a\dfrac{d_1}{d_2}\\ \dfrac{1}{a}\dfrac{d_2}{d_1} & 1\end{bmatrix} \tag{4-37}$$

根据式(4-35)和式(4-36)提供的结果,当 $\boldsymbol{DM}_1\boldsymbol{D}^{-1}$ 和 $\boldsymbol{DM}_2\boldsymbol{D}^{-1}$ 的非对角元素绝对值相等时,$\bar{\sigma}(\boldsymbol{DM}_1\boldsymbol{D}^{-1})$ 和 $\bar{\sigma}(\boldsymbol{DM}_2\boldsymbol{D}^{-1})$ 分别达到最小。由此可知

$$|a|\frac{d_1}{d_2}=\frac{1}{|a|}\frac{d_2}{d_1} \tag{4-38}$$

即满足

$$\frac{d_2}{d_1}=|a| \tag{4-39}$$

的 $\boldsymbol{D}$ 是最优尺度矩阵,因而可得

$$\left.\begin{aligned}\mu_{\boldsymbol{\Delta}}(\boldsymbol{M}_1)=\mu_{\boldsymbol{\Delta}}(\boldsymbol{DM}_1\boldsymbol{D}^{-1})=4\\ \mu_{\boldsymbol{\Delta}}(\boldsymbol{M}_2)=\mu_{\boldsymbol{\Delta}}(\boldsymbol{DM}_2\boldsymbol{D}^{-1})=2\end{aligned}\right\} \tag{4-40}$$

注 4.1 [实数与复数值结构的比较] 如果摄动 $\boldsymbol{\Delta}$ 为实数,相应的 μ 值则不同于摄动为复数时。考虑复平面,所有复数摄动的集合是一个圆盘,它扩展到复平面的实部和虚部。将其与具有相同边界的实数集做比较。有界的实数摄动集合仅仅是一个线段,它是圆盘与实数的交叉线,常常是一个不同的集合。

注 4.2 [恒定但未知结构与随机时间变化结构的比较] 常值但未知的模型摄动 $\boldsymbol{\Delta}$ 不同于以某种随机方式变化的摄动。在恒定不变但未知的摄动情况下,摄动闭环回路系统仍然是时不变的。但是当 $\boldsymbol{\Delta}$ 随时间变化时,系统则变成时变的。因此,这两种情况下的稳定性分析是不同的。尺度矩阵 $\boldsymbol{D}$ 使得可能的 $\boldsymbol{D}^{-1}\boldsymbol{\Delta}\boldsymbol{D}$ 集合大小与可能的 $\boldsymbol{\Delta}$ 集合大小相同。在常值 $\boldsymbol{\Delta}$ 的情况下,一个依赖频率的 $\boldsymbol{D}$ 尺度与 $\boldsymbol{\Delta}$ 进行换算,因此,对消了 $\boldsymbol{D}^{-1}$(由于时不变算子的构成对应于传递函数的乘积以及对于 $\boldsymbol{\Delta}$ 的每一个结构块 $\boldsymbol{D}$ 尺度都是标量)。但是,如果 $\boldsymbol{\Delta}$ 是一个时变算子,$\boldsymbol{D}^{-1}\boldsymbol{\Delta}\boldsymbol{D}$ 则指这三个算子的构成,使得 $\boldsymbol{D}$ 尺度只在常数算子 $\boldsymbol{D}$(不依赖于频率)的情况下进行对消。考虑一个通过滤波器 $\boldsymbol{D}$ 的信号,以某种时变但有界的方式通过算子 $\boldsymbol{\Delta}$ 来改变它。如果 $\boldsymbol{D}$ 在频率域不是常值,那么就不可能用 $\boldsymbol{D}^{-1}$ 对 $\boldsymbol{\Delta}\boldsymbol{D}$ 的输出进行滤波来消除 $\boldsymbol{D}$ 的频率响应。对于由 $\bar{\sigma}(\boldsymbol{DMD}^{-1})$ 所给出的 μ 的上确界最小化,不存在所需那样多的可用自由度,因此,对于时变 $\boldsymbol{\Delta}$,μ 也将会随之变大。

4.1.2 μ 综合设计方法

μ 综合设计过程的基本步骤如下:

(1) 内部连接结构定义。μ 综合的第一步是构造一个内部结构 $\boldsymbol{P}$。该结构只是系统动态特性的一个状态空间实现,它可扩展到操纵品质模型和确定控制设计目标的不同输入和输出的加权函数。所有传统控制设计者的窍门都包含在内部连接结构的定义之中。

(2)H_∞ 综合。一旦定义了内部连接结构,就能够为该结构设计一个 H_∞ 最优控制器。这涉及要用一维搜索方法对一个标量参数 γ 进行迭代求解两个 Riccati 方程。这一步产生了一个控制补偿器 $\boldsymbol{K}$。为了产生闭环内部连接结构 $\boldsymbol{M}$,将 $\boldsymbol{P}$ 的传感器和执行器连接到 $\boldsymbol{K}$ 上,从而构成了闭环系统。

(3)μ 分析。下一步,把 μ 分析应用到闭环系统 $\boldsymbol{M}$ 上。这涉及计算结构奇异值 $\mu[\boldsymbol{M}]$ 以及

与它相关的依赖频率的 $\boldsymbol{D}$ 尺度矩阵。为了满足鲁棒性能指标，该结构奇异值提供了步骤(2)中补偿器的接近程度。结构奇异值小表示鲁棒性能好，数值大表示鲁棒性能差，并且 $\mu[\boldsymbol{M}]=1$ 意味着勉强满足性能指标。

(4) $\boldsymbol{D}$ 尺度的有理逼近。在这一步骤中，μ 分析中的 $\boldsymbol{D}$ 尺度通过有理传递函数的频率响应幅值来逼近。

(5) $\boldsymbol{D}$-$\boldsymbol{K}$ 迭代。把从步骤(4)中获得的有理传递函数逼近并入到内部连接结构 $\boldsymbol{P}$ 中；重复进行 H_∞ 综合，μ 分析和 $\boldsymbol{D}$ 尺度逼近步骤[步骤(2) ~ (4)]，直至 $\boldsymbol{D}$ 和 $\boldsymbol{K}$ 不再变化为止。

(6) 改变加权。如果 $\boldsymbol{D}$ 和 $\boldsymbol{K}$ 已收敛，但是补偿器不满足其指标($\mu>1$)，那么必须改变步骤(1)中的加权，在一些指标和其他指标之间进行权衡。μ 分析用来确定哪一个输入 / 输出通道正在产生问题。

(7) 补偿器模型降阶。一旦完成设计，则采用模型降阶方法简化控制器。对于简化的控制器，重复 μ 分析步骤，保证设计指标仍然能够得到满足。

4.1.2.1　内部连接结构

对于内部连接结构 $\boldsymbol{P}$，输入、输出如下：

$$\begin{bmatrix} \boldsymbol{z} \\ \boldsymbol{e} \\ \boldsymbol{y} \end{bmatrix} = \boldsymbol{P} \begin{bmatrix} \boldsymbol{v} \\ \boldsymbol{d} \\ \boldsymbol{u} \end{bmatrix} \tag{4-41}$$

式中：$\boldsymbol{z}$ 和 $\boldsymbol{v}$ 表示与模型不确定或扰动有关的信号；$\boldsymbol{e}$ 表示广义跟踪误差；$\boldsymbol{d}$ 表示外部命令、扰动和传感器噪声；$\boldsymbol{y}$ 表示可测量的输出；$\boldsymbol{u}$ 表示执行器输入。于是，$\boldsymbol{P}$ 只是一个与状态空间矩阵向量 $[\boldsymbol{A}\quad \boldsymbol{B}\quad \boldsymbol{C}\quad \boldsymbol{D}]$ 有关的传递函数矩阵，即

$$\boldsymbol{P} = \boldsymbol{C}(S\boldsymbol{I} - \boldsymbol{A})^{-1}\boldsymbol{B} + \boldsymbol{D} \tag{4-42}$$

$\boldsymbol{P}$ 在如图 4-3 所示的一般反馈图中起着核心的作用。正如该图所示，$\boldsymbol{P}$ 被连接到两个其他系统的部件上：第一个部件是 $\boldsymbol{\Delta}$，用来确定模型集（在该模型集上，性能必须要能够实现）；另一个部件是传递函数矩阵。

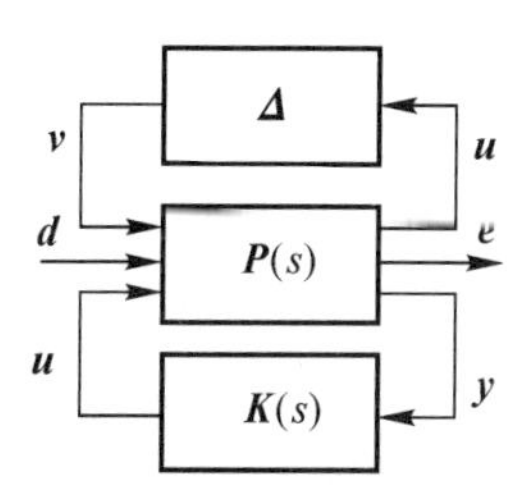

图 4-3　一般的反馈回路框图

除了 $\boldsymbol{\Delta}$ 的固定块对角结构和传递函数矩阵 $\boldsymbol{P}=\boldsymbol{C}(s\boldsymbol{I}-\boldsymbol{A})^{-1}\boldsymbol{B}+\boldsymbol{D}$ 外，其他是未知的。如果 $\boldsymbol{v}=\boldsymbol{\Delta z}$，那么

$$\|\boldsymbol{v}\| \leqslant \|\boldsymbol{z}\| \tag{4-43}$$

第二个部件是将要综合的控制律 $\boldsymbol{K}$，它是连接 $\boldsymbol{y}$ 和 $\boldsymbol{u}$ 的一个传递函数：

$$\boldsymbol{u} = \boldsymbol{K}\boldsymbol{y} \tag{4-44}$$

μ 综合的最终结果就是用状态空间矩阵给出 $\boldsymbol{K}$ 的一个实现。在此框架内，$\boldsymbol{K}$ 包括控制律反馈和前置补偿两个部分。前置补偿是控制律的一部分，它作用在所测量的广义扰动上；而反馈

是控制律的另一部分。在测量向量 $\boldsymbol{y}$ 中,同时包含这两个信号。因此,$\boldsymbol{K}$ 包括两个控制函数,常称为两自由度控制器。

4.1.2.2 闭环响应

给定一个图 4-4 所示的标称内部连接结构,对于所有可能的具有定义块结构的单位大小摄动 $\boldsymbol{\Delta}$,我们研究的问题是找出一个增稳的补偿器 $\boldsymbol{K}$,使从 $\boldsymbol{d}$ 到 $\boldsymbol{e}$ 的闭环频率响应矩阵的最大奇异值小于 1。这样一种补偿器保证在不确定性集合中对所有模型都能满足鲁棒性能指标。

根据 μ 分析理论,此问题可等价于,找出一个增稳的 $\boldsymbol{K}$,使一个较大矩阵的结构奇异值小于 1。这个较大矩阵就是从 $(\boldsymbol{v},\boldsymbol{d})$ 到 $(\boldsymbol{z},\boldsymbol{e})$ 移去 $\boldsymbol{\Delta}$ 的闭环频率响应。迄今为止,对于该综合问题还没有封闭解。然而,第二种解释导出了一个相当有效的近似迭代解。这种迭代方案在每次迭代后反复使用 H_∞ 解(标定所有信号集),对于每一个步骤,都需要内部连接结构的闭环形式。

考虑图 4-3 移去 $\boldsymbol{\Delta}$ 后的一般反馈图。那么从 $(\boldsymbol{v},\boldsymbol{d})$ 到 $(\boldsymbol{z},\boldsymbol{e})$ 的闭环响应可写成

$$\begin{bmatrix}\boldsymbol{z}\\ \boldsymbol{e}\end{bmatrix}=\boldsymbol{M}\begin{bmatrix}\boldsymbol{v}\\ \boldsymbol{d}\end{bmatrix} \tag{4-45}$$

其中,$\boldsymbol{M}$ 是传递函数,它由环绕 $\boldsymbol{P}$ 的闭合的 $\boldsymbol{K}$ 反馈回路组成,如图 4-4 所示。

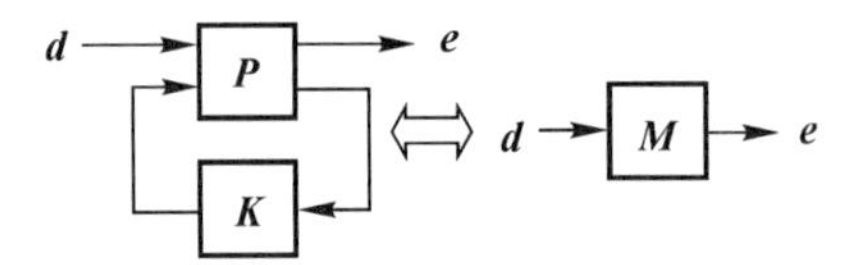

图 4-4 一般的反馈回路框图

利用块划分传递函数来推导 $\boldsymbol{M}$ 的函数形式。令

$$\boldsymbol{P}=\left[\begin{array}{cc:c} p_{zv} & p_{zd} & p_{zu}\\ \hdashline p_{ev} & p_{ed} & p_{eu}\\ p_{yv} & p_{yd} & p_{yu}\end{array}\right] \tag{4-46}$$

其中,把 $\boldsymbol{P}$ 在输入和输出处划分成两个信号集,使得

$$\begin{bmatrix}\boldsymbol{z}\\ \boldsymbol{e}\end{bmatrix}=\begin{bmatrix}\boldsymbol{P}_{zv} & \boldsymbol{P}_{zd}\\ \boldsymbol{P}_{ev} & \boldsymbol{P}_{ed}\end{bmatrix}\begin{bmatrix}\boldsymbol{v}\\ \boldsymbol{d}\end{bmatrix}+\begin{bmatrix}\boldsymbol{P}_{zu}\\ \boldsymbol{P}_{eu}\end{bmatrix}\boldsymbol{u} \tag{4-47}$$

$$\boldsymbol{y}=[\boldsymbol{P}_{yv}\quad \boldsymbol{P}_{yd}]\begin{bmatrix}\boldsymbol{v}\\ \boldsymbol{d}\end{bmatrix}+\boldsymbol{P}_{yu}\boldsymbol{u} \tag{4-48}$$

把 $\boldsymbol{u}=\boldsymbol{K}\boldsymbol{y}$ 代入式(4-48)并消去 $\boldsymbol{y}$ 得到闭环响应

$$\boldsymbol{M}=\begin{bmatrix}\boldsymbol{M}_{zv} & \boldsymbol{M}_{zd}\\ \boldsymbol{M}_{ev} & \boldsymbol{M}_{ed}\end{bmatrix}=\begin{bmatrix}\boldsymbol{P}_{zv} & \boldsymbol{P}_{zd}\\ \boldsymbol{P}_{ev} & \boldsymbol{P}_{ed}\end{bmatrix}+\begin{bmatrix}\boldsymbol{P}_{zu}\\ \boldsymbol{P}_{eu}\end{bmatrix}\boldsymbol{K}\,(\boldsymbol{I}-\boldsymbol{P}_{yu}\boldsymbol{K})^{-1}[\boldsymbol{P}_{yv}\quad \boldsymbol{P}_{yd}] \tag{4-49}$$

4.1.2.3 H_∞ 综合

能够使 $\boldsymbol{M}$ 的结构奇异值小于 1 的补偿器可应用改进的 H_∞ 最优控制理论,通过重复的 H_∞ 解进行寻找,交替地改变信号集尺度。H_∞ 最优控制理论提供了使 $\boldsymbol{M}$ 的 H_∞ 范围最小化的补偿器(在频率上,最小化 $\boldsymbol{M}$ 的最大奇异值,而不是 $\boldsymbol{M}$ 的结构奇异值)。所需要的计算由以一维搜索方式在一个参数 γ(对应于当前所得到的 H_∞ 范数值)上重复求解的两个 Riccati 方程组成,搜索的任务是使 γ 尽可能地小。

H_∞ 综合所需要的输入数据是通过对应于上述传递函数 P 的状态空间实现

$$\left[\begin{array}{c:c} \boldsymbol{A} & \boldsymbol{B} \\ \hdashline \boldsymbol{C} & \boldsymbol{D} \end{array}\right]=\left[\begin{array}{c:ccc} \boldsymbol{A} & \boldsymbol{B}_v & \boldsymbol{B}_d & \boldsymbol{B}_u \\ \hdashline \boldsymbol{C}_z & \boldsymbol{D}_{zv} & \boldsymbol{D}_{zd} & \boldsymbol{D}_{zu} \\ \boldsymbol{C}_e & \boldsymbol{D}_{ev} & \boldsymbol{D}_{ed} & \boldsymbol{D}_{eu} \\ \boldsymbol{C}_y & \boldsymbol{D}_{yv} & \boldsymbol{D}_{yd} & \boldsymbol{D}_{yu} \end{array}\right] \tag{4-50}$$

这样划分将状态 $\boldsymbol{x}$ 从输入信号集 $(\boldsymbol{v},\boldsymbol{d},\boldsymbol{u})$ 中分离出来，状态导数 $\dot{\boldsymbol{x}}$ 从输出信号集 $(\boldsymbol{z},\boldsymbol{e},\boldsymbol{y})$ 中分离出来。

为了使解存在，在状态空间 $\boldsymbol{D}$ 矩阵上的特定的秩条件必须要得到满足：

(1) 满秩 $\boldsymbol{D}_{xu}^{\mathrm{T}}\boldsymbol{D}_{zu}+\boldsymbol{D}_{eu}^{\mathrm{T}}\boldsymbol{D}_{eu}$，意味着在高频处的控制作用在 $\boldsymbol{z}$ 或 $\boldsymbol{e}$ 中被惩罚。

(2) 满秩 $\boldsymbol{D}_{yv}\boldsymbol{D}_{yv}^{\mathrm{T}}+\boldsymbol{D}_{yd}\boldsymbol{D}_{yd}^{\mathrm{T}}$，是指由于 $\boldsymbol{v}$ 或 $\boldsymbol{d}$，传感器经历了高频扰动，有必要为搜索参数 γ 提供一个允许的初始值，使得

$$\gamma_{\mathrm{opt}}=\inf_{K}\ \|\boldsymbol{M}\|_\infty<\gamma \tag{4-51}$$

其中，γ_{opt} 是在所有可能使 $\boldsymbol{K}$ 稳定的值上对于 $\boldsymbol{M}$ 的 H_∞ 范数(初始未知）的最小可实现的值。

对于 γ 的初始值大于 γ_{opt}，对于 H_∞ 综合，最初的 $\boldsymbol{K}$ 产生一个 $\boldsymbol{M}$，但 $\|\boldsymbol{M}\|_\infty\leqslant\gamma$。然后，可以逐渐地选择较小的值并且重复该综合直到不能进一步减小该值为止。如果初始值或者任何中间搜索值降到 γ_{opt} 以下，则 H_∞ 解不能满足某些附加的特征值条件。在 γ 搜索完成之后，所提供的补偿器 $\boldsymbol{K}$ 具有矩阵 $[\boldsymbol{A}\quad\boldsymbol{B}\quad\boldsymbol{C}\quad\boldsymbol{D}]$ 的状态空间形式，直接从最后的 Riccati 解中计算得到。这些矩阵在 μ 分析中被用于构造闭环系统 $\boldsymbol{M}$，并在重要的频率范围内计算它的频率响应。

4.1.2.4　μ 分析和 D 尺度

(1) μ 分析。μ 分析的下一步是对一个闭环频率响应 $\boldsymbol{M}(\mathrm{j}\omega)$ 进行逐点 μ 分析，这涉及在每个频率点处计算 $\boldsymbol{M}$ 的结构奇异值并将这些值与 1 相比较。给出如下式的结构：

$$\boldsymbol{\Delta}_M=\left[\begin{array}{c:c} \boldsymbol{\Delta} & 0 \\ \hdashline 0 & \boldsymbol{\Delta}_{\mathrm{p}} \end{array}\right]=\left[\begin{array}{ccc:c} \boldsymbol{\Delta}_{\mathrm{input}} & 0 & 0 & 0 \\ 0 & \boldsymbol{\Delta}_{\mathrm{output}} & 0 & 0 \\ 0 & 0 & \boldsymbol{\Delta}_{\mathrm{param}} & 0 \\ \hdashline 0 & 0 & 0 & \boldsymbol{\Delta}_{\mathrm{p}} \end{array}\right] \tag{4-52}$$

其中，第一块是对象原来不确定性集合 $\boldsymbol{\Delta}$(本身是块结构)，具有输入、输出信号 $\boldsymbol{z}$ 和 $\boldsymbol{v}$。第二块 $\boldsymbol{\Delta}_{\mathrm{p}}$ 是“虚构”的摄动，表示性能要求，具有输入、输出信号 $\boldsymbol{e}$ 和 $\boldsymbol{d}$。对于这种不确定性结构，条件 $\mu[\boldsymbol{M}]<1\ \forall\,\omega$ 可以保证当同时从 $\boldsymbol{z}$ 到 $\boldsymbol{v}$ 连接 $\boldsymbol{\Delta}$ 和从 $\boldsymbol{e}$ 到 $\boldsymbol{d}$ 连接 $\boldsymbol{\Delta}_{\mathrm{p}}$，闭环系统 $\boldsymbol{M}$ 仍然是稳定的。

(2) $\boldsymbol{D}$ 尺度。在每一个频率处 μ 的精确值通常不易计算，通常计算其上界和下界，尤其上界在计算时是基于一个在对矩阵 $\boldsymbol{D}$ 尺度变换上易于控制的搜索，矩阵 $\boldsymbol{D}$ 用摄动 $\boldsymbol{\Delta}_m$ 求解。变换矩阵以下述方式与摄动结构相适应：

$$\boldsymbol{D}=\left[\begin{array}{ccc:c} d_{\mathrm{input}}\boldsymbol{I}_{\mathrm{input}} & 0 & 0 & 0 \\ 0 & \boldsymbol{D}_{\mathrm{output}} & 0 & 0 \\ 0 & 0 & \boldsymbol{D}_{\mathrm{param}} & 0 \\ \hdashline 0 & 0 & 0 & \boldsymbol{I}_p \end{array}\right] \tag{4-53}$$

这里，标量 d_{input} 与一个和 $\boldsymbol{\Delta}_{\mathrm{input}}$ 维数相同的单位阵相乘，$\boldsymbol{D}_{\mathrm{output}}$ 和 $\boldsymbol{D}_{\mathrm{param}}$ 是对角线矩阵并且分别与 $\boldsymbol{\Delta}_{\mathrm{output}}$ 和 $\boldsymbol{\Delta}_{\mathrm{param}}$ 的维数相同。总之，在 $\boldsymbol{D}$ 中有 $1+n_{\mathrm{output}}+n_{\mathrm{param}}$ 个单独的标量参数。根据

$\boldsymbol{D}$ 与摄动的换算，它们中任何一个都为结构奇异值提供一个上界，即 $\bar{\sigma}[\boldsymbol{DMD}^{-1}]$，取这些值中的最小值，可以给出

$$\mu[\boldsymbol{M}] \leqslant \inf_{D} \bar{\sigma}[\boldsymbol{DMD}^{-1}] \tag{4-54}$$

其中，实现下确界的特定 $\boldsymbol{D}$ 被称为 $\boldsymbol{D}$ 尺度。

4.1.3 控制系统的鲁棒性能

4.1.3.1 鲁棒稳定性分析

对于图 4-1 所示系统，用 $\underline{\boldsymbol{M}}(\boldsymbol{\Delta})$ 表示所有块对角稳定有理传递函数矩阵的集合，它和 $\underline{\boldsymbol{\Delta}}$ 具有一样的对角结构，即

$$\underline{\boldsymbol{M}}(\boldsymbol{\Delta}) = \{\boldsymbol{\Delta}(s) \in \mathbf{R}H_{\infty} : \boldsymbol{\Delta}(s_0) \in \underline{\boldsymbol{\Delta}}, \mathrm{Re}(s_0) \geqslant 0\} \tag{4-55}$$

定理【4.2】：设 $\gamma > 0$，对于所有满足 $\|\boldsymbol{\Delta}\|_{\infty} < \gamma^{-1}$ 的 $\boldsymbol{\Delta}(s) \in \underline{\boldsymbol{M}}(\boldsymbol{\Delta})$，图 4-1 所示系统是鲁棒稳定的充分必要条件是

$$\sup_{\omega \in \mathbf{R}} \mu_{\boldsymbol{\Delta}}[\boldsymbol{M}(\mathrm{j}\omega)] \leqslant \gamma \tag{4-56}$$

证明：首先证明充分性。由于

$$\sup_{\mathrm{Re}(s) \geqslant 0} \mu_{\boldsymbol{\Delta}}[\boldsymbol{M}(s)] = \sup_{\omega \in \mathbf{R}} \mu_{\boldsymbol{\Delta}}[\boldsymbol{M}(\mathrm{j}\omega)] \leqslant \gamma \tag{4-57}$$

所以当 $\|\boldsymbol{\Delta}\|_{\infty} < \gamma^{-1}$ 时，对于所有 $\mathrm{Re}(s) > 0$，总有 $\det[I - G(s)\Delta(s)] \neq 0$，即系统是鲁棒稳定的。

接下来证明必要性。假设

$$\sup_{\omega \in \mathbf{R}} \mu_{\boldsymbol{\Delta}}[\boldsymbol{M}(\mathrm{j}\omega)] > \gamma \tag{4-58}$$

则存在 $0 < \omega_0 < \infty$，使得 $\mu_{\boldsymbol{\Delta}}[\boldsymbol{M}(\mathrm{j}\omega)] > \gamma$。这时，由结构奇异值 μ 的定义可推出，存在一个复数的 $\boldsymbol{\Delta}_c \in \underline{\boldsymbol{\Delta}}$，其满块矩阵的秩为 1，而且满足 $\bar{\sigma}(\boldsymbol{\Delta}_c) < \gamma^{-1}$，使得 $\boldsymbol{I} - \boldsymbol{M}(\mathrm{j}\omega_0)\boldsymbol{\Delta}_c$ 是奇异的。接着根据小增益定理，可以找到一个有理的 $\boldsymbol{\Delta}(s)$，使得 $\|\boldsymbol{\Delta}(s)\|_{\infty} = \bar{\sigma}(\boldsymbol{\Delta}_c) < \gamma^{-1}$，$\boldsymbol{\Delta}(\mathrm{j}\omega_0) = \boldsymbol{\Delta}_c$，而且这个 $\boldsymbol{\Delta}(s)$ 使反馈控制系统不稳定。因而必要性得证。

可见，在频率响应的 μ 曲线上，峰值的大小决定了使反馈控制系统鲁棒稳定的不确定性大小。

对于满足 $\|\boldsymbol{\Delta}\|_{\infty} \leqslant \gamma^{-1}$ 的 $\boldsymbol{\Delta}(s) \in \underline{\boldsymbol{M}}(\boldsymbol{\Delta})$，反馈控制系统的鲁棒稳定性条件将会更复杂一些，而且并不必有

$$\sup_{\omega \in \mathbf{R}} \mu_{\boldsymbol{\Delta}}[M(\mathrm{j}\omega)] < \gamma \tag{4-59}$$

另外，如果 $\boldsymbol{\Delta} \in \mathbf{R}H_{\infty}$ 表示一个结构的不稳定性，而且

$$\boldsymbol{M}(s) = \begin{bmatrix} \boldsymbol{M}_{11}(s) & \boldsymbol{M}_{12}(s) \\ \boldsymbol{M}_{21}(s) & \boldsymbol{M}_{22}(s) \end{bmatrix} \tag{4-60}$$

则 $\boldsymbol{F}_u(\boldsymbol{M}, \boldsymbol{\Delta}) \in \mathbf{R}H_{\infty}$ 并不一定意味着 $(\boldsymbol{I} - \boldsymbol{G}_{11}\boldsymbol{\Delta}) \in \mathbf{R}H_{\infty}$。例如，当

$$\boldsymbol{G}(s) = \left[\begin{array}{cc:c} \dfrac{1}{s+1} & 0 & 1 \\ 0 & \dfrac{1}{s+1} & 0 \\ \hdashline 1 & 0 & 0 \end{array}\right] \tag{4-61}$$

$$\boldsymbol{\Delta}=\begin{bmatrix}\delta_1 & 0\\ 0 & \delta_2\end{bmatrix},\quad \|\boldsymbol{\Delta}\|_\infty<1 \tag{4-62}$$

时，对于所有满足式(4-62)的 $\boldsymbol{\Delta}$，有

$$\boldsymbol{F}_u(\boldsymbol{M},\boldsymbol{\Delta})=\frac{1}{1-\dfrac{\delta_1}{s+1}}\in \mathbf{R}H_\infty \tag{4-63}$$

但$(\boldsymbol{I}-\boldsymbol{G}_{11}\boldsymbol{\Delta})\in \mathbf{R}H_\infty$ 只有在 $\|\boldsymbol{\Delta}\|_\infty<0.1$ 时才成立。

4.1.3.2　鲁棒性能

在系统分析中，稳定性是控制系统的基本指标，因此，对含有不确定性的系统，鲁棒稳定是首要条件。但是，稳定性并不是控制系统的唯一指标，我们更感兴趣的是在满足鲁棒稳定的同时达到预定的系统性能。下面分析控制系统在结构不确定性作用下的鲁棒性能问题。

考虑如图 4-5 所示系统，这是带有一个摄动块的单变量系统，$\boldsymbol{r}$ 为输入信号，$\boldsymbol{d}$ 为外部干扰，$\boldsymbol{e}$ 为误差信号，$\boldsymbol{y}$ 为输出，$\boldsymbol{\Delta}$ 为乘性摄动。不失一般性，令 $\|\boldsymbol{\Delta}\|_\infty\leqslant 1$，$\boldsymbol{W}_2\in \mathbf{R}H_\infty$ 为权函数，易得该系统闭环鲁棒稳定的充要条件为

$$\|\boldsymbol{W}_2\boldsymbol{T}\|_\infty=\|\boldsymbol{W}_2\boldsymbol{GK}\,(1+\boldsymbol{GK})^{-1}\|_\infty<1 \tag{4-64}$$

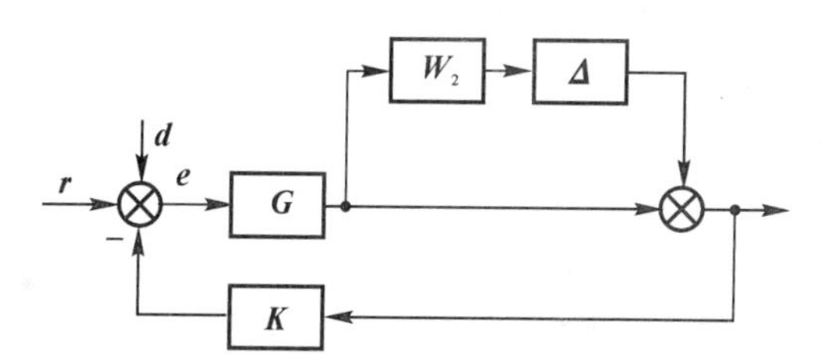

图 4-5　具有乘性摄动的不确定反馈系统

对系统噪声 $\boldsymbol{d}$ 的抑制，作为系统性能指标，要求满足

$$\|\boldsymbol{W}_1\boldsymbol{S}_\Delta\|_\infty=\|\boldsymbol{W}_1\,[1+\boldsymbol{G}(1+\boldsymbol{W}_2\boldsymbol{\Delta})\boldsymbol{K}]^{-1}\|_\infty<1,\quad \forall\boldsymbol{\Delta}\in \boldsymbol{B}_{\boldsymbol{\Delta}} \tag{4-65}$$

其中，$\boldsymbol{S}_{\boldsymbol{\Delta}}=[1+\boldsymbol{G}(1+\boldsymbol{W}_2\boldsymbol{\Delta})\boldsymbol{K}]^{-1}$，$\boldsymbol{W}_1\in \mathbf{R}H_\infty$ 为权函数，由设计者给出。如果系统同时满足式(4-64)和式(4-65)，则称系统具有鲁棒性能。综合式(4-64)和式(4-65)，易得系统满足鲁棒性能的充要条件为

$$\|\,|\boldsymbol{WS}_1|+|\boldsymbol{W}_2\boldsymbol{T}|\,\|_\infty<1 \tag{4-66}$$

其中，$\boldsymbol{T}=\boldsymbol{GK}\,(1+\boldsymbol{GK})^{-1}$，$\boldsymbol{S}=(1+\boldsymbol{GK})^{-1}$，对于式(4-66)有如下的几何意义：即对 $\forall\omega\in\mathbf{R}$，在复平面中以 $(-1,0)$ 为圆心、$\|\boldsymbol{W}_1(\omega)\|$ 为半径作圆；再以 $\boldsymbol{G}(\mathrm{j}\omega)\boldsymbol{K}(\mathrm{j}\omega)$ 为圆心、$|\boldsymbol{W}_2(\mathrm{j}\omega),\boldsymbol{G}(\mathrm{j}\omega)\boldsymbol{K}(\mathrm{j}\omega)|$ 为半径作圆，满足两圆不相交，如图 4-6 所示($\boldsymbol{L}(\mathrm{j}\omega)=\boldsymbol{G}(\mathrm{j}\omega)\boldsymbol{J}(\mathrm{j}\omega)$)。

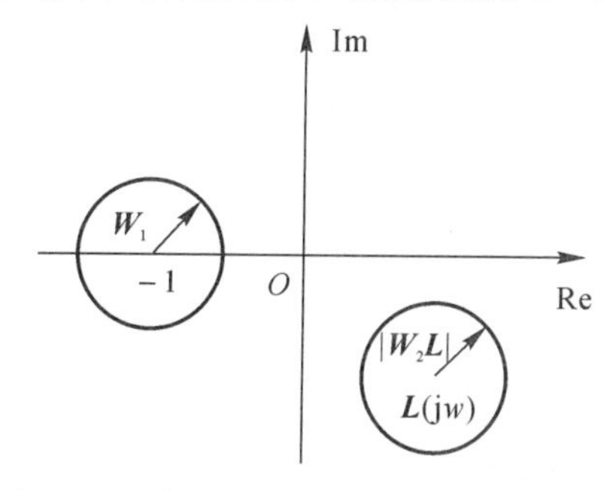

图 4-6　单变量系统鲁棒性能的几何意义

在考虑了以上单变量系统后，下面再考虑带有两个摄动块的不确定系统的鲁棒稳定问题，如图 4-7(a) 所示。经等价变换，得图 4-7(b)，其中

$$\boldsymbol{\Delta}=\begin{bmatrix}\boldsymbol{\Delta}_1 & \mathbf{0}\\ \mathbf{0} & \boldsymbol{\Delta}_2\end{bmatrix},\quad \boldsymbol{M}=\begin{bmatrix}W_1(\boldsymbol{I}+\boldsymbol{GK})^{-1} & W_1\boldsymbol{K}(\boldsymbol{I}+\boldsymbol{GK})^{-1}\\ W_2\boldsymbol{G}(\boldsymbol{I}+\boldsymbol{GK})^{-1} & W_2\boldsymbol{GK}(\boldsymbol{I}+\boldsymbol{GK})^{-1}\end{bmatrix} \tag{4-67}$$

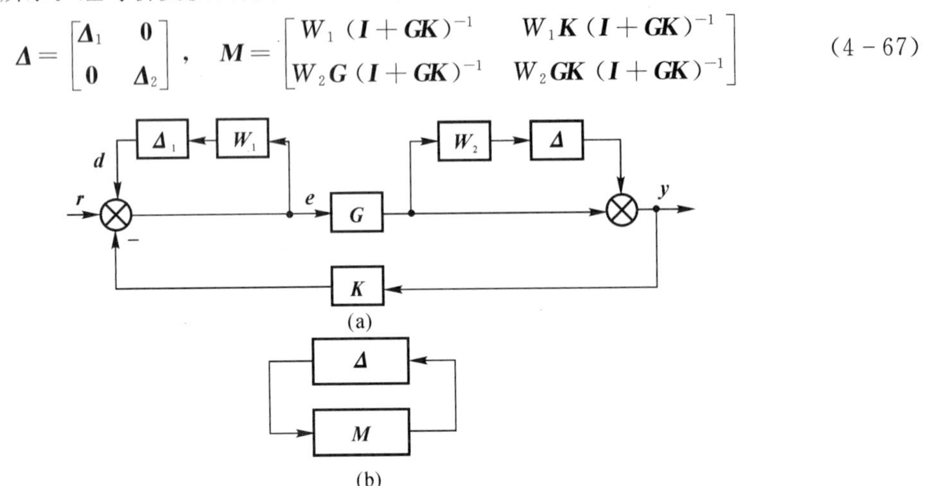

图 4-7　带有两个摄动块的不确定反馈系统的等价变换

(a) 两个摄动块的确定反馈系统；(b) 等价变换

运用 μ 方法分析，可得

$$\mu_{\boldsymbol{\Delta}}(\boldsymbol{M})=|W_1\boldsymbol{S}|+|W_2\boldsymbol{T}| \tag{4-68}$$

其中，$\boldsymbol{S}=(\boldsymbol{I}+\boldsymbol{GK})^{-1}$，$\boldsymbol{T}=\boldsymbol{GK}(\boldsymbol{I}+\boldsymbol{GK})^{-1}$。

比较式(4-66)和式(4-68)，可以发现：对于带一个摄动块的系统的鲁棒性能问题等价于带有两个摄动块系统的鲁棒稳定问题。推广开来，则对于一个带有 m 个摄动块系统的鲁棒性能问题可以等价为带有 $m+1$ 个摄动块系统的鲁棒稳定性问题。

从上面的例子可以看出，在鲁棒性能问题中，用到了线性分式变换模型。下面围绕线性分式变换模型和结构奇异值，讨论两者之间的一些关系。

令等效变换后得到的 $\boldsymbol{\Delta}-\boldsymbol{M}$ 模型中

$$\boldsymbol{\Delta}=\begin{bmatrix}\boldsymbol{\Delta}_1 & \mathbf{0}\\ \mathbf{0} & \boldsymbol{\Delta}_2\end{bmatrix},\quad \boldsymbol{\Delta}_1\in\bar{\boldsymbol{\Delta}}_1,\quad \boldsymbol{\Delta}_2\in\bar{\boldsymbol{\Delta}}_2 \tag{4-69}$$

其中，

$$\boldsymbol{B}_{\boldsymbol{\Delta}_1}=\{\boldsymbol{\Delta}_1\in\bar{\boldsymbol{\Delta}}_1,\bar{\sigma}(\boldsymbol{\Delta}_1)\leqslant 1\} \tag{4-70}$$

$$\boldsymbol{B}_{\boldsymbol{\Delta}_2}=\{\boldsymbol{\Delta}_2\in\bar{\boldsymbol{\Delta}}_2,\bar{\sigma}(\boldsymbol{\Delta}_2)\leqslant 1\} \tag{4-71}$$

然后按 $\boldsymbol{\Delta}_1$ 和 $\boldsymbol{\Delta}_2$ 的维数对 $\boldsymbol{M}$ 进行分块

$$\boldsymbol{M}=\begin{bmatrix}\boldsymbol{M}_{11} & \boldsymbol{M}_{12}\\ \boldsymbol{M}_{21} & \boldsymbol{M}_{22}\end{bmatrix} \tag{4-72}$$

由定理知

$$\mu_{\boldsymbol{\Delta}}(\boldsymbol{M})<1\quad\Leftrightarrow\quad\begin{cases}\mu_{\boldsymbol{\Delta}_1}(\boldsymbol{M}_{11})<1\\ \max\limits_{\boldsymbol{\Delta}_1\in\boldsymbol{B}_{\boldsymbol{\Delta}_1}}\mu_{\boldsymbol{\Delta}_2}[F_u(\boldsymbol{M},\boldsymbol{\Delta}_1)]<1\end{cases} \tag{4-73}$$

其中

$$F_u(\boldsymbol{M},\boldsymbol{\Delta}_1)=\boldsymbol{M}_{22}+\boldsymbol{M}_{21}\boldsymbol{\Delta}_1(\boldsymbol{I}-\boldsymbol{M}_{11}\boldsymbol{\Delta}_1)^{-1}\boldsymbol{M}_{12} \tag{4-74}$$

4.2　鲁棒算法

4.2.1　D-K 迭代算法

一旦完成 μ 分析的计算，就需要研究检验条件 $\mu[\boldsymbol{M}]<1(\forall\omega)$。如果满足这个条件，则当前的 H_∞ 补偿器 $\boldsymbol{K}$ 满足所有的鲁棒性能指标。继续下去有两个可能的选择：

(1) 认可补偿器并且转到 μ 综合的简化步骤。

(2) 执行另一个迭代设计，能够重复该选择直至一个或两个收敛条件满足为止(以下会介绍到)。每一次迭代都在 1 以下进一步减小 μ。这意味着在较大的不确定集 $\|\boldsymbol{\Delta}\|\leqslant\mu^{-1}$ 上，设计满足严格的性能指标，$\|\boldsymbol{e}\|\leqslant\mu$。

另外，如果检验条件失败，有两个其他的选择：

(1) 迭代过程已经收敛，这由频率上一个近似单调的 μ 函数表示和/或由前面迭代明显不同的当前 $\boldsymbol{D}$ 尺度表示，因而不能期望进一步的改善，而是需要放宽某些指标要求。

(2) 迭代过程不收敛，那么执行另一个设计迭代。如果另一个迭代是合适的，它只是在 H_∞ 步骤中求解改进的优化问题时意义上才与当前迭代不同。此问题是原来问题的重新标定形式，并使用当前的 $\boldsymbol{D}$ 尺度作为标定因子。

4.2.1.1　有理 D 近似

目前，$\boldsymbol{D}$ 尺度在频率上只是逐点有效的，因此，它们不能够直接用来标定 $\boldsymbol{P}$ 的状态空间实现。必须要找出 $\boldsymbol{D}$ 的有理近似 $\hat{\boldsymbol{D}}$，才具有它们自己的状态空间实现。这些近似可添加到原始的内部连接结构中，所获得的改进形式如图 4-8 所示。

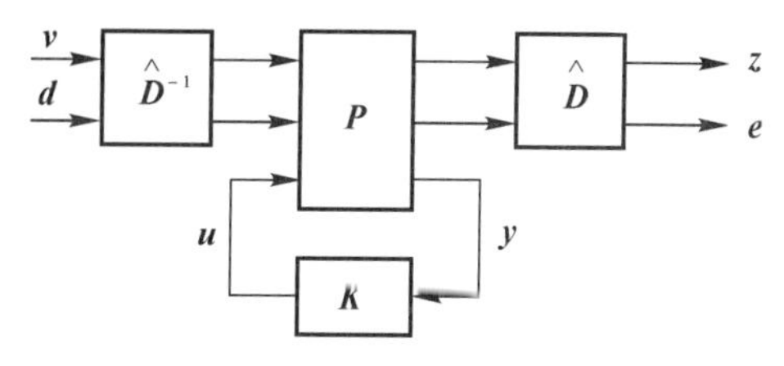

图 4-8　具有附加 $\boldsymbol{D}$ 尺度的内部连接结构

为了找出必要的有理近似，$\boldsymbol{D}$ 的每个对角元素都理解为传递函数，这些传递函数的 Bode 幅值图由计算的 $\boldsymbol{D}$ 尺度值给出。这些传递函数被进一步强制为稳定的，最小相位的并且在 $\mathrm{j}\omega$ 轴上没有奇异点(包括在 $\omega\to\infty$ 处也没有奇异点)。在这些条件下，$\hat{\boldsymbol{D}}$ 和 $\hat{\boldsymbol{D}}^{-1}$ 可被实现成稳定的状态空间系统。

对于简单的函数，该受约束的传递函数近似步骤常常仅用几次试探迭代完成。对于更加复杂的函数，则需要借助于软件工具。这些工具使用逐点计算的 $\boldsymbol{D}$ 尺度作为输入以及使用有关期望的近似阶次和拟合精度信息作为频率的函数。如果上界对于一定频率范围的 $\boldsymbol{D}$ 尺度非常敏感而对其他频率范围的 $\boldsymbol{D}$ 尺度不太敏感，则后者十分有用。

4.2.1.2 $D-K$ 迭代的性质

上述迭代过程只是求解真实 μ 最小化问题的一个近似方法。μ 最小化问题使用上界

$$\inf_{K}\mu[\boldsymbol{M}(\boldsymbol{P},\boldsymbol{K})]\leqslant\inf_{K,D}\bar{\sigma}[\boldsymbol{D}\boldsymbol{M}(\boldsymbol{P},\boldsymbol{K})\boldsymbol{D}^{-1}] \tag{4-75}$$

$\boldsymbol{D}-\boldsymbol{K}$ 迭代求解右边的优化问题是通过先固定 $\boldsymbol{D}$ 对 $\boldsymbol{K}$ 最小化，然后固定 $\boldsymbol{K}$ 对 $\boldsymbol{D}$ 最小化，不断地进行下去。可以看到，对于每次迭代，该过程单调地改进性能。假定有理的 $\boldsymbol{D}$ 尺度被完美地近似，除此之外，几乎没有好的性质能够应用，尤其该过程不能保证找出全局最优解，因为函数 $\bar{\sigma}[\boldsymbol{D}\boldsymbol{M}(\boldsymbol{P},\boldsymbol{K})\boldsymbol{D}^{-1}]$ 在 $\boldsymbol{D}$ 和 $\boldsymbol{K}$ 中并不共同为凸。因此，它可能陷入局部极小。

此外，随着迭代的收敛，它们的数值条件逐渐变差，因为最终的 μ 最优解（在频率上是平坦的）需要合适的补偿器（具有非零状态空间 $\boldsymbol{D}$ 矩阵）。然而，对于每一次迭代，Riccati 解算器都产生精确合适的补偿器。$\boldsymbol{D}$ 矩阵由 $\boldsymbol{K}$ 中的宽带元素近似，随着迭代的进行，其极点趋向无穷。逐渐地，不断增加的极点扩展超出了 Riccati 解算器的数字能力，最终必须在完全收敛之前终止迭代。

然而，尽管有这些限制，对于飞行控制和其他应用的设计经验表明对于具有严格鲁棒性要求的复杂设计情况，该迭代过程对综合控制律是十分有效的。

4.2.1.3 $\boldsymbol{M}$ 分析

虽然检验条件 $\mu[\boldsymbol{M}]<1,\forall\omega$ 是闭环频率响应 $\boldsymbol{M}(\mathrm{j}\omega)$ 研究的主要特性，但更多的特性嵌入在矩阵中。这些信息在指导性能折中上和在收敛检验条件失败的情况下是必不可少的。

为了确定为什么它在某些频率范围内较大，将 $\boldsymbol{M}$ 分解成不同的组元可以提取进一步的信息。最基本的分解方法之一就是观察鲁棒稳定性的贡献和整个鲁棒性能目标上的标称性能要求。通过将 $\mu[\boldsymbol{M}_{zv}]$ 和 $\bar{\sigma}[\boldsymbol{M}_{ed}]$ 与 $\mu[\boldsymbol{M}]$ 图相比较，就可以做到这一点，$\mu[\boldsymbol{M}]$ 限定了其他两个函数的界。在 $\mu[\boldsymbol{M}_{zv}]\approx\mu[\boldsymbol{M}]$ 的频率范围内，鲁棒稳定性要求对整个目标来说起最主要的作用，并且如果 $\mu[\boldsymbol{M}]>1$，必须使不确定集很小。另外，在 $\mu[\boldsymbol{M}_{ed}]\approx\mu[\boldsymbol{M}]$ 的频率范围，标称性能则起最主要的作用，并且如果 $\mu[\boldsymbol{M}]>1$，必须要放宽性能要求并接受较大的 $\boldsymbol{e}$。当然，在某些频率处，两者的组元可能对 $\mu[\boldsymbol{M}]$ 的贡献都很重大，放宽任何一个都将会影响到设计。

对 $\mu[\boldsymbol{M}]$ 的其他贡献可用其他图来评价。例如，一个特定的扰动或者一组扰动的贡献可以通过选出 $\boldsymbol{M}$ 的适当列并且画出这些列所构成矩阵的最大奇异值来评价。相似地，一个特定的跟踪误差或者一组误差的贡献可以通过选出 $\boldsymbol{M}$ 的适当行并且画出这些行所构成的矩阵的最大奇异值来评价。

在前面所讨论的 $\boldsymbol{D}$ 上的秩条件之一有时可以通过将传感器噪声引入 $\boldsymbol{d}$ 中来满足，然后期望知道该噪声对整个设计目标的贡献实际上是否可以忽略。可以通过比较相应于 $\boldsymbol{d}$ 的传感器噪声元素的 $\boldsymbol{M}$ 最大奇异值图与 $\mu[\boldsymbol{M}]$ 图来对此加以证实。如果 $\bar{\sigma}[\boldsymbol{M}_{\mathrm{noise}}]\leqslant\mu[\boldsymbol{M}]$，那么该噪声对于整个设计没有什么重要的贡献。

可对 $\boldsymbol{M}$ 的其他行或者列做相同类型的比较。例如，与控制作用相关的惩罚可以通过比较相对于 $\boldsymbol{e}$ 的控制惩罚元素的 $\boldsymbol{M}$ 最大奇异值图与 $\mu[\boldsymbol{M}]$ 图来对此加以证实。如果 $\bar{\sigma}[\boldsymbol{M}_{\mathrm{penalty}}]\leqslant\mu[\boldsymbol{M}]$，那么控制惩罚对于整个设计所做的贡献是不重要的。在许多情况下，控制惩罚的贡献依赖于频率（例如，执行器速率惩罚在高频可能很重要，但在低频却不重要）。

在其他分析中，输入 / 输出信号的子集可以从 $\boldsymbol{M}$ 中删除，并且所得到较小矩阵的 μ 函数能够与原始的 $\mu[\boldsymbol{M}]$ 比较。这能够说明所删除的元素（一个特定的模型摄动或性能信号）对整个

设计是否重要。例如，以这种方式，不确定的稳定性导数的影响能够与高频未建模动态特性的影响分开来研究。再次说明，该思路是发现比较小的问题，μ 函数与 $\mu[\boldsymbol{M}]$ 严格一致。

例[4.2]：考虑具有乘法不确定性的控制对象，即实际控制对象的传递函数矩阵为

$$\boldsymbol{P}_A(s)=[\boldsymbol{I}+\boldsymbol{\Delta}(s)\boldsymbol{W}(s)]\boldsymbol{P}(s) \tag{4-76}$$

其中

$$\boldsymbol{P}(s)=\begin{bmatrix}\dfrac{1}{s+1} & \dfrac{10}{s^2+0.1s+1}\\ \dfrac{2}{s+1} & \dfrac{2}{s^2+0.1s+1}\end{bmatrix} \tag{4-77}$$

$$\boldsymbol{W}(s)=\frac{0.1s+0.1}{0.001s+1} \tag{4-78}$$

$$\boldsymbol{\Delta}(s)=\begin{bmatrix}\boldsymbol{\Delta}_1(s) & \boldsymbol{0}\\ \boldsymbol{0} & \boldsymbol{\Delta}_1(s)\end{bmatrix},\quad \|\boldsymbol{\Delta}_1\|_\infty<1,\quad \|\boldsymbol{\Delta}_2\|_\infty<1 \tag{4-79}$$

采用反馈控制器 $\boldsymbol{K}$，并对控制对象输入侧的灵敏度函数矩阵作性能方面的要求，构成如图 4-9 所示的闭环控制系统。

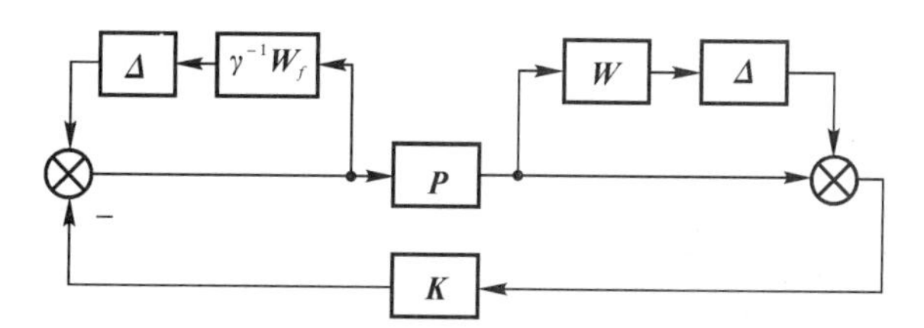

图 4-9　具有乘法不确定性的反馈控制系统

具体的性能要求由

$$\|\boldsymbol{W}_f[\boldsymbol{I}+\boldsymbol{K}(\boldsymbol{I}+\Delta\boldsymbol{W})\boldsymbol{P}]^{-1}\|_\infty<\gamma \tag{4-80}$$

$$\boldsymbol{W}_f(s)=\frac{0.001s+1}{4s+1} \tag{4-81}$$

给出，而且 $\|\boldsymbol{\Delta}_f\|_\infty<1$。

显然，图 4-9 可以转换成图 4-10 所示。

$$\boldsymbol{M}=\boldsymbol{F}_l(\boldsymbol{G},\boldsymbol{K}) \tag{4-82}$$

$$\boldsymbol{G}=\begin{bmatrix}\boldsymbol{0} & \boldsymbol{WP} & -\boldsymbol{WP}\\ \boldsymbol{0} & \gamma^{-1}\boldsymbol{W}_f & -\gamma^{-1}\boldsymbol{W}_f\\ \boldsymbol{I} & \boldsymbol{P} & \boldsymbol{P}\end{bmatrix} \tag{4-83}$$

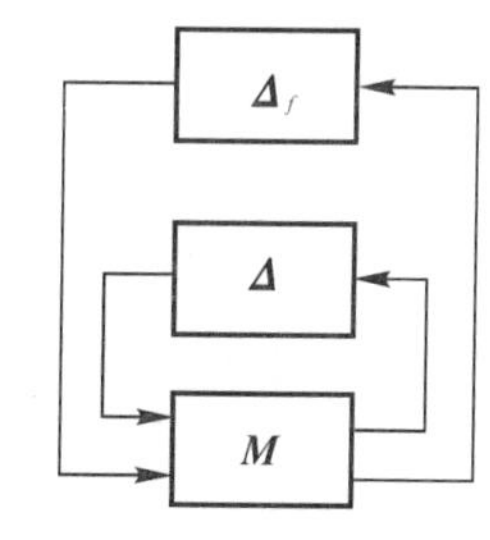

图 4-10　鲁棒性能问题

令

$$\boldsymbol{\Delta}_p=\begin{bmatrix}\boldsymbol{\Delta} & \boldsymbol{0}\\ \boldsymbol{0} & \boldsymbol{\Delta}_f\end{bmatrix} \tag{4-84}$$

其中，$\boldsymbol{\Delta},\boldsymbol{\Delta}_f\in \mathbf{R}H_\infty$ 均是 2×2 阶矩阵。可以求得

$$\boldsymbol{M}=\begin{bmatrix}-\boldsymbol{WPK}(\boldsymbol{I}+\boldsymbol{PK})^{-1} & \boldsymbol{WP}(\boldsymbol{I}+\boldsymbol{PK})^{-1}\\ -\gamma^{-1}\boldsymbol{W}_f\boldsymbol{K}(\boldsymbol{I}+\boldsymbol{PK})^{-1} & \gamma^{-1}\boldsymbol{W}_f(\boldsymbol{I}+\boldsymbol{PK})^{-1}\end{bmatrix} \tag{4-85}$$

$$F_u(M,\Delta)=\gamma^{-1}W_f[I+K(I+\Delta W)P]^{-1} \tag{4-86}$$

由此,求解式(4-80)的问题就变成了求解

$$\| F_u(M,\Delta)\|_\infty \leqslant 1 \tag{4-87}$$

的问题。求解该问题是一个 μ 综合问题,即寻找一个稳定化控制器 $K(s)$,使

$$\| \mu_{\Delta P}[F_l(G,K)]\|_\infty \leqslant 1 \tag{4-88}$$

由于 $S=0,F=3$,这个 μ 综合问题可以通过求解

$$\inf_{D\in \underline{D}} \| DF_l(G,K)D^{-1}\|_\infty \leqslant 1 \tag{4-89}$$

获得解决。选择尺度矩阵

$$D(s)=\begin{bmatrix}1 & 0 & 0\\ 0 & d_1(s) & 0\\ 0 & 0 & d_F(s)I_1\end{bmatrix} \tag{4-90}$$

然后应用 $D-K$ 迭代方法对式(4-89)进行求解。

(1) 选择初始的尺度矩阵为 $D(s)=I$,求出满足

$$\| F_l(G,K)\|_\infty < 1 \tag{4-91}$$

的 H_∞ 控制器 K 和最小的 γ,记为 K_0 和 γ_0,则有

$$\gamma_0=0.2,\ \| F_l(G,K_0)\|_\infty < 0.987\ 5 \tag{4-92}$$

(2) 求出满足

$$\inf_{D\in \underline{D}} \| DF_l(G,K)D^{-1}\|_\infty < 1 \tag{4-93}$$

的尺度矩阵 $D(s)$,可以用实有理函数

$$\left.\begin{aligned} d_1(s)&=\frac{1.498\ 3s^2+3.480\ 6s+4.296\ 5}{s^2+6.593\ 5s+14.746\ 8}\\ d_F(s)&=\frac{0.247\ 1s^2+1.320\ 1s+1.907\ 0}{s^2+2.721s+2.887\ 8}\end{aligned}\right\} \tag{4-94}$$

来近似表示,这时的 $D(s)$ 记为 $D_1(s)$。

(3) 求出满足

$$\| D_1F_l(G,K)D_1^{-1}\|_\infty < 1 \tag{4-95}$$

的 H_∞ 控制器 K 和最小的 γ,记为 K_1 和 γ_1,则有

$$\gamma=0.09,\ \| D_1F_l(G,K_1)D_1^{-1}\|_\infty < 0.981\ 2 \tag{4-96}$$

与控制器 K_0 相比,控制器 K_1 可以使系统灵敏度更好。

4.2.2 平衡截断模型降阶方法

模型降阶问题可一般地描述为:给定全阶模型 $G(s)$,寻找一个较低阶的 r 阶模型 G_r,使得 G 和 G_r 在某种意义上是接近的。有多种方法来定义一个逼近的接近性,例如,希望降阶后的模型满足

$$G=G_r+\Delta_a \tag{4-97}$$

且 Δ_a 在某种范数下是小的。这样的模型降阶通常称为加性模型降阶问题,也可要求逼近具有相对形式

$$G_r=G(I+\Delta_{\rm rel}) \tag{4-98}$$

使得 $\Delta_{\rm rel}$ 在某种范数下是小的,这称为相对模型降阶问题。选定 L_∞ 范数,则加性模型降阶问

题可表示为

$$\inf_{\deg(\boldsymbol{G}_r)\leqslant r} \|\boldsymbol{G}-\boldsymbol{G}_r\|_\infty \tag{4-99}$$

而当 $\boldsymbol{G}$ 可逆时，相对模型降阶问题可表示为

$$\inf_{\deg(\boldsymbol{G}_r)\leqslant r} \|\boldsymbol{G}^{-1}(\boldsymbol{G}-\boldsymbol{G}_r)\|_\infty \tag{4-100}$$

一般而言，实际的模型降阶问题常含有频率加权，即在一个频段上对逼近精度的要求与另一频段上逼近精度要求有相当大的差别。这样的问题一般可描述为对适当选择的 $\boldsymbol{W}_i$ 和 $\boldsymbol{W}_0$ 的频率加权模型降阶问题：

$$\inf_{\deg(\boldsymbol{G}_r)\leqslant r} \|\boldsymbol{W}_0(\boldsymbol{G}-\boldsymbol{G}_r)\boldsymbol{W}_i\|_\infty \tag{4-101}$$

4.2.2.1　模型降阶的平衡截断

考虑一个稳定系统 $\boldsymbol{G}\in RH_\infty$，假设 $\boldsymbol{G}=\left[\begin{array}{c:c}\boldsymbol{A} & \boldsymbol{B}\\ \hdashline \boldsymbol{C} & \boldsymbol{D}\end{array}\right]$ 是一个平衡实现，即它的可控性和可观测性 Gramian 矩阵相等且为对角阵。记此平衡 Gramian 矩阵为 $\boldsymbol{\Sigma}$，则

$$\boldsymbol{A\Sigma}+\boldsymbol{\Sigma A}^*+\boldsymbol{BB}^*=\boldsymbol{0} \tag{4-102}$$

$$\boldsymbol{A}^*\boldsymbol{\Sigma}+\boldsymbol{\Sigma A}+\boldsymbol{C}^*\boldsymbol{C}=\boldsymbol{0} \tag{4-103}$$

现在将此平衡 Gramian 矩阵分块为 $\boldsymbol{\Sigma}=\begin{bmatrix}\boldsymbol{\Sigma}_1 & \boldsymbol{0}\\ \boldsymbol{0} & \boldsymbol{\Sigma}_2\end{bmatrix}$，相应地，将系统分块为

$$\boldsymbol{G}=\left[\begin{array}{cc:c}\boldsymbol{A}_{11} & \boldsymbol{A}_{12} & \boldsymbol{B}_1\\ \boldsymbol{A}_{21} & \boldsymbol{A}_{22} & \boldsymbol{B}_2\\ \hdashline \boldsymbol{C}_1 & \boldsymbol{C}_2 & \boldsymbol{D}\end{array}\right] \tag{4-104}$$

则式(4-102) 和式(4-103) 可按分块后的矩阵写成

$$\boldsymbol{A}_{11}\boldsymbol{\Sigma}_1+\boldsymbol{\Sigma}_1\boldsymbol{A}_{11}^*+\boldsymbol{B}_1\boldsymbol{B}_1^*=\boldsymbol{0} \tag{4-105}$$

$$\boldsymbol{\Sigma}_1\boldsymbol{A}_{11}+\boldsymbol{A}_{11}^*\boldsymbol{\Sigma}_1+\boldsymbol{C}_1^*\boldsymbol{C}_1=\boldsymbol{0} \tag{4-106}$$

$$\boldsymbol{A}_{21}\boldsymbol{\Sigma}_1+\boldsymbol{\Sigma}_2\boldsymbol{A}_{12}^*+\boldsymbol{B}_2\boldsymbol{B}_1^*=\boldsymbol{0} \tag{4-107}$$

$$\boldsymbol{\Sigma}_2\boldsymbol{A}_{21}+\boldsymbol{A}_{12}^*\boldsymbol{\Sigma}_1+\boldsymbol{C}_2^*\boldsymbol{C}_1=\boldsymbol{0} \tag{4-108}$$

$$\boldsymbol{A}_{22}\boldsymbol{\Sigma}_2+\boldsymbol{\Sigma}_2\boldsymbol{A}_{22}^*+\boldsymbol{B}_2\boldsymbol{B}_2^*=\boldsymbol{0} \tag{4-109}$$

$$\boldsymbol{\Sigma}_2\boldsymbol{A}_{22}+\boldsymbol{A}_{22}^*\boldsymbol{\Sigma}_2+\boldsymbol{C}_2^*\boldsymbol{C}_2=\boldsymbol{0} \tag{4-110}$$

定理【4.3】：设 $\boldsymbol{\Sigma}_1$ 和 $\boldsymbol{\Sigma}_2$ 无相同的对角元素，则两个子系统$(\boldsymbol{A}_{ii},\boldsymbol{B}_i,\boldsymbol{C}_i)$，$i=1,2$ 均是渐进稳定的。

证明：显然，仅需要证明 $\boldsymbol{A}_{11}$ 渐进稳定即可，而关于 $\boldsymbol{A}_{22}$ 稳定性的证明与之类似。不失一般性，假设 $\boldsymbol{\Sigma}_1$ 是正定的，于是 $\lambda_i(\boldsymbol{A}_{11})\leqslant 0$。假设 $\boldsymbol{A}_{11}$ 不是渐进稳定的，则对某个 ω，在 $\mathrm{j}\omega$ 处存在一个特征值。令 $\boldsymbol{V}$ 为 $\mathrm{Ker}(\boldsymbol{A}_{11}-\mathrm{j}\omega\boldsymbol{I})$ 的一个基所组成的矩阵，则有

$$(\boldsymbol{A}_{11}-\mathrm{j}\omega\boldsymbol{I})\boldsymbol{V}=\boldsymbol{0} \tag{4-111}$$

由此给出

$$\boldsymbol{V}^*(\boldsymbol{A}_{11}^*+\mathrm{j}\omega\boldsymbol{I})=\boldsymbol{0} \tag{4-112}$$

这样，式(4-105) 和式(4-106) 就可重新写成

$$(\boldsymbol{A}_{11}-\mathrm{j}\omega\boldsymbol{I})\boldsymbol{\Sigma}_1+\boldsymbol{\Sigma}_1(\boldsymbol{A}_{11}^*+\mathrm{j}\omega\boldsymbol{I})+\boldsymbol{B}_1\boldsymbol{B}_1^*=\boldsymbol{0} \tag{4-113}$$

$$\boldsymbol{\Sigma}_1(\boldsymbol{A}_{11}-\mathrm{j}\omega\boldsymbol{I})+(\boldsymbol{A}_{11}^*+\mathrm{j}\omega\boldsymbol{I})\boldsymbol{\Sigma}_1+\boldsymbol{C}_1^*\boldsymbol{C}_1=\boldsymbol{0} \tag{4-114}$$

用$\boldsymbol{V}$右乘，$\boldsymbol{V}^*$左乘式(4-114)给出$\boldsymbol{V}^*\boldsymbol{C}_1^*\boldsymbol{C}_1\boldsymbol{V}=\boldsymbol{0}$，这等价于$\boldsymbol{C}_1\boldsymbol{V}=\boldsymbol{0}$。用$\boldsymbol{V}$右乘式(4-114)可得

$$(\boldsymbol{A}_{11}^* + \mathrm{j}\omega \boldsymbol{I})\boldsymbol{\Sigma}_1\boldsymbol{V} = \boldsymbol{0} \tag{4-115}$$

相似地，首先用$\boldsymbol{\Sigma}_1\boldsymbol{V}$乘式(4-113)的右边，用$\boldsymbol{V}^*\boldsymbol{\Sigma}_1$乘其左边，可得

$$\boldsymbol{B}_1^*\boldsymbol{\Sigma}_1\boldsymbol{V} = \boldsymbol{0} \tag{4-116}$$

然后，用$\boldsymbol{\Sigma}_1\boldsymbol{V}$乘式(4-113)的右边后得到

$$(\boldsymbol{A}_{11} - \mathrm{j}\omega \boldsymbol{I})\boldsymbol{\Sigma}_1^2\boldsymbol{V} = \boldsymbol{0} \tag{4-117}$$

故$\boldsymbol{\Sigma}_1^2\boldsymbol{V}$的列在$\mathrm{Ker}(\boldsymbol{A}_{11} - \mathrm{j}\omega\boldsymbol{I})$中，因此存在一个矩阵$\bar{\boldsymbol{\Sigma}}_1$，使得

$$\boldsymbol{\Sigma}_1^2\boldsymbol{V} = \boldsymbol{V}\bar{\boldsymbol{\Sigma}}_1^2 \tag{4-118}$$

对$\boldsymbol{V}$所张成的空间，由于$\bar{\boldsymbol{\Sigma}}_1^2$限制了$\boldsymbol{\Sigma}_1^2$，因此，选择$\boldsymbol{V}$使$\bar{\boldsymbol{\Sigma}}_1^2$为对角阵是可能的。进而，选择$\bar{\boldsymbol{\Sigma}}_1$是对角阵，使$\bar{\boldsymbol{\Sigma}}_1$的对角元素是$\boldsymbol{\Sigma}_1$的对角元素的子集也是可能的。

用$\boldsymbol{\Sigma}_1\boldsymbol{V}$乘式(4-107)的右边，用$\boldsymbol{V}$乘式(4-108)的右边，得到

$$\left.\begin{aligned} \boldsymbol{A}_{21}\boldsymbol{\Sigma}_1^2\boldsymbol{V} + \boldsymbol{\Sigma}_2\boldsymbol{A}_{12}^*\boldsymbol{\Sigma}_1\boldsymbol{V} = \boldsymbol{0} \\ \boldsymbol{\Sigma}_2\boldsymbol{A}_{21}\boldsymbol{V} + \boldsymbol{A}_{12}^*\boldsymbol{\Sigma}_1\boldsymbol{V} = \boldsymbol{0} \end{aligned}\right\} \tag{4-119}$$

由此给出

$$(\boldsymbol{A}_{21}\boldsymbol{V})\bar{\boldsymbol{\Sigma}}_1^2 = \boldsymbol{\Sigma}_2^2(\boldsymbol{A}_{21}\boldsymbol{V}) \tag{4-120}$$

这是一个关于$(\boldsymbol{A}_{21}\boldsymbol{V})$的 Sylvester 方程。由于$\bar{\boldsymbol{\Sigma}}_1^2$和$\boldsymbol{\Sigma}_2^2$无相同的对角元素，故

$$\boldsymbol{A}_{21}\boldsymbol{V} = \boldsymbol{0} \tag{4-121}$$

是其唯一解。式(4-111)、式(4-121)蕴含

$$\begin{bmatrix} \boldsymbol{A}_{11} & \boldsymbol{A}_{12} \\ \boldsymbol{A}_{21} & \boldsymbol{A}_{22} \end{bmatrix}\begin{bmatrix} \boldsymbol{V} \\ \boldsymbol{0} \end{bmatrix} = \mathrm{j}\omega\begin{bmatrix} \boldsymbol{V} \\ \boldsymbol{0} \end{bmatrix} \tag{4-122}$$

这意味原系统$\boldsymbol{A}$阵有一个特征值在$\mathrm{j}\omega$处，因而与原系统渐进稳定的事实相矛盾，故$\boldsymbol{A}_{11}$必然是渐进稳定的。

定理【4.4】：假设$\boldsymbol{G}(s) \in RH_\infty$，且

$$\boldsymbol{G}(s) = \left[\begin{array}{cc:c} \boldsymbol{A}_{11} & \boldsymbol{A}_{12} & \boldsymbol{B}_1 \\ \boldsymbol{A}_{21} & \boldsymbol{A}_{22} & \boldsymbol{B}_2 \\ \hdashline \boldsymbol{C}_1 & \boldsymbol{C}_2 & \boldsymbol{D} \end{array}\right] \tag{4-123}$$

是一个平衡实现，其 Gramian 矩阵$\boldsymbol{\Sigma} = \mathrm{diag}(\boldsymbol{\Sigma}_1, \boldsymbol{\Sigma}_2)$，其中

$$\begin{aligned} \boldsymbol{\Sigma}_1 &= \mathrm{diag}(\sigma_1\boldsymbol{I}_{s_1}, \sigma_2\boldsymbol{I}_{s_2}, \cdots, \sigma_r\boldsymbol{I}_{s_r}) \\ \boldsymbol{\Sigma}_2 &= \mathrm{diag}(\sigma_{r+1}\boldsymbol{I}_{s_{r+1}}, \sigma_{r+2}\boldsymbol{I}_{s_{r+2}}, \cdots, \sigma_N\boldsymbol{I}_{s_N}) \end{aligned} \tag{4-124}$$

及

$$\sigma_1 > \sigma_2 > \cdots > \sigma_r > \sigma_{r+1} > \sigma_{r+2} > \cdots > \sigma_N \tag{4-125}$$

这里，σ_i的重数为s_i，$i = 1, 2, \cdots, N$，$s_1 + s_2 + \cdots + s_N = n$。则经截断后的系统

$$\boldsymbol{G}_r(s) = \left[\begin{array}{c:c} \boldsymbol{A}_{11} & \boldsymbol{B}_1 \\ \hdashline \boldsymbol{C}_1 & \boldsymbol{D} \end{array}\right] \tag{4-126}$$

是平衡和渐进稳定的。进而

$$\| \boldsymbol{G}(s) - \boldsymbol{G}_r(s) \|_\infty \leqslant 2(\sigma_{r+1} + \sigma_{r+2} + \cdots + \sigma_N) \tag{4-127}$$

若$r = N - 1$，则这个界是可达的，即

$$\| \boldsymbol{G}(s) - \boldsymbol{G}_{N-1}(s) \|_{\infty} = 2\sigma_N \tag{4-128}$$

证明：$\boldsymbol{G}_r$ 的稳定性由定理 4.3 给出。现在要给出一个对所有的 $i, s_i = 1$ 情形下误差界的直接证明。因此，设 $s_i = 1, N = n$。另一个未假定奇异值 σ_i 互异情形时的证明将在后面给出。

令

$$\begin{aligned} \boldsymbol{\phi}(s) &:= (s\boldsymbol{I} - \boldsymbol{A}_{11})^{-1} \\ \boldsymbol{\psi}(s) &:= s\boldsymbol{I} - \boldsymbol{A}_{22} - \boldsymbol{A}_{21}\boldsymbol{\phi}(s)\boldsymbol{A}_{12} \\ \widetilde{\boldsymbol{B}}(s) &:= \boldsymbol{A}_{21}\boldsymbol{\phi}(s)\boldsymbol{B}_1 + \boldsymbol{B}_2 \\ \widetilde{\boldsymbol{C}}(s) &:= \boldsymbol{C}_1\boldsymbol{\phi}(s)\boldsymbol{A}_{12} + \boldsymbol{C}_2 \end{aligned} \tag{4-129}$$

利用分块矩阵的结果

$$\boldsymbol{G}(s) - \boldsymbol{G}_r(s) = \boldsymbol{C}(s\boldsymbol{I} - \boldsymbol{A})^{-1}\boldsymbol{B} - \boldsymbol{C}_1\boldsymbol{\phi}(s)\boldsymbol{B}_1 =$$

$$\begin{bmatrix} \boldsymbol{C}_1 & \boldsymbol{C}_2 \end{bmatrix} \begin{bmatrix} s\boldsymbol{I} - \boldsymbol{A}_{11} & -\boldsymbol{A}_{12} \\ -\boldsymbol{A}_{21} & s\boldsymbol{I} - \boldsymbol{A}_{22} \end{bmatrix}^{-1} \begin{bmatrix} \boldsymbol{B}_1 \\ \boldsymbol{B}_2 \end{bmatrix} - \boldsymbol{C}_1\boldsymbol{\phi}(s)\boldsymbol{B}_1 = \widetilde{\boldsymbol{C}}(s)\boldsymbol{\psi}^{-1}(s)\widetilde{\boldsymbol{B}}(s) \tag{4-130}$$

计算其在虚轴上的值，有

$$\bar{\sigma}[\boldsymbol{G}(\mathrm{j}\omega) - \boldsymbol{G}_r(\mathrm{j}\omega)] = \lambda_{\max}^{1/2}[\boldsymbol{\psi}^{-1}(\mathrm{j}\omega)\widetilde{\boldsymbol{B}}(\mathrm{j}\omega)\widetilde{\boldsymbol{B}}^*(\mathrm{j}\omega)\boldsymbol{\psi}^{-*}(\mathrm{j}\omega)\widetilde{\boldsymbol{C}}^*(\mathrm{j}\omega)\widetilde{\boldsymbol{C}}(\mathrm{j}\omega)] \tag{4-131}$$

式中，$\widetilde{\boldsymbol{B}}(\mathrm{j}\omega)\widetilde{\boldsymbol{B}}^*(\mathrm{j}\omega)$ 和 $\widetilde{\boldsymbol{C}}^*(\mathrm{j}\omega)\widetilde{\boldsymbol{C}}(\mathrm{j}\omega)$ 的表达式可利用分块形式的内平衡 Gramian 方程(4-105) ~ (4-110) 得到。

$\widetilde{\boldsymbol{B}}(\mathrm{j}\omega)\widetilde{\boldsymbol{B}}^*(\mathrm{j}\omega)$ 的一个表达式可由 $\widetilde{\boldsymbol{B}}(s)$ 的定义得到。根据 Gramian 方程(4-105) ~ (4-107) 的分块形式来代替 $\widetilde{\boldsymbol{B}}\widetilde{\boldsymbol{B}}^*$ 式中的 $\boldsymbol{B}_1\boldsymbol{B}_1^*$、$\boldsymbol{B}_1\boldsymbol{B}_2^*$ 和 $\boldsymbol{B}_2\boldsymbol{B}_2^*$，得到

$$\widetilde{\boldsymbol{B}}(\mathrm{j}\omega)\widetilde{\boldsymbol{B}}^*(\mathrm{j}\omega) = \boldsymbol{\psi}(\mathrm{j}\omega)\boldsymbol{\Sigma}_2 + \boldsymbol{\Sigma}_2\boldsymbol{\psi}^*(\mathrm{j}\omega) \tag{4-132}$$

$\widetilde{\boldsymbol{C}}^*(\mathrm{j}\omega)\widetilde{\boldsymbol{C}}(\mathrm{j}\omega)$ 的表达式也可以用相似的方法得到：

$$\widetilde{\boldsymbol{C}}^*(\mathrm{j}\omega)\widetilde{\boldsymbol{C}}(\mathrm{j}\omega) = \boldsymbol{\Sigma}_2\boldsymbol{\psi}(\mathrm{j}\omega) + \boldsymbol{\psi}^*(\mathrm{j}\omega)\boldsymbol{\Sigma}_2 \tag{4-133}$$

将 $\widetilde{\boldsymbol{B}}(\mathrm{j}\omega)\widetilde{\boldsymbol{B}}^*(\mathrm{j}\omega)$、$\widetilde{\boldsymbol{C}}^*(\mathrm{j}\omega)\widetilde{\boldsymbol{C}}(\mathrm{j}\omega)$ 的表达式代入式(4-131)，得到

$$\bar{\sigma}[\boldsymbol{G}(\mathrm{j}\omega) - \boldsymbol{G}_r(\mathrm{j}\omega)] = \lambda_{\max}^{1/2}\{[\boldsymbol{\Sigma}_2 + \boldsymbol{\psi}^{-1}(\mathrm{j}\omega)\boldsymbol{\Sigma}_2\boldsymbol{\psi}^*(\mathrm{j}\omega)][\boldsymbol{\Sigma}_2 + \boldsymbol{\psi}^{-*}(\mathrm{j}\omega)\boldsymbol{\Sigma}_2\boldsymbol{\psi}(\mathrm{j}\omega)]\} \tag{4-134}$$

现在，考虑一步降阶，即 $r = n - 1$，于是 $\boldsymbol{\Sigma}_2 = \sigma_n$ 及

$$\bar{\sigma}[\boldsymbol{G}(\mathrm{j}\omega) - \boldsymbol{G}_r(\mathrm{j}\omega)] = \sigma_n\lambda_{\max}^{1/2}\{[\boldsymbol{1} + \boldsymbol{\Theta}^{-1}(\mathrm{j}\omega)][\boldsymbol{1} + \boldsymbol{\Theta}(\mathrm{j}\omega)]\} \tag{4-135}$$

这里，$\boldsymbol{\Theta} := \boldsymbol{\psi}^{-*}(\mathrm{j}\omega)\boldsymbol{\psi}(\mathrm{j}\omega) = \boldsymbol{\Theta}^{-*}$ 是一个“全通”标量函数(这也是唯一需要 $s_i = 1$ 这一假设的地方)，故 $|\boldsymbol{\Theta}(\mathrm{j}\omega)| = 1$。

利用三角不等式，得到

$$\bar{\sigma}[\boldsymbol{G}(\mathrm{j}\omega) - \boldsymbol{G}_r(\mathrm{j}\omega)] \leqslant \sigma_n[1 + |\boldsymbol{\Theta}(\mathrm{j}\omega)|] = 2\sigma_n \tag{4-136}$$

这就是 $r = n - 1$ 时的界。

证明的其余部分可应用此一步降阶的结果完成。注意到由“第 k 阶”分块得到的 $\boldsymbol{G}_k(s) = \left[\begin{array}{c|c} \boldsymbol{A}_{11} & \boldsymbol{B}_1 \\ \hline \boldsymbol{C}_1 & \boldsymbol{D} \end{array}\right]$ 是内平衡的，其平衡 Gramian 矩阵由

$$\boldsymbol{\Sigma}_1 = \mathrm{diag}(\sigma_1\boldsymbol{I}_{s_1}, \sigma_2\boldsymbol{I}_{s_2}, \cdots, \sigma_k\boldsymbol{I}_{s_k}) \tag{4-137}$$

给出。令 $\boldsymbol{E}_k(s) = \boldsymbol{G}_{k-1}(s) - \boldsymbol{G}_k(s), k = 1, 2, \cdots, N-1$ 及令 $\boldsymbol{G}_N(s) = \boldsymbol{G}(s)$，则

$$\bar{\sigma}[\boldsymbol{E}_k(\mathrm{j}\omega)] \leqslant 2\sigma_{k+1} \tag{4-138}$$

由于 $\boldsymbol{G}_k(s)$ 是从 $\boldsymbol{G}_{k+1}(s)$ 的内平衡实现得出的一个降阶模型，一步降阶的界式(4-136)仍成立。

注意到

$$\boldsymbol{G}(s)-\boldsymbol{G}_r(s)=\sum_{k=r}^{N-1}\boldsymbol{E}_k(s) \tag{4-139}$$

根据 $\boldsymbol{E}_k(s)$ 的定义，有

$$\sigma\left[\boldsymbol{G}(\mathrm{j}\omega)-\boldsymbol{G}_r(\mathrm{j}\omega)\right]\leqslant\sum_{k=r}^{N-1}\bar{\sigma}\left[\boldsymbol{E}_k(\mathrm{j}\omega)\right]\leqslant 2\sum_{k=r}^{N-1}\sigma_{k+1} \tag{4-140}$$

这就是期望的上界。

由于 $\boldsymbol{\Theta}(0)=\boldsymbol{I}$，所以在 $\omega=0$ 处，式(4-135)的右端就等于 $2\sigma_N$，因此，当 $r=N-1$ 时该上界实际上是可达到的。

4.2.2.2 频率加权平衡模型降阶

给定原来的全阶模型 $\boldsymbol{G}\in RH_\infty$、输入加权矩阵 $\boldsymbol{W}_i\in RH_\infty$ 及输出加权矩阵 $\boldsymbol{W}_0\in \mathbf{R}H_\infty$，我们的目的是寻找一个较低阶的模型 $\boldsymbol{G}_r$，使得 $\|\boldsymbol{W}_0(\boldsymbol{G}-\boldsymbol{G}_r)\boldsymbol{W}_i\|_\infty$ 尽可能小。

假设 $\boldsymbol{G}$、$\boldsymbol{W}_i$ 和 $\boldsymbol{W}_0$ 具有如下状态空间实现

$$\boldsymbol{G}=\left[\begin{array}{c|c}\boldsymbol{A}&\boldsymbol{B}\\\hline\boldsymbol{C}&\boldsymbol{0}\end{array}\right],\quad \boldsymbol{W}_i=\left[\begin{array}{c|c}\boldsymbol{A}_i&\boldsymbol{B}_i\\\hline\boldsymbol{C}_i&\boldsymbol{D}_i\end{array}\right],\quad \boldsymbol{W}_0=\left[\begin{array}{c|c}\boldsymbol{A}_0&\boldsymbol{B}_0\\\hline\boldsymbol{C}_0&\boldsymbol{D}_0\end{array}\right] \tag{4-141}$$

且 $\boldsymbol{A}\in\mathbf{R}^{n\times n}$。注意到假设 $\boldsymbol{D}=\boldsymbol{G}(\infty)=\boldsymbol{0}$ 不会失去一般性，因为若不然，$\boldsymbol{D}$ 总可以通过用 $\boldsymbol{D}+\boldsymbol{G}_r$ 代替 $\boldsymbol{G}_r$ 予以消去。

加权传递矩阵的状态空间实现由下式给出：

$$\boldsymbol{W}_0\boldsymbol{G}\boldsymbol{W}_i=\left[\begin{array}{ccc|c}\boldsymbol{A}&\boldsymbol{0}&\boldsymbol{B}\boldsymbol{C}_i&\boldsymbol{B}\boldsymbol{D}_i\\\boldsymbol{B}_0\boldsymbol{C}&\boldsymbol{A}_0&\boldsymbol{0}&\boldsymbol{0}\\\boldsymbol{0}&\boldsymbol{0}&\boldsymbol{A}_i&\boldsymbol{B}_i\\\hline\boldsymbol{D}_0\boldsymbol{C}&\boldsymbol{C}_0&\boldsymbol{0}&\boldsymbol{0}\end{array}\right]=\left[\begin{array}{c|c}\bar{\boldsymbol{A}}&\bar{\boldsymbol{B}}\\\hline\bar{\boldsymbol{C}}&\boldsymbol{0}\end{array}\right] \tag{4-142}$$

令 $\bar{\boldsymbol{P}}$ 和 $\bar{\boldsymbol{Q}}$ 为以下 Lyapunov 方程的解

$$\bar{\boldsymbol{A}}\bar{\boldsymbol{P}}+\bar{\boldsymbol{P}}\bar{\boldsymbol{A}}^*+\bar{\boldsymbol{B}}\bar{\boldsymbol{B}}^*=\boldsymbol{0} \tag{4-143}$$

$$\bar{\boldsymbol{Q}}\bar{\boldsymbol{A}}+\bar{\boldsymbol{A}}^*\bar{\boldsymbol{Q}}+\bar{\boldsymbol{C}}^*\bar{\boldsymbol{C}}=\boldsymbol{0} \tag{4-144}$$

则输入加权 Gramian 矩阵 $\boldsymbol{P}$、输出加权 Gramian 矩阵 $\boldsymbol{Q}$ 定义为

$$\boldsymbol{P}=[\boldsymbol{I}_n\quad\boldsymbol{0}]\bar{\boldsymbol{P}}\begin{bmatrix}\boldsymbol{I}_n\\\boldsymbol{0}\end{bmatrix},\quad \boldsymbol{Q}=[\boldsymbol{I}_n\quad\boldsymbol{0}]\bar{\boldsymbol{Q}}\begin{bmatrix}\boldsymbol{I}_n\\\boldsymbol{0}\end{bmatrix} \tag{4-145}$$

易证，$\boldsymbol{P}$ 和 $\boldsymbol{Q}$ 满足如下较低阶方程：

$$\begin{bmatrix}\boldsymbol{A}&\boldsymbol{B}\boldsymbol{C}_i\\\boldsymbol{0}&\boldsymbol{A}_i\end{bmatrix}\begin{bmatrix}\boldsymbol{P}&\boldsymbol{P}_{12}\\\boldsymbol{P}_{12}^*&\boldsymbol{P}_{22}\end{bmatrix}+\begin{bmatrix}\boldsymbol{P}&\boldsymbol{P}_{12}\\\boldsymbol{P}_{12}^*&\boldsymbol{P}_{22}\end{bmatrix}\begin{bmatrix}\boldsymbol{A}&\boldsymbol{B}\boldsymbol{C}_i\\\boldsymbol{0}&\boldsymbol{A}_i\end{bmatrix}^*+\begin{bmatrix}\boldsymbol{B}\boldsymbol{D}_i\\\boldsymbol{B}_i\end{bmatrix}\begin{bmatrix}\boldsymbol{B}\boldsymbol{D}_i\\\boldsymbol{B}_i\end{bmatrix}^*=\boldsymbol{0} \tag{4-146}$$

$$\begin{bmatrix}\boldsymbol{Q}&\boldsymbol{Q}_{12}\\\boldsymbol{Q}_{12}^*&\boldsymbol{Q}_{22}\end{bmatrix}\begin{bmatrix}\boldsymbol{A}&\boldsymbol{0}\\\boldsymbol{B}_0\boldsymbol{C}&\boldsymbol{A}_0\end{bmatrix}+\begin{bmatrix}\boldsymbol{A}&\boldsymbol{0}\\\boldsymbol{B}_0\boldsymbol{C}&\boldsymbol{A}_0\end{bmatrix}^*\times\begin{bmatrix}\boldsymbol{Q}&\boldsymbol{Q}_{12}\\\boldsymbol{Q}_{12}^*&\boldsymbol{Q}_{22}\end{bmatrix}+\begin{bmatrix}\boldsymbol{C}^*\boldsymbol{D}_0^*\\\boldsymbol{C}_0^*\end{bmatrix}\begin{bmatrix}\boldsymbol{C}^*\boldsymbol{D}_0^*\\\boldsymbol{C}_0^*\end{bmatrix}^*=\boldsymbol{0} \tag{4-147}$$

如 $\boldsymbol{W}_i=\boldsymbol{I}$ 或 $\boldsymbol{W}_0=\boldsymbol{I}$，则计算量可进一步减小。在 $\boldsymbol{W}_i=\boldsymbol{I}$ 时，$\boldsymbol{P}$ 可由下式得到

$$\boldsymbol{P}\boldsymbol{A}^*+\boldsymbol{A}\boldsymbol{P}+\boldsymbol{B}\boldsymbol{B}^*=\boldsymbol{0} \tag{4-148}$$

而 $\boldsymbol{W}_0=\boldsymbol{I}$ 时，$\boldsymbol{Q}$ 可由下式得到：

$$\boldsymbol{QA}+\boldsymbol{A}^*\boldsymbol{Q}+\boldsymbol{C}^*\boldsymbol{C}=\boldsymbol{0} \tag{4-149}$$

现令 $\boldsymbol{T}$ 为一非奇异矩阵，使得

$$\boldsymbol{TPT}^*=(\boldsymbol{T}^{-1})^*\boldsymbol{QT}^{-1}=\begin{bmatrix}\boldsymbol{\Sigma}_1 & \\ & \boldsymbol{\Sigma}_2\end{bmatrix} \tag{4-150}$$

且 $\boldsymbol{\Sigma}_1=\mathrm{diag}(\sigma_1\boldsymbol{I}_{s_1},\cdots,\sigma_r\boldsymbol{I}_{s_r})$，$\boldsymbol{\Sigma}_2=\mathrm{diag}(\sigma_{r+1}\boldsymbol{I}_{s_{r+1}},\cdots,\sigma_n\boldsymbol{I}_{s_n})$。将系统相应分块为

$$\left[\begin{array}{c:c}\boldsymbol{TAT}^{-1} & \boldsymbol{TB}\\ \hdashline \boldsymbol{CT}^{-1} & \boldsymbol{0}\end{array}\right]=\left[\begin{array}{cc:c}\boldsymbol{A}_{11} & \boldsymbol{A}_{12} & \boldsymbol{B}_1\\ \boldsymbol{A}_{21} & \boldsymbol{A}_{22} & \boldsymbol{B}_2\\ \hdashline \boldsymbol{C}_1 & \boldsymbol{C}_2 & \boldsymbol{0}\end{array}\right] \tag{4-151}$$

则得到一个降阶模型 $\boldsymbol{G}_r$ 为

$$\boldsymbol{G}_r=\left[\begin{array}{c:c}\boldsymbol{A}_{11} & \boldsymbol{B}_1\\ \hdashline \boldsymbol{C}_1 & \boldsymbol{0}\end{array}\right] \tag{4-152}$$

一般来说预先并不知道此逼近的误差界，也不能保证降阶后的模型 $\boldsymbol{G}_r$ 是稳定的。

4.2.2.3　相对和乘性模型降阶

一个非常特殊的频率加权模型降阶问题是相对误差模型降阶问题，其目的是寻找一个降阶模型 $\boldsymbol{G}_r$，使得 $\boldsymbol{G}_r=\boldsymbol{G}(\boldsymbol{I}+\boldsymbol{\Delta}_{\mathrm{rel}})$，并使 $\|\boldsymbol{\Delta}_{\mathrm{rel}}\|_\infty$ 尽可能小。$\boldsymbol{\Delta}_{\mathrm{rel}}$ 通常称为相对误差。在 $\boldsymbol{G}$ 是方阵且可逆时，这个问题可表示为

$$\min_{\deg(\boldsymbol{G}_r)\leqslant r}\|\boldsymbol{G}^{-1}(\boldsymbol{G}-\boldsymbol{G}_r)\|_\infty \tag{4-153}$$

其对偶逼近问题 $\boldsymbol{G}_r=(\boldsymbol{I}+\boldsymbol{\Delta}_{\mathrm{rel}})\boldsymbol{G}$ 可通过对 $\boldsymbol{G}$ 的转置得到。下面要得到的逼近 $\boldsymbol{G}_r$ 也可用作乘性逼近：

$$\boldsymbol{G}=\boldsymbol{G}_r(\boldsymbol{I}+\boldsymbol{\Delta}_{\mathrm{mul}}) \tag{4-154}$$

其中，$\boldsymbol{\Delta}_{\mathrm{mul}}$ 通常称为乘性误差。

定理【4.5】：令 $\boldsymbol{G},\boldsymbol{G}^{-1}\in\mathbf{R}H_\infty$ 为一方的 n 阶传递矩阵，且具有状态空间实现

$$\boldsymbol{G}(s)=\begin{bmatrix}\boldsymbol{A} & \boldsymbol{B}\\ \boldsymbol{C} & \boldsymbol{D}\end{bmatrix} \tag{4-155}$$

令 $\boldsymbol{W}_i=\boldsymbol{I}$ 以及 $\boldsymbol{W}_0=\boldsymbol{G}^{-1}(s)=\begin{bmatrix}\boldsymbol{A}-\boldsymbol{BD}^{-1}\boldsymbol{C} & -\boldsymbol{BD}^{-1}\\ \boldsymbol{D}^{-1}\boldsymbol{C} & \boldsymbol{D}^{-1}\end{bmatrix}$，则

(1)$\boldsymbol{G}$ 的频率加权平衡实现的加权 Gramian 矩阵 $\boldsymbol{P}$ 和 $\boldsymbol{Q}$ 可由

$$\boldsymbol{PA}^*+\boldsymbol{AP}+\boldsymbol{BB}^*=\boldsymbol{0} \tag{4-156}$$

$$\boldsymbol{Q}(\boldsymbol{A}-\boldsymbol{BD}^{-1}\boldsymbol{C})+(\boldsymbol{A}-\boldsymbol{BD}^{-1}\boldsymbol{C})^*\boldsymbol{Q}+\boldsymbol{C}^*(\boldsymbol{D}^{-1})^*\boldsymbol{D}^{-1}\boldsymbol{C}=\boldsymbol{0} \tag{4-157}$$

得到。

(2) 假设 $\boldsymbol{G}$ 的实现是加权平衡的，即

$$\boldsymbol{P}=\boldsymbol{Q}=\mathrm{diag}(\sigma_1\boldsymbol{I}_{s_1},\cdots,\sigma_r\boldsymbol{I}_{s_r},\sigma_{r+1}\boldsymbol{I}_{s_{r+1}},\cdots,\sigma_N\boldsymbol{I}_{s_N})=\mathrm{diag}(\boldsymbol{\Sigma}_1,\boldsymbol{\Sigma}_2) \tag{4-158}$$

其中 $\sigma_1>\sigma_2>\cdots>\sigma_N\geqslant 0$，并令 $\boldsymbol{G}$ 的实现与 Σ_1 和 Σ_2 相应地被分块为

$$\boldsymbol{G}(s)=\left[\begin{array}{cc:c}\boldsymbol{A}_{11} & \boldsymbol{A}_{12} & \boldsymbol{B}_1\\ \boldsymbol{A}_{21} & \boldsymbol{A}_{22} & \boldsymbol{B}_2\\ \hdashline \boldsymbol{C}_1 & \boldsymbol{C}_2 & \boldsymbol{D}\end{array}\right] \tag{4-159}$$

则

$$\boldsymbol{G}_r(s)=\left[\begin{array}{c|c}\boldsymbol{A}_{11} & \boldsymbol{B}_1\\\hline \boldsymbol{C}_1 & \boldsymbol{D}\end{array}\right] \tag{4-160}$$

是稳定的和最小相位的。进而

$$\begin{aligned}\|\boldsymbol{\Delta}_{\mathrm{rel}}\|_{\infty}&\leqslant\prod_{i=r+1}^{N}\left(1+2\sigma_i\left(\sqrt{1+\sigma_i^2}+\sigma_i\right)\right)-1\\ \|\boldsymbol{\Delta}_{\mathrm{mul}}\|_{\infty}&\leqslant\prod_{i=r+1}^{N}\left(1+2\sigma_i\left(\sqrt{1+\sigma_i^2}+\sigma_i\right)\right)-1\end{aligned} \tag{4-161}$$

证明:由于输入加权矩阵 $\boldsymbol{W}_i=\boldsymbol{I}$,则显然输入加权 Gramian 矩阵由 $\boldsymbol{P}$ 给出。输出加权传递函数阵由

$$\boldsymbol{G}^{-1}(\boldsymbol{G}-\boldsymbol{D})=\left[\begin{array}{cc|c}\boldsymbol{A} & \boldsymbol{0} & \boldsymbol{B}\\ -\boldsymbol{B}\boldsymbol{D}^{-1}\boldsymbol{C} & \boldsymbol{A}-\boldsymbol{B}\boldsymbol{D}^{-1}\boldsymbol{C} & \boldsymbol{0}\\\hline \boldsymbol{D}^{-1}\boldsymbol{C} & \boldsymbol{D}^{-1}C & \boldsymbol{0}\end{array}\right]=:\left[\begin{array}{c|c}\bar{\boldsymbol{A}} & \bar{\boldsymbol{B}}\\\hline \bar{\boldsymbol{C}} & \boldsymbol{0}\end{array}\right] \tag{4-162}$$

给出。易证得

$$\bar{\boldsymbol{Q}}:=\begin{bmatrix}\boldsymbol{Q} & \boldsymbol{Q}\\ \boldsymbol{Q} & \boldsymbol{Q}\end{bmatrix} \tag{4-163}$$

满足如下 Lyapunov 方程:

$$\bar{\boldsymbol{Q}}\bar{\boldsymbol{A}}+\bar{\boldsymbol{A}}^*\bar{\boldsymbol{Q}}+\boldsymbol{C}^*\bar{\boldsymbol{C}}=\boldsymbol{0} \tag{4-164}$$

故 $\boldsymbol{Q}$ 是输出加权 Gramian 矩阵。

上述证明中,假设系统为方阵。现将此结果推广到包含系统为非方阵时的情形。令 $G(s)$ 为一最小相位的传递函数矩阵,具有最小实现

$$\boldsymbol{G}(s)=\left[\begin{array}{c|c}\boldsymbol{A} & \boldsymbol{B}\\\hline \boldsymbol{C} & \boldsymbol{D}\end{array}\right] \tag{4-165}$$

并设 $\boldsymbol{D}$ 行满秩。不失一般性,假设 $\boldsymbol{D}$ 是正规化的,$\boldsymbol{D}\boldsymbol{D}^*=\boldsymbol{I}$。令 $\boldsymbol{D}_\perp$ 为一个行满秩矩阵,使得 $\begin{bmatrix}\boldsymbol{D}\\ \boldsymbol{D}_\perp\end{bmatrix}$ 为方的酉矩阵。

定理【4.6】:一个复数 z 是 $\boldsymbol{G}(s)$ 的一个零点,当且仅当 z 是 $(\boldsymbol{A}-\boldsymbol{B}\boldsymbol{D}^*\boldsymbol{C},\boldsymbol{B}\boldsymbol{D}_\perp^*)$ 的一个不可控的模态。

证明:由于 $\boldsymbol{D}$ 行满秩,$\boldsymbol{G}(s)=\left[\begin{array}{c|c}\boldsymbol{A} & \boldsymbol{B}\\\hline \boldsymbol{C} & \boldsymbol{D}\end{array}\right]$ 是一个最小实现,则 z 是 $\boldsymbol{G}(s)$ 的一个传输零点当且仅当

$$\begin{bmatrix}\boldsymbol{A}-z\boldsymbol{I} & \boldsymbol{B}\\ \boldsymbol{C} & \boldsymbol{D}\end{bmatrix} \tag{4-166}$$

不是行满秩的。注意到

$$\begin{bmatrix}\boldsymbol{A}-z\boldsymbol{I} & \boldsymbol{B}\\ \boldsymbol{C} & \boldsymbol{D}\end{bmatrix}\begin{bmatrix}\boldsymbol{I} & \boldsymbol{0}\\ \boldsymbol{0} & [\boldsymbol{D}^*,\boldsymbol{D}_\perp^*]\end{bmatrix}\begin{bmatrix}\boldsymbol{I} & \boldsymbol{0} & \boldsymbol{0}\\ -\boldsymbol{C} & \boldsymbol{I} & \boldsymbol{0}\\ \boldsymbol{0} & \boldsymbol{0} & \boldsymbol{I}\end{bmatrix}=\begin{bmatrix}\boldsymbol{A}-\boldsymbol{B}\boldsymbol{D}^*\boldsymbol{C}-z\boldsymbol{I} & \boldsymbol{B}\boldsymbol{D}^* & \boldsymbol{B}\boldsymbol{D}_\perp^*\\ \boldsymbol{0} & \boldsymbol{I} & \boldsymbol{0}\end{bmatrix} \tag{4-167}$$

则易见 $\begin{bmatrix}\boldsymbol{A}-z\boldsymbol{I} & \boldsymbol{B}\\ \boldsymbol{C} & \boldsymbol{D}\end{bmatrix}$ 是非行满秩的,当且仅当 $[\boldsymbol{A}-\boldsymbol{B}\boldsymbol{D}^*\boldsymbol{C}-z\boldsymbol{I}\quad \boldsymbol{B}\boldsymbol{D}_\perp^*]$ 非行满秩。这意味着

z 是 $\boldsymbol{G}(s)$ 的一个零点，当且仅当 z 是$(\boldsymbol{A}-\boldsymbol{B}\boldsymbol{D}^{*}\boldsymbol{C},\boldsymbol{B}\boldsymbol{D}_{\perp}^{*})$ 的一个不可控的模态。

思　考　题

4-1　对于具有不确定性的反馈控制系统，假设

$$\boldsymbol{G}(s)=\begin{bmatrix}\dfrac{0.5}{s+2} & \dfrac{0.1}{s+2}\\ \dfrac{3}{s+2} & \dfrac{0.5}{s+2}\end{bmatrix}$$

$$\boldsymbol{\Delta}=\begin{bmatrix}\boldsymbol{\Delta}_1 & 0\\ 0 & \boldsymbol{\Delta}_2\end{bmatrix},\quad \|\boldsymbol{\Delta}_1\|_\infty<1,\quad \|\boldsymbol{\Delta}_2\|_\infty<1$$

对其进行鲁棒稳定性分析。

4-2　考虑如图 4-11 所示的反馈控制系统，

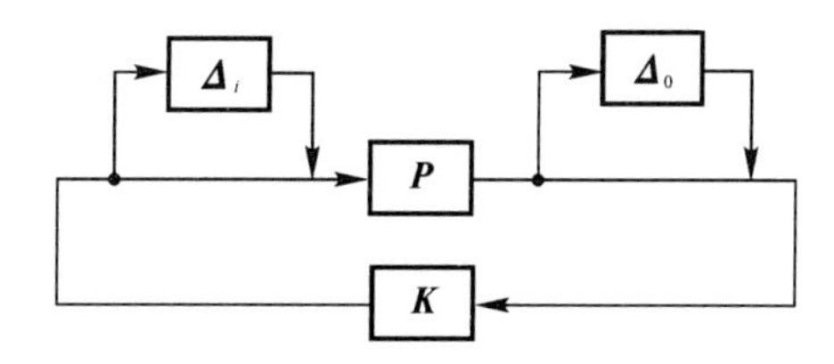

图 4-11　反馈控制系统

其中：

$$\boldsymbol{P}=\begin{bmatrix}\dfrac{1}{s+1} & \dfrac{10}{0.1s^2+0.2s+1}\\ \dfrac{0.1}{s+1} & \dfrac{2}{0.1s^2+0.2s+1}\end{bmatrix},\quad \boldsymbol{K}=\begin{bmatrix}20 & -100\\ -1 & 10\end{bmatrix}$$

$$\|\boldsymbol{\Delta}_i\|_\infty<\alpha,\quad \|\boldsymbol{\Delta}_0\|_\infty<\alpha$$

对其进行鲁棒稳定性分析。

4-3　考虑如下四阶系统的平衡实现：

$$\boldsymbol{G}(s)=\left[\begin{array}{cccc|c}-19.9579 & -5.4682 & 9.6954 & 0.9160 & -6.318\\ 5.4682 & 0 & 0 & 0.2378 & 0.0020\\ -9.6954 & 0 & 0 & -4.0051 & 0.0067\\ 0.9160 & -0.2378 & 4.0051 & -0.0420 & 0.2893\\ \hline -6.3180 & -0.0020 & 0.0067 & 0.2893 & 0\end{array}\right]$$

第 5 章　回路传递函数恢复设计方法

回路传递函数恢复(Loop Transfer Recover,LTR)设计方法是频域鲁棒控制理论的另一重要的控制方法。回路传递函数恢复设计方法的提出主要是为了解决如下问题:在状态反馈条件下,利用基于线性二次型最优调节器控制(Linear Quadratic Regulator, LQR)或 Kalman 滤波器方法设计的控制系统具有−6 dB~∞的幅值裕度和不小于±60°的相位裕度,因此系统具有良好的鲁棒稳定性和控制性能。但当用系统的输出实现状态反馈时,利用线性二次型高斯最优控制(Linear Quadratic Guaussian, LQG)方法设计出的控制系统稳定性较差。由此,为了提高系统的鲁棒稳定性,1979 年 Doyle 和 Stein 提出了 LQG/LTR 回路传递函数恢复设计理论及方法。

对于多变量系统设计问题,回路传递函数恢复设计方法在指导思想和算法上都不失为一种简单而有效的设计方法。回路传递函数恢复设计方法要求首先设计一个具有满意鲁棒稳定性和控制性能的目标回路,然后把任意正数 n 成正比的虚拟过程噪声加到设计模型的输入端,通过设计一个合适的观测器增益 $K(s,n)$,当 $n\to\infty$时,使系统的开环回路传递函数逼近目标回路传递函数,等效地渐近恢复目标回路的性能。

5.1　回路成形设计

图 5-1 所示为由被控对象 $\boldsymbol{G}(s)$与控制器 $\boldsymbol{K}(s)$组成的反馈控制系统,其中 $\boldsymbol{d}$ 为外干扰信号,$\boldsymbol{y}$ 为系统的测量噪声。

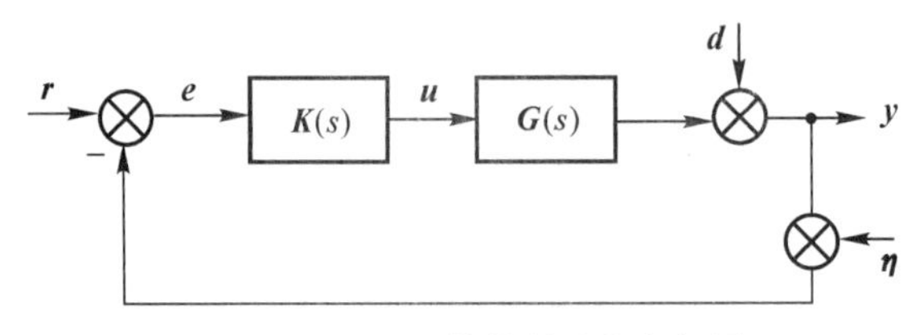

图 5-1　闭环反馈控制系统方框图

对被控对象 $\boldsymbol{G}(s)$的状态空间实现为

$$\left.\begin{aligned}\dot{x}&=Ax+Bu\\ y&=Cx\end{aligned}\right\}\tag{5-1}$$

满足 $\boldsymbol{G}(s)=\boldsymbol{C}\,(s\boldsymbol{I}-\boldsymbol{A})^{-1}\boldsymbol{B}$,且假设$(\boldsymbol{A},\boldsymbol{B})$能控,$(\boldsymbol{A},\boldsymbol{C})$能观测。

系统在被控对象的输入端处断开时的开环回路传递函数为 $\boldsymbol{L}_1(s)=\boldsymbol{K}(s)\boldsymbol{G}(s)$,回差矩阵为 $\boldsymbol{I}+\boldsymbol{L}_1(s)$,逆回差矩阵为 $\boldsymbol{I}+\boldsymbol{L}_1^{-1}(s)$。系统在被控对象的输出端断开时的开环回路传递函数为 $\boldsymbol{L}_2(s)=\boldsymbol{G}(s)\boldsymbol{K}(s)$,回差矩阵为 $\boldsymbol{I}+\boldsymbol{L}_2(s)$,逆回差矩阵为 $\boldsymbol{I}+\boldsymbol{L}_2^{-1}(s)$。

闭环反馈系统的性能设计等效为寻找控制器 $\boldsymbol{K}(s)$,满足如下条件:

(1)反馈控制系统 $\boldsymbol{L}(s)[\boldsymbol{I}+\boldsymbol{L}(s)]^{-1}$ 稳定；

(2)对全部可能的不确定，摄动控制系统鲁棒稳定；

(3)对全部可能的不确定，摄动控制系统均满足给定的性能要求，包括良好的指令跟踪性能、抗干扰能力和对测量噪声的不敏感等。

这里仅考虑输出端乘型不确定等效表示被控对象的不确定性。假设 $\boldsymbol{G}(s)$ 为被控对象，$\Delta(s)$ 为输出端乘型模型不确定性矩阵，则实际被控对象 $\bar{\boldsymbol{G}}(s)$ 为

$$\bar{\boldsymbol{G}}(s)=[\boldsymbol{I}+\Delta(s)]\boldsymbol{G}(s) \tag{5-2}$$

$\bar{\boldsymbol{G}}(s)$ 的确切表达式一般不知道，通常只能给出 $\bar{\boldsymbol{G}}(s)$ 的上界函数 $\boldsymbol{G}_u(s)$，即

$$\bar{\sigma}[\bar{\boldsymbol{G}}(\mathrm{j}\omega)]<\boldsymbol{W}_2(\mathrm{j}\omega)\ , \quad \forall\omega\in[0,\infty) \tag{5-3}$$

图5-1所示的反馈控制系统在输出端乘型模型不确定性作用下，闭环反馈系统保持鲁棒稳定的充要条件是

$$\bar{\sigma}\{\boldsymbol{L}(\mathrm{j}\omega)[\boldsymbol{I}+\boldsymbol{L}(\mathrm{j}\omega)]^{-1}\}<\boldsymbol{G}_u^{-1}(\mathrm{j}\omega)\ , \quad \forall\omega\in[0,\infty) \tag{5-4}$$

等效表示为

$$\underline{\sigma}[\boldsymbol{I}+\boldsymbol{L}^{-1}(\mathrm{j}\omega)]>\boldsymbol{J}_u(\mathrm{j}\omega)\ , \quad \forall\omega\in[0,\infty) \tag{5-5}$$

可以看出最小奇异值 $\underline{\sigma}[\boldsymbol{I}+\boldsymbol{L}^{-1}(\mathrm{j}\omega)]$ 越大，闭环反馈控制系统的鲁棒稳定性越强。由于 $\boldsymbol{G}_u(\mathrm{j}\omega)$ 随频率的增高而增大，因此期望闭环反馈控制系统的 $\underline{\sigma}[\boldsymbol{I}+\boldsymbol{L}^{-1}(s)]$ 在高频段尽量大，等效地在高频段使系统的开环传递函数的最大奇异值 $\bar{\sigma}[\boldsymbol{G}(\mathrm{j}\omega)\boldsymbol{K}(\mathrm{j}\omega)]$ 小于 $\boldsymbol{G}_u^{-1}(\mathrm{j}\omega)$，以闭环反馈控制系统在一定范围的模型不确定性作用下鲁棒稳定，表示为

$$\bar{\sigma}[\boldsymbol{L}(\mathrm{j}\omega)]<\boldsymbol{G}_u^{-1}(\mathrm{j}\omega)\ll 1 \tag{5-6}$$

系统对指令信号 $\boldsymbol{r}$ 的跟踪误差为

$$\boldsymbol{e}=\boldsymbol{r}-\boldsymbol{y}=(\boldsymbol{I}+\boldsymbol{L})^{-1}(\boldsymbol{r}-\boldsymbol{d})+\boldsymbol{L}\ (\boldsymbol{I}+\boldsymbol{L})^{-1}\eta \tag{5-7}$$

由式(5-7)可以看出，此时反馈控制系统对输入指令信号的跟踪误差与系统的灵敏度函数 $(\boldsymbol{I}+\boldsymbol{L})^{-1}$ 有关。$(\boldsymbol{I}+\boldsymbol{L})^{-1}$ 越小，则反馈控制系统对指令信号的跟踪能力就越强，且对外干扰信号的抵抗能力越强。

令

$$\bar{\sigma}\{[\boldsymbol{I}+\boldsymbol{L}(\mathrm{j}\omega)]^{-1}\}<\boldsymbol{W}_1^{-1}(\mathrm{j}\omega)\ , \quad \forall\omega\in[0,\infty) \tag{5-8}$$

式中，$\boldsymbol{W}_1(\mathrm{j}\omega)$ 为性能权函数，在低频段幅值较大。

由于系统的输入指令和干扰信号的频率一般比较低，因此为使系统在低频段具有良好的性能，要求在低频段系统开环传递函数的最小奇异值 $\underline{\sigma}[\boldsymbol{L}(\mathrm{j}\omega)]$ 大于性能权函数 $\boldsymbol{W}_1(\mathrm{j}\omega)$，即

$$\underline{\sigma}[\boldsymbol{L}(\mathrm{j}\omega)]>\boldsymbol{W}_1(\mathrm{j}\omega)\gg 1 \tag{5-9}$$

图5-2给出了在式(5-6)和式(5-9)约束条件下系统开环传递函数在低频段和高频段的形状，系统的带宽与图中的穿越频率 w_c 相近。

因此，在极高增益和极低增益频段，可以通过在对象输入或输出端适当地设计开环回路增益来近似闭环回路增益，以满足闭环反馈控制系统的性能要求，此乃回路成形设计的基本思想。

总之，采用回路成形设计理论设计开展系统时，几乎对所有的反馈控制问题，均能将对象输入或输出端处开环回路增益的频带分为以下三个区域来设计。

(1)高增益频带区：

$$\underline{\sigma}[\boldsymbol{L}(\mathrm{j}\omega)]>1 \tag{5-10}$$

(2)剪切频带区：

$$\underline{\sigma}[\boldsymbol{L}(\mathrm{j}\omega)]<1 \text{ 且 } \bar{\sigma}[\boldsymbol{L}(\mathrm{j}\omega)]>1 \tag{5-11}$$

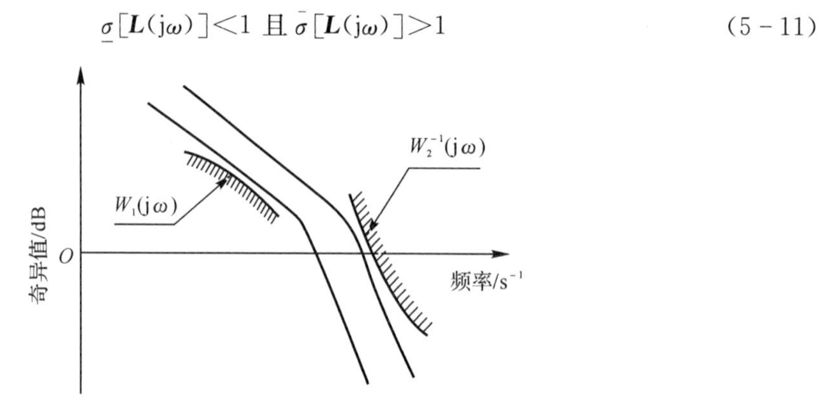

图 5-2　系统开环传递函数设计图

(3)低增益频带区：

$$\bar{\sigma}(\boldsymbol{L}(\mathrm{j}\omega))<1 \tag{5-12}$$

对极高增益频带，$\bar{\sigma}[\boldsymbol{L}(\mathrm{j}\omega)]>\underline{\sigma}[\boldsymbol{L}(\mathrm{j}\omega)]\gg 1$，则有

$$\left.\begin{aligned}&\bar{\sigma}[\boldsymbol{I}+\boldsymbol{L}(\mathrm{j}\omega)]\approx\bar{\sigma}[\boldsymbol{L}(\mathrm{j}\omega)]\\&\underline{\sigma}[\boldsymbol{I}+\boldsymbol{L}(\mathrm{j}\omega)]\approx\underline{\sigma}[\boldsymbol{L}(\mathrm{j}\omega)]\\&\bar{\sigma}[\boldsymbol{I}+\boldsymbol{L}^{-1}(\mathrm{j}\omega)]\approx 1\\&\underline{\sigma}[\boldsymbol{I}+\boldsymbol{L}^{-1}(\mathrm{j}\omega)]\approx 1\end{aligned}\right\} \tag{5-13}$$

对极低增益频带，$\underline{\sigma}[\boldsymbol{L}(\mathrm{j}\omega)]<\bar{\sigma}[\boldsymbol{L}(\mathrm{j}\omega)]\ll 1$，则有

$$\left.\begin{aligned}&\bar{\sigma}[\boldsymbol{I}+\boldsymbol{L}(\mathrm{j}\omega)]\approx 1\\&\underline{\sigma}[\boldsymbol{I}+\boldsymbol{L}(\mathrm{j}\omega)]\approx 1\\&\bar{\sigma}[\boldsymbol{I}+\boldsymbol{L}^{-1}(\mathrm{j}\omega)]\approx 1/\underline{\sigma}[\boldsymbol{L}(\mathrm{j}\omega)]\\&\underline{\sigma}[\boldsymbol{I}+\boldsymbol{L}^{-1}(\mathrm{j}\omega)]\approx 1/\bar{\sigma}[\boldsymbol{L}(\mathrm{j}\omega)]\end{aligned}\right\} \tag{5-14}$$

回路传递函数恢复鲁棒优化设计方法实质上是一个两步设计方法，即目标回路设计和目标回路恢复。由于被控对象输出端的回路传递函数恢复设计为输入端的对偶形式，这里仅对被控对象输入端的回路传递函数恢复设计的两步设计方法进行研究，输出端的回路传递函数恢复设计方法可以类推得到。

5.2　目标回路设计

用线性二次型最优调节器法设计目标回路。设被控对象 $\boldsymbol{G}(s)$ 的状态方程为式(5-1)，系统的代价函数为

$$J=\lim_{t\to\infty}E\left\{\int_0^t(\boldsymbol{x}^{\mathrm{T}}\boldsymbol{H}^{\mathrm{T}}\boldsymbol{H}\boldsymbol{x}+\rho^2\boldsymbol{u}^{\mathrm{T}}\boldsymbol{u})\,\mathrm{d}t\right\} \tag{5-15}$$

式中：$\boldsymbol{H}^{\mathrm{T}}\boldsymbol{H}$ 为状态加权矩阵；ρ^2 为控制加权系数。

线性二次型最优调节器法设计目标是通过求解代数 Riccati 方程

$$\boldsymbol{P}\boldsymbol{A}+\boldsymbol{A}^{\mathrm{T}}\boldsymbol{P}+\boldsymbol{H}^{\mathrm{T}}\boldsymbol{H}-\rho^{-2}\boldsymbol{P}\boldsymbol{B}\boldsymbol{B}^{\mathrm{T}}\boldsymbol{P}=\boldsymbol{0} \tag{5-16}$$

的稳态解 $\boldsymbol{P}$，得到线性二次型最优调节器的反馈增益

$$\boldsymbol{K}_{o}=-\rho^{-2}\boldsymbol{B}^{\mathrm{T}}\boldsymbol{P} \tag{5-17}$$

来极小化指标(5-15)。

由此，被控对象的矩阵 $\boldsymbol{A}$ 与 $\boldsymbol{B}$ 一旦确定后，$\boldsymbol{K}_{o}$ 与状态加权矩阵 $\boldsymbol{H}^{\mathrm{T}}\boldsymbol{H}$ 和控制加权系数 ρ^2 有直接关系。通常基于回路成形理论选择 $\boldsymbol{H}^{\mathrm{T}}\boldsymbol{H}$ 和 ρ^2，使得设计的目标回路满足期望的鲁棒稳定性和性能要求。

由回路传递函数恢复理论知，当 $\sigma\to\infty$ 达到恢复时要求

$$\boldsymbol{K}(s)\boldsymbol{G}(s)\to\boldsymbol{K}_{o}(s\boldsymbol{I}-\boldsymbol{A})^{-1}\boldsymbol{B} \tag{5-18}$$

式中，$\boldsymbol{K}_{o}(s\boldsymbol{I}-\boldsymbol{A})^{-1}\boldsymbol{B}$ 为目标回路传递函数，$\boldsymbol{K}(s)\boldsymbol{G}(s)$ 为基于动态控制器的回路输入端开环函数。可以看出，这时的 $\boldsymbol{K}(s)$ 部分极点将与 $\boldsymbol{G}(s)$ 的零点相抵消。因此，为了获得稳定的控制性能，要求被控对象 $\boldsymbol{G}(s)$ 为左可逆最小相位。如果 $\boldsymbol{G}(s)$ 为非最小相位，需要按照相关定理把 $\boldsymbol{G}(s)$ 分解为全通因子和最小相位 $\boldsymbol{G}_{\mathrm{m}}(s)$ 两部分，然后对 $\boldsymbol{G}_{\mathrm{m}}(s)$ 进行设计。下面给出这种分解定理如下：

定理【5.1】：设 $\boldsymbol{G}(s)=\boldsymbol{C}(s\boldsymbol{I}-\boldsymbol{A})^{-1}\boldsymbol{B}$ 有 l 个右半平面零点，且 $\boldsymbol{B}_z(s)\boldsymbol{B}_z^{\mathrm{T}}(-s)=\boldsymbol{I}$，$\boldsymbol{G}_{\mathrm{m}}(s)=\boldsymbol{C}(s\boldsymbol{I}-\boldsymbol{A})^{-1}\boldsymbol{B}_{\mathrm{m}}$ 为 $\boldsymbol{G}(s)$ 的最小相位部分，则有

$$\left.\begin{aligned}
&\boldsymbol{G}_{\mathrm{m}}(s)=\boldsymbol{G}_{\mathrm{m}}^{l}(s),\quad \boldsymbol{B}_{\mathrm{m}}=\boldsymbol{B}_{\mathrm{m}}^{l}\\
&\boldsymbol{B}_z(s)=\boldsymbol{B}_{z_l}(s)\boldsymbol{B}_{z_{l-1}}(s)\cdots\boldsymbol{B}_{z_1}(s)\\
&\boldsymbol{G}_{\mathrm{m}}^{i}(s)=\boldsymbol{C}(s\boldsymbol{I}-\boldsymbol{A})^{-1}\boldsymbol{B}_{\mathrm{m}}^{i},\quad \boldsymbol{B}_{\mathrm{m}}^{i}=\boldsymbol{B},\quad \forall i=1,2,\cdots,l\\
&\boldsymbol{B}_{z_i}(s)=\boldsymbol{I}-\frac{2\mathrm{Re}(z_i)}{s+\bar{z}_i}\boldsymbol{\eta}_i\boldsymbol{\eta}_i^{H}\\
&\boldsymbol{B}_{\mathrm{m}}^{i}=\boldsymbol{B}_{\mathrm{m}}^{i-1}-\mathrm{Re}(z_i)\boldsymbol{\xi}_i\boldsymbol{\eta}_i^{H}
\end{aligned}\right\} \tag{5-19}$$

矢量 $\boldsymbol{\eta}_i$ 和 $\boldsymbol{\xi}_i$ 为下列方程

$$\begin{bmatrix} z_i\boldsymbol{I}-\boldsymbol{A} & -\boldsymbol{B}_{\mathrm{m}}^{i-1}\\ -\boldsymbol{C} & \boldsymbol{0}\end{bmatrix}\begin{bmatrix}\boldsymbol{\xi}_i\\ \boldsymbol{\eta}_i\end{bmatrix}=\boldsymbol{0} \tag{5-20}$$

的解，且 $\boldsymbol{\eta}_i\boldsymbol{\eta}_i^{H}=1$，$\boldsymbol{\xi}_i$ 为 z_i 的状态零向量，$\boldsymbol{\eta}_i$ 为 z_i 的输入零向量。

由于非最小相位被控对象是基于对应的最小相位部分 $\boldsymbol{G}_{\mathrm{m}}(s)$ 进行设计的，必然存在恢复误差。因此，对非最小相位被控对象，设计目标回路时一定要考虑满足一定的鲁棒稳定性和性能约束条件；另外，还要考虑到目标回路的可恢复性，特别是由于右半平面零点的存在，系统的带宽受到限制，相应地限制了目标回路的性能，因此需要折中考虑。

5.3　目标回路传递函数恢复设计

在实际控制系统中，采用理想的状态反馈来满足被控对象输入端的灵敏度和鲁棒稳定性要求是不实际的，这是因为不是所有的状态变量都可以通过实际测量得到。但状态反馈传递函数 $\boldsymbol{K}_{o}(s\boldsymbol{I}-\boldsymbol{A})^{-1}\boldsymbol{B}$ 却提供了回路应具有的传递函数矩阵。在实际工程应用中，通常利用动态控制器实现对系统灵敏度和鲁棒稳定性的要求，为此必须研究回路传递函数恢复问题，即要求设计动态控制器 $\boldsymbol{K}(s)$，使得 $\boldsymbol{K}(s)\boldsymbol{G}(s)$ 恢复 $\boldsymbol{K}_{o}(s\boldsymbol{I}-\boldsymbol{A})^{-1}\boldsymbol{B}$。

下面给出基于 LQG 控制结构和基于动态补偿器控制结构的回路传递函数恢复设计方法。

5.3.1 基于 LQG 控制结构的回路传递函数恢复设计

如图 5-3 所示，给出了基于 LQG 控制结构的控制器 $\boldsymbol{K}(s)$ 与被控对象 $\boldsymbol{G}(s)$ 构成的反馈控制系统方框图。

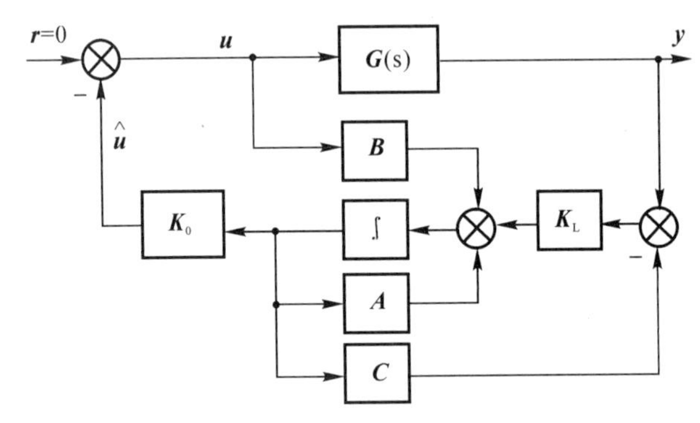

图 5-3 基于 LQG 控制结构的反馈控制系统方框图

设 $(\boldsymbol{A},\boldsymbol{B})$ 能控，$(\boldsymbol{A},\boldsymbol{C})$ 能观测，为利用目标回路设计方法设计的稳定的全状态反馈增益 $\boldsymbol{K}_o$，且满足如下条件：

(1) 闭环回路渐近稳定，即

$$\mathrm{Re}(\lambda(\boldsymbol{A}-\boldsymbol{BK}_o))<0 \tag{5-21}$$

(2) 目标回路 $\boldsymbol{L}(s)=\boldsymbol{K}_o(s\boldsymbol{I}-\boldsymbol{A})^{-1}B$ 满足一定鲁棒稳定性和性能要求。

这时系统的控制输入为

$$\boldsymbol{u}=\boldsymbol{K}_o\boldsymbol{x} \tag{5-22}$$

目标回路传递函数为

$$\boldsymbol{L}_o(s)=\boldsymbol{K}_o(s\boldsymbol{I}-\boldsymbol{A})^{-1}\boldsymbol{B} \tag{5-23}$$

相应的灵敏度函数为

$$\boldsymbol{S}_o(s)=[\boldsymbol{I}+\boldsymbol{L}_o(s)]^{-1} \tag{5-24}$$

以输出实现式(5-22)的状态反馈时，需要设计观测器增益 $\boldsymbol{K}_L$ 以估计状态变量。由时域分离性定理知，可利用下面的 Kalman 滤波器方法计算 $\boldsymbol{K}_L$。

设具有噪声的线性系统的状态方程为

$$\left.\begin{aligned}\dot{\boldsymbol{x}}&=\boldsymbol{Ax}+\boldsymbol{\xi}\\ \boldsymbol{y}&=\boldsymbol{Cx}+\boldsymbol{\eta}\end{aligned}\right\} \tag{5-25}$$

式中，$\boldsymbol{\xi}$ 与 $\boldsymbol{\eta}$ 的统计特性分别为

$$\left.\begin{aligned}E\{\boldsymbol{\xi\xi}^{\mathrm{T}}\}&=(\boldsymbol{Q}_0+\boldsymbol{\sigma}^2\boldsymbol{BB}^{\mathrm{T}})\delta(t-\tau)\\ E\{\boldsymbol{\eta\eta}^{\mathrm{T}}\}&=\boldsymbol{R}_0\delta(t-\tau)\end{aligned}\right\} \tag{5-26}$$

可求得 Kalman 滤波器增益 $\boldsymbol{K}_L$ 为

$$\boldsymbol{K}_L(s)=\boldsymbol{P}_L\boldsymbol{C}^{\mathrm{T}}\boldsymbol{R}_0^{-1} \tag{5-27}$$

式中，$\boldsymbol{P}_L$ 为下列 Riccati 方程：

$$\boldsymbol{P}_L\boldsymbol{A}+\boldsymbol{A}^{\mathrm{T}}\boldsymbol{P}_L+(\boldsymbol{Q}_0+\sigma^2\boldsymbol{BB}^{\mathrm{T}})-\boldsymbol{P}_L\boldsymbol{C}^{\mathrm{T}}\boldsymbol{R}_0^{-1}\boldsymbol{CP}_L=\boldsymbol{0} \tag{5-28}$$

的解，这时基于 LQG 控制结构的控制器为

$$\left.\begin{aligned} \boldsymbol{u} &= \hat{\boldsymbol{u}} = \boldsymbol{K}_{\mathrm{o}}\boldsymbol{x} \\ \dot{\hat{\boldsymbol{x}}} &= \boldsymbol{A}\hat{\boldsymbol{x}} + \boldsymbol{B}\boldsymbol{u} + \boldsymbol{K}_{\mathrm{L}}(\boldsymbol{y} - \boldsymbol{C}\hat{\boldsymbol{x}}) \end{aligned}\right\} \tag{5-29}$$

用传递函数表示为

$$\boldsymbol{G}_{\mathrm{LQG}}(s) = \boldsymbol{K}_{\mathrm{o}}(s\boldsymbol{I} - \boldsymbol{A} - \boldsymbol{B}\boldsymbol{K}_{\mathrm{o}} - \boldsymbol{K}_{\mathrm{L}}\boldsymbol{C})^{-1}\boldsymbol{K}_{\mathrm{L}}$$

系统输入端开环回路传递函数为

$$\boldsymbol{L}_{\mathrm{LQG}}(s) = \boldsymbol{K}_{\mathrm{LQG}}(s)\boldsymbol{G}(s) \tag{5-30}$$

相应的灵敏度函数为

$$\boldsymbol{S}_{\mathrm{LQG}}(s) = [\boldsymbol{I} + \boldsymbol{L}_{\mathrm{LQG}}(s)]^{-1} \tag{5-31}$$

可以证明:对最小相位被控对象 $\boldsymbol{G}(s)$,当 $\sigma \to \infty$ 时,有

$$\left.\begin{aligned} \boldsymbol{L}_{\mathrm{LQG}}(s) &\to \boldsymbol{L}_{\mathrm{LQR}}(s) \\ \boldsymbol{S}_{\mathrm{LQG}}(s) &\to \boldsymbol{S}_{\mathrm{LQR}}(s) \end{aligned}\right\} \tag{5-32}$$

当 $\boldsymbol{G}(s)$ 为非最小相位时,存在恢复误差。下面给出当 $\sigma \to \infty$ 时,非最小相位系统开环回路增益和灵敏度恢复定理。

定理【5.2】:设 $\boldsymbol{G}(s)$ 非最小相位被控对象,按定理 5.1 进行分解,则当 $\sigma \to \infty$ 时,被控对象系统输入端开环回路传递函数和灵敏度函数满足:

$$\boldsymbol{L}_{\mathrm{LQG}}(s) \to [\boldsymbol{I} + \boldsymbol{E}(s)]^{-1}[\boldsymbol{L}_{\mathrm{LQR}}(s) - \boldsymbol{E}(s)] \tag{5-33}$$

$$\boldsymbol{S}_{\mathrm{LQG}}(s) \to \boldsymbol{S}_{\mathrm{LQR}}(s)[\boldsymbol{I} + \boldsymbol{E}(s)] \tag{5-34}$$

式中,$\boldsymbol{E}(s) = \boldsymbol{K}_{\mathrm{o}}(s\boldsymbol{I} - \boldsymbol{A})^{-1}[\boldsymbol{B} - \boldsymbol{B}_{\mathrm{m}}\boldsymbol{B}_{\mathrm{z}}(s)]$。

5.3.2　基于动态补偿器控制结构的回路传递函数恢复设计

基于 LQG 控制结构的控制器 $\boldsymbol{K}(s)$ 与最小相位被控对象 $\boldsymbol{G}(s)$ 构成的反馈控制系统开环回路传递函数与目标回路传递函数的误差为

$$\boldsymbol{E}_{\mathrm{LQG}}(s) = \boldsymbol{L}_{\mathrm{LQR}}(s) - \boldsymbol{L}_{\mathrm{LQG}}(s) \tag{5-35}$$

$\boldsymbol{E}_{\mathrm{LQG}}(s)$ 可等效表示为

$$\boldsymbol{E}_{\mathrm{LQG}}(s) = \boldsymbol{M}(s)[\boldsymbol{I} + \boldsymbol{M}(s)]^{-1}[\boldsymbol{I} + \boldsymbol{L}_{\mathrm{LQR}}(s)] \tag{5-36}$$

式中,$\boldsymbol{M}(s) = \boldsymbol{K}_{\mathrm{o}}(s\boldsymbol{I} - \boldsymbol{A} + \boldsymbol{K}_{\mathrm{L}}\boldsymbol{C})^{-1}\boldsymbol{B}$。这时

$$\left.\begin{aligned} \hat{\boldsymbol{x}} &= (s\boldsymbol{I} - \boldsymbol{A} + \boldsymbol{K}_{\mathrm{L}}\boldsymbol{C})^{-1}(\boldsymbol{B}\boldsymbol{u} + \boldsymbol{K}_{\mathrm{L}}\boldsymbol{y}) \\ \hat{\boldsymbol{u}} &= \boldsymbol{M}\boldsymbol{u} + \boldsymbol{K}_{\mathrm{o}}(s\boldsymbol{I} - \boldsymbol{A} + \boldsymbol{K}_{\mathrm{L}}\boldsymbol{C})^{-1}\boldsymbol{K}_{\mathrm{L}}\boldsymbol{y} \end{aligned}\right\} \tag{5-37}$$

Goodman 已证明,对于任意的 $w \in [0,\infty)$,$\boldsymbol{E}_{\mathrm{obs}}(\mathrm{j}\omega) = 0$ 的充要条件是

$$\boldsymbol{E}_{\mathrm{obs}}(\mathrm{j}\omega) \equiv 0, \quad \forall\,\omega \in [0,\infty) \tag{5-38}$$

因此,在被控对象的输入端精确恢复目标回路的充要条件是式(5-38)成立,而渐近恢复的充要条件是任意的 $\omega \in [0,\infty)$,$\boldsymbol{M}(\mathrm{j}\omega)$ 的幅值任意小。由于精确恢复一般很难实现,通常采用渐近恢复,即用正数 σ 参数化 $\boldsymbol{K}_{\mathrm{L}}$,记为 $\boldsymbol{K}_{\mathrm{L}}(\sigma)$,求 $\boldsymbol{K}_{\mathrm{L}}(\sigma)$ 使

$$\boldsymbol{M}(s) = \boldsymbol{K}_{\mathrm{o}}(s\boldsymbol{I} - \boldsymbol{A} + \boldsymbol{K}_{\mathrm{L}}(\sigma)\boldsymbol{C})^{-1}\boldsymbol{B} \to \boldsymbol{0}, \quad \sigma \to \infty \tag{5-39}$$

在渐近恢复设计中,当 $\sigma \to \infty$ 时,$\boldsymbol{K}_{\mathrm{L}}(\sigma) \to \infty$,式(5-39)渐近满足,但此时控制器的增益和带宽都比较大,因此设计出的控制器使得反馈控制系统对测量噪声、模型参数变化及某些建模动态特性很敏感,且高控制器增益容易使得控制信号饱和,这些都是实际系统设计中所不希望的。

如图 5-4 所示，该控制系统结构是基于这样一个思想，即对最小相位被控对象 $\boldsymbol{G}(s)$，在渐近恢复设计中，当 $\sigma\to\infty$ 时，图 5.3 中 $\boldsymbol{u}$ 对 $\hat{\boldsymbol{u}}$ 的作用逐渐消失，因此在控制器的设计结构中可以把 $\boldsymbol{u}$ 对控制器输出 $\hat{\boldsymbol{u}}$ 的作用去掉。由于 $\boldsymbol{u}$ 对 $\hat{\boldsymbol{x}}$ 的作用为零，这时的控制器已不属于观测器的范畴，仅是一个动态补偿器，不满足分离定理。

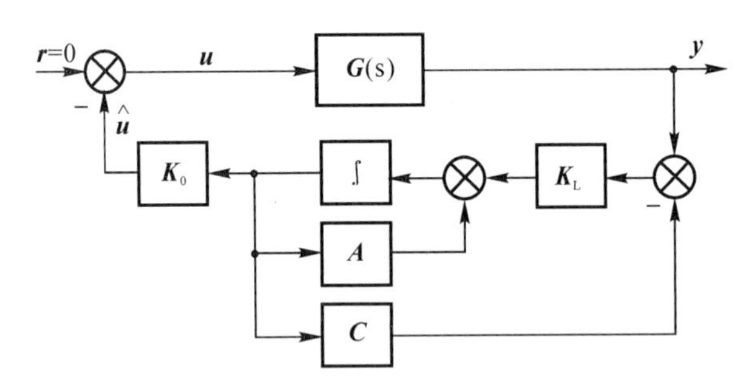

图 5.4　基于动态补偿器控制结构的反馈控制系统方框图

除了在控制结构中把 $\boldsymbol{u}$ 的作用去掉外，这时的补偿器与通常的基于 LQG 控制结构的控制器很相似，表示为

$$\left.\begin{aligned}\dot{\boldsymbol{z}}&=(\boldsymbol{A}-\boldsymbol{K}_{\mathrm{L}}\boldsymbol{C})\boldsymbol{z}+\boldsymbol{K}_{\mathrm{L}}\boldsymbol{y}\\ \boldsymbol{u}&=\hat{\boldsymbol{u}}=\boldsymbol{K}_{\mathrm{o}}\boldsymbol{z}\end{aligned}\right\}\tag{5-40}$$

式中，$\boldsymbol{K}_{\mathrm{o}}$ 由 5.2 节目标回路设计方法求得，方程中设计参数仅为 $\boldsymbol{K}_{\mathrm{L}}$。这时动态补偿器的传递函数为

$$\boldsymbol{K}_{\mathrm{com}}(s)=\boldsymbol{K}_{\mathrm{o}}\,(s\boldsymbol{I}-\boldsymbol{A}+\boldsymbol{K}_{\mathrm{L}}\boldsymbol{C})^{-1}\boldsymbol{K}_{\mathrm{L}}\tag{5-41}$$

要求设计的 $\boldsymbol{K}_{\mathrm{L}}$ 满足如下条件

(1) 闭环回路系统渐近稳定，即

$$\mathrm{Re}[\lambda(\boldsymbol{A}_{\mathrm{com}})]<0\tag{5-42}$$

式中，$\boldsymbol{A}_{\mathrm{com}}=\begin{bmatrix}\boldsymbol{A}-\boldsymbol{K}_{\mathrm{L}}\boldsymbol{C} & \boldsymbol{K}_{\mathrm{L}}\boldsymbol{C}\\ -\boldsymbol{B}\boldsymbol{K}_{\mathrm{o}} & \boldsymbol{A}\end{bmatrix}$。

(2) 开环回路传递函数 $\boldsymbol{L}_{\mathrm{com}}(s)=\boldsymbol{K}_{\mathrm{com}}(s)\boldsymbol{G}(s)$ 精确或渐近地等于或逼近 $\boldsymbol{L}_{\mathrm{LQR}}(s)$；

(3) 动态补偿器开环回路渐近稳定，即 $\mathrm{Re}[\lambda(\boldsymbol{A}-\boldsymbol{K}_{\mathrm{L}}\boldsymbol{C})]<0$。

当被控对象 $\boldsymbol{G}(s)$ 为非最小相位时，目标回路 $\boldsymbol{L}_{\mathrm{LQR}}(s)$ 与输入端开环回路传递函数 $\boldsymbol{L}_{\mathrm{com}}(s)$ 的恢复误差为

$$\boldsymbol{E}_{\mathrm{com}}(s)=\boldsymbol{L}_{\mathrm{LQG}}(s)-\boldsymbol{L}_{\mathrm{com}}(s)=\boldsymbol{M}(s)\tag{5-43}$$

对同样的 $\boldsymbol{K}_{\mathrm{o}}$ 和 $\boldsymbol{K}_{\mathrm{L}}$，$\bar{\sigma}[\boldsymbol{E}_{\mathrm{com}}(\mathrm{j}\omega)]>\bar{\sigma}[\boldsymbol{E}_{\mathrm{LQG}}(\mathrm{j}\omega)]$，$\forall\,\omega\in[0,\infty)$。

思　考　题

5-1　考虑系统：

$$\begin{aligned}\dot{\boldsymbol{x}}&=\begin{bmatrix}0&1\\0&0\end{bmatrix}\boldsymbol{x}+\begin{bmatrix}0\\1\end{bmatrix}\boldsymbol{u}+\boldsymbol{\varepsilon}\\ \boldsymbol{y}&=[1\quad 0]\boldsymbol{x}+\boldsymbol{\theta}\end{aligned}$$

的性能指标为

$$J=\lim_{t\to\infty}E\{\boldsymbol{x}^{\mathrm{T}}(t)\boldsymbol{Q}\boldsymbol{x}(t)+\boldsymbol{u}^{\mathrm{T}}(t)\boldsymbol{R}\boldsymbol{u}(t)\}$$

其中：

$$\boldsymbol{Q}=\begin{bmatrix}1 & 0\\0 & 0\end{bmatrix},\quad \boldsymbol{R}=[\mathbf{1}]$$

ε 和 θ 的噪声矩阵分别为

$$\boldsymbol{\Xi}=\begin{bmatrix}0 & 0\\0 & 1\end{bmatrix},\quad \boldsymbol{\Theta}=[\mathbf{1}]$$

试利用回路传递函数恢复方法设计控制器，使性能指标 J 达极小。

5-2　给定随机状态方程和量测方程：

$$\dot{x}(t)=-x(t)+u(t)+w(t)$$
$$y(t)=x(t)+v(t)$$

初始状态 $x(0)=10$，性能指标为

$$J=E\left\{\frac{1}{2}x^2(t_{\mathrm{f}})+\frac{1}{2}\int_0^{t_{\mathrm{f}}}[2x^2(t)+u^2(t)]\,\mathrm{d}t\right\}$$

试利用回路传递函数恢复方法，分别基于 LQG 控制结构和动态补偿器控制结构设计控制器，使性能指标 J 达极小。

第6章　变结构控制设计的基本原理

本章从变结构控制的设计思想出发，介绍了变结构控制的发展概况。在给出变结构控制定义的基础上，拓展了变结构控制的内涵，并详细阐述了变结构控制相关的基本概念，深层次诠释了变结构控制的设计思想与方法。针对线性定常连续系统，从滑动模态设计、变结构控制设计和消除抖振设计三个方面阐述变结构控制设计方法。同时，结合自适应控制方法，介绍了模型参考变结构自适应控制方法。最后，推广介绍了非线性变结构控制的设计方法。

6.1　变结构控制设计思想起源及发展概况

6.1.1　变结构控制设计的思想来源

变结构控制方法作为一种工程实用性良好的鲁棒控制方法，其设计思想主要来源于以下两种思想：

(1)极小值原理中优化的"切换"思想。1956年，苏联学者庞特里亚金提出了著名的极小值原理，该原理成为非线性系统求解最优控制问题的最基本方法，特别是在控制变量受限情况下，推广应用变分法求解最优控制问题。在对含控制变量受限下的线性定常系统求解最短时间问题中，利用极小值原理得到了最优 bang - bang 控制。

设线性定常系统为

$$\dot{\boldsymbol{x}} = \boldsymbol{A}\boldsymbol{x} + \boldsymbol{B}\boldsymbol{u} \tag{6-1}$$

式中：$\boldsymbol{x}$ 为 n 维状态向量；$\boldsymbol{u}$ 为 m 维控制向量，并受以下不等式约束：

$$\|\boldsymbol{u}\| \leqslant M \tag{6-2}$$

式中：M 为大于零的常值。

采用极小值原理可以得到，满足最短时间的性能指标

$$J = \int_{t_0}^{t_f} \mathrm{d}t = t_{\mathrm{f}} - t_0 \tag{6-3}$$

的最优控制律为

$$u_i^* = \begin{cases} +M, & \lambda^{*\mathrm{T}} b_i < 0 \\ -M, & \lambda^{*\mathrm{T}} b_i > 0 \\ \text{不定}, & \lambda^{*\mathrm{T}} b_i = \mathbf{0} \end{cases} \tag{6-4}$$

式中：u_i^* 为 u 的第 i 个分量；λ^* 为协态变量；b_i 为 $\boldsymbol{B}$ 阵的第 i 列；t_o、t_f 是起始与终端时刻。

当线性定常系统(6-1)属于平凡情况，及不存在 $\boldsymbol{\lambda}^{*\mathrm{T}} b_i = \mathbf{0}$ 的情况，同时满足开关次数定理，最优 bang - bang 控制(6-4)在 M 和 $-M$ 之间的切换次数最多不超过 $n-1$ 次，特别是当 $n=2$ 时，最优 bang - bang 控制的切换次数最多只有一次，就可实现最短时间控制。

为了说明问题，这里考虑二阶双积分装置，设系统状态方程为

$$\left.\begin{aligned}\dot{x}_1 &= x_2 \\ \dot{x}_2 &= u\end{aligned}\right\} \tag{6-5}$$

边界条件为

$$x(t_0)=x_0,\quad x(t_f)=0 \tag{6-6}$$

控制变量的不等式约束为

$$|u(t)|\leqslant 1 \tag{6-7}$$

性能指标为

$$J=\int_{t_0}^{t_f}\mathrm{d}t=t_f-t_0 \tag{6-8}$$

寻求最优控制 $u^*(t)$ 使性能指标 J 最小。

应用极小值原理来求解以上例子中的最短时间控制问题，具体求解过程参考文献[3]，可得到最优控制 $u^*(t)$ 与状态轨迹之间的关系为

$$\boldsymbol{u}^*(t)=\begin{cases}-1, & \text{当 } x_1(t)>-\dfrac{1}{2}x_2(t)\,|\,x_2(t)\,|\text{ 时，即}[x_1,x_2]\text{ 点处在 } BOA \text{ 线之右上方}\\ +1, & \text{当 } x_1(t)<-\dfrac{1}{2}x_2(t)\,|\,x_2(t)\,|\text{ 时，即}[x_1,x_2]\text{ 点处在 } BOA \text{ 线之左上方}\\ -1, & \text{当 } x_1(t)=-\dfrac{1}{2}x_2(t)\,|\,x_2(t)\,|\text{ 时，并且 } x_2(t)>0\text{ 时，即}[x_1,x_2]\text{ 点处在 } BO \text{ 段上}\\ +1, & \text{当 } x_1(t)=-\dfrac{1}{2}x_2(t)\,|\,x_2(t)\,|\text{ 时，并且 } x_2(t)<0\text{ 时，即}[x_1,x_2]\text{ 点处在 } AO \text{ 段上}\\ 0, & \text{当 } x(t)=0\text{ 时}\end{cases} \tag{6-9}$$

由式(6-9)，可得到在不同初始值下，最优控制作用下的状态轨迹，如图 6-1 所示。

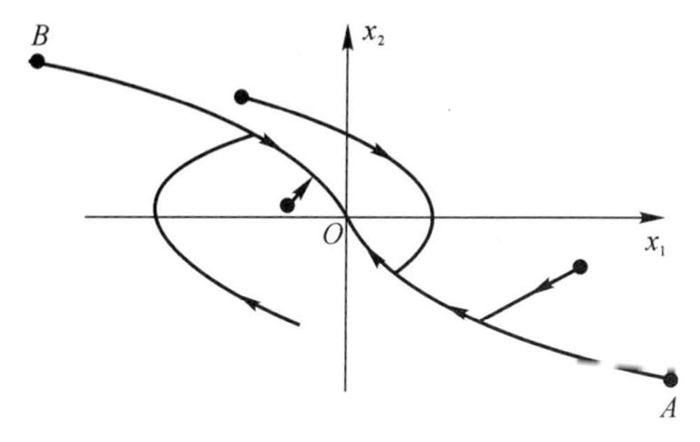

图 6-1　不同初始值下的最优控制方案的状态轨迹

显然，从以上例子可知，系统状态可以通过一次切换控制，即借助于这种切换控制的设计思想，实现对控制系统状态的稳定控制，同时也可以实现相应性能指标的最优。

(2) 切换控制下系统的“稳定”思想

考虑如下的二阶系统

$$\ddot{x}-a\dot{x}=u,\quad a>0 \tag{6-10}$$

设采用的状态反馈为

$$u=-kx \tag{6-11}$$

式中，k 的值可取为 M 或 $-M(M>0)$。

当 $k=M$ 时，相当于负反馈，微分方程有一对共轭特征值，其实部为正数，相轨迹图如图

6-2所示，相平面坐标原点实不稳定的焦点。当 $k=-M$ 时，相当于正反馈，系统的特征值为实数且一正一负，从而坐标原点时鞍点，相轨迹图如图6-3所示。

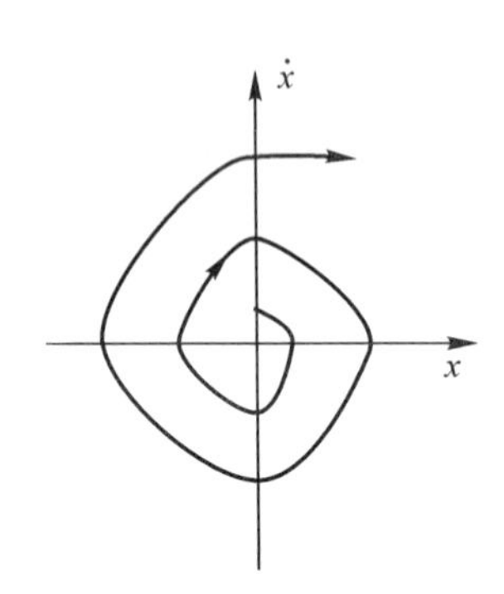

图6-2 $k=M$ 时的相轨迹图

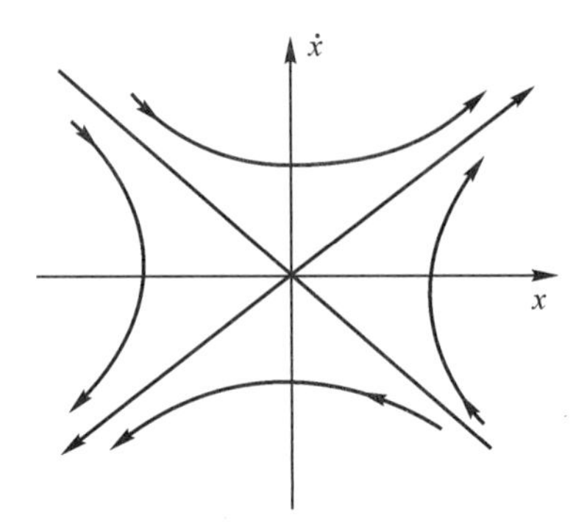

图6-3 $k=-M$ 时的相轨迹图

显然，对应这两种结构，状态反馈(6-11)中的 k 不论是 $k=M$ 还是 $k=-M$，对于线性定常系统(6-10)都是不稳定的。但是，如果引入切换控制的思想，就会得到稳定的控制系统。

这里选取状态反馈(6-11)中的系数 k 按下列规律在稳定特征线及 $x=0$ 上进行切换，即

$$k=\begin{cases} M, & sx>0 \\ -M, & sx<0 \end{cases} \tag{6-12}$$

式中，

$$s=\dot{x}+cx,\quad c=-\frac{a}{2}+\sqrt{\frac{a^2}{4}+M} \tag{6-13}$$

则直线两侧的轨线都最终落在此直线并收敛到原点，因此相应的系统是渐近稳定的，如图6-4所示。

由此，通过这种切换控制策略[式(6-12)]，就可以实现切换控制系统的稳定性。

基于以上极小值原理中优化的“切换”思想和切换控制下系统的“稳定”思想，就产生了变结构控制的设计思想。

针对系统(6-10)，上述的切换线直接由系统的参数 a 和切换参数 M 决定，因而当参数 a 未知或存在扰动时，这种选择方法就显得相当困难。为此，再考虑切换线为

$$x=0,\quad s=\dot{x}+cx,\quad c\in\left(0\quad -\frac{a}{2}+\sqrt{\frac{a^2}{4}+M}\right) \tag{6-14}$$

则得到图6-5所示的相轨线。由图可见，$s=0$ 两侧的相轨线都引向切换线 $s=0$。

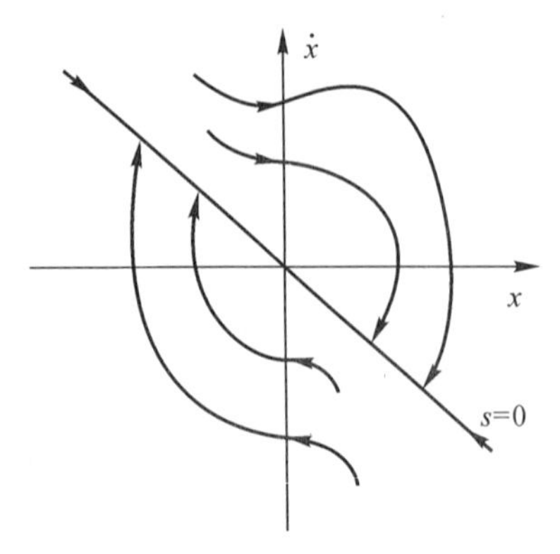

图6-4 有切换时的相轨迹图

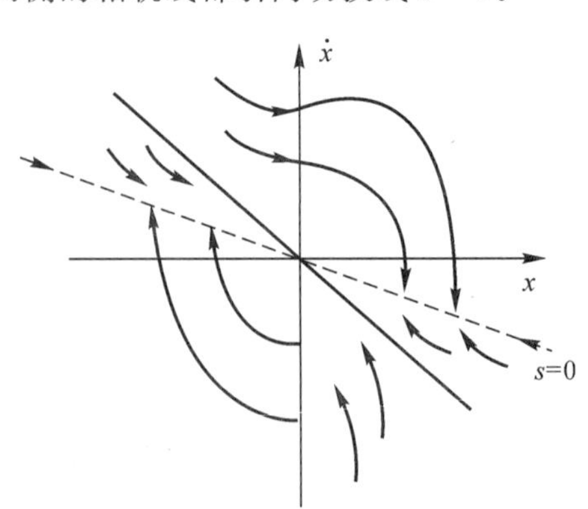

图6-5 变结构系统的相轨迹图

因此，状态轨线一旦到达此切换线 $s=0$ 上，就沿此直线收敛到原点，系统的运动规律由简单的微分方程 $\dot{x}+cx=0$ 来描述，其解为

$$x(t)=x(0)\mathrm{e}^{-ct} \tag{6-15}$$

显然，此时方程的阶数比原系统的低，而且仅与参数 c 有关。这就是变结构控制设计的基本思想。

6.1.2　变结构控制的发展概况

基于以上变结构控制设计思想，变结构控制的发展大致历经了四个阶段。

(1)初期阶段：1957—1962 年。

在这个时期内，苏联学者 Utkin 和 Emelyanov 提出了基于切换控制的变结构控制的概念，针对的研究对象都是二阶线性系统，以误差及其导数为状态变量研究单输入单输出线性对象的变结构控制。以误差信号或加上它的导数作为反馈，反馈系数可在两组数值之间切换，研究的方法是相平面分析法，以系统误差和其导数构成相平面坐标。反馈系数可在两个可能的值中的一个，即控制 u 采用的是式(6-11)所示的状态反馈形式，其中系数 k 是按式(6-12)所示的切换规律。

(2)发展阶段：1962—1970 年。

在这个时期内，研究的是在规范空间(误差及其导数的坐标空间)中具有标量控制和被调量的分块线性系统，即对任意阶线性(定常或时变)系统，该系统的控制和被调量是标量，控制仍由相坐标作用和构成，每个相坐标有自己的跳变系数。

从 1962 年起，开始对任意阶的单输入单输出线性(定常或时变)对象的研究，仍然采用误差及其各阶导数构成状态空间，亦即规范空间。控制量是各个相坐标的线性组合，其系数按一定切换逻辑进行切换，所选的切换流形都为规范空间中的超平面。变结构控制中的滑动模态在规范空间中对系统参数变化的不变性无疑对人们具有很大的吸引力，以至于认为它可以轻易地解决鲁棒性问题。在实际应用中，人们发现，采用微分器获取误差的各阶导数信号这一做法并不可取，因为可实现的微分器传递函数总是有极点的，导致滑动模态偏离理想状态，甚至使系统性能变坏到不可接受的程度。因此，这一阶段建立起来的变结构控制系统理论实际上很少被采用，这期间的文献也没有受到普遍重视。

(3)成熟阶段：1970—1980 年。

在这个时期内，研究的是更一般的状态空间，设计的系统带有向量控制，其中向量控制的每个分量可以等于两个连续的状态向量函数中的一个，而且研究对象是状态空间中带有非线性切换面的本质非线性系统。研究对象是更一般形式的系统：

$$\dot{x}=f(x,u,t)$$

式中，u 取 u_i^+ 和 $u_i^-(i=1,2,\cdots,m)$。

特别是控制理论、信息论、滤波理论及电力电子学的最新成就在极大程度上促进了变结构系统的研究和实现，进一步又推动了对多维变结构和多维滑动模态的研究。

人们不再局限于在规范空间中进行研究，将研究的对象扩大到了多输入多输出系统和非线性系统，切换流形也不只限于超平面。特别是 Utkin 的专著《滑动模态及其在变结构系统理论中的应用》英文版发表以后，西方学者对变结构控制系统理论产生了极大的兴趣，在此期间取得了相当多的研究成果，如关于变结构控制中的滑动模态的唯一性、稳定性及切换面方程式

的设计等。但是由于没有相应的硬件技术支持，这一时期的主要研究工作还仅限于基本理论的研究。

(4)应用阶段：1980 年以后。

进入 20 世纪 80 年代以来，随着计算机—大功率电子切换器件—机器人及电机技术的迅速发展，变结构控制理论和应用研究开始进入了一个新的阶段。以微分几何为主要工具发展起来的非线性控制思想极大地推动了变结构控制理论的发展，如基于精确输入/状态和输入/输出线性化及高阶滑动模态的变结构控制等，都取得了良好的发展成果。

所研究的控制对象也已涉及离散系统、分布参数系统、广义系统、滞后系统、非线性大系统及非完整力学系统等众多复杂系统。国内越来越多的学者也对这一控制方法产生了极大的兴趣。同时，自适应控制、模糊控制、神经网络及遗传算法等先进控制技术也被综合应用到变结构控制系统设计中，以解决变结构控制器所存在的不利抖动对实际应用所带来的困难。

中国学者高为炳院士等人首先提出了趋近律和自由递阶的概念，也给出了等速趋近律、指数趋近律、幂次趋近律和一般的趋近律的形式。西北工业大学的周凤岐教授首次成功将变结构控制方法应用于飞行器伺服系统中，成功研制出小型化电动舵机变结构控制器模块。

国外学者 Levant 和 Fridman 等人提出了扭曲算法和超扭曲算法来克服变结构控制中的抖振问题，实现有限时间稳定。此后，大量的学者结合干扰观测器技术，将这种方法应用于各种非线性控制系统稳定设计中。

6.2 变结构控制的定义与内涵

首先说明的是变结构控制系统本身就是一种非线性控制系统，因此对于变结构控制来说，不管系统模型是线性系统，还是非线性系统，设计好的变结构控制系统就是一个非线性控制系统。下面给出变结构控制系统的定义。

6.2.1 变结构控制的定义

定义【6.1】系统的结构：由某一组数学方程，如微分方程或差分方程所描述的模型，称为系统的一种结构。

注 6.1：系统有几种不同数学表达形式的模型，可以说系统具有不同形式的结构。

如采用状态空间法表示系统的模型，是系统具有反映系统内部状态量变化的结构；如果采用传递函数的方法表示系统的模型，则系统具有反映系统外部变量变化的另外一种结构。

注 6.2：对于采用同一种数学表达方式的模型，反映结构的特征是系统的维数。

如采用状态空间法表示系统模型，当系统的维数没有发生变化时，它的结构也没有发生变化，即线性变化不改变系统的结构。

定义【6.2】变结构系统：如果存在一个或几个切换函数或切换流形(或超平面)，当系统的状态达到切换函数值时，系统从一个结构自动转换成另一个确定的结构，这种系统称为变结构系统。

定义【6.3】变结构控制系统：当一个系统，在受到某种确定的控制律的作用下，从开环系统到闭环系统形成了一个变结构系统时，整个控制系统称为变结构控制系统。

综合以上变结构控制系统的定义，下面给出相应的数学描述。

针对非线性系统

$$\dot{\boldsymbol{x}} = \boldsymbol{f}(\boldsymbol{x}, \boldsymbol{u}, t) \tag{6-16}$$

式中，状态 $\boldsymbol{x} \in \mathbf{R}^n$，控制输入 $u \in \mathbf{R}^m$，时间 $t \in \mathbf{R}$。如果存在切换函数（或切换流形、超平面等）$\boldsymbol{s}(x)$，其中：$\boldsymbol{s} \in \mathbf{R}^m$，变结构控制为

$$u_i = \begin{cases} u_i^+, & s_i(x) > 0 \\ u_i^-, & s_i(x) < 0 \end{cases} \tag{6-17}$$

式中，式 $s_i(x)$ 为 $\boldsymbol{s}(\boldsymbol{x})$ 的第 i 个分量，使得

(1) 满足到达条件：切换面 $\boldsymbol{s}(\boldsymbol{x})$ 以外的相轨线将于有限时间内达到切换面。

(2) 满足滑动条件：系统状态在到达切换面上以后，能够沿着切换面进行滑动，且滑动运动是渐近稳定的，动态品质良好。

注 6.3：变结构控制系统的稳定性是全局渐近稳定的，且闭环系统具有良好的动态品质。

注 6.4：对于变结构控制系统中的切换面 $\boldsymbol{s}(\boldsymbol{x})$ 来说，切换面 $\boldsymbol{s}(\boldsymbol{x})$ 是预先设计好的，系统状态在切换面 $\boldsymbol{s}(\boldsymbol{x})$ 上，必须是渐近稳定的且具有良好的动态品质。这个设计好的切换面就像是一个设计好的水渠，不管水从什么位置进入水渠中，其他方向都能自动地按要求流向水渠的终点，而不是停在水渠的某个位置或流向其他方向。

对于一般的非线性系统

$$\dot{\boldsymbol{x}} = \boldsymbol{f}(\boldsymbol{x}, t) \tag{6-18}$$

式中，状态 $\boldsymbol{x} \in \mathbf{R}^n$，时间 $t \in \mathbf{R}$。通常需要对其右端加以限制，作以下假定

(1) $\boldsymbol{f}(\boldsymbol{x}, t)$ 的各分量 $f_i(\boldsymbol{x}, t)$ 在其定义域上连续；

(2) $\boldsymbol{f}(\boldsymbol{x}, t)$ 的各分量 $f_i(\boldsymbol{x}, t)$ 在其定义域上满足李普希兹条件，即当 $\forall \boldsymbol{x}, \boldsymbol{y} \in \mathbf{R}^n$，存在常数 L_i，使得

$$|f_i(\boldsymbol{x}, t) - f_i(\boldsymbol{y}, t)| \leqslant L_i \sum_{j=1}^{n} |x_j - y_j|, \quad i = 1, 2 \cdots n \tag{6-19}$$

以上条件的意义在于它保证了微分方程的解的存在与唯一。在此基础上来考虑式（6-13）所示的一般的非线性控制系统。

一般的非线性系统均可在平衡点处化为线性系统，因此这里考虑一般的线性定常系统

$$\dot{\boldsymbol{x}} = \boldsymbol{A}\boldsymbol{x} + \boldsymbol{B}\boldsymbol{u} \tag{6-20}$$

式中，状态 $\boldsymbol{x} \in \mathbf{R}^n$，控制输入 $u \in \mathbf{R}^m$，首先要求系统（6-20）满足第一个条件：

假设 6.1 系统（6-20）是能控的，即 $(\boldsymbol{A}, \boldsymbol{B})$ 能控。

系统是能控的，才能进一步设计变结构控制，因此系统的能控性是系统存在控制器的首要条件。

6.2.2　变结构控制的简约型

系统（6-20）可以化简成一个标准的模型，称为简约型，这将为以后的变结构控制系统的分析和设计带来很大的方便。

定理【6.1】简约型：满足 $\boldsymbol{B}$ 为列满秩的系统（6-20），可以经线性变换，将它化简为简约形式：

$$\dot{\overline{\boldsymbol{x}}} = \overline{\boldsymbol{A}\boldsymbol{x}} + \overline{\boldsymbol{B}}\boldsymbol{u} \tag{6-21}$$

式中，$\bar{A}=\begin{bmatrix}\bar{A}_{11} & \bar{A}_{12}\\ \bar{A}_{21} & \bar{A}_{22}\end{bmatrix}$，$\bar{B}=\begin{bmatrix}0\\ B_2\end{bmatrix}$，$\bar{A}_{11}\in\mathbf{R}^{(n-m)\times(n-m)}$，$\bar{A}_{12}\in\mathbf{R}^{(n-m)\times m}$，$\bar{A}_{21}\in\mathbf{R}^{m\times(n-m)}$，$\bar{A}_{22}\in\mathbf{R}^{m\times m}$，$B_2$ 为非奇异的 $m\times m$ 阶矩阵。

证明：满足 B 为列满秩，即 $\operatorname{rank}B=m$。不失一般性可设，$B=\begin{bmatrix}B_1\\ B_2\end{bmatrix}$，$B_1\in\mathbf{R}^{(n-m)\times m}$

取线性变变换

$$\bar{x}=Tx,\quad T=\begin{bmatrix}I_{n-m} & -B_1B_2^{-1}\\ 0 & I_m\end{bmatrix}\tag{6-22}$$

由此可得

$$\bar{A}=TAT^{-1}=\begin{bmatrix}\bar{A}_{11} & \bar{A}_{12}\\ \bar{A}_{21} & \bar{A}_{22}\end{bmatrix},\quad \bar{B}=TB=\begin{bmatrix}I_{n-m} & -B_1B_2^{-1}\\ 0 & I_m\end{bmatrix}\begin{bmatrix}B_1\\ B_2\end{bmatrix}=\begin{bmatrix}0\\ B_2\end{bmatrix}\tag{6-23}$$

证毕。

线性系统(6-20)的简约型(6-21)，具有以下重要性质：

定理【6.2】：若系统(6-20)满足假设6.1，则简约型(6-21)中的$(\bar{A}_{11},\bar{A}_{12})$能控。

证明：系统(6-20)满足假设6.1，即(A,B)能控，由于线性变换不改变系统的能控性，因此$(\bar{A},\bar{B})$能控。引入状态反馈 $u=-Kx$，式中 $K=-B_2^{-1}[\bar{A}_{21}\quad \bar{A}_{22}]$，则有

$$\bar{\bar{A}}=\bar{A}+\bar{B}K=\begin{bmatrix}\bar{A}_{11} & \bar{A}_{12}\\ \bar{A}_{21} & \bar{A}_{22}\end{bmatrix}-\begin{bmatrix}0\\ B_2\end{bmatrix}B_2^{-1}[\bar{A}_{21}\quad \bar{A}_{22}]=\begin{bmatrix}\bar{A}_{11} & \bar{A}_{12}\\ 0 & 0\end{bmatrix}\tag{6-24}$$

由于状态反馈也不改变系统的能控性，故$(\bar{\bar{A}},\bar{B})$能控。则能控性判别矩阵为

$$[\bar{B}\quad \bar{\bar{A}}\bar{B}\quad \bar{\bar{A}}^2\bar{B}\quad \cdots\quad \bar{\bar{A}}^{n-1}\bar{B}]=\begin{bmatrix}0 & \bar{A}_{12} & \bar{A}_{11}\bar{A}_{12} & \bar{A}_{11}^2\bar{A}_{12} & \cdots & \bar{A}_{11}^{n-1}\bar{A}_{12}\\ B_2 & 0 & 0 & 0 & \cdots & 0\end{bmatrix}\tag{6-25}$$

因为 B_2 为非奇异的 $m\times m$ 阶矩阵，所以可得

$$\operatorname{rank}[\bar{A}_{12}\quad \bar{A}_{11}\bar{A}_{12}\quad \bar{A}_{11}^2\bar{A}_{12}\quad \cdots\quad \bar{A}_{11}^{n-1}\bar{A}_{12}]=n-m\tag{6-26}$$

因 $\bar{A}_{11}$ 为$(n-m)\times(n-m)$阶矩阵，故所有 $\bar{A}_{11}^i(i\geqslant n-m)$都可以经 $I_m,\bar{A}_{11},\bar{A}_{11}^2,\cdots,\bar{A}_{11}^{n-m-1}$ 线性地表示出来，从而有

$$\operatorname{rank}[\bar{A}_{12}\quad \bar{A}_{11}\bar{A}_{12}\quad \bar{A}_{11}^2\bar{A}_{12}\quad \cdots\quad \bar{A}_{11}^{n-m-1}\bar{A}_{12}]=n-m\tag{6-27}$$

因此，$(\bar{A}_{11},\bar{A}_{12})$能控。

6.2.3 变结构控制的内涵

从变结构控制系统的定义知，系统在变结构控制律的作用下，将从一个结构自动转换成另一个确定的结构，使得系统的结构发生了变化，因此称为“变结构控制”。下面针对线性定常系统，对其进行分析和说明。

这里以线性定常系统的简约型系统(6-21)为例，同时考虑如下的线性切换函数

$$s=C\bar{x}\tag{6-28}$$

式中：$C=[C_1\quad C_2]$，$C_1\in\mathbf{R}^{m\times(n-m)}$，$C_2\in\mathbf{R}^{m\times m}$ 是非奇异阵；$\bar{x}^{\mathrm{T}}=[\bar{x}_1^{\mathrm{T}}\quad \bar{x}_2^{\mathrm{T}}]^{\mathrm{T}}$，$\bar{x}_1\in\mathbf{R}^{n-m}$，$\bar{x}_2\in\mathbf{R}^m$。

对于简约型系统(6-21)作如下的线性变换：

$$\begin{bmatrix}\bar{x}_1\\ s\end{bmatrix}=P\begin{bmatrix}\bar{x}_1\\ \bar{x}_2\end{bmatrix}\tag{6-29}$$

式中，$\boldsymbol{P}=\begin{bmatrix}\boldsymbol{I}_{(n-m)\times(n-m)} & \boldsymbol{O}_{(n-m)\times m}\\ \boldsymbol{C}_1 & \boldsymbol{C}_2\end{bmatrix}$。

由此可得

$$\bar{\boldsymbol{x}}_2=\boldsymbol{C}_2^{-1}s-\boldsymbol{C}_2^{-1}\boldsymbol{C}_1\bar{\boldsymbol{x}}_1 \tag{6-30}$$

这样可以将简约型系统(6-16)化简为如下形式：

$$\left.\begin{aligned}\dot{\bar{x}}_1&=(\bar{\boldsymbol{A}}_{11}-\bar{\boldsymbol{A}}_{12}\boldsymbol{C}_2^{-1}\boldsymbol{C}_1)\bar{\boldsymbol{x}}_1+\bar{\boldsymbol{A}}_{12}\boldsymbol{C}_2^{-1}s\\ \dot{s}&=[\boldsymbol{C}_1\bar{\boldsymbol{A}}_{11}+\boldsymbol{C}_2\bar{\boldsymbol{A}}_{21}-(\boldsymbol{C}_1\bar{\boldsymbol{A}}_{12}+\boldsymbol{C}_2\bar{\boldsymbol{A}}_{22})\boldsymbol{C}_2^{-1}\boldsymbol{C}_1]\bar{\boldsymbol{x}}_1+(\boldsymbol{C}_1\bar{\boldsymbol{A}}_{12}+\boldsymbol{C}_2\bar{\boldsymbol{A}}_{22})\boldsymbol{C}_2^{-1}s+\boldsymbol{C}_2\boldsymbol{B}_2\boldsymbol{u}\end{aligned}\right\} \tag{6-31}$$

当采用变结构控制律使得系统状态在到达切换面上以后，能够沿着切换面进行滑动时，即满足 $s=0,\dot{s}=0$ 时，则由式(6-26)知，系统在切换面上的运动就是由

$$\dot{\bar{\boldsymbol{x}}}_1=(\bar{\boldsymbol{A}}_{11}-\bar{\boldsymbol{A}}_{12}\boldsymbol{C}_2^{-1}\boldsymbol{C}_1)\bar{\boldsymbol{x}}_1 \tag{6-32}$$

的动态特性所决定。

系统在变结构控制律的作用下，将从一个 n 维的系统状态结构自动转换成另一个 $n-m$ 维的系统状态结构，系统的结构发生了变化，确切地说系统在变结构控制的作用下，系统的结构实际上是“降维了”。这一降阶特性给变结构控制的设计带来很多方便之处。

如果把 m 维的切换面作为 m 个约束方程，n 个状态变量就不再是独立的，它们之间存在 m 个方程表示的关系式，那么消除这 m 个变量，独立变量就只有 $n-m$ 个了，因此在切换面上运动的状态实际上只有 $n-m$ 个了。

6.3　变结构控制的基本概念

为了能够正确理解和应用变结构控制，在我们清楚了变结构控制的定义和内涵后，还需要正确理解相关变结构控制系统的基本概念。

6.3.1　滑动模态

简单地说，系统在设计好的切换函数或切换流形、超平面上的运动，均称为滑动运动或滑动模态。因此，系统状态在滑动模态上是渐近稳定的且具有良好的动态品质，由此也将变结构控制称为滑动模态控制。

由于在相平面中，系统状态在切换面 $s(x)$ 以外的相轨线都将于有限时间内达到切换面，即状态好像被吸引到滑动模态上一样，因此滑动模态也称为系统的吸引区。

描述系统(6-16)状态的滑动运动或滑动模态的微分方程是

$$\left.\begin{aligned}\dot{\boldsymbol{x}}&=\boldsymbol{f}(\boldsymbol{x},\boldsymbol{u},t)\\ \boldsymbol{s}(\boldsymbol{x})&=\boldsymbol{0}\end{aligned}\right\} \tag{6-33}$$

变结构控制要保证系统在有限时间内到达切换流形，进而实现滑动模态运动，即为滑动模态的存在性问题。而这一问题，也成为系统状态到达滑动模态的条件。对于单变量系统来说，直观上看使系统轨线在有限时间内到达切换曲线，其切向量必须指向这条切换曲线，也即当 $\boldsymbol{s}>0$ 时，$\dot{\boldsymbol{s}}<0$；而当 $\boldsymbol{s}<0$ 时，$\dot{\boldsymbol{s}}>0$。因此 $\dot{s}s<0$ 是单变量系统实现滑动模态的充分条件，如图 6-6 所示。

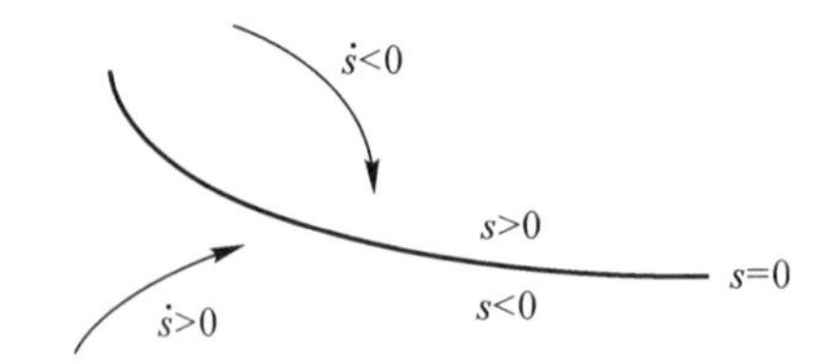

图 6-6　单变量系统滑动模态的到达条件

对于多变量系统而言，滑动模态的到达条件存在的条件则不那么直观，它相当于在切换流形的邻域内非线性系统状态轨线关于切换流形的稳定性。

因此，设所选择的切换函数或切换流形、超平面为 $\boldsymbol{s}$。对于初始时刻 t_0 时从任意状态 x_0 出发的相轨线 $\boldsymbol{x}(t,x_0,t_0)$ 能在有限时间内到达切换面 $\boldsymbol{s}(\boldsymbol{x})=0$，切换函数 $\boldsymbol{s}(\boldsymbol{x})$ 应满足以下条件：

(1) 可微；

(2) 过原点，即 $\boldsymbol{s}(0)=\boldsymbol{0}$；

(6) 状态在滑动模态上运动是稳定的。

以线性切换函数为例，切换函数 $\boldsymbol{s}$ 可以选为

$$\boldsymbol{s}(\boldsymbol{x})=c_1x_1+c_2x_2+\cdots+c_nx_n=0 \tag{6-34}$$

式中：$\boldsymbol{s}\in\mathbf{R}$；$c_1,c_2,\cdots,c_n$ 是待定的常数；x_i 为状态变量。

切换函数 s 也为 $n-m$ 维的超平面

$$\boldsymbol{s}(\boldsymbol{x})=\boldsymbol{C}\boldsymbol{x} \tag{6-35}$$

式中，$s\in\mathbf{R}^m$，$\boldsymbol{C}\in\mathbf{R}^{m\times n}$，$x\in\mathbf{R}^n$。

由此可记

$$\boldsymbol{S}=\{\boldsymbol{x}\,|\,\boldsymbol{s}(x)=\boldsymbol{0}\} \tag{6-36}$$

为超平面 $\boldsymbol{S}$，滑动模态就是动态系统 $\dot{\boldsymbol{x}}=\boldsymbol{f}(\boldsymbol{x},t)$ 中发生在流形 $\boldsymbol{S}$ 上的那一类运动。

从初始状态 $x_0\in\boldsymbol{S}$ 及初始时刻 t_0 出发的运动 $\boldsymbol{x}(t,x_0,t_0)$ 如果满足

$$\boldsymbol{x}(t,x_0,t_0)\in\boldsymbol{S} \tag{6-37}$$

则称为发生在 $\boldsymbol{S}$ 上的系统的滑动模态，$\boldsymbol{S}$ 称为滑动模态区，或者滑动模态子空间，或滑动模态流形。

滑动模态区中的各点均为止点，止点的条件如下：

(1) $\dot{\boldsymbol{s}}<0$，且当 $\boldsymbol{s}\geqslant 0$ 时；

(2) $\dot{\boldsymbol{s}}>0$，且当 $\boldsymbol{s}\leqslant 0$ 时。

6.3.2　等效控制

对于一般变结构控制系统，当系统发生滑动模态时，系统状态就被限制在切换流形上运动。在此情况下，滑动模态的运动方程式需要用新的方法来求得，通常采用等效控制方法来确定。等效控制的概念很简单，就是寻找一种控制，用来强迫系统在切换面上运动。也就是说，在这种控制下系统的运动正好就是切换面上的滑动模态的运动，因此称它为等效控制。

在理想情形下，当系统进入滑动模态运动后，由于系统的状态轨线保持在其上面，也即满足 $\boldsymbol{s}=0$，从而有 $\dot{\boldsymbol{s}}=0$。于是系统在此切换流形上满足下列方程：

$$\dot{\boldsymbol{s}}=\boldsymbol{0} \tag{6-38}$$

如果从方程式(6－38)可以确定或解出 $\boldsymbol{u}$,在由此得到的形式解 u 就可视为线性定常系统式(6－20)在切换流形上系统所施加控制的等效或平均作用量。我们把由所求出的控制量 u 称为等效或等价控制量,用记号 $\boldsymbol{u}_{eq}$ 表示。

为了讨论方便,选取切换函数为式(6－35)的形式,可以推出

$$\dot{\boldsymbol{s}} = \boldsymbol{C}\dot{\boldsymbol{x}} = \boldsymbol{CAx} + \boldsymbol{CBu} = \boldsymbol{0} \tag{6-39}$$

因此,如果选取的切换函数 $\boldsymbol{s}$ 满足 $\boldsymbol{CB}$ 可逆,则由式(6－66)可以得到唯一的等效控制量:

$$\boldsymbol{u}_{eq} = -(\boldsymbol{CB})^{-1}\boldsymbol{CAx} = -\boldsymbol{Kx}$$

其中,$\boldsymbol{u}_{eq}$ 本质上是系统在滑动时,使其轨线保持在 C 的零空间中所需的控制量。

将 $\boldsymbol{u}_{eq}$ 代入式(6－20),就得在理想情形下滑动模态运动方程为

$$\dot{\boldsymbol{x}} = [\boldsymbol{I} - \boldsymbol{B}(\boldsymbol{CB})^{-1}\boldsymbol{C}]\boldsymbol{Ax} = (\boldsymbol{A} - \boldsymbol{BK})\boldsymbol{x}, \quad t \geqslant t_s \tag{6-40}$$

其中 t_s 是系统进入滑动模态运动的初始时刻。

注意在上面的推导滑动模态微分方程时,假定了矩阵 $\boldsymbol{CB}$ 是可逆的。一般来说,此条件可以通过选取适当的切换函数得到满足。但是如果选取的切换函数不满足此可逆条件,则滑动模态就有可能出现不唯一或不存在的情形。

6.3.3　到达条件

有了设计好的滑动模态 $\boldsymbol{s}(x)$,就可以根据到达条件来设计变结构控制律。因此变结构控制系统的到达条件为

$$\left.\begin{aligned}\dot{s}_i(x) < 0, \quad s_i(x) > 0\\ \dot{s}_i(x) > 0, \quad s_i(x) < 0\end{aligned}\right\} \tag{6-41}$$

或者

$$\dot{s}_i s_i < -\delta \tag{6-42}$$

式中,δ 为任意小的正数。推广到多维情况为

$$\dot{\boldsymbol{s}}^{\mathrm{T}}\boldsymbol{s} < -\delta \tag{6-43}$$

注 6.5:变结构控制系统的到达条件可以改为

$$\dot{s}_i s_i \leqslant -\delta \quad 或 \quad \dot{\boldsymbol{s}}^{\mathrm{T}}\boldsymbol{s} \leqslant -\delta \tag{6-44}$$

但不能变为

$$\dot{s}_i s_i < 0 \quad 或 \quad \dot{s}_i s_i \leqslant 0 \quad 或 \quad \dot{\boldsymbol{s}}^{\mathrm{T}}\boldsymbol{s} < 0 \quad 或 \quad \dot{\boldsymbol{s}}^{\mathrm{T}}\boldsymbol{s} \leqslant 0 \tag{6-45}$$

这是因为条件式(6－44)不能满足变结构控制系统中要求的系统状态在有限时间内达到滑动模态的条件。这里可以通过 Lyapunov 稳定性定理得到证明。

取 Lyapunov 函数

$$V = \boldsymbol{s}^{\mathrm{T}}\boldsymbol{s}/2 \tag{6-46}$$

求导可得

$$\dot{V} = \boldsymbol{s}^{\mathrm{T}}\dot{\boldsymbol{s}} \tag{6-47}$$

显然若 $\dot{\boldsymbol{s}}^{\mathrm{T}}\boldsymbol{s} \leqslant -\delta$,则 $\dot{V} \leqslant -\delta$,可知 $V(t) - V(t_0) \leqslant -\delta t$,当 $V(t) = 0$,可求得在有限时间 $t \leqslant V(t_0)/\delta$,即 $t \leqslant \boldsymbol{s}^{\mathrm{T}}(t_0)\boldsymbol{s}(t_0)/2\delta$ 内,系统状态可进入到滑动模态上。

若 $\dot{\boldsymbol{s}}^{\mathrm{T}}\boldsymbol{s} \leqslant 0$ 或 $\dot{\boldsymbol{s}}^{\mathrm{T}}\boldsymbol{s} < 0$,则 $\dot{V} \leqslant 0$,由 Lyapunov 稳定性定理知,$\boldsymbol{s}(t)$ 是 Lyapunov 意义下稳定的或是渐近稳定的,即当 $t \to \infty$,要么有 $\| \boldsymbol{s}(t) \| \leqslant \varepsilon$,其中 ε 为大于 0 的正数;要么有 $\boldsymbol{s}(t) \to \infty$,则系统状态不会有限时间达到滑动模态上,即 $s(t) = 0$。

注 6.6：到达条件可降低为局部到达条件

$$\left.\begin{array}{ll}\dot{s}_i(x)<0, & 当\ s_i(x)\to 0^+\\ \dot{s}_i(x)>0, & 当\ s_i(x)\to 0^-\end{array}\right\} \tag{6-48}$$

由到达条件可知，系统状态能在滑动模态上运动所需要满足的条件是

$$\boldsymbol{s}=\boldsymbol{0}\ 且\ \dot{\boldsymbol{s}}=\boldsymbol{0} \tag{6-49}$$

6.3.4 趋近律

我国的控制专家高为炳院士和合作者采用趋近律方法设计，提出了以下四种形式的趋近律。

(1) 等速趋近律：

$$\dot{s}=-\varepsilon\,\mathrm{sgn}(s),\quad \varepsilon>0 \tag{6-50}$$

式中，ε 代表了趋近速度。

(2) 指数趋近律：

$$\dot{s}=-ks-\varepsilon\,\mathrm{sgn}(s),\quad k>0,\quad \varepsilon>0 \tag{6-51}$$

式中，k 表征了以指数趋近速度的强弱。

(3) 幂次趋近律：

$$\dot{s}=-k\,|s|^{\alpha}\,\mathrm{sgn}(s),\quad k>0,\quad 0<\alpha<1 \tag{6-52}$$

(4) 一般趋近律：

$$\dot{s}=-f(s)-\varepsilon\,\mathrm{sgn}(s),\quad \varepsilon>0 \tag{6-53}$$

式中，$f(s)$ 满足 $f(0)=0, sf(s)>0$，当 $s\neq 0$ 时。

以上四种趋近律的形式，实际上可总结为下列两种形式：

$$\dot{S}=-\boldsymbol{W}\mathrm{sgn}(S),\quad \boldsymbol{W}=\mathrm{diag}(w_i),\quad w_i>0 \tag{6-54}$$

$$\dot{S}=-\boldsymbol{K}S-\boldsymbol{W}\mathrm{sgn}(S),\quad \boldsymbol{K}=\mathrm{diag}(k_i),\quad \boldsymbol{W}=\mathrm{diag}(w_i),\quad w_i\geqslant 0,\quad k_i>0 \tag{6-55}$$

对于这两种趋近律，显然保证了滑动模态的实现，而更重要的是利用趋近律的方法可以通过选取适当的参数，保证系统在期望的时间内到达切换流形，进而实现滑动模态运动。

对于第一种到达律，假定有某个分量 S_i 在 t_0 时刻不为零，当 $S_i(t_0)>0$ 时，由于 $\dot{S}_i=-k_i$，因此有

$$S_i(t)-S_i(t_0)=-k_i(t-t_0) \tag{6-56}$$

从而当 $t=t_0+k_i^{-1}S_i(t_0)$ 时，必有 $S_i(t)=0$，也即系统在有限时间内到达切换流形。

同理，当 $S_i(t_0)<0$ 时，由于 $\dot{S}_i=k_i$，因此有

$$S_i(t)-S_i(t_0)=k_i(t-t_0) \tag{6-57}$$

从而当 $t=t_0-k_i^{-1}S_i(t_0)$，必有 $S_i(t)=0$。

因此无论哪种情况，当 $t\geqslant t_0+\max\{k_i^{-1}\,|S_i(t_0)|\}$ 时，系统都将进入滑动模态运动。显然，此时系统实现滑动模态运动的时间与参数 k_i 成反比。如果取 k_i 较小，则系统进入滑动模态的时间就会很长，系统抗干扰能力减弱。如果取 k_i 较大，则系统进入滑动模态的时间就会变短，系统抗干扰能力增强。因此，参数 k_i 要视具体情况进行适当选取。

如果我们选择第二种到达律，就可以从一定程度上解决上述矛盾。假定有某个分量 S_i 在 t_0 时刻不为零，当 $S_i(t_0)>0$ 时，由于 $\dot{S}_i=-w_iS_i-k_i$，此时微分方程的解为

$$S_i(t)=[S_i(t_0)-w_i^{-1}k_i]\,\mathrm{e}^{-w_i(t-t_0)}-w_i^{-1}k_i \tag{6-58}$$

从而当

$$t = t_0 - \frac{1}{w_i}\ln\frac{k_i}{w_i S_i(t_0) + k_i} \tag{6-59}$$

时，必有 $S_i(t) = 0$。

同理，当 $S_i(t_0) < 0$，

$$t = t_0 - \frac{1}{w_i}\ln\frac{k_i}{-w_i S_i(t_0) + k_i} \tag{6-60}$$

时，必有 $S_i(t) = 0$。

因此无论哪种情况，当

$$t \geqslant t_0 - \frac{1}{w_i}\ln\frac{k_i}{w_i\,|S_i(t_0)| + k_i} \tag{6-61}$$

时，系统都将进入滑动模态运动。显然，此时对于确定的 k_i，可通过选取适当大的 w_i 加快滑动模态运动的时间。从而既保持了系统尽快进入对系统干扰具有良好鲁棒性的滑动模态运动，又可以减弱系统抖动对实时控制带来的不利影响。

当然，当系统存在不确定因素干扰时，很难设计相应的变结构控制律满足上述到达律。不过从上面分析可以看出，只要将上述到达律改为下列相应的不等式或相应的分量不等式形式，即可保证系统在有限时间内实现滑动模态运动。

$$S^{\mathrm{T}}\dot{S} \leqslant -\sum_{i=1}^{m} k_i\,|S_i| \quad (k_i > 0) \tag{6-62}$$

$$S^{\mathrm{T}}\dot{S} \leqslant -\sum_{i=1}^{m} (w_i S_i^2 + k_i\,|S_i|) \quad (w_i \geqslant 0, k_i > 0) \tag{6-63}$$

6.3.5　完全匹配条件

6.3.5.1　线性系统的摄动与干扰

在实际中，并非所有的系统都能用线性系统来描述，有各种各样的摄动会出现，有各种各样的因素未被考虑，也有各种各样的扰动加在系统上，所有这些可统称为加在系统的干扰、摄动或不确定性。

这些不同来源不同性质的干扰，主要有以下几种：

(1) 时变参数的摄动。例如飞行器气动参数随时间、飞行高度和速度等变化，在攻角一定的范围内随着攻角的增大而增大，这时系统的参数可表示为

$$\left.\begin{aligned} a_{ij}(t) &= a_{ij}^0 + \Delta a_{ij}(t) \\ b_i(t) &= b_i^0 + \Delta b_i(t) \end{aligned}\right\} \tag{6-64}$$

式中：a_{ij}^0 和 b_i^0 为常值；$\Delta a_{ij}(t)$ 和 $\Delta b_i(t)$ 为摄动量，一般常常表示为 $\Delta A(t)x$ 和 $\Delta B(t)u$。

(2) 参数值的不确定性。例如空气密度随高度而变化，高度的变化事先无法确知，可以说密度参数是随着环境而变化的，这样系统的参数可表示为

$$\left.\begin{aligned} a_{ij}(t) &= a_{ij}^0 + \Delta a_{ij} \\ b_i(t) &= b_i^0 + \Delta b_i \end{aligned}\right\} \tag{6-65}$$

式中，Δa_{ij} 和 Δb_i 为摄动量，一般常常表示为 ΔAx 和 ΔBu，或者，可以引入参数 $p \in \mathbf{R}^s$，其中 $s \geqslant 1$，则将 a_{ij} 和 b_i 分别表示为

$$\left.\begin{aligned} a_{ij} &= a_{ij}(p) \\ b_i &= b_i(p) \end{aligned}\right\} \tag{6-66}$$

这样摄动常常表示为 $\Delta A(p)x$ 和 $\Delta B(p)u$。

(3) 系统动力学方程的线性化。这是最常见的情况。因为所有系统的数学模型均为非线性的，所以在建立一个系统模型时，根据系统的元件的特性进行线性化时，动力学方程中的某些部分的数学表达式也常常作线性化处理，使得系统方程成为线性的。

在这种情况下，引入非线性摄动项，常常表示为 $\Delta A(x,t)$ 和 $\Delta B(x,t)u$。

(4) 系统的测量误差。一般来说，如果提高系统精度要求的话，很多量都可以有测量误差，而不能视为常值，再如元件的磨损、老化等情况也会引起参数值的改变，如长度、弹性参数等等。这时引出的摄动项为 ΔAx 和 ΔBu。

(5) 控制的摄动。设我们得到了控制律为 $u=u(x,t)$，但在实际中，这些控制有一定的摄动量或误差而成为

$$u=u(x,t)+\Delta u(x,t) \tag{6-67}$$

于是在系统方程中引入附加项 $B\Delta u(x,t)$。当然，这类摄动在求控制律之前是无法知道的。

(6) 外干扰的作用。这是代表系统以外加给系统的作用，在系统中引出的附加项作为对系统的干扰。

除了以上干扰，还有其他干扰，如建立动力学模型时，过快的变化被视为瞬时的，即过程快而未被考虑，过慢的变化则被视为不变化，也未被考虑。过快过程的忽略，即常说的寄生参数的忽略，如小电容、小电感、小质量等等。

针对以上线性系统的摄动与干扰，我们来分析变结构控制系统的不变性和鲁棒性问题。

6.3.5.2 变结构系统的不变性和鲁棒性

变结构控制最吸引人的特性之一是系统一旦进入滑动模态运动，对系统干扰及参数变化具有完全的自适应性或不变性。本节将具体讨论滑动模态这一重要特性，并给出若干不变性条件。

考虑下列不确定控制系统：

$$\dot{x}=(\boldsymbol{A}+\boldsymbol{\Delta}_A)x+(\boldsymbol{B}+\boldsymbol{\Delta}_B)u+\boldsymbol{D}\boldsymbol{w} \tag{6-68}$$

其中：$\boldsymbol{\Delta}_A$，$\boldsymbol{\Delta}_B$ 为适当维数的不确定结构参数阵；$\boldsymbol{D}$ 为适当维数的干扰矩阵；$\boldsymbol{w}$ 为干扰向量。

首先，讨论滑动模态关于不确定扰动因素的不变性。

选择切换函数为 $S=\boldsymbol{C}x$，考虑不确定控制系统(6-62)的正则型方程：

$$\dot{x}=\boldsymbol{A}x+\boldsymbol{B}u \tag{6-69}$$

可以得到等效控制量：

$$u_{\mathrm{eq}}=-(\boldsymbol{CB})^{-1}\boldsymbol{CA}x \tag{6-70}$$

则滑动模态方程为

$$\dot{x}=[\boldsymbol{I}-\boldsymbol{B}(\boldsymbol{CB})^{-1}\boldsymbol{C}]\boldsymbol{A}x \tag{6-71}$$

而针对不确定控制系统(6-62)，可得：

$$\dot{S}=\boldsymbol{C}(\boldsymbol{A}+\boldsymbol{\Delta}_A)x+\boldsymbol{C}(\boldsymbol{B}+\boldsymbol{\Delta}_B)u+\boldsymbol{CD}\boldsymbol{w} \tag{6-72}$$

因此由等效控制量的求法可得：

$$u'_{\mathrm{eq}} = -[\boldsymbol{C}(\boldsymbol{B}+\boldsymbol{\Delta}_B)]^{-1}[\boldsymbol{C}(\boldsymbol{A}+\boldsymbol{\Delta}_A)x+\boldsymbol{CD}w] \tag{6-73}$$

假设 $\boldsymbol{C}(\boldsymbol{B}+\boldsymbol{\Delta}_B)$ 可逆,系统存在滑动模态。

将等效控制量代入(6-73),就可以得到滑动模态应满足的微分方程:

$$\dot{x} = \{\boldsymbol{I}-(\boldsymbol{B}+\boldsymbol{\Delta}_B)[\boldsymbol{C}(\boldsymbol{B}+\boldsymbol{\Delta}_B)]^{-1}\boldsymbol{C}\}[(\boldsymbol{A}+\boldsymbol{\Delta}_A)x+\boldsymbol{D}w] \tag{6-74}$$

记 $\boldsymbol{B}_s = \mathrm{span}(\boldsymbol{B})$ 为由 $\boldsymbol{B}$ 的列向量张成的子空间,如果 $\boldsymbol{\Delta}_A,\boldsymbol{\Delta}_B,\boldsymbol{D}$ 满足匹配条件

$$\boldsymbol{\Delta}_A,\boldsymbol{\Delta}_B,\quad \boldsymbol{D}\in\boldsymbol{B}_s \tag{6-75}$$

也即存在 $\boldsymbol{K}_1,\boldsymbol{K}_2,\boldsymbol{K}_3$,使得

$$\boldsymbol{\Delta}_A=\boldsymbol{BK}_1,\quad \boldsymbol{\Delta}_B=\boldsymbol{BK}_2,\quad \boldsymbol{D}=\boldsymbol{BK}_3 \tag{6-76}$$

可得

$$\boldsymbol{B}+\boldsymbol{\Delta B}=\boldsymbol{B}(\boldsymbol{I}+\boldsymbol{K}_2) \tag{6-77}$$

由于 $\boldsymbol{C}(\boldsymbol{B}+\boldsymbol{\Delta}_B)$ 可逆,$\boldsymbol{CB}$ 可逆,所以 $\boldsymbol{C}(\boldsymbol{I}+\boldsymbol{K}_2)$ 也可逆。式(6-74)变为

$$\begin{aligned}\dot{x} &= \{\boldsymbol{I}-(\boldsymbol{B}+\boldsymbol{\Delta}_B)[\boldsymbol{C}(\boldsymbol{B}+\boldsymbol{\Delta}_B)]^{-1}\boldsymbol{C}\}[(\boldsymbol{A}+\boldsymbol{\Delta}_A)x+\boldsymbol{D}w]=\\ &\{\boldsymbol{I}-\boldsymbol{B}(\boldsymbol{I}+\boldsymbol{K}_2)(\boldsymbol{I}+\boldsymbol{K}_2)^{-1}(\boldsymbol{CB})^{-1}\boldsymbol{C}\}[(\boldsymbol{A}+\boldsymbol{BK}_1)x+\boldsymbol{BK}_3w]=\\ &\{\boldsymbol{I}-\boldsymbol{B}(\boldsymbol{CB})^{-1}\boldsymbol{C}\}[(\boldsymbol{A}+\boldsymbol{BK}_1)x+\boldsymbol{BK}_3w]=\\ &[\boldsymbol{I}-\boldsymbol{B}(\boldsymbol{CB})^{-1}\boldsymbol{C}]\boldsymbol{A}x\end{aligned} \tag{6-78}$$

显然,此时滑动模态(6-78)与干扰无关,也与滑动模态关于未知扰动或不确定性具有不变性。因此条件式(6-75)或式(6-76)称为滑动模态的完全匹配条件(也称为完全跟踪条件)。

在满足匹配条件的条件下,变结构控制的滑动模态对系统摄动和未知扰动或不确定性具有不变性,所以对系统在滑动模态上对于未知扰动或不确定性具有完全鲁棒性。

6.4　变结构控制的基本设计方法

为了能够清楚地阐述变结构控制的设计方法,这里只针对线性定常系统来介绍相关的设计方法,对于含有不确定性的控制系统将在后面章节中介绍。

6.4.1　系统设计模型

针对一般的连续线性定常系统:

$$\dot{x}=\boldsymbol{A}x+\boldsymbol{B}u$$

式中,$x\in\mathbf{R}^n$,$u\in\mathbf{R}^m$。

设计相应的线性切换函数:

$$s=\boldsymbol{C}x \tag{6-79}$$

式中,$s\in\mathbf{R}^m$,$\boldsymbol{C}\in\mathbf{R}^{m\times n}$。

常常用到这样的基本假设:①$(\boldsymbol{A},\boldsymbol{B})$ 能控;②$\boldsymbol{CB}$ 为非奇异的 $m\times m$ 阶矩阵。

现在简要说明这两个假设的理论意义。

(1) 能控性。在线性系统理论中有一个十分重要的定理:系统$(\boldsymbol{A},\boldsymbol{B})$能控的充分必要条件为系统可通过状态反馈 $u=-\boldsymbol{K}x$ 任意配置极点,即使得 $\boldsymbol{A}+\boldsymbol{BK}$ 具有任意的极点集合。

对于变结构控制来说,我们要求滑动模态具有良好的动态品质。而对于滑动模态来说,其运动微分方程是降维的线性系统,可以证明的一个结论是滑动模态能控的充分必要条件是

$(\boldsymbol{A},\boldsymbol{B})$ 能控。用极点配置及二次型最优来设计变结构控制系统，$(\boldsymbol{A},\boldsymbol{B})$ 可控都是具有重要的意义的。

(2) 矩阵 $\boldsymbol{CB}$ 为非奇异阵。同样可以证明的一个结论是实现滑动模态控制(变结构控制)的必要条件是阵 $\boldsymbol{CB}$ 为非奇异 $m\times m$ 阵。此外，$|\det(\boldsymbol{CB})|=\sigma$ 的大小是衡量控制实现到达条件的有效性度量，若 σ 较大，控制就能有效地实现到达条件。

从 $\boldsymbol{CB}$ 为非奇异的假设可知

$$\mathrm{rank}\boldsymbol{B}=m,\quad \mathrm{rank}\boldsymbol{C}=m \tag{6-80}$$

即说明阵 $\boldsymbol{B}$ 列满秩，阵 $\boldsymbol{C}$ 行满秩。但两个矩阵 $\boldsymbol{B}$ 和 $\boldsymbol{C}$ 的秩相同则是从工程设计的角度提出的，这样的控制最简单、最合理。

对于变结构控制方法来说，最基本的设计要求就是要解决以下两个问题：

(1) 寻求切换函数 $s(x)$，保障滑动模态的存在性和稳定性；

(2) 寻求变结构控制律，保障系统状态有限时间达到滑动模态。

因此，变结构控制系统设计可以分解为完全独立的两个阶段：第一个阶段是到达阶段，系统能够在任意初始状态出发，在变结构控制律的作用下进入并到达滑动模态；第二个阶段则是滑动模态阶段，系统状态在超平面上滑动，趋向于状态空间的原点。

6.4.2 滑动模态的基本设计方法

根据变结构控制中滑动模态存在条件，目前切换平面的设计有以下三种基本形式：

(1) 线性切换形式。这种切换面比较简单实用，它的具体形式为 $\boldsymbol{s}=\boldsymbol{Cx}$，其中 $\boldsymbol{C}\in\mathbf{R}^{m\times n}$。特别对于二阶线性系统来说，其切换函数一般选为

$$\boldsymbol{s}=cx_1+x_2,\quad c>0 \tag{6-81}$$

(2) 特殊的二次型形式。设系统是以相变量表示的 n 阶线性系统：

$$\left.\begin{aligned}\dot{x}_1&=x_2\\ \dot{x}_2&=x_3\\ &\cdots\cdots\\ \dot{x}_{n-1}&=x_n\\ \dot{x}_n&=-\sum_{i=1}^{n}a_ix_i-bu\end{aligned}\right\} \tag{6-82}$$

二次型的切换函数为

$$\boldsymbol{s}=x_i\boldsymbol{C}^{\mathrm{T}}\boldsymbol{x} \tag{6-83}$$

对于二次型的切换函数需要将这种切换函数转化为两个切换函数来考虑：

$$\left.\begin{aligned}x_i&=0\\ \boldsymbol{C}^{\mathrm{T}}\boldsymbol{x}&=0\end{aligned}\right\} \tag{6-84}$$

(3) 一般的非线性切换形式。为了能够改善系统状态在滑动模态上的动态品质，使得变结构控制得到良好的控制性能，就会设计非线性形式的切换函数，如以下切换函数：

$$\boldsymbol{s}=x_2+\beta x_1^{q/p} \tag{6-85}$$

式中：β 是大于零的正数；p 和 q 是大于零的奇数，且 $1<p/q<2$。

非线性切换函数选择相对复杂，留在后面章节中介绍，本节主要介绍线性切换函数的设计方法。

6.4.2.1　极点配置法

极点配置法是线性切换函数设计最常用的方法。

为了能够清楚地说明该方法,考虑式(6-21)所示的系统简约型的形式:

$$\dot{\bar{x}}=\bar{A}\bar{x}+\bar{B}u \tag{6-86}$$

式中,$\bar{\boldsymbol{x}}^{\mathrm{T}}=[\bar{\boldsymbol{x}}_1^{\mathrm{T}}\quad \bar{\boldsymbol{x}}_2^{\mathrm{T}}]^{\mathrm{T}}$,$\bar{\boldsymbol{x}}_1\in\mathbf{R}^{n-m}$,$\bar{\boldsymbol{x}}_2\in\mathbf{R}^{m}$,$\bar{\boldsymbol{A}}=\begin{bmatrix}\bar{\boldsymbol{A}}_{11} & \bar{\boldsymbol{A}}_{12}\\ \bar{\boldsymbol{A}}_{21} & \bar{\boldsymbol{A}}_{22}\end{bmatrix}$,$\bar{\boldsymbol{B}}=\begin{bmatrix}\boldsymbol{0}\\ \boldsymbol{B}_2\end{bmatrix}$,$\bar{\boldsymbol{A}}_{11}\in\mathbf{R}^{(n-m)\times(n-m)}$,$\bar{\boldsymbol{A}}_{12}\in\mathbf{R}^{(n-m)\times m}$,$\bar{\boldsymbol{A}}_{21}\in\mathbf{R}^{m\times(n-m)}$,$\bar{\boldsymbol{A}}_{22}\in\mathbf{R}^{m\times m}$,$\boldsymbol{B}_2$ 为非奇异的 $m\times m$ 阶矩阵。

取切换函数

$$s=\boldsymbol{C}\bar{x} \tag{6-87}$$

式中,$\boldsymbol{C}=[\boldsymbol{C}_1\quad \boldsymbol{C}_2]$,$\boldsymbol{C}_1\in\mathbf{R}^{m\times(n-m)}$,$\boldsymbol{C}_2\in\mathbf{R}^{m\times m}$ 是非奇异阵。

采用式(6-29)的线性变换,可得到滑动模态:

$$\dot{\bar{x}}_1=(\bar{\boldsymbol{A}}_{11}-\bar{\boldsymbol{A}}_{12}\boldsymbol{C}_2^{-1}\boldsymbol{C}_1)\bar{x}_1$$

由定理 6.2 知,简约型式(6-21)中的$(\bar{\boldsymbol{A}}_{11},\bar{\boldsymbol{A}}_{12})$能控,在存在矩阵 $\boldsymbol{K}\in\mathbf{R}^{m\times(n-m)}$,使得闭环系统矩阵 $\bar{\boldsymbol{A}}_{11}-\bar{\boldsymbol{A}}_{12}\boldsymbol{K}$ 的极点任意配置。由此可令

$$\boldsymbol{K}=\boldsymbol{C}_2^{-1}\boldsymbol{C}_1 \tag{6-88}$$

为了便于设计,常常令 $\boldsymbol{C}_2=\boldsymbol{I}_m$,则

$$\boldsymbol{C}_1=\boldsymbol{K} \tag{6-89}$$

因此,可取任意的稳定极点,来设计线性切换函数式(6-87),其中 $\boldsymbol{C}=[\boldsymbol{K}\quad \boldsymbol{I}_m]$。

6.4.2.2　最优控制法

同样,考虑式(6-21)所示的系统简型中的

$$\dot{\bar{\boldsymbol{x}}}_1=\bar{\boldsymbol{A}}_{11}\bar{\boldsymbol{x}}_1+\bar{\boldsymbol{A}}_{12}\bar{\boldsymbol{x}}_2 \tag{6-90}$$

同时定义优化指标

$$J=\int_0^{\infty}\bar{\boldsymbol{x}}^{\mathrm{T}}\boldsymbol{Q}\bar{\boldsymbol{x}}\,\mathrm{d}t \tag{6-91}$$

式中,$\boldsymbol{Q}=\begin{bmatrix}\boldsymbol{Q}_{11} & \boldsymbol{Q}_{12}\\ \boldsymbol{Q}_{12}^{\mathrm{T}} & \boldsymbol{Q}_{22}\end{bmatrix}$为正定对称阵,$\boldsymbol{Q}_{11}\in\mathbf{R}^{(n-m)\times(n-m)}$,$\boldsymbol{Q}_{12}\in\mathbf{R}^{(n-m)\times m}$,$\boldsymbol{Q}_{22}\in\mathbf{R}^{m\times m}$。

为了便于采用线性二次型最优控制来设计切换面,作以下线性变换:

$$\begin{bmatrix}\bar{\boldsymbol{x}}_1\\ \bar{\bar{\boldsymbol{x}}}_2\end{bmatrix}=\begin{bmatrix}\boldsymbol{I}_{n-m} & \boldsymbol{0}\\ \boldsymbol{Q}_{22}^{-1}\boldsymbol{Q}_{12}^{\mathrm{T}} & \boldsymbol{I}_m\end{bmatrix}\begin{bmatrix}\bar{\boldsymbol{x}}_1\\ \bar{\boldsymbol{x}}_2\end{bmatrix} \tag{6-92}$$

则

$$\begin{aligned}\bar{\boldsymbol{x}}^{\mathrm{T}}\boldsymbol{Q}\bar{x}={}&\bar{\boldsymbol{x}}_1^{\mathrm{T}}\boldsymbol{Q}_{11}\bar{\boldsymbol{x}}_1+\bar{\boldsymbol{x}}_1^{\mathrm{T}}\boldsymbol{Q}_{12}\bar{\boldsymbol{x}}_2+\bar{\boldsymbol{x}}_2^{\mathrm{T}}\boldsymbol{Q}_{12}^{\mathrm{T}}\bar{\boldsymbol{x}}_1+\bar{\boldsymbol{x}}_2^{\mathrm{T}}\boldsymbol{Q}_{22}\bar{\boldsymbol{x}}_2=\\ &\bar{\boldsymbol{x}}_1^{\mathrm{T}}\boldsymbol{Q}_{11}\bar{\boldsymbol{x}}_1+\bar{\boldsymbol{x}}_1^{\mathrm{T}}\boldsymbol{Q}_{12}(\bar{\bar{\boldsymbol{x}}}_2-\boldsymbol{Q}_{22}^{-1}\boldsymbol{Q}_{12}^{\mathrm{T}}\bar{x}_1)+(\bar{\bar{\boldsymbol{x}}}_2-\boldsymbol{Q}_{22}^{-1}\boldsymbol{Q}_{12}^{\mathrm{T}}\bar{\boldsymbol{x}}_1)^{\mathrm{T}}\boldsymbol{Q}_{12}^{\mathrm{T}}\bar{\boldsymbol{x}}_1+\\ &(\bar{\bar{\boldsymbol{x}}}_2-\boldsymbol{Q}_{22}^{-1}\boldsymbol{Q}_{12}^{\mathrm{T}}\bar{\boldsymbol{x}}_1)^{\mathrm{T}}\boldsymbol{Q}_{22}(\bar{\bar{\boldsymbol{x}}}_2-\boldsymbol{Q}_{22}^{-1}\boldsymbol{Q}_{12}^{\mathrm{T}}\bar{\boldsymbol{x}}_1)=\\ &\bar{\boldsymbol{x}}_1^{\mathrm{T}}\bar{\boldsymbol{Q}}_{11}\bar{\boldsymbol{x}}_1+\bar{\bar{\boldsymbol{x}}}_2^{\mathrm{T}}\boldsymbol{Q}_{22}\bar{\bar{\boldsymbol{x}}}_2\end{aligned} \tag{6-93}$$

式中,$\bar{\boldsymbol{Q}}_{11}=\boldsymbol{Q}_{11}-\boldsymbol{Q}_{12}\boldsymbol{Q}_{22}^{-1}\boldsymbol{Q}_{12}^{\mathrm{T}}$。

同时,系统式(6-92)可表示为

$$\dot{\bar{x}}_1 = \bar{\bar{A}}_{11}\bar{x}_1 + \bar{A}_{12}\bar{\bar{x}}_2 \tag{6-94}$$

式中，$\bar{\bar{A}}_{11} = \bar{A}_{11} - \bar{A}_{12}Q_{22}^{-1}Q_{12}^{\mathrm{T}}$。显然原系统(6-84)能控，则状态反馈后的系统(6-88)仍是能控的。

性能指标[式(6-91)]就转换为

$$J = \int_0^{\infty} (\bar{x}_1^{\mathrm{T}}\bar{Q}_{11}\bar{x}_1 + \bar{\bar{x}}_2^{\mathrm{T}}Q_{22}\bar{\bar{x}}_2)\,\mathrm{d}t \tag{6-95}$$

由于

$$\begin{bmatrix} I_{n-m} & -Q_{12}Q_{22}^{-1} \\ 0 & I_m \end{bmatrix} \begin{bmatrix} Q_{11} & Q_{12} \\ Q_{12}^{\mathrm{T}} & Q_{22} \end{bmatrix} \begin{bmatrix} I_{n-m} & 0 \\ -Q_{22}^{-1}Q_{12}^{\mathrm{T}} & I_m \end{bmatrix} = \begin{bmatrix} Q_{11} - Q_{12}Q_{22}^{-1}Q_{12}^{\mathrm{T}} & 0 \\ 0 & Q_{22} \end{bmatrix} = \begin{bmatrix} \bar{Q}_{11} & 0 \\ 0 & Q_{22} \end{bmatrix} \tag{6-96}$$

线性变换不改变矩阵的正定性，因此 $\bar{Q}_{11}$ 和 Q_{22} 是正定的。

利用二次型求最优控制的结论，可得最优状态反馈解为

$$\bar{K} = -Q_{22}^{-1}\bar{A}_{12}^{\mathrm{T}}P \tag{6-97}$$

式中矩阵 P 满足以下的 Riccati 方程

$$P\bar{\bar{A}}_{11} + \bar{\bar{A}}_{11}^{\mathrm{T}}P - P\bar{A}_{12}Q_{22}^{-1}\bar{A}_{12}^{\mathrm{T}}P + \bar{Q}_{11} = 0 \tag{6-98}$$

的正定对称阵的解。

由此，在二次型性能指标[式(6-95)]下的最优滑动模态的方程：

$$\dot{\bar{x}}_1 = (\bar{\bar{A}}_{11} - \bar{A}_{12}Q_{22}^{-1}\bar{A}_{12}^{\mathrm{T}}P)\bar{x}_1 \tag{6-99}$$

为了说明最优滑动模态[式(6-99)]的稳定性，取 Lyapunov 函数为

$$V = \bar{x}_1^{\mathrm{T}}P\bar{x}_1 \tag{6-100}$$

对式(6-100)求导，得

$$\begin{aligned} \dot{V} = \dot{\bar{x}}_1^{\mathrm{T}}P\bar{x}_1 + \bar{x}_1^{\mathrm{T}}P\dot{\bar{x}}_1 = \bar{x}_1^{\mathrm{T}}[\bar{\bar{A}}_{11}^{\mathrm{T}}P - P\bar{A}_{12}Q_{22}^{-1}\bar{A}_{12}^{\mathrm{T}}P + P\bar{\bar{A}}_{11} - P\bar{A}_{12}Q_{22}^{-1}\bar{A}_{12}^{\mathrm{T}}P]\bar{x}_1 = \\ -\bar{x}_1^{\mathrm{T}}[\bar{Q}_{11} + P\bar{A}_{12}Q_{22}^{-1}\bar{A}_{12}^{\mathrm{T}}P]\bar{x}_1 \end{aligned} \tag{6-101}$$

因为 $\bar{Q}_{11}$ 和 Q_{22} 是正定的，所以 $\dot{V}$ 是负定的，由 Lyapunov 稳定性定理，可得最优滑动模态是渐近稳定的。

考虑到

$$\bar{\bar{x}}_2 = \bar{x}_2 - Q_{22}^{-1}Q_{12}^{\mathrm{T}}\bar{x}_1 \tag{6-102}$$

将其代入到状态反馈 $\bar{\bar{x}}_2 = \bar{K}\bar{x}_1$ 中，可得

$$-Q_{22}^{-1}\bar{A}_{12}^{\mathrm{T}}P\bar{x}_1 = \bar{x}_2 - Q_{22}^{-1}Q_{12}^{\mathrm{T}}\bar{x}_1 \tag{6-103}$$

即为

$$(\bar{A}_{12}^{\mathrm{T}}P + Q_{12}^{\mathrm{T}})\bar{x}_1 + Q_{22}\bar{x}_2 = 0 \tag{6-104}$$

式(6-104)就是所设计的切换面 $s = C\bar{x} = [C_1 \quad C_2]\bar{x} = 0$，因此可以得到

$$C = [\bar{A}_{12}^{\mathrm{T}}P + Q_{12}^{\mathrm{T}} \quad Q_{22}] \tag{6-105}$$

以上借助于最优控制的方法，完成了变结构控制的切换面的设计。

6.4.2.3 左特征向量法

同样，考虑式(6-21)所示的系统简约型的形式：

$$\dot{\bar{x}} = \bar{A}\bar{x} + \bar{B}u$$

并假设 $\bar{\boldsymbol{A}}$ 有 n 个稳定的特征根，如果不是稳定的，可通过状态反馈阵得到期望的特征根，设为 $\lambda_1,\lambda_2,\cdots,\lambda_m,\mu_1,\mu_2,\cdots,\mu_{n-m}$，分别记为

$$\boldsymbol{\Lambda}_1=\mathrm{diag}(\mu_1,\mu_2,\cdots,\mu_{n-m}),\quad \boldsymbol{\Lambda}_2=\mathrm{diag}(\lambda_1,\lambda_2,\cdots,\lambda_m) \tag{6-106}$$

并设 $\bar{\boldsymbol{A}}$ 的 n 个特征根对应的左特征向量组成的矩阵为 $\begin{bmatrix}\boldsymbol{G}_1 & \boldsymbol{G}_2\\ \boldsymbol{V}_1 & \boldsymbol{V}_2\end{bmatrix}$，则其可逆，有：

$$\begin{bmatrix}\boldsymbol{G}_1 & \boldsymbol{G}_2\\ \boldsymbol{V}_1 & \boldsymbol{V}_2\end{bmatrix}\begin{bmatrix}\bar{\boldsymbol{A}}_{11} & \bar{\boldsymbol{A}}_{12}\\ \bar{\boldsymbol{A}}_{21} & \bar{\boldsymbol{A}}_{22}\end{bmatrix}=\begin{bmatrix}\boldsymbol{\Lambda}_1 & \boldsymbol{0}\\ \boldsymbol{0} & \boldsymbol{\Lambda}_2\end{bmatrix}\begin{bmatrix}\boldsymbol{G}_1 & \boldsymbol{G}_2\\ \boldsymbol{V}_1 & \boldsymbol{V}_2\end{bmatrix} \tag{6-107}$$

方程两边分别左乘、右乘 $\bar{\boldsymbol{A}}$ 左特征向量阵的逆，得：

$$\begin{bmatrix}\bar{\boldsymbol{A}}_{11} & \bar{\boldsymbol{A}}_{12}\\ \bar{\boldsymbol{A}}_{21} & \bar{\boldsymbol{A}}_{22}\end{bmatrix}\begin{bmatrix}\boldsymbol{G}_1 & \boldsymbol{G}_2\\ \boldsymbol{V}_1 & \boldsymbol{V}_2\end{bmatrix}^{-1}=\begin{bmatrix}\boldsymbol{G}_1 & \boldsymbol{G}_2\\ \boldsymbol{V}_1 & \boldsymbol{V}_2\end{bmatrix}^{-1}\begin{bmatrix}\boldsymbol{\Lambda}_1 & \boldsymbol{0}\\ \boldsymbol{0} & \boldsymbol{\Lambda}_2\end{bmatrix} \tag{6-108}$$

令

$$\begin{bmatrix}\boldsymbol{G}_1 & \boldsymbol{G}_2\\ \boldsymbol{V}_1 & \boldsymbol{V}_2\end{bmatrix}^{-1}=\begin{bmatrix}\boldsymbol{\xi}_1 & \boldsymbol{\xi}_2\\ \boldsymbol{\eta}_1 & \boldsymbol{\eta}_2\end{bmatrix} \tag{6-109}$$

则

$$\begin{bmatrix}\bar{\boldsymbol{A}}_{11} & \bar{\boldsymbol{A}}_{12}\\ \bar{\boldsymbol{A}}_{21} & \bar{\boldsymbol{A}}_{22}\end{bmatrix}\begin{bmatrix}\boldsymbol{\xi}_1 & \boldsymbol{\xi}_2\\ \boldsymbol{\eta}_1 & \boldsymbol{\eta}_2\end{bmatrix}=\begin{bmatrix}\boldsymbol{\xi}_1 & \boldsymbol{\xi}_2\\ \boldsymbol{\eta}_1 & \boldsymbol{\eta}_2\end{bmatrix}\begin{bmatrix}\boldsymbol{\Lambda}_1 & \boldsymbol{0}\\ \boldsymbol{0} & \boldsymbol{\Lambda}_2\end{bmatrix} \tag{6-110}$$

由上式可知：$\begin{bmatrix}\boldsymbol{\xi}_1 & \boldsymbol{\xi}_2\\ \boldsymbol{\eta}_1 & \boldsymbol{\eta}_2\end{bmatrix}$ 为 $\bar{\boldsymbol{A}}$ 的 n 个特征根对应的右特征向量所组成的矩阵，并由此可得

$$\bar{\boldsymbol{A}}_{11}\boldsymbol{\xi}_1+\bar{\boldsymbol{A}}_{12}\boldsymbol{\eta}_1=\boldsymbol{\xi}_1\boldsymbol{\Lambda}_1 \tag{6-111}$$

取

$$\boldsymbol{C}=(\boldsymbol{V}_1\quad \boldsymbol{V}_2) \tag{6-112}$$

式中，$\boldsymbol{V}_2$ 是非奇异阵，当 $\boldsymbol{s}=\boldsymbol{C}\bar{\boldsymbol{x}}=\boldsymbol{V}_1\bar{\boldsymbol{x}}_1+\boldsymbol{V}_2\bar{\boldsymbol{x}}_2=\boldsymbol{0}$ 时，可得

$$\bar{\boldsymbol{x}}_2=-\boldsymbol{V}_2^{-1}\boldsymbol{V}_1\bar{\boldsymbol{x}}_1 \tag{6-113}$$

则系统的滑动方程为

$$\dot{\bar{\boldsymbol{x}}}_1=(\bar{\boldsymbol{A}}_{11}-\bar{\boldsymbol{A}}_{12}\boldsymbol{V}_2^{-1}\boldsymbol{V}_1)\bar{\boldsymbol{x}}_1 \tag{6-114}$$

若 $\boldsymbol{G}_1-\boldsymbol{G}_2\boldsymbol{V}_2^{-1}\boldsymbol{V}_1$ 为非奇异阵，则由矩阵的逆的知识可得

$$\eta_1=-\boldsymbol{V}_2^{-1}\boldsymbol{V}_1\boldsymbol{\xi}_1 \tag{6-115}$$

将式(6－115)代入式(6－111)，可得

$$(\bar{\boldsymbol{A}}_{11}-\bar{\boldsymbol{A}}_{12}\boldsymbol{V}_2^{-1}\boldsymbol{V}_1)\boldsymbol{\xi}_1=\boldsymbol{\xi}_1\boldsymbol{\Lambda}_1 \tag{6-116}$$

显然，系统的滑动模态方程(6－114)的特征根为期望的 $n-m$ 个稳定的特征根，即滑动模态方程是渐近稳定的。

显然从式(6－101)可知，$\boldsymbol{C}$ 由 $\bar{\boldsymbol{A}}$ 的 m 个稳定特征根对应的左特征向量组成，即

$$\boldsymbol{C}\bar{\boldsymbol{A}}=\boldsymbol{\Lambda}_2\boldsymbol{C} \tag{6-117}$$

则对于线性系统(6－21)设计的滑动模态依然具有期望的特征值。

例【6.1】：考虑如下一个二阶线性系统：

$$\dot{\boldsymbol{x}}=\begin{bmatrix}0 & 1\\ -6 & -5\end{bmatrix}\boldsymbol{x}+\begin{bmatrix}0\\ 1\end{bmatrix}\boldsymbol{u} \tag{6-118}$$

其中系统的初始值为 $\boldsymbol{x}(0)=[2\quad 3]$。

为了能够说明问题，首先选取一般的线性切换函数：

$$C=[4 \quad 2] \tag{6-119}$$

作为方法1；其次，采取左特征向量法选取线性切换函数

$$C=[3 \quad 1] \tag{6-120}$$

可知系统稳定的特征值为 $\lambda_1=-3,\mu_1=-2$，则可得 $V_1=3, V_2=1$。

在两种不同切换函数选取后，均采取指数趋近律的设计方法，采用相同的系数，其中 $k=2,\varepsilon=1$。则状态在两种变结构控制律下的状态变化曲线如图 6-7 所示。

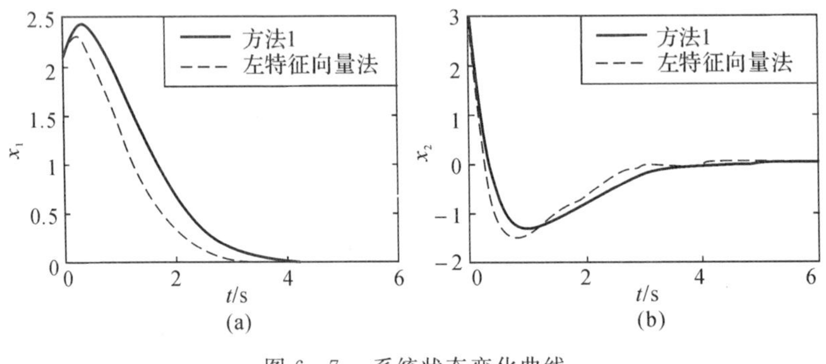

图 6-7　系统状态变化曲线

从以上仿真结果可以看出两种方法选取的滑动模态均能使系统状态的动态特性达到期望的性能，而在左特征向量法下的状态的收敛速度比一般的线性切换函数下的状态收敛速度快。

6.4.2.4　全程滑动模态法

如果考虑到系统状态初值的影响，为了保证变结构控制良好的品质，去掉变结构控制中的到达阶段，在滑动模态控制为全程滑动模态控制，目前切换平面设计有以下两种设计方法：

(1) 平移型滑动模态。该滑动模态随着时间的变化不断改变切换平面，整个变化过程可以看作切换平面在平移变化，最终保证状态到达平衡点。这种方法主要应用于离散系统。

(2) 旋转型滑动模态。该滑动模态随着时间的变化不断改变切换平面，整个变化过程可以看作切换平面在围绕平衡点作旋转变化，同样最终保证状态到达平衡点。

考虑一般线性定常系统 $\dot{x}=Ax+Bu$，可设计全程滑动模态的切换函数为

$$s=C(x-x_0)-C(A-BK)\int_0^t x(\tau)\mathrm{d}\tau \tag{6-121}$$

式中，C 满足 CB 可逆；矩阵 K 使得 $A-BK$ 有期望的稳定极点。

另外一种全程滑动模态的切换函数为

$$s=Cx-CE(t)x_0 \tag{6-122}$$

式中，C 满足 CB 可逆，$E(t)=\mathrm{diag}\{E_1(t),E_2(t)\}$，其中，

$E_1(t)=\mathrm{diag}\{\exp(-\beta_1 t),\exp(-\beta_2 t),\cdots,\exp(-\beta_{n-m}t)\}$，

$E_2(t)=\mathrm{diag}\{\exp(-\beta_{n-m+1}t),\exp(-\beta_{n-m+2}t),\cdots,\exp(-\beta_n t)\}$，$\beta_i>0,i=1,2,\cdots,n$。

6.4.3　变结构控制律的基本设计方法

利用上节给出的到达条件，可以求出具体的变结构控制。对于变结构控制这里主要讨论

变结构控制的结构，主要包含了具体的控制形式和控制模式。

6.4.3.1　控制形式

变结构控制律的控制形式主要有两种基本类型，即不等式型和等式型。利用到达条件可以直接求出不等式型的变结构控制律；利用趋近律形式的到达条件可以直接求出等式型的变结构控制律。

变结构控制律的控制形式具体包括以下几种：

(1) 自由结构：即得到含控制 u 的代数式，并从中求解出 $u(x)$：

$$u=\begin{cases}u^{+}(x), & s>0\\ u^{-}(x), & s<0\end{cases} \tag{6-123}$$

(2) 常值继电型：即为 $u=k\mathrm{sgn}(s)$。

(3) 非线性继电型：即为 $u=k(x)\mathrm{sgn}(s)$。

(4) 带连续部分的继电型：即设 $u=L(x)+N(x)\mathrm{sgn}(s)$，$L(x)$ 为线性部分，$N(x)$ 为非线性部分。

(5) 不同幅值的非线性继电型：即求解出 $k_1(x)$ 和 $k_2(x)$，此时控制律的形式为

$$u=\begin{cases}k_1(x), & 当\ s(x)>0\\ k_2(x), & 当\ s(x)<0\end{cases} \tag{6-124}$$

(6) 以等效控制形式为基础形式：变结构控制的形式为

$$u=u_{\mathrm{eq}}(x)+K\mathrm{sgn}(s) \tag{6-125}$$

式中，u_{eq} 为等效控制，而 K 为待求量。

(7) 单位向量控制。

对于单输入系统可以表示为

$$u=\frac{s(x)}{|s(x)|} \tag{6-126}$$

对于多输入系统可以表示为

$$u=\frac{\boldsymbol{C}x}{\|\boldsymbol{C}x\|} \tag{6-127}$$

这类控制结构上很容易连续化，使之起到消弱抖振的效果，如取

$$u=\frac{\boldsymbol{C}x}{|\boldsymbol{C}x|+\delta} \tag{6-128}$$

(8) 逐项优超的给定结构控制形式。

一般情况下假定得到了 $\dot{s}$ 的表示式如下：

$$\dot{s}=\boldsymbol{F}x+\boldsymbol{G}e+\boldsymbol{h}d+u \tag{6-129}$$

其中：变量 x，e 和 d 互相独立；u 为控制；$\boldsymbol{F}=(f_{ij})$ 为 $m\times n$ 阶矩阵；$\boldsymbol{G}=(g_{ij})$ 为 $m\times n$ 阶矩阵，$\boldsymbol{h}=[h_1\quad h_2\quad \cdots\quad h_m]^{\mathrm{T}}$。

为了求出控制律 u，使得到达条件 $\dot{s}s<0$ 成立，最简单的办法是采用下面的逐项优超的方法，使控制律 u 具有以下固定的结构形式：

$$u=\boldsymbol{\psi}x+\boldsymbol{\varphi}e+\boldsymbol{\theta} \tag{6-130}$$

其中

$$\boldsymbol{\psi}=(\psi_{ij}),\quad \psi_{ij}=\begin{cases}\alpha_{ij}, & s_i x_j>0\\ \beta_{ij}, & s_i x_j<0\end{cases} \tag{6-131}$$

$$\boldsymbol{\phi}=(\phi_{ij}), \quad \phi_{ij}=\begin{cases}\gamma_{ij}, & s_i e_j>0\\ \delta_{ij}, & s_i e_j<0\end{cases} \tag{6-132}$$

$$\boldsymbol{\theta}=(\theta_i), \quad \theta_i=\begin{cases}\varepsilon_i, & s_i>0\\ \chi_i, & s_i<0\end{cases} \tag{6-133}$$

代入控制律 u 可将 $\dot{s}$ 表示为

$$\dot{s}=(\boldsymbol{F}+\boldsymbol{\psi})x+(\boldsymbol{G}+\boldsymbol{\phi})e+hd+\boldsymbol{\theta} \tag{6-134}$$

其展开式为

$$\dot{s}_i=\sum_{j=1}^{n}(f_{ij}+\psi_{ij})x_j+\sum_{j=1}^{n}(g_{ij}+\varphi_{ij})e_j+h_i d+\theta_i \tag{6-135}$$

式中，$i=1,2,\cdots,m$。上式乘以 s_i，得到：

$$s_i\dot{s}_i=\sum_{j=1}^{n}(f_{ij}+\psi_{ij})s_i x_j+\sum_{j=1}^{n}(g_{ij}+\phi_{ij})s_i e_j+(h_i d+\theta_i)s_i \tag{6-136}$$

式中的 f_{ij}，g_{ij}，h_i 均为已知的数或函数，或者是已知上、下界的不确定函数，或者三者兼而有之。可以立刻看出，如果取 α_{ij}，β_{ij}，γ_{ij}，δ_{ij}，ε_i，χ_i，满足以下条件：

$$\begin{cases}f_{ij}+\alpha_{ij}<0, \text{当 } s_i x_j>0\\ f_{ij}+\beta_{ij}>0, \text{当 } s_i x_j<0\\ g_{ij}+\gamma_{ij}<0, \text{当 } s_i e_j>0\\ g_{ij}+\delta_{ij}>0, \text{当 } s_i e_j<0\\ h_i d+\varepsilon_i<0, \text{当 } s_i>0\\ h_i d+\chi_i>0, \text{当 } s_i<0\end{cases}$$

则保证了 $s_i\dot{s}_i$ 的右端各项均为负值，即满足到达条件 $s_i\dot{s}_i<0$。

6.4.3.2 控制模式

针对系统任意状态到达滑动模态的要求，可将变结构控制模式分为如下四种控制模式。

1. 固定切换模式

预先固定了顺序的递阶控制简称固定顺序递阶控制，此时进入各阶滑动模态的顺序是预先选定好的。假定系统状态进入滑动模态的顺序是预先规定的：

$$x_0\rightarrow s_1\rightarrow s_{12}=s_1\cap s_2\rightarrow\cdots\rightarrow s_0=\ker\boldsymbol{C} \tag{6-137}$$

式中，x_0 为系统任一初始状态。

为了保证这样的顺序出现，要依靠控制律 $u_i(x)$ 的选择来实现。对于固定切换模式，可以根据要求有两种控制模式：① 控制同时启动的情况；② 控制按顺序启动的情况。

(1) 第一种控制方案：

设系统有了初始偏离 x_0，这时一般地表示为

$$s_i(x_0)\neq 0, \quad i=1,2,\cdots,m \tag{6-138}$$

所有控制均启动，并取相应的控制律为

$$u_i=\begin{cases}u_i^+(x), & s_i(x)>0\\ u_i^-(x), & s_i(x)<0\end{cases} \tag{6-139}$$

反馈控制律 $u_i^{\pm}(x)$ 的具体函数表达式就是这样选择的，它使 $x_0\rightarrow s_1$ 并于有限时间到达 s_1，而不是 s_2，s_3，$\cdots$，s_m，即在这个过程中所有的控制 u_1，u_2，$\cdots$，u_m 一开始就一起启动，来实现

预先规定的进入滑动模态的顺序。

(2) 第二种控制方案：控制 $u_1, u_2, \cdots, u_m$ 按一定的顺序依次启动。

控制的第一级，是从初始偏离 x_0 到 s_1 的正常控制过程，此时选择的控制律为

$$u_1 = \begin{cases} u_1^+(x), & s_1(x) > 0 \\ u_1^-(x), & s_1(x) < 0 \end{cases} \tag{6-140}$$

选择控制 u_1，使得状态在有限时间内进入的 $s_1 = 0$ 的滑动模态上。在这以前的运动中，设 $s_2(x) = \boldsymbol{c}_2^{\mathrm{T}} x \neq 0$，这不失一般性。

第二级控制：选择的控制律为

$$u_2 = \begin{cases} u_2^+(x), & s_2(x) > 0 \\ u_2^-(x), & s_2(x) < 0 \end{cases} \tag{6-141}$$

这时系统状态在 $s_1 = 0$ 上运动，所选择的控制律 u_2，使得状态在有限时间内进入 $s_1 \cap s_2 = 0$ 的滑动模态上，转入 $n-2$ 维的滑动模态。

依次，当系统在 $s_{12\cdots i} = 0$ 中运动时，控制律为

$$\left.\begin{aligned} &u_k(x) = u_k^{\pm}(x), \quad k = 1, 2, \cdots, i \\ &u_{i+1}(x) = u_{i+1}^{\pm}(x) \\ &u_{i+2}(x) = u_{i+3}(x) = \cdots = u_m(x) = 0 \end{aligned}\right\} \tag{6-142}$$

其中 $u_k(x)$ 已知，只有 $u_{i+1}(x)$ 是待求的。

要求确定

$$u_{i+1} = \begin{cases} u_{i+1}^+(x), & s_{i+1}(x) > 0 \\ u_{i+1}^-(x), & s_{i+1}(x) < 0 \end{cases} \tag{6-143}$$

使得 $s_{i+1} \dot{s}_{i+1} < 0$，即系统状态在有限时间内达到 $s_{12\cdots i+1} = 0$ 上。

这样在控制律 $u_1, u_2, \cdots, u_m$ 作用下，依次进入各级滑动模态上，最终达到 s_0 中作 $n-m$ 维的获得运动。

任一初始偏离 x_0，经过按固定顺序的递阶控制，使得 $x_0 \to 0$，这是一个基本的控制过程。倘若在控制过程中，例如系统中正发生 $n-i$ 维滑动模态，这时

$$\left.\begin{aligned} &u_k(x) = u_k^{\pm}(x), \quad s_k(x) = 0, \quad k = 1, 2, \cdots, i \\ &u_{i+1}(x) = u_{i+1}^{\pm}(x), \quad s_{i+1}(x) \neq 0 \\ &u_{i+2}(x) = u_{i+3}(x) = \cdots = u_m(x) = 0 \end{aligned}\right\} \tag{6-144}$$

发生新的扰动后，系统状态到达 x'_0，此时，有

$$s_i(x'_0) \neq 0, \quad k = 1, 2, \cdots, i \tag{6-145}$$

则重新开始一轮控制，如上所述。

在某些情况下，这种固定顺序递阶控制有某些优点，但在快速性及结构来说，有不利之处。

2. 自由切换模式

固定顺序递阶控制是预先选定的顺序，如 $x_0 \to s_1 \to s_{12} = s_1 \cap s_2 \to \cdots \to s_0 = \ker \boldsymbol{C}$，有时可能不是最好的，需要选择另外的一种顺序 $x_0 \to s_1 \to s_1 = s_1 \cap s_3 \to \cdots \to s_0 = \ker \boldsymbol{C}$，将更加快速、省能源。因此，我们现在提出另外一种递阶控制模式，系统任一初始偏离 x_0 开始先到哪个滑动模态，就先进入哪个 $n-1$ 维的滑动模态上，记这个面为 s_{i1}，然后再按照其自然趋势，到达

下个切换面，如记这个面为 s_{i2}，则进入面成为 $s_{i1} \cap s_{i2}$ 上的 $n-2$ 维滑动模态，依此原则，就会得到递阶顺序：

$$x_0 \to s_{i1} \to s_{i2} \to \cdots \to s_0 \tag{6-146}$$

这里的顺序 $(i_1, i_2, \cdots, i_m)$ 对于一个设计完的变结构系统来说，完全决定于初始偏离 x_0，不同的初始 x_0 值，导致不同的顺序，共有 $m!$ 个可能的递阶顺序。这里的 $(i_1, i_2, \cdots, i_m)$ 是 $(1, 2, \cdots, m)$ 的一个排列。递阶的顺序完全是系统自己确定的，称为自由递阶控制。

要设计这样一个自由递阶控制，关键的问题是求

$$u_i(x) = u_i^{\pm}(x), \quad s_i(x) > 0 \quad 或 \quad s_i(x) < 0, \quad i = 1, 2, \cdots, m \tag{6-147}$$

使得在控制过程中的任一时刻均满足到达条件 $s_i \dot{s}_i < 0, i = 1, 2, \cdots, m$。

3. 最终滑动模态切换模式。

如果我们能够设计一个变结构控制系统，其 s_0 上布满止点，或存在一个足够大的止点区，而且滑动模态是渐近稳定的。至于其他切换面 s_i，以及它们的交线 $s_{ij}, s_{ijk}, \cdots$，上面不管有无滑动模态存在，那么这种控制模式，称之为最终滑动模态控制。在这一控制模式中，运动必将进入上 s_0 的滑动模态。

子空间 s_0 除 $\ker \boldsymbol{C}$ 之外，还有以下解析表示式：

1) $s_i = c_i x = 0, i = 1, 2, \cdots, m$；

2) $\boldsymbol{s} = \boldsymbol{C}\boldsymbol{x} = \boldsymbol{0}$；

3) $\boldsymbol{s}^{\mathrm{T}} \boldsymbol{s} = \boldsymbol{0}$；

4) $\boldsymbol{s}^{\mathrm{T}} \boldsymbol{V} \boldsymbol{s} = \boldsymbol{0}$，其中 $\boldsymbol{V}$ 为正定阵。

最终滑动模态控制的目的在于寻求控制 $u_i(x), i = 1, 2, \cdots, m$，使得空间 $\mathbf{R}^n$ 的子空间 s_0 渐近稳定。

4. 分散滑动模态切换模式。

在以上的所有情况中，切换函数都是 $\boldsymbol{x} = (x_1 \quad x_2 \quad \cdots \quad x_n)^{\mathrm{T}}$ 的函数，即

$$s_i(x) = s_i(x_1, x_2, \cdots, x_n), \quad i = 1, 2, \cdots, m \tag{6-148}$$

其中 x_i 为坐标变量或状态变量。

对于某些系统，常可把它视为大系统，即由 m 个子系统组成的复合系统，如机器人的每一个运动部件若视为一个子系统时，机器人就是一个大系统。同时也由于某种需要，如使问题得到简化，也可以将一个系统人为地分成几个子系统，也就使一个系统变成大系统。

将系统的变量分成 l 组，每组的元构成

$$\boldsymbol{\lambda}_1 = [x_1 \quad \cdots \quad x_{n_1}]^{\mathrm{T}}, \quad \cdots, \quad \boldsymbol{\lambda}_i = [x_{n_1+\cdots n_{i-1}+1} \quad \cdots \quad x_{n_1+\cdots n_i}]^{\mathrm{T}}, \quad \cdots,$$
$$\boldsymbol{\lambda}_l = [x_{n-n_l+1} \quad \cdots \quad x_n]^{\mathrm{T}} \tag{6-149}$$

子状态向量，这样可以方便地将它们的元记为下面的形式：

$$\boldsymbol{\lambda} = [\boldsymbol{\lambda}_1 \quad \cdots \quad \boldsymbol{\lambda}_l]^{\mathrm{T}} \tag{6-150}$$

分组数目 l 等于控制的数目(即为 m)时，每一个子系统的控制可以设定为标量，即每一个子系统都是单输入系统。若组的数目小于 m，则有些组将是多输入系统。这里只考虑 $l=m$ 的情况。

取 m 个切换函数，每一个函数仅仅是一个子系统的状态的函数 $s_i(\lambda_i), i=1, 2, \cdots, m$，如若每一个切换面

$$S_i : s_i(\lambda_i) = 0, \quad i = 1, 2, \cdots, m \tag{6-151}$$

上，都发生滑动模态，那么只有 m 个 n_i-1 维滑动模态，分别位于面 S_i 上，这 m 个超平面上的交正是原点 $\boldsymbol{\lambda}=[\lambda_1 \quad \cdots \quad \lambda_l]^{\mathrm{T}}=0$。

从任一点出发的轨线必到达 $S_i(i=1,2,\cdots,m)$ 中的一个，然后转为滑动模态，其维数是n_i-1。

设计系统使从任一点开始均能于有限时间到达 $S_1,S_2,\cdots,S_m$ 之一个上，S_i 上均有滑动模态，而且滑动模态都是渐近稳定的。那么，相轨线分别向 $S_1,S_2,\cdots,S_m$ 中的一个，然后再转入其上的滑动模态并趋向原点。

例如，如果每一个系统的状态向量 λ_i 都是相变量，切换函数也是线性的：

$$s_i(\lambda_i)=c_{i1}\lambda_{i1}+c_{i2}\lambda_{i2}+\cdots+c_{in_i-1}\lambda_{in_i-1}+\lambda_{in_i} \tag{6-152}$$

那么切换面 $s_i(\lambda_i)=0$ 正是 S_i 上的滑动模态的微分方程

$$c_{i1}x_{i1}+c_{i2}\dot{x}_{i1}+c_{i3}\ddot{x}_{i1}+\cdots+c_{in_i-1}x_{i1}^{n_i-2}+x_{i1}^{n_i-1}=0 \tag{6-153}$$

式中，$i=1,2,\cdots,m$。这表明，一旦系统的运动进入 S_i，那么系统便被解耦成 m 个独立的子系统，即其运动方程是独立的，互不相关的方程。

分散控制使系统的滑动模态成为线性化、解耦的局部控制，使滑动模态进一步简化，这种控制模式已被有效地应用，如机器人的控制等。

针对以上四种递阶控制的切换模式，最早提出的同时启动的固定递阶控制，求出的控制律是变结构的，能够保证系统按预先规定好的顺序进入各级滑动模态。应该说是这种方法计算上还是比较复杂的，而且不够快速。而最终滑动模态控制得到较多的重视，在这种控制模式下控制的寻求也得到简化。自由递阶控制是较好的一种控制模式，求解时应用趋近律将是比较容易的，而且过程的快速性好。其实某些滑动模态控制也是自由递阶控制，只不过我们不关心 $n-m$ 维以上的那些滑动模态是否存在罢了。

6.4.4　解决抖振的基本设计方法

6.4.4.1　抖振现象

变结构控制系统使得系统结构从一个结构变换为另一个结构，如果是严格地按 $s(x)=0$ 瞬时地完成，那么系统状态在相图的变化，即 $x(t)$ 与 $\dot{x}(t)$ 随时间的变化都是连续的。实际上，系统的结构变换体现在控制的变化：

$$u^+(x) \rightleftharpoons u^-(x)$$

由于惯性的存在，滑动模态呈现为在光滑运动上叠加了一个自振，如图 6-8 所示，成为实际的滑动模态，这种非线性现象在滑动模态中习惯地称之为“抖动”或“抖振”。

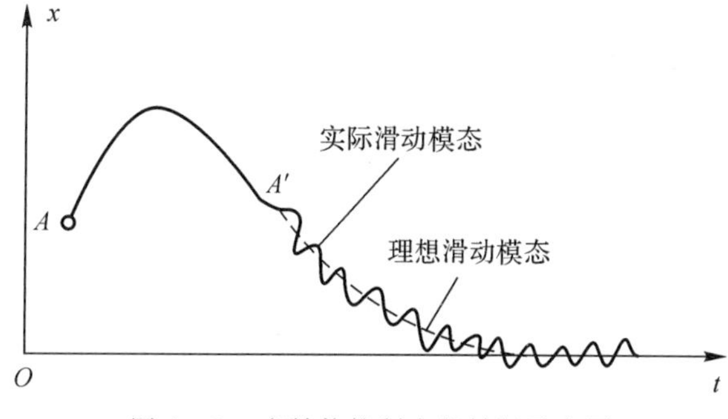

图 6-8　变结构控制中的抖振示意图

变结构控制中常常发生抖振，其出现主要依赖于执行机构的物理过程：从切换函数 $s(t)$ 到产生控制力(力矩)$u^{\pm}(t)$，这个力(力矩)加在对象上使它产生运动的变化。切换函数 $s(t)$ 是弱电信号，要产生力(力矩)，有多种办法，如电、磁、液等装置或它们之间的组合，这里分析一个常用的方法。电压信号 $s(t)$ 作为控制信号加到电机的电磁线路上，控制电流的变化。目前继电部分可以做到期望的准确性，但在电流、机械部分的变化过程中，惯性如质量和电感等必然引起一个动态过程，速度和电流的变化不可能是瞬间发生的，即不可能产生不连续的变化。换句话说，它们的任何突变只是理论上的，而实际上，惯性必然引起一个滞后的变化。

一种在空间滞后的非线性模型为

$$f = \mathrm{sgn}(s) = \begin{cases} 1, & s > 0 \\ -1, & s < 0 \end{cases} \tag{6-154}$$

引起空间滞后 Δ，就是说切换不是发生在 $s(t)=0$，而是发生在 $s(t)$ 多走了一个距离 Δ 时。因此，变结构系统在不同的控制逻辑中来回切换，导致实际滑动模态不是准确地发生在切换面上，容易引起系统的剧烈运动，从而称为它在实际应用中的一大障碍。此外，各种滞后与未建模动力学因素也可能导致系统不稳定。

控制的目的在于使某些系统的状态 $x(t)$ 趋向于给定期望的运动 $x_r(t)$，即为控制偏差

$$e(t) = x(t) - x_r(t) \tag{6-155}$$

趋向于零。但是若存在抖振问题，状态在趋近的过程中处于振荡的过程，从而不可能到达零(或趋向于零)，使得 $x(t)$ 不可能到达给定期望的运动 $x_r(t)$。因此，必然出现稳态误差。有稳态误差或振荡频率过高就达不到系统的性能要求，满足不了工程技术的要求。

抖振是有害的，除非在特殊情况下我们要利用。其害处之一是，它可能激发系统的高频振动。其实质是在对实际建模时，有些“寄生参量”被忽略了，即这部分的动力学被忽略了。因此，影响变结构控制的实际应用的主要问题是变结构控制中的抖振问题。因此这个问题已被很多研究学者所重视。

6.4.4.2 克服抖振的设计方法

为了克服变结构控制系统的抖动缺陷，许多国内外学者提出了比较有效的方法。除了高为炳先生提出的趋近律外，还有以下方法。

1. 准滑动模态方法

20世纪80年代Slotine等人在滑动模态控制的设计中引入“准滑动模态”和“边界层”的概念，实现准滑动模态控制，采用饱和函数代替切换函数，即在边界层外采用正常的滑模控制，在边界层内为连续的状态反馈控制，有效地避免或削弱了抖振，为变结构控制的工程应用奠定了基础。

(1) 理想继电型切换 $\mathrm{sgn}(s)$，引入线性段，使之变为饱和型特性 $\mathrm{sat}(s)$。

对已得到理想继电特性的变结构控制：

$$u_i = \begin{cases} u_i^+(x), & s_i(x) > 0 \\ u_i^-(x), & s_i(x) < 0 \end{cases} \tag{6-156}$$

将 u_i 表示为

$$u_i = u'_i(x) + u''_i(x)\mathrm{sgn}[s_i(x)] \tag{6-157}$$

其中

$$u'_i(x)=\frac{1}{2}[u_i^+(x)+u_i^-(x)],\quad u''_i(x)=\frac{1}{2}[u_i^+(x)-u_i^-(x)] \tag{6-158}$$

连续化后，得到控制律的表达式为

$$u_i=u'_i(x)+u''_i(x)\text{sat}[s_i(x)] \tag{6-159}$$

其中

$$\text{sat}[s_i(x)]=\begin{cases}+1, & s_i>\Delta\\ 1/\Delta, & |s_i|\leqslant\Delta\\ -1, & s_i<-\Delta\end{cases} \tag{6-160}$$

函数中 Δ 表示线性带宽为 2Δ。

以上这种连续化设计方法被称为边界层法。

(2) 边界层的设计。边界层厚度越小，控制效果越好，但同时又会使控制增益变大，抖振增强；反之，边界层厚度越大，抖振越小，但又会使控制增益变小，控制效果变差。为了获得最佳的抗抖振效果，边界层厚度要结合系统的性能来设计。

除了采用饱和函数来建立边界层，还可以采用其他的连续函数设计边界层，这里采用反正切函数 $\arctan(s)$ 函数设计边界层，实现系统良好的动态性能。

考虑下列有干扰的不确定控制系统：

$$\dot{\boldsymbol{x}}=\boldsymbol{Ax}+\boldsymbol{Bu}+\boldsymbol{Dd} \tag{6-161}$$

其中：$\boldsymbol{x}\in\mathbf{R}^n$，$\boldsymbol{u}\in\mathbf{R}^m$ 分别为系统的状态、控制信号；$\boldsymbol{A}\in\mathbf{R}^{n\times n}$，$\boldsymbol{B}\in\mathbf{R}^{n\times m}$，$\boldsymbol{D}\in\mathbf{R}^{n\times p}$，$\boldsymbol{d}\in\mathbf{R}^p$ 为干扰信号，且 $\boldsymbol{d}$ 有界，即 $\|\boldsymbol{d}\|\leqslant\varepsilon_0$；$(\boldsymbol{A},\boldsymbol{B})$ 能控，且 $\boldsymbol{B}$ 列满秩。

对以上线性系统，选取如下的切换流形 $\boldsymbol{S}\in\mathbf{R}^m$：

$$\boldsymbol{S}=\boldsymbol{Cx} \tag{6-162}$$

其中，$\boldsymbol{C}\in\mathbf{R}^{m\times n}$ 且 $\boldsymbol{CB}$ 可逆。为了使系统状态在有限时间内达到切换流形上，即满足到达条件：$\boldsymbol{S}^{\mathrm{T}}\dot{\boldsymbol{S}}<0$，一般选取如下形式的控制律：

$$\boldsymbol{u}=-(\boldsymbol{CB})^{-1}\boldsymbol{CAx}-k\,\text{sgn}(\boldsymbol{S}) \tag{6-163}$$

其中常数 k 满足 $k>\|\boldsymbol{CD}\|\varepsilon_0$。

为了克服常规变结构控制系统抖振的产生，在理想切换流形 $\boldsymbol{S}$ 附近建立一个边界层 $S_\Delta=\{\boldsymbol{x}(t):\|\boldsymbol{Cx}(t)\|=\Delta\}$，其中 Δ 即为边界层的厚度。则取以下形式的控制律：

$$\boldsymbol{u}=-(\boldsymbol{CB})^{-1}\{\boldsymbol{CAx}+\varepsilon(t)\arctan[\eta(t)\boldsymbol{S}]\} \tag{6-164}$$

其中，$\varepsilon(t)$ 和 $\eta(t)$ 为待定的函数，$\arctan[\eta(\cdot)]$ 的反正切函数。

取 Lyapunov 函数为 $V=\frac{1}{2}\boldsymbol{S}^{\mathrm{T}}\boldsymbol{S}$，求导得

$$\dot{V}=\boldsymbol{S}^{\mathrm{T}}\dot{\boldsymbol{S}}=\boldsymbol{S}^{\mathrm{T}}(\boldsymbol{CAx}+\boldsymbol{CBu}+\boldsymbol{CDd}) \tag{6-165}$$

将式(6-164)代入式(6-165)，并由切换函数 $\boldsymbol{S}(\boldsymbol{S}\in\mathbf{R}^m)$ 的选取，得

$$\dot{V}=\boldsymbol{S}^{\mathrm{T}}\{-\varepsilon(t)\arctan[\eta(t)\boldsymbol{S}]+\boldsymbol{CDd}\}=\sum_{i=1}^{m}\boldsymbol{S}_i\{-\varepsilon(t)\arctan[\eta(t)\boldsymbol{S}_i]+(\boldsymbol{CDd})_i\} \tag{6-166}$$

又由 $\|\boldsymbol{d}\|\leqslant\varepsilon_0$ 知：$\|(\boldsymbol{CDd})_i\|\leqslant\|\boldsymbol{CD}\|\cdot\|\boldsymbol{d}\|\leqslant\|\boldsymbol{CD}\|\varepsilon_0$，将式(6-166)化简为

$$\dot{V}\leqslant-\sum_{i=1}^{m}\{\varepsilon(t)\arctan[\eta(t)|\boldsymbol{S}_i|]-\|\boldsymbol{CD}\|\varepsilon_0\}|\boldsymbol{S}_i| \tag{6-167}$$

要使式(6-167)满足 $\dot{V}<0$,则可得

$$\varepsilon(t)\arctan[\eta(t)|\boldsymbol{S}_i|]-\|\boldsymbol{CD}\|\varepsilon_0>0 \tag{6-168}$$

即

$$|\boldsymbol{S}_i|>\frac{1}{\eta(t)}\tan\left(\|\boldsymbol{CD}\|\frac{\varepsilon_0}{\varepsilon(t)}\right) \tag{6-169}$$

其中,$\tan[f(\cdot)]$ 表示 $f(\cdot)$ 的正切函数。

则可令边界层的厚度

$$\Delta=\frac{1}{\eta(t)}\tan\left(\|\boldsymbol{CD}\|\frac{\varepsilon_0}{\varepsilon(t)}\right) \tag{6-170}$$

若 $\eta(t)=1$,$\varepsilon(t)$ 是单调递增函数,则当 $t\to\infty$ 时,$|\boldsymbol{S}_i|\to 0$;若 $\eta(t)$ 是单调递增函数,$\varepsilon(t)=1$,则当 $t\to\infty$ 时,$|\boldsymbol{S}_i|\to 0$。

对于实际工程应用的控制律,要求数值不能太大,而 $|\arctan(t)|\leqslant\frac{\pi}{2}$,故 $\eta(t)$ 不能取得太大,$\varepsilon(t)$ 也不能取得太大。

根据以上过程,对于边界层的厚度,我们就可以得到如下的定理。

定理【6.3】:对于有干扰的不确定控制系统(6-161),在切换流形(6-162)附近建立厚度为式(6-170)所示的边界层,在控制律(6-163)的作用下,系统状态将在有限时间内进入所设计的边界层。

(3)其他连续函数方法。除了采用饱和函数代替符号函数外,常常还用以下两种连续可导的函数代替符号函数。

1)双曲正切函数。

$$\tanh(x)=\frac{\exp(x)-\exp(-x)}{\exp(x)+\exp(-x)}=\frac{\exp(x)-\exp(-x)}{\exp(x)+\exp(-x)} \tag{6-171}$$

其导数为

$$\frac{\mathrm{d}}{\mathrm{d}t}\tanh(x)=\frac{1}{\cosh^2(x)} \tag{6-172}$$

式中,$\cosh(x)$ 为双曲余弦函数,其表达式为

$$\cosh(x)=\frac{\exp(x)-\exp(-x)}{2} \tag{6-173}$$

2)变形的双曲正切函数。

$$f(s_i(x))=\frac{1-\exp(-\mu s_i)}{1+\exp(-\mu s_i)},\quad \mu>0 \tag{6-174}$$

2. 切换函数的近似化方法

这种方法主要对不连续的切换函数近似采用连续化的函数替代,往往主要针对单位向量的近似化处理。

对于 m 维的切换空间

$$S_0=\{x\,|\,s(x)=0\} \tag{6-175}$$

采用单位向量控制:

$$u=\frac{\boldsymbol{C}x}{\|\boldsymbol{C}x\|} \tag{6-176}$$

或

$$u_i = \frac{C_i x}{\| C_i x \|} \tag{6-177}$$

其中，C_i 为阵 C 的第 i 行。

可以对单位向量控制进行连续化：

$$u_i = \frac{C_i x}{\| C_i x \| + \delta} \tag{6-178}$$

当然也可以直接对切换函数的符号函数 sgn(s)，进行以下连续化处理：

$$u_i = k_i \frac{s_i}{|s_i| + \delta} \tag{6-179}$$

3. *滑动模态的高增益方法*

在切换面或其子空间 $S_0 = \bigcap_{i=1}^{m} s_i$ 的 δ 邻域：

$$S_0 = \{x \mid |s_i(x)| \leqslant \delta, i = 1, 2, \cdots, m\} \tag{6-180}$$

变结构控制近似为

$$u_i = -k'_i s_i, \quad k'_i = k_i / \delta \tag{6-181}$$

这是一种高增益反馈，虽然高增益的实现有一些困难，但是高增益的确具有抵抗干扰和参数摄动的能力。

4. *扇形区域方法*

设计包含两个滑动模态面的滑动扇区，代替原来的两个滑动面，从而构造连续的变结构控制器，来消除变结构控制中的抖振。

针对如下二阶系统：

$$\left.\begin{aligned} \dot{x}_1 &= x_2 \\ \dot{x}_2 &= a_1 x_1 + a_2 x_2 + bu \end{aligned}\right\} \tag{6-182}$$

式中，$b \neq 0$。同时选取两个滑动模态 s_1 和 s_2 分别为

$$\left.\begin{aligned} s_1 &= x_2 + c_1 x_1 \\ s_2 &= x_2 + c_2 x_1 \end{aligned}\right\} \tag{6-183}$$

式中，$c_2 > c_1 > 0$。

滑动模态 s_1 和 s_2 把相平面(x_1, x_2)平面分为 3 个区域，如图 6-9 所示。

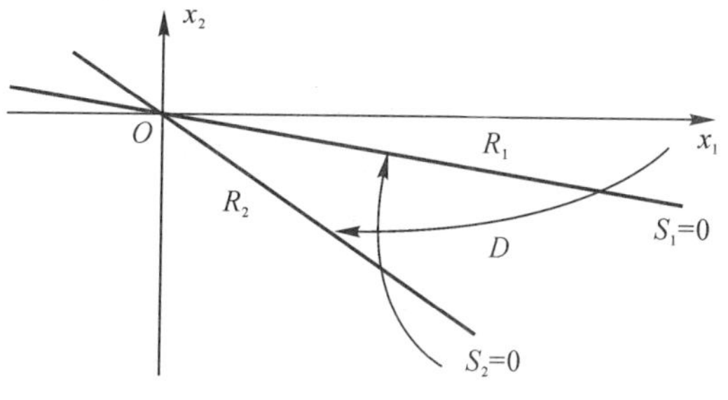

图 6-9　(x_1, x_2)相平面

$$\left.\begin{aligned} R_1 &= \{(x_1, x_2) \mid s_1 > 0, s_2 > 0\} \\ D &= \{(x_1, x_2) \mid s_1 s_2 \leqslant 0\} \\ R_2 &= \{(x_1, x_2) \mid s_1 < 0, s_2 < 0\} \end{aligned}\right\} \tag{6-184}$$

显然区域 D 就是所选择的滑动区域，而设计出的变结控制律要使得系统状态能在有限时间内达到 D 内，并在 D 内渐近稳定，同时考虑到在原点的奇异问题，则设计的变结构制导律为 $u=u_1+u_2$，其中

$$u_1=-b^{-1}[a_1x_1+(a_2+c_2)x_2] \tag{6-185}$$

$$u_2=\begin{cases}-b^{-1}\varepsilon\,\mathrm{sgn}\left(\dfrac{s_1+s_2}{2}\right), & x_i\in R_1\cup R_2\\ -b^{-1}\varepsilon\,\dfrac{s_1+s_2}{|s_1|+|s_2|}, & x_i\in D\text{ 且 }|s_1|+|s_2|>\delta\\ -b^{-1}\varepsilon\,\dfrac{s_1+s_2}{\delta}, & |s_1|+|s_2|\leqslant\delta\end{cases} \tag{6-186}$$

式中，$\varepsilon>(c_2-c_i)|x_2|$，$\delta$ 是大于零的小正数。

注意：

1) 所设计的变结构控制律在三个区域是连续的，在 $s_1s_2=0$ 上是连续的，因此消除了在滑模 $s_1=0$ 或 $s_2=0$ 上的抖振。

2) 在区域 R_1 或 R_2 中，有

$$\mathrm{sgn}[s_1+s_2)/2]=\mathrm{sgn}(s_1)=\mathrm{sgn}(s_2) \tag{6-187}$$

3) 在区域 $\bar{R}_1=R_1\cup(s_1=0)$ 和 $\bar{R}_2=R_2\cup(s_2=0)$ 中，满足

$$\mathrm{sgn}\left(\frac{s_1+s_2}{2}\right)=\frac{s_1+s_2}{|s_1|+|s_2|},\quad s_i\,\mathrm{sgn}\left(\frac{s_1+s_2}{2}\right)=|s_i| \tag{6-188}$$

(1) 区域 D 的可达性。在区域 $\bar{R}_1$ 和 $\bar{R}_2$ 中，取 Lyapunov 函数：

$$\mathbf{V}_i=\frac{1}{2}s_i^2 \tag{6-189}$$

求导，可得

$$\dot{V}=s_i\dot{s}_i=s_i(\dot{x}_2+c_i\dot{x}_1)=s_i(a_1x_1+a_2x_2+bu+c_ix_2) \tag{6-190}$$

将控制律(6-185)和(6-186)代入式(6-190)可得

$$\dot{V}=-s_i\left[(c_2-c_i)x_2+\varepsilon\,\mathrm{sgn}\left(\frac{s_1+s_2}{2}\right)\right]\leqslant(c_2-c_i)|x_2||s_i|-\varepsilon|s_i|=-[\varepsilon-(c_2-c_i)|x_2|]|s_i| \tag{6-191}$$

因此只要条件 $\varepsilon>(c_2-c_i)|x_2|$ 成立，则由 Lyapunov 稳定性定理可知，在有限时间内，系统状态到达 $s_i=0$ 以上，或保持在 $s_i=0$，或进入 D 内。

(2) 区域 D 内的渐近稳定性。

1) 当 $x_i\in D$ 且 $|s_1|+|s_2|>\delta$ 时，选取 Lyapunov 函数：

$$V=\frac{1}{2}\lambda_1x_1^2+\frac{1}{2}\lambda_2x_2^2 \tag{6-192}$$

式中，$\lambda_i>0(i=1,2)$ 且满足 $\lambda_1\delta=\lambda_2\varepsilon(c_1+c_2)$。

求导，可得

$$\dot{V}=\lambda_1x_1x_2+\lambda_2x_2(a_1x_1+a_2x_2+bu) \tag{6-193}$$

同样将控制律(6-185)和(6-186)，代入可得

$$\dot{V}=\lambda_1x_1x_2-\lambda_2c_2x_2^2-\lambda_2\varepsilon x_2\frac{s_1+s_2}{|s_1|+|s_2|} \tag{6-194}$$

由于 $x_i\in D$ 且 $|s_1|+|s_2|>\delta$，即

$$s_1 s_2 = (x_2 + c_1 x_1)(x_2 + c_2 x_1) = x_2^2 + c_1 c_2 x_1^2 + (c_1 + c_2) x_1 x_2 \leqslant 0 \tag{6-195}$$

由此可得

$$(c_1 + c_2) x_1 x_2 \leqslant -c_1 c_2 x_1^2 - x_2^2 < 0 \tag{6-196}$$

即

$$-(c_1 + c_2) x_1 x_2 \geqslant c_1 c_2 x_1^2 + x_2^2 > 0 \tag{6-197}$$

而

$$(s_1 + s_2) x_2 = 2x_2^2 + (c_1 + c_2) x_1 x_2 \tag{6-198}$$

式(6-194)可得

$$\begin{aligned}\dot{V} &= \lambda_1 x_1 x_2 - \lambda_2 c_2 x_2^2 - \frac{2\lambda_2 \varepsilon x_2^2}{|s_1| + |s_2|} - \frac{\lambda_2 \varepsilon (c_1 + c_2) x_1 x_2}{|s_1| + |s_2|} \leqslant \\ & \lambda_1 x_1 x_2 - \lambda_2 c_2 x_2^2 - \frac{2\lambda_2 \varepsilon x_2^2}{|s_1| + |s_2|} - \frac{\lambda_2 \varepsilon (c_1 + c_2) x_1 x_2}{\delta} = \\ & -\left(\lambda_2 c_2 + \frac{2\lambda_2 \varepsilon}{|s_1| + |s_2|}\right) x_2^2 + \left(\lambda_1 - \frac{\lambda_2 \varepsilon (c_1 + c_2)}{\delta}\right) x_1 x_2\end{aligned} \tag{6-199}$$

只要满足条件 $\lambda_1 \delta = \lambda_2 \varepsilon (c_1 + c_2)$，则

$$\dot{V} \leqslant -\left(\lambda_2 c_2 + \frac{2\lambda_2 \varepsilon}{|s_1| + |s_2|}\right) x_2^2 \tag{6-200}$$

因为系统状态同时满足 $|s_1| + |s_2| > \delta$，因此 $x_2 \neq 0$，由 Lyapunov 稳定性定理知，系统状态将在有限时间内进入区域 $\{(x_1, x_2) \quad |s_1| + |s_2| \leqslant \delta\}$ 内。

2）当系统在区域 $\{(x_1, x_2) \quad |s_1| + |s_2| \leqslant \delta\}$ 内，将控制律(6-185)和(6-186)代入式(6-193)，可得

$$\dot{V} = \lambda_1 x_1 x_2 - \lambda_2 c_2 x_2^2 - \lambda_2 \varepsilon x_2 \frac{s_1 + s_2}{\delta} = -\left(\lambda_2 c_2 + \frac{2\lambda_2 \varepsilon}{\delta}\right) x_2^2 + \left(\lambda_1 - \frac{\lambda_2 \varepsilon (c_1 + c_2)}{\delta}\right) x_1 x_2 \tag{6-201}$$

将 $\lambda_1 \delta = \lambda_2 \varepsilon (c_1 + c_2)$ 代入，得

$$\dot{V} = -\left(\lambda_2 c_2 + \frac{2\lambda_2 \varepsilon}{\delta}\right) x_2^2 \tag{6-202}$$

再令 $x_2 = 0$，可解得 $x_1 = 0$，因此由 Lyapunov 稳定性定理知，系统状态在区域 $\{(x_1, x_2) \quad |s_1| + |s_2| \leqslant \delta\}$ 内渐近稳定。

5. *观测器方法*

在常规滑动模态控制中，往往需要大的切换增益来消除外加干扰及不确定项，因此，干扰及不确定项是滑模控制中抖振的主要来源。来源观测器用来估计未知的干扰及不确定项，进而可以大大减少滑模控制中切换项的增益，可以有效地消除抖振。

6. *滤波方法*

通过采用滤波器，对控制信号进行平滑滤波，是消除抖振的有效方法。实际上人为地增加了控制器的动态特性。

7. *结合模糊逻辑、神经网络等智能控制的方法*

同样针对在切换面或其子空间 $S_0 = \bigcap_{i=1}^{m} s_i$ 的 δ 邻域：

$$S_0 = \{x \mid |s_i(x)| \leqslant \delta, \quad i = 1, 2, \cdots, m\} \tag{6-203}$$

将变结构控制律设计方法变为模糊逻辑、神经网络等智能控制方法,如利用模糊方法设计模糊规则,降低抖振;采用神经网络估计非线性不确定项,从而替代原有的理想继电型切换函数 sgn(s),实现滑动模态的抖振的消减。

8. 基于二阶或二阶以上的高阶变结构控制方法

针对变结构控制律出现的不连续函数 sat(s),以及受到的未知干扰,可以采用二阶变结构控制实现消弱一阶变结构控制中的抖振问题。

二阶滑动模态控制被 Levantoskii 提出。

定义【6.4】:如果它是如下系统:

$$\ddot{x}=f(t,x,\dot{x})+g(t,x,\dot{x})u,\quad x(t),f(t),g(t)\in\mathbf{R} \tag{6-204}$$

在 Filippov 意义下的一个解,则点 $(x,\dot{x})=(0,0)$ 称为二阶滑动模态的点。

二阶滑动模态控制包括以下算法:

(1) 扭曲算法(Twisting Algorithm)。针对以下非线性系统:

$$\dot{x}=f(t,x)+g(t,x)u \tag{6-205}$$

扭曲算法为

$$\left.\begin{aligned}\dot{u}&=v\\ \dot{v}&=-a\operatorname{sgn}(\dot{x})-b\operatorname{sgn}(x)\end{aligned}\right\} \tag{6-206}$$

(2) 超扭曲算法(Super - Twisting Algorithm)。

由于扭曲算法不能清晰地区别一阶滑动模态与二阶滑动模态,同时还需要 $\dot{x}$ 的信息,因此对该算法进行了改进。

针对以下非线性系统(6-205),超扭曲算法为

$$\left.\begin{aligned}\dot{u}&=-k_1\mid x\mid^{1/2}\operatorname{sgn}(x)+v\\ \dot{v}&=-k_2\operatorname{sgn}(x)\end{aligned}\right\} \tag{6-207}$$

滑动模态要满足以下形式:

$$\ddot{s}=-k_1\dot{s}-\frac{1}{2}k_2\dot{s}\mid s\mid^{-1/2}-k_3\operatorname{sgn}(s) \tag{6-208}$$

显然利用 Lyapunov 稳定性理论可得,在有限时间内,状态会达到滑动模态,满足 $\dot{s}=0$,$s=0$,同时式(6-208)中的参数应满足以下条件:

$$k_2>0.5\sqrt{L},\quad k_3\geqslant 4L \tag{6-209}$$

式中,L 为函数 $f(t)$ 的 Lipschitz 常数。

事实上,在求变结构控制的过程中,$\boldsymbol{G}=\boldsymbol{CB}$ 可能会出现奇异的情形。如果将切换函数 $S=S(x,t)$ 视为是系统形式上的输出,则利用系统相对阶的概念,经过对 $S=S(x,t)$ 有限次的求李导数运算,u 的系数矩阵有可能是可逆的,从而此时也可以解出 u,即所谓的高阶滑动模态。

6.5 模型参考变结构控制方法

在本章节的前面部分,我们研究的内容主要是利用变结构控制设计线性系统的调节问题。设计系统状态运动的数学模型,变结构控制的目的在于求出控制律 u,使得构成的反馈闭环回路满足:

(1) $\lim\limits_{t\to\infty}x(t)=0$

(2)$x(t)$ 有良好的动态品质。

也就是说,系统受到扰动后,从被扰动的状态 $x(t_0)$ 下,在变结构控制作用下,能以期望的运动方式趋向于 $x=0$,其中 $x=0$ 表示线性系统中状态空间的原点,即平衡状态,也就是系统的正常工作状态。

除了以上调节问题,还有跟踪系统设计问题。跟踪问题涉及了给定运动的跟踪问题和模型跟踪问题。而对于模型跟踪问题,常常提到模型参考自适应控制。如图 6-10 所示模型参考自适应控制需在控制系统中设置一个参考模型,要求系统在运行过程中的动态响应与参考模型的动态响应相一致(状态一致或输出一致),当出现误差时便将误差信号输入给参数自动调节装置,来改变控制器参数,或产生等效的附加控制作用,使误差逐步趋于消失。

模型参考自适应控制问题的提法可归纳为:根据获得的有关受控对象及参考模型的信息(状态、输出、误差、输入等)设计一个自适应控制律,按照该控制律自动地调整控制器的可调参数(参数自适应)或形成辅助输入信号(信号综合自适应),使可调系统的动态特性尽量接近理想的参考模型的动态特性。

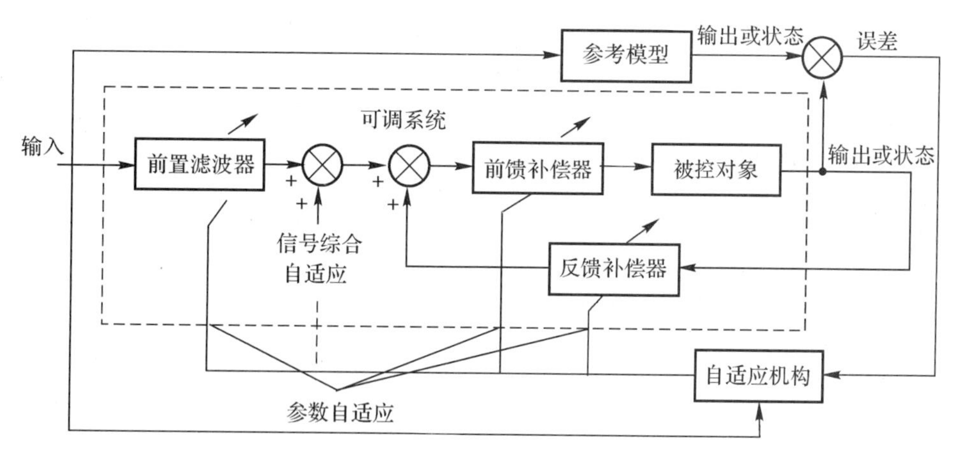

图 6-10　模型参考自适应系统基本结构图

由于变结构控制也是一种自适应控制,所以模型跟踪变结构控制系统设计思路,和以上所介绍的模型参考自适应控制设计思路完全一致,只是这里采用变结构控制实现与参考模型的动态响应相一致。

6.5.1　给定运动的跟踪问题

首先考虑给定运动的跟踪问题。设被控系统的数学模型为式(6-20)所示的线性定常连续系统

$$\dot{\boldsymbol{x}}=\boldsymbol{A}\boldsymbol{x}+\boldsymbol{B}\boldsymbol{u}$$

其中,$\boldsymbol{x}\in\mathbf{R}^n$,$\boldsymbol{u}\in\mathbf{R}^m$。要跟踪的对象是是给定运动为 $\boldsymbol{x}_{\mathrm{d}}\in\mathbf{R}^n$,可以通过引入误差量将跟踪问题转化为调节问题:

$$\boldsymbol{e}=\boldsymbol{x}-\boldsymbol{x}_{\mathrm{d}} \tag{6-210}$$

则被控系统的数学模型转变为

$$\dot{\boldsymbol{e}}=\boldsymbol{A}\boldsymbol{e}+\boldsymbol{B}\boldsymbol{u}+\boldsymbol{A}\boldsymbol{x}_{\mathrm{d}}-\dot{\boldsymbol{x}}_{\mathrm{d}} \tag{6-211}$$

则取切换函数为

$$s = Ce \tag{6-212}$$

其中 $s \in \mathbf{R}^m$。

这样,可以采用前面介绍的变结构控制方法来设计变结构。若这里采用趋近律的方法设计变结构,即 $\dot{s} = -ks - \varepsilon \mathrm{sgn}(s)$,可得变结构控制律为

$$u = (CB)^{-1}[C\dot{x}_d - CAx - ks - \varepsilon \mathrm{sgn}(s)] \tag{6-213}$$

6.5.2 模型参考的跟踪问题

同样对于受控对象(6-20),我们期望系统能够跟踪下列给定的参考模型系统

$$\dot{x}_m = A_m x_m + B_m u_m \tag{6-214}$$

其中,$x_m \in \mathbf{R}^n, u_m \in \mathbf{R}^m$ 分别是期望参考系统的状态和控制向量。

线性模型跟踪控制问题归结为寻求变结构控制 u,使得跟踪误差 $e = x_m - x$ 满足

(1) $\lim\limits_{t \to \infty} e(t) = 0$;

(2) $e(t)$ 具有良好动态品质。

系统(6-74)和系统(6-75)是两个不同的线性系统,是否能够做到前者跟踪后者的目的,而且是否能在有限时间内到达跟踪的要求呢?显然这两个线性系统不能是完全任意的,它们之间应存在着某种关系,才能实现模型跟踪的要求。

设系统(6-20)和系统(6-214)都是能控的,即 (A, B) 与 (A_m, B_m) 都是能控的,则进行以下分析:

令

$$\dot{x} = \dot{x}_m \tag{6-215}$$

则有

$$Ax + Bu = A_m x_m + B_m u_m \tag{6-216}$$

可得控制律为

$$Bu = A_m x_m + B_m u_m - Ax \tag{6-217}$$

若 $x = x_m$ 时,且当 $m = n$,矩阵 B 为 $n \times n$ 阶的非奇异阵时,则

$$u = B^{-1}(A_m - A)x_m + B^{-1}B_m u_m \tag{6-218}$$

若 $m < n$,式(6-218)中 u 的不一定有解,设

$$\mathrm{rank}[B] = \mathrm{rank}[B, B_m] = \mathrm{rank}[B, (A_m - A)] \tag{6-219}$$

即

$$B_m = BK_1, \quad A_m - A = BK_2 \tag{6-220}$$

这两种形式均表示 B_m 及 $A_m - A$ 的任一列都是 B 的列线性组合。如用 $\Re$ 表示矩阵的值域,以上条件还可以表示成

$$\Re B_m \subseteq \Re B, \quad \Re B(A_m - A) \subseteq \Re B \tag{6-221}$$

在条件(6-221)下,方程(6-218)可化为

$$u = K_1 u_m + K_2 x \tag{6-222}$$

因此,将条件(6-219)称为模型跟踪系统的完全匹配条件,这个条件与条件(6-221)是等价的。

由偏差 $e = x_m - x$,可得

$$\dot{e} = A_m e + (A - A_m)x + B_m u_m - Bu \tag{6-223}$$

带入匹配条件，可得

$$\dot{e}=A_m e+BK_2 x+BK_1 u_m-Bu=A_m e+B(K_2 x+K_1 u_m-u) \tag{6-224}$$

则令

$$u=K_1 u_m+K_2 x \tag{6-225}$$

可得

$$\dot{e}=A_m e \tag{6-226}$$

当 A_m 具有所期望的稳定特征值时，就保证了 $e(t)\to 0$ 和 $e(t)$ 具有良好动态品质。

采用变结构控制，选取切换函数为 $s=Ce$，采用趋近律的形式 $\dot{s}=-k\cdot s-\varepsilon\mathrm{sgn}(s)$，可得变结构控制律为

$$u=(CB)^{-1}[CA_m e+C(A-A_m)x+CB_m u_m+k\cdot s+\varepsilon\mathrm{sgn}(s)] \tag{6-227}$$

当线性系统受到两个摄动项：$(A-A_m)x$ 和 $B_m u_m$ 的作用，若这两个摄动项满足匹配条件(6-219)时，则变结构控制律(6-227)可变为

$$u=K_1 u_m+K_2 x+(CB)^{-1}[CA_m e+k\cdot s+\varepsilon\mathrm{sgn}(s)] \tag{6-228}$$

在滑动模态上，

$$\dot{s}=CA_m e+C(A-A_m)x+CB_m u_m-CBu=0 \tag{6-229}$$

可得等价控制

$$u_{\mathrm{eq}}=(CB)^{-1}[CA_m e+C(A-A_m)x+CB_m u_m] \tag{6-230}$$

将等价控制代入，可得：

$$\begin{aligned}\dot{e}&=A_m e+(A-A_m)x+B_m u_m-B(CB)^{-1}[CA_m e+C(A-A_m)x+CB_m u_m]=\\&[I-B(CB)^{-1}C][A_m e+(A-A_m)x+B_m u_m]\end{aligned} \tag{6-231}$$

若 $(A-A_m)x$ 和 $B_m u_m$ 两个摄动项满足匹配条件(6-219)时，有

$$\begin{aligned}&[I-B(CB)^{-1}C]B_m(A-A_m)=[I-B(CB)^{-1}C]BK_1\\&[I-B(CB)^{-1}C](A-A_m)=[I-B(CB)^{-1}C]BK_2\end{aligned} \tag{6-232}$$

在滑动模态的运动(6-231)可化简为

$$\dot{e}=[I-B(CB)^{-1}C]A_m e \tag{6-233}$$

这样，这两个摄动项对滑动模态时不变，这就是变结构控制实现模型跟踪的基本原理所在。

6.6　非线性系统的变结构控制方法

线性控制系统的变结构控制为解决线性系统的控制问题提供了一种新的途径，而且得到的被控系统具有一些独特的性质。正如线性系统控制理论为非线性系统控制理论的研究提供了理论基础、框架和设计思想，线性系统的变结构控制也将成为建立非线性系统变结构控制的必要基础。

当然，由线性到非线性，不只是简单的推广和移植，还必须解决某些非线性系统独特的问题。非线性系统的变结构控制强烈地依赖原系统的结构，这是因为将原系统变换为典范型将成为主要的工具。非线性系统和线性系统的主要差异之一，是得到的结果不可能适用于所有的非线性系统；另外的一个差异，有些非线性问题虽然已经得到简化，但仍然没有得到彻底的解决。例如为解决某些问题，需要构建 Lyapunov 函数，但如何构造这样不同类型的 Lyapunov

函数,并没有得到解决。

最后要指出的是,非线性系统的变结构控制,就其变结构控制器设计来说已经获得基本的解决。这意味着,它的发展将主要依赖于一般的非线性理论的发展,因此,对于非线性变结构控制问题还会随着非线性理论的发展而不断完善。

6.6.1 非线性系统描述

非线性控制系统的发展几乎是和线性系统齐头并进的。此外,在其理论得到发展之前,非线性控制器在工业上已经得到广泛的应用。如各种继电控制器,因其解释简单、直观、构造可靠,性能良好,基本上已经可以满足某些工业的需求。

最早建立的非线性控制系统的模型是基于飞机控制的模型,是由苏联的鲁里耶与波斯特尼科夫于 1944 年提出的,该数学模型被称为鲁里耶模型:

$$\left.\begin{aligned}\dot{\boldsymbol{x}} &= \boldsymbol{A}\boldsymbol{x} + \boldsymbol{b}u \\ y &= f(\sigma)\end{aligned}\right\} \tag{6-234}$$

式中,$\boldsymbol{\sigma}=\boldsymbol{c}^{\mathrm{T}}\boldsymbol{x}$。这是一个简单的非线性模型,它只包含了一个非线性项 $f(\sigma)$,如果 $f(\sigma)$ 被 $\boldsymbol{c}^{\mathrm{T}}\boldsymbol{x}$ 代替,则系统为线性系统。而以上的非线性系统所涉及的稳定性是绝对稳定性,稳定性判据十分复杂,不便应用,所以对控制系统来说,是远远不够的。为此要研究更一般的非线性控制系统:

$$\left.\begin{aligned}\dot{\boldsymbol{x}} &= \boldsymbol{f}(\boldsymbol{x},\boldsymbol{u},t) \\ \boldsymbol{y} &= \boldsymbol{g}(\boldsymbol{x},t)\end{aligned}\right\} \tag{6-235}$$

其中,$t \in \mathbf{R}, \boldsymbol{x} \in \mathbf{R}^n, \boldsymbol{u} \in \mathbf{R}^m, \boldsymbol{y} \in \mathbf{R}^q$ 分别是系统的状态、控制向量和输出向量。

变结构控制理论,作为一种综合设计方法出现在 20 世纪 50 年代,它引起了当时部分人的注意,也取得了相当多的研究成果,但由于技术上的欠缺,以及对它的优点,即对各种摄动与干扰的自适应性的需要尚不迫切,所以未能得到良好的发展。

这些年来,变结构控制正是在解决十分复杂的非线性系统的综合问题时,得到了很大的发展,并在如机器人控制、航天器控制、飞机控制、电力系统控制、自适应控制、大系统的分散控制和不确定系统控制等各个领域展现了优良的品质。下面研究一下非线性系统的变结构控制设计。

6.6.2 非线性系统的变结构控制

为了能够清楚地描述非线性控制系统的变结构控制,这里主要考虑以下形式的非线性控制系统,即一般的仿射非线性控制系统

$$\dot{\boldsymbol{x}} = f(\boldsymbol{x},t) + \boldsymbol{B}(\boldsymbol{x},t)\boldsymbol{u} \tag{6-236}$$

前面介绍了线性系统变结构控制中滑动模态的数学描述及实现条件,解决了变结构控制系统综合中的两个基本问题。本节在此基础上,对非线性控制系统介绍变结构控制系统的基本综合方法,使读者对该方法有一个初步的理解。

变结构控制系统的综合可分为两个设计步骤:首先设计适当的切换函数或切换流形,使得系统状态进入滑动模态运动后,具有良好的动态特性;其次要设计变结构控制律,使得系统状态在有限时间内到达切换流形并保持在它上面运动。

考虑形如式(6-236)的仿射非线性控制系统,不妨设其输入系数矩阵 $\boldsymbol{B}(\boldsymbol{x},t)$ 具有下列形

式

$$\boldsymbol{B}(\boldsymbol{x},t)=\begin{bmatrix}\boldsymbol{B}_1\\ \boldsymbol{B}_2\end{bmatrix},\quad \operatorname{rank}\boldsymbol{B}_2=m \tag{6-237}$$

其中：$\boldsymbol{B}_1\in\mathbf{R}^{(n-m)\times m}$；$\boldsymbol{B}_2\in\mathbf{R}^{m\times m}$；而相应的状态变量分解为

$$\boldsymbol{x}=(\boldsymbol{x}_1^{\mathrm{T}}\quad \boldsymbol{x}_2^{\mathrm{T}}),\quad \boldsymbol{x}_1\in\mathbf{R}^{n-m},\quad \boldsymbol{x}_2\in\mathbf{R}^{m}$$

则系统(6-236)可改写为下列形式

$$\begin{aligned}\dot{\boldsymbol{x}}_1&=\boldsymbol{f}_1(\boldsymbol{x}_1,\boldsymbol{x}_2,t)+\boldsymbol{B}_1(\boldsymbol{x}_1,\boldsymbol{x}_2,t)\boldsymbol{u}\\ \dot{\boldsymbol{x}}_2&=\boldsymbol{f}_2(\boldsymbol{x}_1,\boldsymbol{x}_2,t)+\boldsymbol{B}_2(\boldsymbol{x}_1,\boldsymbol{x}_2,t)\boldsymbol{u}\end{aligned} \tag{6-238}$$

设选取的切换函数为 $\boldsymbol{S}=\boldsymbol{S}(\boldsymbol{x}_1,\boldsymbol{x}_2,t)$，其滑动模态方程为

$$\begin{aligned}\dot{\boldsymbol{x}}_1&=\boldsymbol{f}_1(\boldsymbol{x}_1,\boldsymbol{x}_2,t)+\boldsymbol{B}_1(\boldsymbol{x}_1,\boldsymbol{x}_2,t)\boldsymbol{u}_{\mathrm{eq}}\\ \dot{\boldsymbol{x}}_2&=\boldsymbol{f}_2(\boldsymbol{x}_1,\boldsymbol{x}_2,t)+\boldsymbol{B}_2(\boldsymbol{x}_1,\boldsymbol{x}_2,t)\boldsymbol{u}_{\mathrm{eq}}\end{aligned} \tag{6-239}$$

其中

$$\boldsymbol{u}_{\mathrm{eq}}=-\boldsymbol{G}^{-1}\left(\frac{\partial\boldsymbol{S}}{\partial t}+\frac{\partial\boldsymbol{S}}{\partial\boldsymbol{x}_1}f_1+\frac{\partial\boldsymbol{S}}{\partial\boldsymbol{x}_2}f_2\right),\quad \boldsymbol{G}=\frac{\partial\boldsymbol{S}}{\partial\boldsymbol{x}_1}\boldsymbol{B}_1+\frac{\partial\boldsymbol{S}}{\partial\boldsymbol{x}_2}\boldsymbol{B}_2 \tag{6-240}$$

假定所设计的切换函数 S 满足

$$\operatorname{rank}\frac{\partial\boldsymbol{S}}{\partial\boldsymbol{x}_2}=m \tag{6-241}$$

则由隐函数存在定理知，在切换流形上存在唯一的 $\boldsymbol{S}_0(\boldsymbol{x}_1,t)$，使得 $\boldsymbol{S}(\boldsymbol{S}_0(\boldsymbol{x}_1,t),\boldsymbol{x}_1,t)=\boldsymbol{0}$。因此，其滑动模态方程(6-239)可降阶为

$$\begin{aligned}\dot{\boldsymbol{x}}_1&=\boldsymbol{f}_1(\boldsymbol{x}_1,\boldsymbol{x}_2,t)+\boldsymbol{B}_1(\boldsymbol{x}_1,\boldsymbol{x}_2,t)\boldsymbol{u}_{\mathrm{eq}}\\ \dot{\boldsymbol{x}}_2&=\boldsymbol{S}_0(\boldsymbol{x}_1,t)\end{aligned} \tag{6-242}$$

显然，它可视为一个状态变量为 $\boldsymbol{x}_1$，输入为 $\boldsymbol{x}_2$ 的 $n-m$ 维子系统，从而可以用通常的线性或非线性反馈设计思想确定适当的 $\boldsymbol{S}_0(\boldsymbol{x}_1,t)$，使得滑动模态具有良好的动态品质。

其次根据上述到达律方法设计变结构控制规律，使得系统确实能在有限时间内实现所期望的滑动模态运动。

对上述切换函数，可得

$$\dot{S}=\frac{\partial\boldsymbol{S}}{\partial t}+\frac{\partial\boldsymbol{S}}{\partial\boldsymbol{x}_1}f_1+\frac{\partial\boldsymbol{S}}{\partial\boldsymbol{x}_2}f_2+\left(\frac{\partial\boldsymbol{S}}{\partial\boldsymbol{x}_1}\boldsymbol{B}_1+\frac{\partial\boldsymbol{S}}{\partial\boldsymbol{x}_2}\boldsymbol{B}_2\right)\boldsymbol{u} \tag{6-243}$$

选取以下的到达律，则有

$$\frac{\partial\boldsymbol{S}}{\partial t}+\frac{\partial\boldsymbol{S}}{\partial\boldsymbol{x}_1}f_1+\frac{\partial\boldsymbol{S}}{\partial\boldsymbol{x}_2}f_2+\left(\frac{\partial\boldsymbol{S}}{\partial\boldsymbol{x}_1}\boldsymbol{B}_1+\frac{\partial\boldsymbol{S}}{\partial\boldsymbol{x}_2}\boldsymbol{B}_2\right)\boldsymbol{u}=-\boldsymbol{K}\operatorname{sign}(\boldsymbol{s}) \tag{6-244}$$

由此可得到相应的变结构控制律为

$$\boldsymbol{u}=\left(\frac{\partial\boldsymbol{S}}{\partial\boldsymbol{x}_1}\boldsymbol{B}_1+\frac{\partial\boldsymbol{S}}{\partial\boldsymbol{x}_2}\boldsymbol{B}_2\right)^{-1}\left[\frac{\partial\boldsymbol{S}}{\partial t}+\frac{\partial\boldsymbol{S}}{\partial\boldsymbol{x}_1}f_1+\frac{\partial\boldsymbol{S}}{\partial\boldsymbol{x}_2}f_2+\boldsymbol{K}\operatorname{sign}(\boldsymbol{s})\right] \tag{6-245}$$

利用趋近律可得

$$\frac{\partial\boldsymbol{S}}{\partial t}+\frac{\partial\boldsymbol{S}}{\partial\boldsymbol{x}_1}f_1+\frac{\partial\boldsymbol{S}}{\partial\boldsymbol{x}_2}f_2+\left(\frac{\partial\boldsymbol{S}}{\partial\boldsymbol{x}_1}\boldsymbol{B}_1+\frac{\partial\boldsymbol{S}}{\partial\boldsymbol{x}_2}\boldsymbol{B}_2\right)\boldsymbol{u}=-\boldsymbol{W}\boldsymbol{S}-\boldsymbol{K}\operatorname{sign}(\boldsymbol{s}) \tag{6-246}$$

由此可得到相应的变结构控制律为

$$\boldsymbol{u}=\left(\frac{\partial\boldsymbol{S}}{\partial\boldsymbol{x}_1}\boldsymbol{B}_1+\frac{\partial\boldsymbol{S}}{\partial\boldsymbol{x}_2}\boldsymbol{B}_2\right)^{-1}\left[\frac{\partial\boldsymbol{S}}{\partial t}+\frac{\partial\boldsymbol{S}}{\partial\boldsymbol{x}_1}f_1+\frac{\partial\boldsymbol{S}}{\partial\boldsymbol{x}_2}f_2+\boldsymbol{W}\boldsymbol{S}+\boldsymbol{K}\operatorname{sign}(\boldsymbol{s})\right] \tag{6-247}$$

由上述过程可以看出，变结构控制系统的综合被分解成为两个独立的低维设计问题。滑动模态设计转化为一降阶子系统的反馈设计问题，从一定程度上说，比原高阶系统反馈设计问题要容易，可以通过通常的反馈设计方法来解决。而变结构控制规律的确定则非常容易。它由通常的线性或非线性连续反馈和不连续的变结构反馈两部分组成。若上述控制规律中变结构控制项的系数过大，虽然从理论上讲可以容许系统的不确定性范围变大，但实际上会加剧不利的系统抖动而使实际受控对象的机械或硬件部分受到破坏。因此，如何选取适当的变结构反馈系数是变结构控制应用中的一个关键问题。近年来，部分专家学者将模糊控制、神经网络、自适应控制及遗传算法等其他控制思想与变结构控制方法有机地结合起来，目的是通过对系统不确定性范围的进一步分划或学习，尽可能地减少切换增益系数，以克服变结构控制所具有的抖动缺陷对实时控制带来的困难。此外，近年来人们发现，采用基于高阶滑动模态的变结构控制也对抑制抖动具有一定的效果，部分学者致力于用 Lyapunov 稳定性理论来研究变结构控制系统的综合问题。这种方法的优点是将变结构控制系统的综合统一为寻求适当的 Lyapunov 函数问题。但是，众所周知，寻找 Lyapunov 函数并非一件容易的事，因此这种方法有相当的局限性。

6.6.3 不变性问题

变结构控制最吸引人的特性之一是系统一旦进入滑动模态运动，对系统干扰及参数变化具有完全的自适应性或不变性。本节将具体讨论滑动模态这一重要特性，并给出若干不变性条件。

考虑下列不确定仿射控制系统：

$$\dot{\boldsymbol{x}}=\boldsymbol{f}(\boldsymbol{x},t)+\Delta\boldsymbol{f}(\boldsymbol{x},\boldsymbol{p},t)+[\boldsymbol{B}(\boldsymbol{x},t)+\Delta\boldsymbol{B}(\boldsymbol{x},t)]\boldsymbol{u} \tag{6-248}$$

其中：$\Delta\boldsymbol{f},\Delta\boldsymbol{B}$ 为适当维数的连续光滑函数；$\boldsymbol{p}$ 为不确定参数向量。

首先，讨论滑动模态关于不确定扰动因素的不变性。选择切换函数为 $S=S(x,t)$，则可得

$$\dot{\boldsymbol{S}}=\frac{\partial\boldsymbol{S}}{\partial t}+\frac{\partial\boldsymbol{S}}{\partial x}[\boldsymbol{f}+\Delta\boldsymbol{f}+(\boldsymbol{B}+\Delta\boldsymbol{B})\boldsymbol{u}] \tag{6-249}$$

因此由等效控制量的求法可得

$$\boldsymbol{u}_{\mathrm{eq}}=-\left(\frac{\partial\boldsymbol{S}}{\partial\boldsymbol{x}}\boldsymbol{B}\right)^{-1}\left[\frac{\partial\boldsymbol{S}}{\partial t}+\frac{\partial\boldsymbol{S}}{\partial\boldsymbol{x}}(\boldsymbol{f}+\Delta\boldsymbol{f}+\Delta\boldsymbol{B}u_{\mathrm{eq}})\right] \tag{6-250}$$

其中$\frac{\partial\boldsymbol{S}}{\partial\boldsymbol{x}}\boldsymbol{B}$ 可逆。将此等效控制量代入式(6-248)，就可以得到滑动模态应满足的微分方程：

$$\dot{\boldsymbol{x}}=\left[I-\boldsymbol{B}\left(\frac{\partial\boldsymbol{S}}{\partial\boldsymbol{x}}\boldsymbol{B}\right)^{-1}\frac{\partial\boldsymbol{S}}{\partial\boldsymbol{x}}\right](\boldsymbol{f}+\Delta\boldsymbol{f}+\Delta\boldsymbol{B}u_{\mathrm{eq}})-\boldsymbol{B}\left(\frac{\partial\boldsymbol{S}}{\partial\boldsymbol{x}}\boldsymbol{B}\right)^{-1}\frac{\partial\boldsymbol{S}}{\partial t} \tag{6-251}$$

因此，当

$$\Delta\boldsymbol{f}+\Delta\boldsymbol{B}u_{\mathrm{eq}}=\boldsymbol{B}\left(\frac{\partial\boldsymbol{S}}{\partial\boldsymbol{x}}\boldsymbol{B}\right)^{-1}\frac{\partial\boldsymbol{S}}{\partial\boldsymbol{x}}(\Delta\boldsymbol{f}+\boldsymbol{\Delta}\boldsymbol{B}\boldsymbol{u}_{\mathrm{eq}}) \tag{6-252}$$

时，滑动模态与干扰无关，也与滑动模态关于未知扰动或不确定性具有不变性。

记 $\boldsymbol{B}_s=\mathrm{span}(\boldsymbol{B})$ 为由 $\boldsymbol{B}$ 的列向量张成的子空间，如果 $\Delta\boldsymbol{f},\boldsymbol{\Delta B}$ 满足条件

$$\Delta\boldsymbol{f},\Delta\boldsymbol{B}\in\boldsymbol{B}_s \tag{6-253}$$

也即存在 $\boldsymbol{K}_1,\boldsymbol{K}_2$，使得

$$\Delta\boldsymbol{f}=\boldsymbol{B}\boldsymbol{K}_1,\quad \Delta\boldsymbol{B}=\boldsymbol{B}\boldsymbol{K}_2 \tag{6-254}$$

则显然可得

$$\dot{x} = \left[I - \boldsymbol{B} \left(\frac{\partial \boldsymbol{S}}{\partial x} \boldsymbol{B} \right)^{-1} \frac{\partial \boldsymbol{S}}{\partial x} \right] f - \boldsymbol{B} \left(\frac{\partial \boldsymbol{S}}{\partial x} \boldsymbol{B} \right)^{-1} \frac{\partial \boldsymbol{S}}{\partial t} \tag{6-255}$$

因此,条件式(6-253)或式(2-254)称为滑动模态的不变性。它与模型跟踪问题中的所谓匹配条件是完全类似的。

上述条件可以通过下面的代数条件进行检验。

$$\mathrm{rank}(\boldsymbol{B}, \Delta \boldsymbol{f}) = \mathrm{rank}\boldsymbol{B}, \quad \mathrm{rank}(\Delta \boldsymbol{B}, \boldsymbol{B}) = \mathrm{rank}\boldsymbol{B} \tag{6-256}$$

其次,讨论滑动模态关于切换函数 $\boldsymbol{S}=\boldsymbol{S}(x,t)$ 和控制量非奇异变换的不变性。设 $\hat{\boldsymbol{S}}=\hat{\boldsymbol{S}}(x,t)$ 为另一由切换函数 $\boldsymbol{S}=\boldsymbol{S}(x,t)$ 通过非奇异变换而得到的切换函数,$\hat{\boldsymbol{u}}$ 为经非奇异变换后所得的控制量,也即

$$\hat{\boldsymbol{S}} = \boldsymbol{H}_1 \boldsymbol{S}(x,t) \quad \hat{\boldsymbol{u}} = \boldsymbol{H}_2 \boldsymbol{u} \tag{6-257}$$

其中,$\boldsymbol{H}_1 = \boldsymbol{H}_1(x,t)$ 和 $\boldsymbol{H}_2 = \boldsymbol{H}_2(x,t)$ 为可逆矩阵。

利用等效控制法及上面类似的推导,易知经非奇异变换后的滑动模态方程保持不变,也即滑动模态关于切换函数和控制量的非奇异变换都具有不变性。

变结构控制系统具有对系统摄动及干扰的不变性,是变结构控制受到重视的主要原因。线性系统和非线性系统的变结构控制的设计具有相同的设计思想,而非线性变结构控制理论与方法不仅依赖于变结构控制理论与方法的发展,而且和非线性控制理论及方法的发展也密切相关,所以非线性控制系统的任何新的发展,都可能推动变结构控制在非线性系统上的前进。

思　考　题

6-1　对下列系统

$$\begin{bmatrix} \dot{\boldsymbol{x}}_1 \\ \dot{\boldsymbol{x}}_2 \end{bmatrix} = \begin{bmatrix} 0 & 1 \\ -3 & -2 \end{bmatrix} \begin{bmatrix} \boldsymbol{x}_1 \\ \boldsymbol{x}_2 \end{bmatrix} + \begin{bmatrix} 1 \\ 0 \end{bmatrix} u, \quad \begin{bmatrix} \boldsymbol{x}_1(0) \\ \boldsymbol{x}_2(0) \end{bmatrix} = \begin{bmatrix} 1 \\ 1 \end{bmatrix}$$

利用变结构控制设计稳定控制系统。

6-2　利用指数趋近律设计用相变量表示的 n 阶线性系统

$$\begin{cases} \dot{x}_1 = x_2 \\ \dot{x}_2 = x_3 \\ \cdots\cdots \\ \dot{x}_{n-1} = x_n \\ \dot{x}_n = -\sum\limits_{i=1}^{n} a_i x_i - bu \end{cases}$$

的变结构控制律。

6-3　利用单位向量控制的方法来设计以下系统的变结构控制系统,同时保证在 6 s 内使得系统状态进入滑动模态稳定区域。

$$\begin{bmatrix} \dot{\boldsymbol{x}}_1 \\ \dot{\boldsymbol{x}}_2 \end{bmatrix} = \begin{bmatrix} 0 & 1 \\ -5 & 6 \end{bmatrix} \begin{bmatrix} \boldsymbol{x}_1 \\ \boldsymbol{x}_2 \end{bmatrix} + \begin{bmatrix} 0 \\ 1 \end{bmatrix} u, \quad \begin{bmatrix} \boldsymbol{x}_1(0) \\ \boldsymbol{x}_2(0) \end{bmatrix} = \begin{bmatrix} 2 \\ 5 \end{bmatrix}$$

6-4　(模型跟踪问题的动态变结构控制方法)考虑下列仿射非线性控制系统

$$\dot{x}=A(x,t)x+B(x,t)u$$

其中，$x\in\mathbf{R}^n, u\in\mathbf{R}^m$ 分别是系统的状态和控制向量，我们期望上述非线性不确定系统能够跟踪上题中的线性参考模型系统，也即寻求控制 u，使得跟踪误差 $e=x_m-x$ 满足：(1) $\lim\limits_{t\to\infty}e(t)=0$；(2)$e(t)$ 有良好的动态品质。假设系统矩阵满足匹配条件

$$\mathrm{rank}[\boldsymbol{B}(x,t),(\boldsymbol{A}_m-\boldsymbol{A}(x,t))]=\mathrm{rank}[\boldsymbol{B}(x,t),\boldsymbol{B}_m]=\mathrm{rank}[\boldsymbol{B}(x,t)]$$

为实现该模型跟踪控制问题。考虑如下形式的动态变结构反馈控制

$$\dot{w}=H(w,x,e,t), u=u(w,x,e,t)$$

而切换函数取为

$$S=w+\boldsymbol{G}e$$

试确定动态补偿函数 $H(w,x,e,t)$ 使得系统进入滑动模态运动后，跟踪误差满足

$$\dot{e}=\boldsymbol{A}_m e$$

从而实现参考模型的稳定跟踪。

6-5　利用线性二次型性能指标：

$$J=\int_{t_0}^{\infty}(\boldsymbol{x}^{\mathrm{T}}\boldsymbol{Q}\boldsymbol{x}+\boldsymbol{u}^{\mathrm{T}}\boldsymbol{R}\boldsymbol{u})\mathrm{d}t$$

其中 $\boldsymbol{Q}\geqslant 0$ 为半正定阵，$\boldsymbol{R}>0$ 为正定阵，针对线性系统

$$\dot{\boldsymbol{x}}=\boldsymbol{A}\boldsymbol{x}+\boldsymbol{B}\boldsymbol{u}$$

求使得 J 最小时，设计切换函数，并求出控制 $\boldsymbol{u}$ 的形式。

6-6　考虑下列线性系统的状态方程

$$\begin{cases}\dot{x}=y\\ \dot{y}=3x-2y-u\end{cases}$$

当滑动模态设计为

$$s=\frac{1}{2}x+y$$

同时控制 u 受限时：$|u|\leqslant 2$，设计变结构控制律，并分析系统在变结构控制受限下系统在平衡点的吸引区。

6-7　考虑用相变量表示的 n 阶线性系统：

$$\begin{cases}\dot{x}_1=x_2\\ \dot{x}_2=x_3\\ \cdots\cdots\\ \dot{x}_{n-1}=x_n\\ \dot{x}_n=-\sum\limits_{i=1}^{n}a_i x_i-bu\end{cases}$$

当滑动模态设计为 $s=x_1\boldsymbol{c}^{\mathrm{T}}x$ 时，分析该系统滑动模态存在的条件。

6-8　考虑下列线性系统的状态方程

$$\begin{cases}\dot{x}_1=x_2\\ \dot{x}_2=5x_1+3x_2-u+\sin t\end{cases}$$

试采用二阶变结构控制设计方法，设计变结构控制律。

6-9　考虑下列两输入三状态系统

$$\begin{cases}\dot{x}=u\\ \dot{y}=v\\ \dot{z}=xv-yu\end{cases}$$

试证该系统在 z 的初值适当小时，下列变结构控制规律

$$\begin{cases}u=-\alpha x+\beta y\,\mathrm{sgn}(z)\\ v=-\alpha y+\beta x\,\mathrm{sgn}(z)\end{cases}$$

能保证系统在有限时间内进入滑动模态运动且平衡点是渐近稳定的。（注意此处的切换函数维数比控制维数低，直接用 Lyapunov 方法）

第7章 Terminal 滑模控制的设计方法

在介绍完基本的变结构控制设计方法的基础上，本章介绍特殊的非线性滑模控制设计方法。本章主要从 Terminal 滑模控制思想出发，介绍了 Terminal 滑模控制的设计方法，并给出了在滑动模态上达到原点的最短时间的 Terminal 滑模设计方法，基于 Lyapunov 稳定性理论，设计了具有鲁棒性的非线性滑模控制律。

7.1 Terminal 滑模控制的设计思想

为了进一步改善系统状态在滑动模态上的动态品质，Terminal 滑模主要从以下两个方面进行改进：

(1)引入非线性滑动模态设计思想，改进传统的线性滑动模态的设计；

(2)引入“有限时间稳定”，代替传统滑动模态上的渐近稳定。

一般情况下，选择线性的滑动超平面是变结构控制理论中最为常见的情形。这个线性的滑动模超平面能够确保系统轨线在到达滑动模态阶段以后，滑动模态的运动是渐近稳定的，或者是跟踪误差渐近地收敛到零，并且渐近的速度可以通过选择滑模面参数矩阵来任意调节。但是，这种线性滑动模态的稳定性是一种渐近稳定性，不是有限时间的稳定。基于此，就出现了 Terminal 滑模。

考虑到在滑动超平面中恰当地引入非线性项可能会给系统带来更好的性能响应，一些学者对 Terminal 滑模能够实现滑动模态的有限时间稳定产生了很大的兴趣。Terminal 滑动模态这一概念最初始从 Terminal 吸引子缘引而来，Terminal 吸引子是神经网络中的概念，用来研究可寻址的存储器、模式识别等方面的内容，是支配网络的时间进化历程的动态处理方法，是使网络从众多的创始状态经过足够长的有限时间后进入的状态。变结构控制理论中引入 Terminal 滑动模态的最直接原因是，系统状态进入 Terminal 滑动模态中，可以在有限时间内到达平衡点。

对于 Terminal 滑模的基本思想，为了便于说明问题，这里首先给出一阶 Terminal 滑模的设计方法。

一阶 Terminal 滑模定义为

$$s=\dot{x}+\beta x^{q/p} \tag{7-1}$$

式中，x 是一标量，$\beta>0$，p 和 $q(p>q)$ 是正的奇整数。值得注意的是无论 x 为任何实数，$x^{q/p}$ 也必须是实数。

由此，系统状态在 Terminal 滑动模态的动态性能为

$$\dot{x}=-\beta x^{q/p} \tag{7-2}$$

给定任意非零的初始状态 $x(0)$，系统状态将在有限时间内收敛到 $x=0$，这个时间可计算为

$$t=\frac{p}{\beta(p-q)}\left|x_1(0)\right|^{(p-q)/p} \tag{7-3}$$

自从 Terminal 滑模的概念被提出后，很快就得到了一些学者的重视，经研究已得到了一些有价值的结果，包括单输入单输出系统的 Terminal 滑模控制、多输入多输出系统的 Terminal 滑模和非线性 Terminal 滑模控制等。

Terminal 滑模概念的提出为变结构控制理论带来了新的发展方向，尤其是突破了原来系统状态渐近稳定的特点。但是，Terminal 滑模控制在提高系统性能的同时，也存在着自身的一些问题。

(1)由于存在小于 1 的分数幂次，Terminal 滑模面的参数选择比较复杂，同时 Terminal 滑模面中非线性函数的引入使得控制器在实际工程中实现困难；

(2)由于小于 1 的分数幂次阶求导可能会产生奇异，使得滑模控制器还存在一定奇异问题，需要采取相应的方法解决在原点奇异值的问题。

7.2　基于幂次函数的 Terminal 滑模控制方法

7.2.1　具有分数幂次函数的 Terminal 滑模控制方法

为了能够方便地介绍的具有幂次函数的 Terminal 滑模控制，这里以二阶非线性控制系统为例进行说明。

考虑以下二阶非线性控制系统

$$\left.\begin{aligned}\dot{x}_1&=x_2\\ \dot{x}_2&=f(\boldsymbol{x})+b(\boldsymbol{x})u+d(\boldsymbol{x})\end{aligned}\right\} \tag{7-4}$$

式中：$\boldsymbol{x}=[x_1\quad x_2]^{\mathrm{T}}\in\mathbf{R}^2$是系统的状态向量；$u$是控制输入量；$f(x)$ 和 $b(x)\neq 0$ 都是光滑的非线性函数；$d(x)$ 表示含有内部不确定和外部干扰的不确定性有界函数，即 $\|d(x)\|\leqslant\delta$，其中 δ 是大于零的常数。

7.2.1.1　一般的 Terminal 滑模

最早提出的具有幂次函数的非线性 Terminal 滑模为

$$s=x_2+\beta x_1^{q/p} \tag{7-5}$$

式中：β 是大于零的正数；p 和 q 是大于零的奇数，且 $1<p/q<2$。

若系统状态在滑动模态 $s=0$ 上，则从任意不为零的状态 $x_1(0)\neq 0$ 收敛到 $x_1(t_{s1})=0$ 的时间可计算得到，即为

$$t_{s1}=\frac{p}{\beta(p-q)}\left|x_1(0)\right|^{1-q/p} \tag{7-6}$$

Terminal 滑模(7-6) 另外一种等价形式为

$$s=x_2+\beta\left|x_1\right|^{\lambda}\operatorname{sgn}(x_1) \tag{7-7}$$

式中，$0<\lambda<1$。同样，可以计算得到在 Terminal 滑模(7-7) 上的收敛时间为

$$t_{s2}=\frac{1}{\beta(1-\lambda)}\left|x_1(0)\right|^{1-\lambda} \tag{7-8}$$

Terminal 滑模(7-5) 与滑模(7-7) 的区别主要在于：

(1)Terminal 滑模(7-5)表达式比滑模(7-7)的简单;

(2)Terminal 滑模(7-7)的幂次范围比滑模(7-5)的大;

(3)对于 Terminal 滑模(7-5)来说,如果 $x_1<0$,分数幂次可能使得 $x_1^{q/p}\notin \mathbf{R}$,这样 $\dot{x}_1\notin \mathbf{R}$;而 Terminal 滑模(7-7)不会产生这样的问题。

对于 Terminal 滑模(7-5)与滑模(7-7)增加一项,就可以提高在滑模运动收敛的速度,可以得到如下的 Terminal 滑模:

$$s=x_2+\alpha x_1+\beta x_1^{q/p} \tag{7-9}$$

和

$$s=x_2+\alpha x_1+\beta\,|x_1|^{\lambda}\mathrm{sgn}(x_1) \tag{7-10}$$

式中,α 是大于零的正数。这两种 Terminal 滑模下的收敛时间同样可以计算出为

$$t_{s3}=\frac{p}{\alpha(p-q)}\ln\frac{\alpha\,|x_1(0)|^{1-q/p}+\beta}{\beta} \tag{7-11}$$

和

$$t_{s4}=\frac{1}{\alpha(1-\lambda)}\ln\frac{\alpha\,|x_1(0)|^{1-\lambda}+\beta}{\beta} \tag{7-12}$$

对以上四种不同形式的 Terminal 滑模求一次导,均会在原点处产生奇异,因此还需要从以上 Terminal 滑模设计方面消除奇异问题。

7.2.1.2 修正的 Terminal 滑模的间接方法

基于最早提出的分数幂次函数的 Terminal 滑模的修正方法称为间接法,这种方法通过边界层的方法来完成的。在边界层以外,使用的是原来设计的 Terminal 滑模,在边界层的内部,可以采用的是线性或非线性时变的滑模,由此来消除 Terminal 滑模控制中的奇异问题。

如在边界层内采用二次非线性滑模修正的方法,滑模选取为

$$s=x_2+\alpha_2\beta_1(x) \tag{7-13}$$

或

$$s=x_2+\alpha_1 x_1+\alpha_2\beta_2(x) \tag{7-14}$$

式中 α_1 和 α_2 均为正数,$\beta_1(x)$ 和 $\beta_2(x)$ 分别定义为

$$\beta_1(x)=\begin{cases}x_1^{q/p}, & \bar{s}_1=0 \ \text{ or } \ \bar{s}_1\neq 0,\ \ |x_1|\geqslant\mu\\ \varepsilon_1 x_1+\varepsilon_2\mathrm{sgn}(x)x_1^2, & \bar{s}_1\neq 0,|x_1|\leqslant\mu\end{cases} \tag{7-15}$$

和

$$\beta_2(x)=\begin{cases}x_1^{q/p}, & \bar{s}_2=0 \ \text{ or } \ \bar{s}_2\neq 0,|x_1|\geqslant\mu\\ \varepsilon_1 x_1+\varepsilon_2\mathrm{sgn}(x)x_1^2, & \bar{s}_2\neq 0,\ \ |x_1|\leqslant\mu\end{cases} \tag{7-16}$$

式中,$\varepsilon_1=(2-p/q)\mu^{p/q-1}$;$\varepsilon_2=(p/q-1)\mu^{p/q-2}$;$\bar{s}_1=x_2+\beta x_1^{q/p}$;$\bar{s}_2=x_2+\alpha x_1+\beta x_1^{q/p}$;$\mu$ 即为边界层的厚度。

对以上滑模可以求导为

$$\dot{s}=\begin{cases}\dot{x}_2+\dfrac{p\alpha_2}{q}x_1^{p/q-1}\dot{x}_1, & \bar{s}_1=0 \text{ or } \bar{s}_1\neq 0,|x_1|\geqslant\mu\\ \dot{x}_2+\alpha_2[\varepsilon_1\dot{x}_1+\varepsilon_2\dot{x}_1 x_1\mathrm{sgn}(x)], & \bar{s}_1\neq 0,|x_1|\leqslant\mu\end{cases} \tag{7-17}$$

和

$$\dot{s}=\begin{cases}\dot{x}_2+\alpha\dot{x}_1+\dfrac{p\alpha_2}{q}x_1^{p/q-1}\dot{x}_1, & \bar{s}_2=0 \text{ or } \bar{s}_2\neq 0,\ |x_1|\geqslant\mu \\ \dot{x}_2+\alpha\dot{x}_1+\alpha_2(\varepsilon_1\dot{x}_1+\varepsilon_2\dot{x}_1x_1\text{sgn}(x)), & \bar{s}_2\neq 0,|x_1|\leqslant\mu\end{cases} \tag{7-18}$$

从而避免了 Terminal 滑模控制中的奇异问题。

直接提出新的含有分数幂次函数的 Terminal 滑模的方法称为直接法，以下分别作以介绍。

7.2.1.3　等价的含分数幂次函数的 Terminal 滑模

基于 Terminal 滑模(7-5)，另一种含有分数幂次函数的 Terminal 滑模为

$$s=x_1+\beta x_2^{\bar{p}/\bar{q}} \tag{7-19}$$

式中，$\bar{p}$ 和 $\bar{q}$ 均是正的奇数，且 $\bar{q}<\bar{p}<2\bar{q}$。

这种滑模可以改写为另外一种形式

$$s=x_1+\beta\,|x_2|^{\lambda'}\text{sgn}(x_2) \tag{7-20}$$

或

$$s=x_2+\beta^{-1/\lambda'}\,|x_1|^{1/\lambda'}\text{sgn}(x_1) \tag{7-21}$$

式中，$\lambda'=\dfrac{\bar{p}}{\bar{q}}$，即 $\dfrac{1}{2}<\dfrac{1}{\lambda'}<1$。由此可以求出在这种滑模上的收敛时间为

$$t_{s5}=\frac{1}{\beta^{-1/\lambda'}(1-1/\lambda')}\,|x_1(0)|^{1-1/\lambda'} \tag{7-22}$$

同时，针对二阶系统(7-4)，采用 Terminal 滑模(7-19)，设计的 Terminal 滑模控制为

$$u=-b^{-1}(x)\left[f(x)+\beta\frac{\bar{q}}{\bar{p}}x_1^{2-\bar{q}/\bar{p}}x_2+\varepsilon\text{sgn}(s)\right] \tag{7-23}$$

即使变为连续形式

$$u=-b^{-1}(x)\left[f(x)+\beta\frac{\bar{q}}{\bar{p}}x_1^{2-\bar{q}/\bar{p}}x_2+\varepsilon\text{sat}(s)\right] \tag{7-24}$$

在滑动模态 $s=0$ 处，由于分数幂次也会产生高频振荡。

例[7.1]：考虑一个简单的二阶非线性系统 ：

$$\left.\begin{aligned}\dot{x}_1&=x_2\\ \dot{x}_2&=u+0.1\sin 20t\end{aligned}\right\} \tag{7-25}$$

分别考虑两种分数幂次的 Terminal 滑模：

$$\left.\begin{aligned}s_1&=x_2+x_1^{5/3}\\ s_2&=x_2+x_1+\beta_2(x)\end{aligned}\right\} \tag{7-26}$$

式中

$$\beta_2(x)=\begin{cases}x_1^{3/5}, & \bar{s}_2=0 \text{ or } \bar{s}_2\neq 0,|x_1|\geqslant 1\\ 7/5x_1-2/5\text{sgn}(x)x_1^2, & \bar{s}_2\neq 0,\ |x_1|\leqslant 1\end{cases},\quad \bar{s}_2=x_2+x_1+x_1^{3/5}$$

所设计的控制器分别为

$$u=-\left[\frac{3}{5}x_2^{1/3}+0.5\text{sat}(s_1)\right] \tag{7-27}$$

和

$$u=\begin{cases}-\left[x_2+\dfrac{3}{5}x_2x_1^{-2/5}+0.5\mathrm{sat}(s_2)\right], & \bar{s}_2=0\ \text{or}\ \bar{s}_2\neq 0,\ |x_1|\geqslant 1\\ -\left[x_2+\dfrac{7}{5}x_2-\dfrac{2}{5}x_1x_2\mathrm{sat}(x_1)+0.5\mathrm{sat}(s_2)\right], & \bar{s}_2\neq 0,\ |x_1|\leqslant 1\end{cases}\tag{7-28}$$

仿真结果如图 7-1 ～ 图 7-4 所示。从图中可以看到,控制器在相同参数的作用下,第一种 Terminal 滑模控制下状态收敛的速度较慢,并且控制器在滑模附近产生了高频振荡。第二种 Terminal 滑模控制下的状态收敛速度较快,并且控制器没有出现奇异的情况。

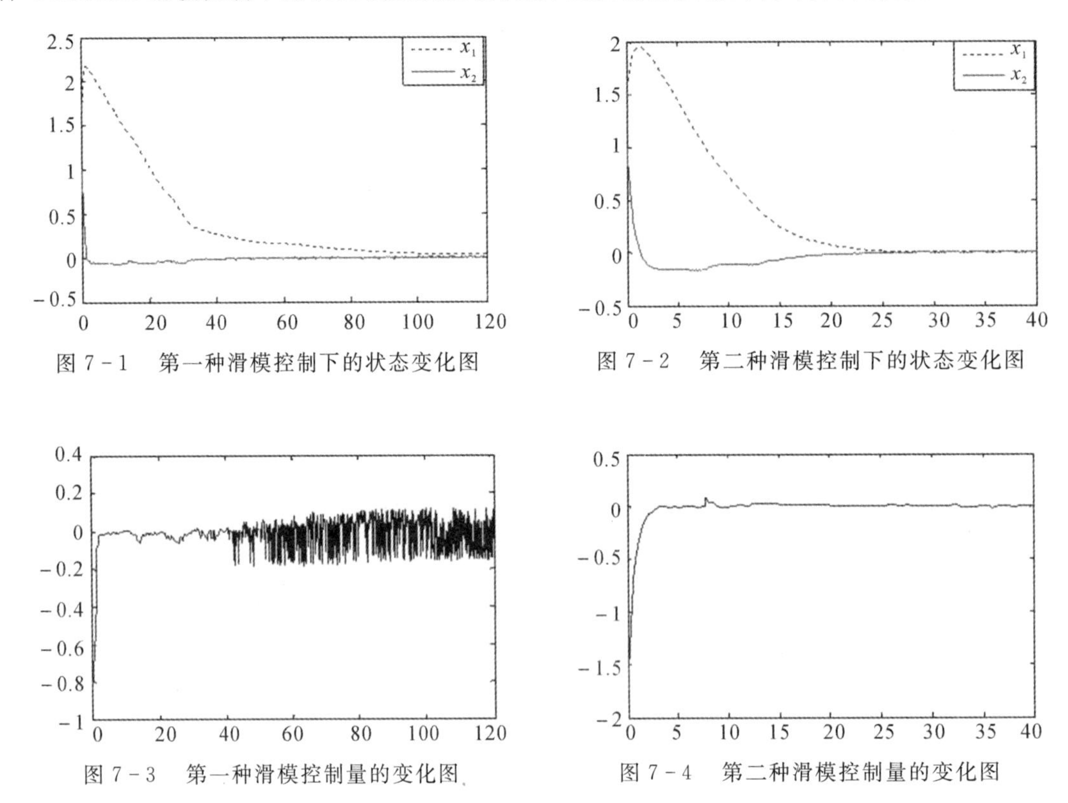

图 7-1　第一种滑模控制下的状态变化图

图 7-2　第二种滑模控制下的状态变化图

图 7-3　第一种滑模控制量的变化图

图 7-4　第二种滑模控制量的变化图

7.2.2　双幂次函数的 Terminal 滑模控制方法

当状态离滑动模态较远时,即 $|x_1|\ll 1$ 时,Terminal 滑模(7-5)的收敛速度,因此为了加速收敛速度,就有了双幂次函数的 Terminal 滑模

$$s=x_2+\beta x_1^{l}+\gamma x_1^{\bar{l}}\tag{7-29}$$

式中:$\gamma>0$, $0<l<1$, $\bar{l}>1$,l 和 $\bar{l}$ 分别为

$$\left.\begin{aligned}l&=\frac{q}{p}\\ \bar{l}&=\frac{N(p-q)+q}{p}\end{aligned}\right\}\tag{7-30}$$

式中:N 是不小于 2 的正数;β, p 和 q 和 Terminal 滑模(7-5) 中的相同。

显然 Terminal 滑模(7-29) 也会因为求导而产生奇异问题,因此为了进一步避免该问题,就出现了具有积分函数的 Terminal 滑模。

7.2.3　幂次函数的 Terminal 积分滑模控制方法

首先，为了去掉 Terminal 滑模(7-29)中的奇异问题，将其转换为具有积分函数形式的 Terminal 滑模(7-31)，但注意的是变量仅剩一个。

$$s = x_1 + \int_0^t \left[\beta x_1^l + \gamma x_1^{\bar{l}}\right] \mathrm{d}t \tag{7-31}$$

显然对 Terminal 滑模(7-31)求导，就不会出现带有负指数的奇异情况了。对于在该滑模上的收敛时间有如下定理。

定理【7.1】：当 $N=2$ 时，如果系统状态在 Terminal 滑模(7-31)上，则状态在滑模上的收敛时间为

$$t_{s6} = \Xi\left\{\frac{1}{\sqrt{\tau_1\tau_2}}\left[\arctan\left(\sqrt{\frac{\tau_2}{\tau_1}}\ |x_1(0)|^{\frac{p-q}{p}}\right)\right] - k\pi\right\} \tag{7-32}$$

式中：$\tau_1 = \dfrac{\beta(p-q)}{p}$；$\tau_2 = \dfrac{\gamma(p-q)}{p}$；$k \in \mathbf{Z}^+$，$\mathbf{Z}^+$ 为正数集；$\Xi(A)$ 定义为求 A 的最小正值。

证明：当 $s=0$，由 Terminal 滑模(7-31)得

$$\dot{x}_1 + \beta x_1^{\frac{q}{p}} + \gamma x_1^{\frac{N(p-q)+q}{p}} = 0 \tag{7-33}$$

以上方程两边都乘以 $x_1^{-\frac{q}{p}}$，可得

$$x_1^{-\frac{q}{p}} \dot{x}_1 + \gamma x_1^{\frac{N(p-q)}{p}} + \beta = 0 \tag{7-34}$$

令 $z = x_1^{1-\frac{q}{p}}$，可化为

$$\dot{z} + \tau_2 z^N + \tau_1 = 0 \tag{7-35}$$

当 $N=2$，方程(7-35)为广义的 Riccati 微分方程，它的通解为

$$z(t) = \sqrt{\frac{\tau_1}{\tau_2}} \tan\left(c - t\sqrt{\tau_1\tau_2}\right) \tag{7-36}$$

式中，c 是由初值 $z(0)$ 决定的常数。如果 $t=0$，可得

$$c = \arctan\left(\sqrt{\frac{\tau_2}{\tau_1}}\ |x(0)|^{\frac{p-q}{p}}\right) \tag{7-37}$$

由此得

$$x_1^{1-\frac{q}{p}} = \frac{1}{\sqrt{\tau_1\tau_2}}\left[\arctan\left(\sqrt{\frac{\tau_2}{\tau_1}}\ |x_1(0)|^{\frac{p-q}{p}}\right) - t\sqrt{\tau_1\tau_2}\right] \tag{7-38}$$

令 $x_1(t)=0$，即可解出式(7-35)所示的收敛时间 t_{s6}。

证毕。

注 7.1：在 Terminal 滑模(7-31)上，当系统状态 $x_1(t)$ 远离原点时，状态在滑模上的收敛时间就会减少，这是因为比较在 Terminal 滑模(7-9)上的收敛速度，有

$$\beta\,|x_1(t)|^l + \gamma\,|x_1(t)|^{\bar{l}} > \beta\,|x_1(t)|^{\lambda} + \alpha\,|x_1| \quad 当 \quad \gamma=\alpha,\quad l=\lambda,\quad |x_1|>1 \tag{7-39}$$

对于 Terminal 滑模(7-31)，由于采用双幂次的函数，它的缺点是滑模在 $x_1 \in [0,1]$ 区域内收敛速度慢，为此还可以对滑模(7-31)中 $x_1^{\bar{l}}$ 进行修正，来提高滑模在 $x_1 \in [0,1]$ 区域内收敛速度。可以修改为

$$x_1^{\bar{l}}=\begin{cases}x_1^{\bar{l}}, & |x_1|>1\\ \sqrt{2x_1-x_1^2}, & |x_1|\leqslant 1\end{cases} \tag{7-40}$$

或

$$x_1^{\bar{l}}=\begin{cases}x_1^{\bar{l}}, & |x_1|>1\\ \dfrac{4}{\pi}\arctan x_1, & |x_1|\leqslant 1\end{cases} \tag{7-41}$$

以上修正的结果仍不是最好的。为了进一步加速滑模在 $x_1\in[0,1]$ 区域内收敛速度，可以采用如下的 Terminal 滑模

$$s=x_1+\int_0^t[\alpha x_1+\bar{\beta}\mathrm{sgn}(x_1)+\gamma x_1^{l'}]\,\mathrm{d}t \tag{7-42}$$

式中，$\bar{\beta}>0$ 是常数，$l'>1$ 的奇数。在 Terminal 滑模(7-42) 上的收敛时间有以下定理。

定理【7.2】：当 $l'=3$ 时，如果系统状态在 Terminal 滑模(7-42) 上，则状态在滑模上的收敛时间为

$$t_{s7}<\begin{cases}t_1+t_2, & |x_1(0)|>1\\ t_2, & |x_1(0)|\leqslant 1\end{cases} \tag{7-43}$$

式中，

$$t_1=\frac{1}{2\alpha}\ln\left(\frac{\alpha/x_1^2(0)+\gamma}{\alpha+\gamma}\right)\quad |x_1(0)|>1 \tag{7-44}$$

$$t_2=\frac{1}{3\gamma\lambda^2}\left\{\ln(\lambda+x_1(0))+\frac{5}{\sqrt{3}}\left[\arctan\left(\frac{\lambda-2x_1(0)}{\sqrt{3}\lambda}\right)-\frac{\pi}{6}\right]\right\},\quad |x_1(0)|\leqslant 1 \tag{7-45}$$

其中，$\lambda>0$ 的常数。

证明：当 $s=0$，由 Terminal 滑模(7-42) 得

$$\dot{x}_1+\alpha x_1+\bar{\beta}\mathrm{sgn}(x_1)+\gamma x_1^{l'}=0 \tag{7-46}$$

不失一般性，假定 $x_1(t)>0$，以下分两种情况来说明。

(1) 如果 $x_1(0)>1$，先不考虑 $\bar{\beta}\mathrm{sgn}(x_1)$，得

$$\dot{x}_1+\alpha x_1+\gamma x_1^{l'}=0 \tag{7-47}$$

当 $l'=3$，方程(7-47) 是一个 Bernoulli 微分方程，它的通解为

$$x_1(t)=\left[\mathrm{e}^{-2\alpha t}\left(\frac{1}{x_1^2(0)}+\frac{\gamma}{\alpha}\right)-\frac{\gamma}{\alpha}\right]^{-1/2} \tag{7-48}$$

由此可以得到，$x_1(t)$ 从任意大于 1 的点到 $x_1(t)=1$ 的收敛时间 t_1 如式(7-44) 所示。

(2) 如果 $x_1(0)\leqslant 1$，先不考虑 αx_1，得

$$\dot{x}_1+\gamma x_1^{l'}+\bar{\beta}=0 \tag{7-49}$$

当 $l'=3$，$\bar{\beta}=\gamma\lambda^3$，方程(7-49) 是一个 Abel 微分方程，它的通解为

$$\ln\left(\frac{x_1(0)+\lambda}{x_1(t)+\lambda}\right)+\frac{1}{2}\ln(x_1^2(t)-\lambda x_1(t)+\lambda^2)+\frac{5}{\sqrt{3}}\left[\arctan\left(\frac{\lambda-2x_1(0)}{\sqrt{3}\lambda}\right)-\arctan\left(\frac{\lambda-2x_1(t)}{\sqrt{3}\lambda}\right)\right]=3\gamma\lambda^2 t \tag{7-50}$$

由此可得 $x_1(t)$ 从任意小于等于 1 的点到原点的收敛时间 t_2 如式(7-45) 所示。

当 $x_1(t)<0$ 时的情况计算结果同上。

证毕。

注 7.2：显然可得 $t_{s7} < t_{s4} < t_{s2}$，因为在滑模上的收敛速度有以下结果：

$$\left.\begin{aligned}&\alpha|x_1(t)|+\gamma|x_1(t)|^{\bar{l}}>\alpha|x_1(t)|+\beta|x_1(t)|^{\lambda}>\beta|x_1(t)|^{\lambda},\quad |x(0)|>1,\beta=\gamma\\&\alpha|x_1(t)|+\bar{\beta}|x_1(t)|^{0}>\alpha|x_1(t)|+\beta|x_1(t)|^{\lambda}>\beta|x_1(t)|^{\lambda},\quad |x(0)|<1,\bar{\beta}=\beta\end{aligned}\right\} \tag{7-51}$$

注 7.3：同样可得 $t_{s7} < t_{s5}$，因为在滑模上的收敛速度有以下结果：

$$\left.\begin{aligned}&\gamma|x_1(t)|^{\bar{l}}>\beta^{-1/\lambda'}|x_1(t)|^{1/\lambda'},\quad |x(0)|>1,\gamma=\beta^{-1/\lambda'}\\&\beta^{-1/\lambda'}|x_1(t)|^{0}>\beta^{-1/\lambda'}|x_1(t)|^{1/\lambda'},\quad |x(0)|\leqslant 1,\bar{\beta}=\beta^{-1/\lambda'}\end{aligned}\right\} \tag{7-52}$$

注 7.4：同样可得 $t_{s7} < t_{s6}$，因为在滑模上的收敛速度有以下结果：

$$\left.\begin{aligned}&\alpha|x_1(t)|+\gamma|x_1(t)|^{\bar{l}}>\alpha|x_1(t)|^{l}+\gamma|x_1(t)|^{\bar{l}},\quad |x(0)|>1\\&\bar{\beta}|x_1(t)|^{0}+\gamma|x_1(t)|^{\bar{l}}>\alpha|x_1(t)|^{l}+\gamma|x_1(t)|^{\bar{l}},\quad |x(0)|\leqslant 1,\beta=\alpha\end{aligned}\right\} \tag{7-53}$$

注 7.5：采用具有积分函数的 Terminal 滑模，在设计控制器时，往往需要结合反演法来设计控制器。结合系统(7-4)，可以得到以下的设计结果。

由系统(7-4) 和 Terminal 滑模(7-42) 得

$$x_2+\alpha x_1+\bar{\beta}\operatorname{sgn}(x_1)+\gamma x_1^{\bar{l}}=0 \tag{7-54}$$

则 x_2 的期望值为

$$x_{2e}=-\alpha x_1-\bar{\beta}\operatorname{sgn}(x_1)-\gamma x_1^{\bar{l}} \tag{7-55}$$

由于 x_{2e} 不连续，所以考虑以下一阶滤波器：

$$\dot{x}_{2r}=-\frac{1}{T}x_{2r}+\frac{1}{T}x_{2e} \tag{7-56}$$

式中，T 为正的常数，可以选择 T 使得 x_{2r} 近似等于 x_{2e}。

令 $e=x_2-x_{2r}$，得

$$\dot{e}=\dot{x}_2-\dot{x}_{2r}=f(x)+b(x)u+d(x)-\dot{x}_{2r} \tag{7-57}$$

选择以下控制器：

$$u=-b^{-1}(x)[f(x)-\dot{x}_{2r}+\alpha'e+(\delta+\bar{\beta}')\operatorname{sgn}(e)+\gamma'e^{\bar{l}}] \tag{7-58}$$

式中，α'，$\bar{\beta}'$ 和 γ' 均是正常数，则有

$$\dot{e}=d(x)-\alpha'e-(\delta+\bar{\beta}')\operatorname{sgn}(e)-\gamma'e^{\bar{l}} \tag{7-59}$$

显然，若 $d(x)=0$，由定理 7.2 知，$e(t)$ 将在有限时间为零。若 $d(x)\neq 0$，考虑以下 Lyapunov 函数：

$$V=e^2/2 \tag{7-60}$$

求导，得

$$\begin{aligned}\dot{V}=e\dot{e}=d(x)e-\alpha'e^2-(\delta+\bar{\beta}')|e|-\gamma'e^{\bar{l}}e\leqslant\delta|e|-\alpha'e^2-(\delta+\bar{\beta}')|e|-\gamma'e^{\bar{l}}e=\\-\alpha'e^2-\bar{\beta}'|e|-\gamma'e^{\bar{l}}e\end{aligned} \tag{7-61}$$

因为 $l=\dfrac{q}{p}$，而 p 和 q 均为正的奇数，所以 $e^{\bar{l}}e>0$。根据 Lyapunov 稳定性定理知，误差 e 能在有限时间内等于零，即 $x_2=x_{2e}$。所以，状态 x_1 在有限时间内变为零，那么 x_2 也等于零。

因此，该 Terminal 滑模控制器也不产生奇异问题。

例[7.2]：同样针对二阶非线性系统

$$\left.\begin{aligned}&\dot{x}_1=x_2\\&\dot{x}_2=u+0.1\sin 20t\end{aligned}\right\} \tag{7-62}$$

考虑以下两种 Terminal 滑模控制器：

$$\left.\begin{aligned} u_1 &= -\left[-\dot{x}_{2r1} + e_1 + 0.5\mathrm{sat}(e_1)\right] \\ \dot{x}_{2r1} &= -10x_{2r1} + 10x_{2e1}, \quad e_1 = x_2 - x_{2r1} \\ x_{2e1} &= -\left[x_1^{3/5} + x_1^{5/3}\right] \end{aligned}\right\} \tag{7-63}$$

和

$$\left.\begin{aligned} u_2 &= -b^{-1}(x)\left[-\dot{x}_{2r2} + e_2^{5/3} + e_2 + 0.5\mathrm{sat}(e_2)\right] \\ \dot{x}_{2r2} &= -10x_{2r2} + 10x_{2e2}, \quad e_2 = x_2 - x_{2r2} \\ x_{2e2} &= -\left[x_1 + \beta\mathrm{sat}(x_1) + \gamma x_1^{5/3}\right] \end{aligned}\right\} \tag{7-64}$$

仿真结果如图 7-5～图 7-8 所示。从图中可以看到，控制器在相同参数的作用下，第一种 Terminal 滑模控制下状态收敛的速度没有第二种 Terminal 滑模控制下的状态收敛速度快，当然第二种 Terminal 滑模控制在初始时需要很多的作用力。这两种 Terminal 滑模控制器均没有出现奇异的情况。

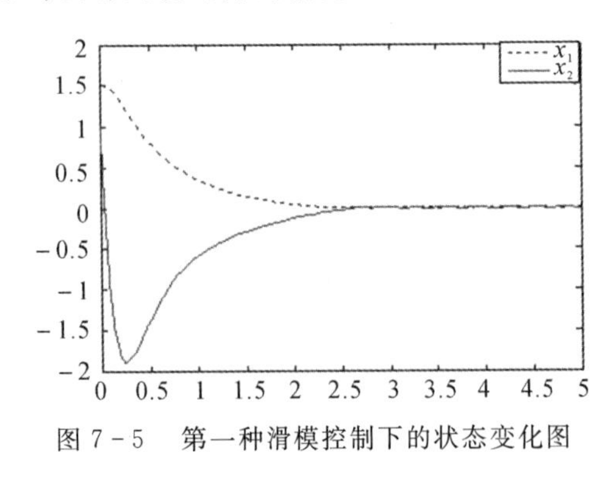

图 7-5　第一种滑模控制下的状态变化图

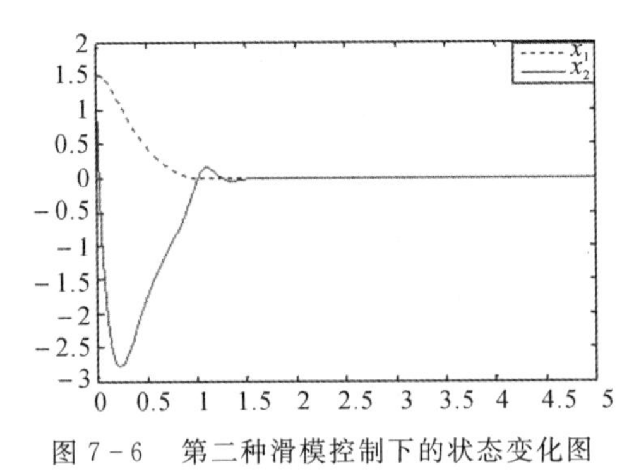

图 7-6　第二种滑模控制下的状态变化图

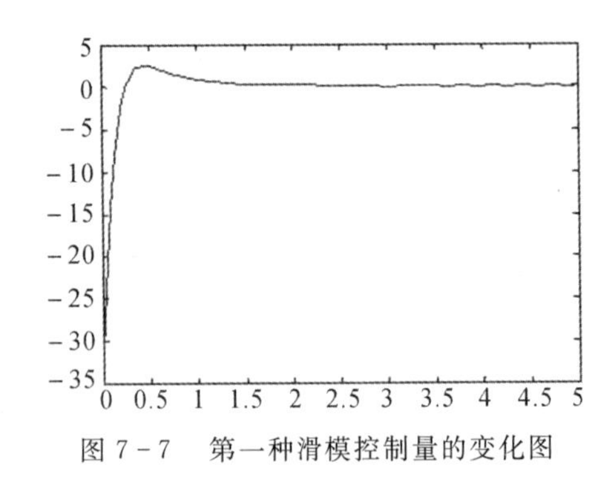
图 7-7　第一种滑模控制量的变化图

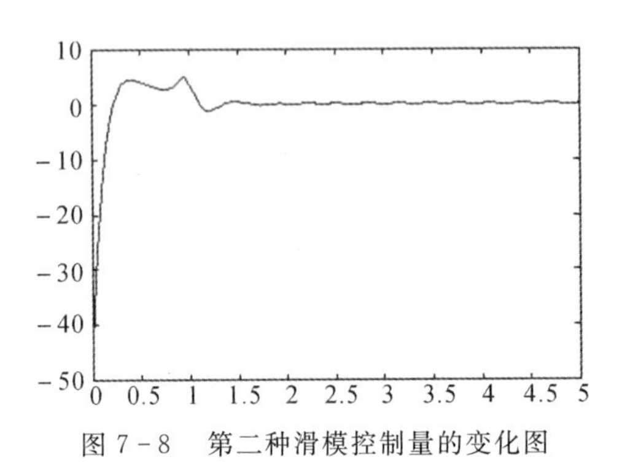
图 7-8　第二种滑模控制量的变化图

7.3　基于误差补偿函数的 Terminal 滑模控制方法

除了以上小节介绍的含分数幂次的 Terminal 滑模设计方法外，本节来介绍一种含误差补偿函数的 Terminal 滑模设计方法。

考虑以下非线性系统：

$$\left.\begin{aligned}&\dot{x}_1=x_2\\&\dot{x}_2=x_3\\&\cdots\cdots\\&\dot{x}_{n-1}=x_n\\&\dot{x}_n=f(\boldsymbol{x},t)+\Delta f(\boldsymbol{x},t)+b(\boldsymbol{x},t)u+d(t)\end{aligned}\right\}\tag{7-65}$$

式中：$\boldsymbol{x}=[x_1\quad x_2\quad\cdots\quad x_n]^{\mathrm{T}}$；$f(\boldsymbol{x},t)$ 和 $b(\boldsymbol{x},t)$ 是已知的系统状态非线性函数；$\Delta f(\boldsymbol{x},t)$ 和 $d(t)$ 是未知的被控对象的不确定性和外部扰动。

考虑系统跟踪问题，在有限时间内到达期望状态 x_{m}，定义误差 $e=x_1-x_{\mathrm{m}}$，设计 Terminal 滑动模态面为

$$\sigma(x,t)=\boldsymbol{CE}(t)-\boldsymbol{W}(t)\tag{7-66}$$

式中：$\boldsymbol{E}(t)=[e(t)\quad\dot{e}(t)\quad\cdots\quad e^{(n-1)}(t)]^{\mathrm{T}}$；$\boldsymbol{C}=[c_1\quad c_2\quad\cdots\quad c_n]$ 是一个矩阵，$c_i>0$；$\boldsymbol{W}(t)=\boldsymbol{P}(t)$，$\boldsymbol{P}(t)=[p(t)\quad\dot{p}(t)\quad\cdots\quad p^{(n-1)}(t)]^{\mathrm{T}}$，满足以下假设条件。

假设 7.1：$p(t):\mathbf{R}^{+}\rightarrow\mathbf{R}$，$p(t)\in\mathbf{C}[0,+\infty)$，$p(t)\in L^{\infty}$，对于某个常数 $T>0$，$p(t)$ 是在时间段 $[0,T]$ 上的有界函数，并且 $p(0)=e(0)$，$p^{(1)}(0)=e^{(1)}(0)$，$\cdots p^{(n)}(0)=e^{(n)}(0)$，而 $\mathbf{R}^{+}$ 表示正的实数集，$\mathbf{C}[0,+\infty)$ 表示定义在 $[0,+\infty)$ 上的所有 n 阶可微的连续函数。

这里选取的函数 $p(t)$ 为

$$p(t)=\begin{cases}\displaystyle\sum_{k=0}^{n}\frac{1}{k!}e^{(k)}(0)t^k+\sum_{j=0}^{n}\left[\sum_{l=0}^{n}\frac{a_{jl}}{T^{j-l+n+1}}e^{(l)}(0)\right]t^{j+n+1}, & 0\leqslant t\leqslant T\\0, & t>T\end{cases}\tag{7-67}$$

式中，参数 a_{jl} 可以通过假设 7.1 中的条件求得。

例如：当 $n=2$ 时，$p(t)$ 能够写为

$$p(t)=\begin{cases}e_0+\dot{e}_0t+\dfrac{1}{2!}\ddot{e}_0t^2+\left(\dfrac{a_{00}}{T^3}e_0+\dfrac{a_{01}}{T^2}\dot{e}_0+\dfrac{a_{02}}{T}\ddot{e}_0\right)t^3+\\\qquad\left(\dfrac{a_{10}}{T^4}e_0+\dfrac{a_{11}}{T^3}\dot{e}_0+\dfrac{a_{12}}{T^2}\ddot{e}_0\right)t^4+\left(\dfrac{a_{20}}{T^5}e_0+\dfrac{a_{21}}{T^4}\dot{e}_0+\dfrac{a_{22}}{T^3}\ddot{e}_0\right)t^5, & 0\leqslant t\leqslant T\\0, & t>T\end{cases}\tag{7-68}$$

式中，$e_0=e(0)$。根据假设 7.1，在 $t=T$ 时，有 $p(T)=\dot{p}(T)=\ddot{p}(T)=0$，可得

$$\begin{cases}a_{00}+a_{10}+a_{20}=-1\\3a_{00}+4a_{10}+5a_{20}=0\\6a_{00}+12a_{10}+20a_{20}=0\end{cases}\quad\begin{cases}a_{01}+a_{11}+a_{21}=-1\\3a_{01}+4a_{11}+5a_{21}=-1\\6a_{01}+12a_{11}+20a_{21}=0\end{cases}\quad\begin{cases}a_{02}+a_{12}+a_{22}=-1/2\\3a_{02}+4a_{12}+5a_{22}=-1\\6a_{02}+12a_{12}+20a_{22}=-1/2\end{cases}$$

基于以上三个方程组可得

$$a_{00}=-10,\quad a_{10}=15,\quad a_{20}=-6,\quad a_{01}=-6,\quad a_{11}=8$$
$$a_{21}=-3,\quad a_{02}=-1.5,\quad a_{12}=1.5,\quad a_{22}=-0.5$$

当 $n=3$ 时，$p(t)$ 能够写为

$$p(t)=\begin{cases} e_0+\dot{e}_0 t+\frac{1}{2}\ddot{e}_0 t^2+\frac{1}{6}\dddot{e}_0 t^3+\left(\frac{a_{00}}{T^4}e_0+\frac{a_{01}}{T^3}\dot{e}_0+\frac{a_{02}}{T^2}\ddot{e}_0+\frac{a_{03}}{T}\dddot{e}_0\right)t^4+ & \\ \left(\frac{a_{10}}{T^5}e_0+\frac{a_{11}}{T^4}\dot{e}_0+\frac{a_{12}}{T^3}\ddot{e}_0+\frac{a_{13}}{T^2}\dddot{e}_0\right)t^5+ & \\ \left(\frac{a_{20}}{T^6}e_0+\frac{a_{21}}{T^5}\dot{e}_0+\frac{a_{22}}{T^4}\ddot{e}_0+\frac{a_{23}}{T^3}\dddot{e}_0\right)t^6+ & \\ \left(\frac{a_{30}}{T^7}e_0+\frac{a_{31}}{T^6}\dot{e}_0+\frac{a_{32}}{T^5}\ddot{e}_0+\frac{a_{33}}{T^4}\dddot{e}_0\right)t^7, & 0\leqslant t\leqslant T \\ 0, & t>T \end{cases} \tag{7-69}$$

根据假设 7.1,在 $t=T$ 时,有 $p(T)=\dot{p}(T)=\ddot{p}(T)=\dddot{p}(T)=0$,可得

$$a_{00}+a_{10}+a_{20}+a_{30}=-1$$
$$4a_{00}+5a_{10}+6a_{20}+7a_{30}=-1$$
$$12a_{00}+20a_{10}+30a_{20}+42a_{30}=-1$$
$$24a_{00}+60a_{10}+120a_{20}+210a_{30}=-1$$
$$a_{01}+a_{11}+a_{21}+a_{31}=-1$$
$$4a_{01}+5a_{11}+6a_{21}+7a_{31}=-1$$
$$12a_{01}+20a_{11}+30a_{21}+42a_{31}=-1$$
$$24a_{01}+60a_{11}+120a_{21}+210a_{31}=0$$
$$a_{02}+a_{12}+a_{22}+a_{32}=-1/2$$
$$4a_{02}+5a_{12}+6a_{22}+7a_{32}=-1/2$$
$$12a_{02}+20a_{12}+30a_{22}+42a_{32}=0$$
$$24a_{02}+60a_{12}+120a_{22}+210a_{32}=0$$
$$a_{03}+a_{13}+a_{23}+a_{33}=-1/6$$
$$4a_{03}+5a_{13}+6a_{23}+7a_{33}=0$$
$$12a_{03}+20a_{13}+30a_{23}+42a_{33}=0$$
$$24a_{03}+60a_{13}+120a_{23}+210a_{33}=0$$

基于以上方程可得

$$a_{00}=-35,\quad a_{10}=84,\quad a_{20}=-70,\quad a_{30}=20,\quad a_{01}=-20,\quad a_{11}=45$$
$$a_{21}=-36,\quad a_{31}=10,\quad a_{02}=-5,\quad a_{12}=10,\quad a_{22}=-7.5,\quad a_{32}=2$$
$$a_{03}=-2/3,\quad a_{13}=1,\quad a_{23}=-2/3,\quad a_{33}=1/6$$

显然,由假设 7.1 知

$$\sigma(x,0)=\dot{\sigma}(x,0)=0 \tag{7-70}$$

系统状态在初始状态就在滑动模态上。再由假设 7.1 的条件要求,$p(T)=0$,由此可得

$$\sigma(x,T)=\boldsymbol{C}e(T)-\boldsymbol{C}p(T)=\boldsymbol{C}e(T)=0 \tag{7-71}$$

从而使得在有限时间 T 内实现系统的稳定跟踪。

系统的 Terminal 滑模控制器可以根据趋近律来设计。如选择 $\dot{\sigma}=-k\sigma-\varepsilon\operatorname{sgn}(\sigma)$,可得 Terminal 滑模控制器为

$$u=-\frac{1}{c_n b(x,t)}\left[\sum_{i=1}^{n-1}c_i e_{i+1}-x_{mn}+f(x,t)+C\dot{p}(t)+k\sigma+\varepsilon \mathrm{sgn}(\sigma)\right] \tag{7-72}$$

例[7.3]：一个二阶非线性系统：

$$\left.\begin{aligned}\dot{x}_1&=x_2\\ \dot{x}_2&=u+0.1\sin 20t\end{aligned}\right\} \tag{7-73}$$

考虑以下的 Terminal 滑模：$\sigma=Ce-CP(t)$，式中，$C=[2,1]$，$P(t)=[p(t),\dot{p}(t)]$，即 $\dot{\sigma}=2x_1+x_2-2p(t)-\dot{p}(t)$，则可得 Terminal 滑模控制器为

$$u_2=-[2x_2-2\dot{p}(t)-\ddot{p}(t)+\sigma+0.5\mathrm{sat}(\sigma)] \tag{7-74}$$

分别设定 0.5 s 和 1 s 稳定，仿真结果如图 7-9 ～ 图 7-12 所示。从图中可以看到，在 Terminal 滑模控制器的作用下，都按要求有限时间实现了稳定，当然第一种 Terminal 滑模控制需要很多的作用力。这两种 Terminal 滑模控制器均没有出现奇异的情况。

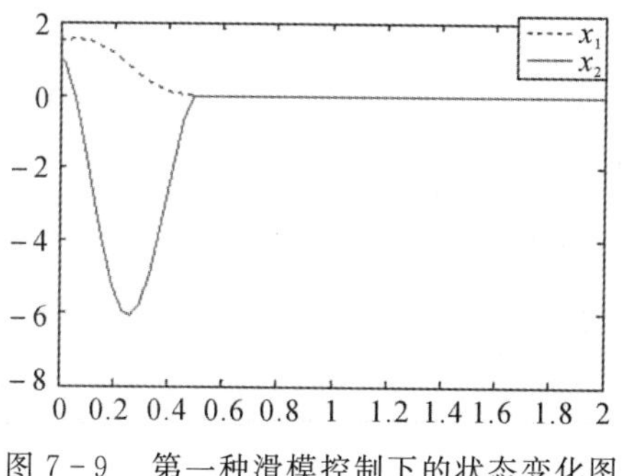

图 7-9　第一种滑模控制下的状态变化图

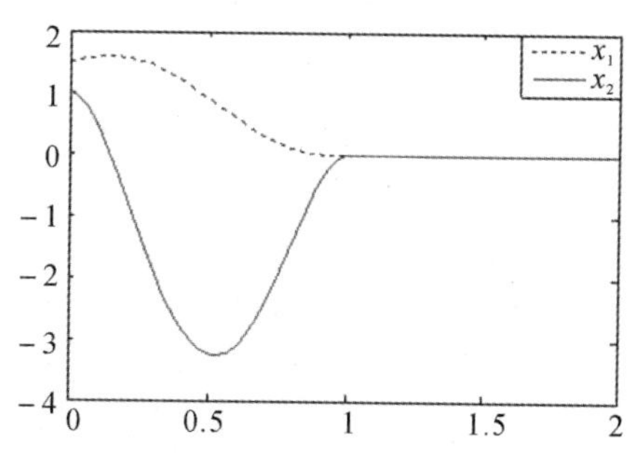

图 7-10　第二种滑模控制下的状态变化图

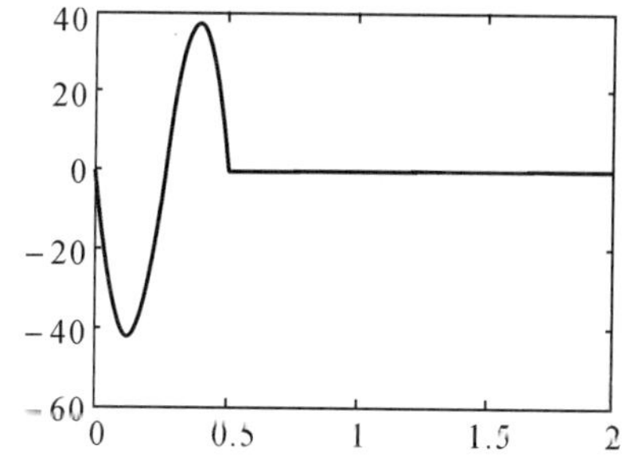

图 7-11　第一种滑模控制量的变化图

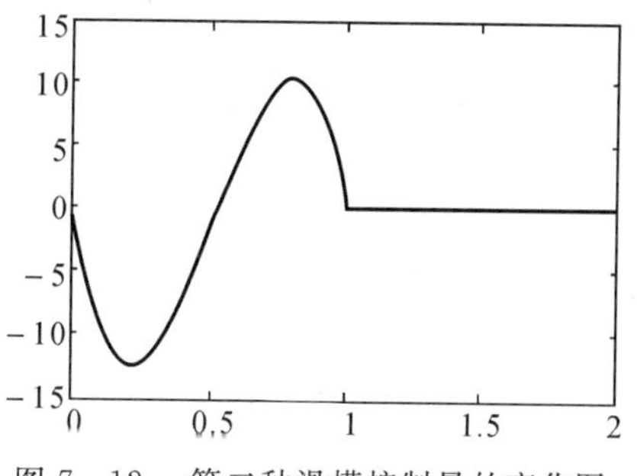

图 7-12　第二种滑模控制量的变化图

7.4　基于时间函数的 Terminal 滑模控制方法

除了以上介绍的含分数幂次的 Terminal 滑模和误差补偿函数的 Terminal 滑模设计方法外，本节简单介绍一种特殊的基于时间函数的 Terminal 滑模设计方法，但该种 Terminal 滑模具有一定的使用条件。

为了便于说明问题，这里给出一阶 Terminal 滑模的设计方法。定义一阶 Terminal 滑模为

$$s=\dot{x}+\frac{cx}{t_r-t} \tag{7-75}$$

式中，t_r 为期望的收敛时间，$c>0$。

显然当状态在滑模(7-75)时，即 $s=0$，可得

$$\dot{x}=-\frac{cx}{t_r-t} \tag{7-76}$$

求解可得

$$x(t)=\frac{x(t_0)}{(t_r-t_0)^c}(t_r-t)^c \tag{7-77}$$

Terminal 滑模(7-75)存在的时间域为 $[t_0,t_r)$。当 $t=t_r$ 时，Terminal 滑模(7-76)就没有意义了。

思　考　题

7-1　考虑如下线性系统：

$$\begin{cases}\dot{x}_1=x_2\\ \dot{x}_2=u\end{cases}$$

利用本章给出的设计方法，设计一种 Terminal 滑模控制律。

7-2　考虑如下二阶线性系统：

$$\begin{cases}\dot{x}_1=x_2+0.1\cos x_1\\ \dot{x}_2=u\end{cases}$$

利用本章给出的修正 Terminal 滑模设计方法，设计滑模控制律。

7-3　考虑如下二阶线性系统

$$\begin{cases}\dot{x}_1=x_2+0.05\sin 2t\\ \dot{x}_2=u+0.1\sin 20t\end{cases}$$

利用本章给出的幂次函数 Terminal 滑模设计方法，设计滑模控制律。

7-4　考虑如下三阶线性系统：

$$\begin{cases}\dot{x}_1=x_2+0.01\cos t\\ \dot{x}_2=x_3+0.05\sin 10t\\ \dot{x}_3=u+0.1\sin 20t\end{cases}$$

利用本章给出的幂次函数 Terminal 滑模设计方法，设计滑模控制律。

7-5　考虑如下二阶线性系统：

$$\begin{cases}\dot{x}_1=x_2\\ \dot{x}_2=u+0.3\sin 3t\end{cases}$$

利用本章给出基于误差补偿函数的 Terminal 滑模设计方法，设计滑模控制律。

7-6　考考虑如下二阶线性系统：

$$\dot{x}_1=u+0.5\cos 5t$$

利用 7.4 节的 Terminal 滑模设计方法，设计滑模控制律。

7-7　对下列系统

$$\begin{bmatrix}\dot{\boldsymbol{x}}_1\\ \dot{\boldsymbol{x}}_2\end{bmatrix}=\begin{bmatrix}0 & 1\\ -3 & -2\end{bmatrix}\begin{bmatrix}\boldsymbol{x}_1\\ \boldsymbol{x}_2\end{bmatrix}+\begin{bmatrix}1\\ 0\end{bmatrix}u,\quad \begin{bmatrix}\boldsymbol{x}_1(0)\\ \boldsymbol{x}_2(0)\end{bmatrix}=\begin{bmatrix}1\\ 1\end{bmatrix}$$

利用 Terminal 滑模控制设计控制系统，并计算其收敛时间。

7-8　考虑如下 n 阶线性系统：

$$\begin{cases}\dot{x}_1 = x_2 \\ \dot{x}_2 = x_3 \\ \cdots\cdots \\ \dot{x}_{n-1} = x_n \\ \dot{x}_n = -\sum_{i=1}^{n} a_i x_i - bu\end{cases}$$

设计反演法的 Terminal 滑模控制。

7-9　对于下列系统：

$$\begin{bmatrix}\dot{\boldsymbol{x}}_1 \\ \dot{\boldsymbol{x}}_2\end{bmatrix} = \begin{bmatrix}0 & 1 \\ -5 & 6\end{bmatrix}\begin{bmatrix}\boldsymbol{x}_1 \\ \boldsymbol{x}_2\end{bmatrix} + \begin{bmatrix}0 \\ 1\end{bmatrix}u, \quad \begin{bmatrix}\boldsymbol{x}_1(0) \\ \boldsymbol{x}_2(0)\end{bmatrix} = \begin{bmatrix}2 \\ 5\end{bmatrix}$$

设计能够避免奇异问题的 Terminal 积分滑模控制系统。

7-10　考虑下列线性系统的状态方程：

$$\begin{cases}\dot{x}_1 = x_2 \\ \dot{x}_2 = 5x_1 + 3x_2 - u + \sin t\end{cases}$$

试采用误差补偿函数设计 Terminal 滑模控制系统。

第8章　非匹配不确定系统滑模控制的设计方法

本章从非匹配控制系统的概念出发，结合反演法和自适应控制方法，介绍非匹配系统的滑模自适应控制方法；同时，结合干扰观测器方法，介绍了基于干扰补偿的非匹配系统的非线性滑模控制方法。

8.1　非匹配控制系统的概念

考虑如下非线性系统：

$$\begin{cases}\dot{\boldsymbol{x}}=\boldsymbol{f}(\boldsymbol{x})+\boldsymbol{g}(\boldsymbol{x})\boldsymbol{u}+\boldsymbol{p}(\boldsymbol{x})\boldsymbol{w}\\ \boldsymbol{y}=\boldsymbol{h}(\boldsymbol{x})\end{cases} \tag{8-1}$$

式中：$\boldsymbol{x}\in\mathbf{R}^n$ 是状态变量；$\boldsymbol{u}\in\mathbf{R}^m$ 是输入变量；$\boldsymbol{w}\in\mathbf{R}^n$ 是干扰变量；$\boldsymbol{y}\in\mathbf{R}^m$ 是输出变量。假定系统的平衡点是 $\boldsymbol{x}_0$。

定义【8.1】相对度：在平衡点 $\boldsymbol{x}_0$ 处控制输入到输出的相对度定义为$(\sigma_1,\sigma_2,\cdots,\sigma_m)$，如果在平衡点处，$L_{g_j}L_f^k h_i(x)=0,(1\leqslant j\leqslant m,1\leqslant i\leqslant m)$，$k<\sigma_i-1$，矩阵

$$\boldsymbol{A}(\boldsymbol{x})=\begin{bmatrix}L_{g_1}L_f^{\sigma_1-1}h_1 & L_{g_2}L_f^{\sigma_1-1}h_1 & \cdots & L_{g_m}L_f^{\sigma_1-1}h_1\\ L_{g_1}L_f^{\sigma_2-1}h_2 & L_{g_2}L_f^{\sigma_2-1}h_2 & \cdots & L_{g_m}L_f^{\sigma_2-1}h_2\\ \vdots & \vdots & & \vdots\\ L_{g_1}L_f^{\sigma_m-1}h_m & L_{g_m}L_f^{\sigma_m-1}h_m & \cdots & L_{g_m}L_f^{\sigma_m-1}h_m\end{bmatrix} \tag{8-2}$$

是非奇异的。更简单地，输入输出相对度也称为输入相对度。

同样地，可以定义干扰相对度为$(\nu_1,\nu_2,\cdots\nu_m)$。

定义【8.2】非匹配：如果存在某个干扰相对度严格小于某个输入相对度，即 $\nu_i<\sigma_j$，$i,j\in\{1,2,\cdots,m\}$，则称干扰在系统(8-1)是非匹配的，简称系统(8-1)是非匹配的。

注 8.1：标准的 Li 导数具体求法如下

$$L_f^0\boldsymbol{h}_i(\boldsymbol{x})=\boldsymbol{h}_i(\boldsymbol{x}),L_f^1 h_i(\boldsymbol{x})=\left(\frac{\partial h_i(x)}{\partial x}\right)^{\mathrm{T}}\boldsymbol{f}(\boldsymbol{x}),\quad L_f^k h_i(\boldsymbol{x})=L_f\left[L_f^{k-1}h_i(\boldsymbol{x})\right] \tag{8-3}$$

为了说明非匹配的含义，我们来看以下例子

例[8.1]：以下两个系统哪个是非匹配的？

$$\text{(a)}\begin{cases}\dot{x}_1=\arctan x_2+d\\ \dot{x}_2=u\\ y=x_1\end{cases}\qquad \text{(b)}\begin{cases}\dot{x}_1=\arctan x_2\\ \dot{x}_2=u+d\\ y=x_1\end{cases}$$

解：对于系统(a)，可知

$$\boldsymbol{f}(x)=\begin{bmatrix}\arctan x_2\\ 0\end{bmatrix},\quad \boldsymbol{g}(\boldsymbol{x})=\begin{bmatrix}0\\ 1\end{bmatrix},\quad \boldsymbol{p}(x)=\begin{bmatrix}1\\ 0\end{bmatrix},\quad h(x)=x_1$$

分别求其 Li 导数，可得：

$$L_f^0 h = x_1, \quad L_f^1 h = [1 \quad 0]\begin{bmatrix}\arctan x_2 \\ 0\end{bmatrix} = \arctan x_2, \quad L_f^2 h = \begin{bmatrix}0 & \dfrac{1}{1+x_2^2}\end{bmatrix}\begin{bmatrix}\arctan x_2 \\ 0\end{bmatrix} = 0$$

$$L_g L_f^1 h = \begin{bmatrix}0 & \dfrac{1}{x_2^2}\end{bmatrix}\begin{bmatrix}0 \\ 1\end{bmatrix} = \frac{1}{x_2^2} \neq 0$$

但是　$$L_p L_f^0 h_1 = [1 \quad 0]\begin{bmatrix}1 \\ 0\end{bmatrix} = 1 \neq 0, \quad L_p L_f^1 h_1 = \begin{bmatrix}0 & \dfrac{1}{x_2^2}\end{bmatrix}\begin{bmatrix}1 \\ 0\end{bmatrix} = 0$$

输入相对度是 2，而干扰相对度为 1。显然，输入相对度大于干扰相对度，因此系统(a) 是非匹配的。

对于系统(b)，可知

$$\boldsymbol{f}(x) = \begin{bmatrix}\arctan x_2 \\ 0\end{bmatrix}, \quad \boldsymbol{g}(x) = \begin{bmatrix}0 \\ 1\end{bmatrix}, \quad \boldsymbol{p}(x) = \begin{bmatrix}0 \\ 1\end{bmatrix}, \quad h(x) = x_1$$

分别求其 Li 导数，可得

$$L_f^0 h = x_1, \quad L_f^1 h = [1 \quad 0]\begin{bmatrix}\arctan x_2 \\ 0\end{bmatrix} = \arctan x_2, \quad L_f^2 h = [0 \quad 1]\begin{bmatrix}\arctan x_2 \\ 0\end{bmatrix} = 0$$

$$L_g L_f^1 h = \begin{bmatrix}0 & \dfrac{1}{x_2^2}\end{bmatrix}\begin{bmatrix}0 \\ 1\end{bmatrix} = \frac{1}{x_2^2} \neq 0$$

但是　$$L_p L_f^0 h_1 = [0 \quad 1]\begin{bmatrix}0 \\ 1\end{bmatrix} = 1 \neq 0, \quad L_p L_f^1 h_1 = \begin{bmatrix}0 & \dfrac{1}{x_2^2}\end{bmatrix}\begin{bmatrix}0 \\ 1\end{bmatrix} = \frac{1}{x_2^2} \neq 0$$

输入相对度是 2，干扰相对度为 2。显然，干扰相对度不严格小于输入相对度，因此系统(b) 是匹配的。

8.2　非匹配系统的滑模自适应控制方法

针对非匹配系统，采用滑模自适应控制方法，主要从一阶系统和二阶系统，介绍了非匹配系统滑模自适应控制设计方法。

8.2.1　一阶系统的自适应滑模控制控制

为了能够清楚地说明一阶系统的自适应滑模控制系统设计方法，这里从一阶系统的自适应滑动模态设计和自适应滑模控制系统设计，来介绍一阶系统的自适应滑模控制系统设计方法。

8.2.1.1　一阶系统的自适应滑动模态

考虑如下的一阶系统：

$$\dot{x} = bu + d \tag{8-4}$$

式中：x 是一维的状态变量；u 是控制输入；$b \neq 0$；d 是未知有界干扰，即满足 $|d| \leqslant \Delta$。

提出如下新型自适应滑模面

$$s_1 = x + \int_0^t \left(c_1 x + \frac{\varepsilon_1 x}{|x| + \delta_1^2 e^{-\kappa t}}\right) dt \tag{8-5}$$

其中：$c_1 > 0$；$\varepsilon_1 > 0$；$\kappa > 0$；δ_1 是自适应参数，满足

$$\dot{\delta}_1 = -\frac{\lambda_1 \varepsilon_1 \mid x \mid \delta_1 e^{-\kappa t}}{\mid x \mid + \delta_1^2 e^{-\kappa t}} \tag{8-6}$$

其中:$\lambda_1 > 0$;$\delta_1(0) > 0$。

显然有

$$\dot{\delta}_1 \geqslant -\lambda_1 \varepsilon_1 \delta_1 e^{-\kappa t} \geqslant -\lambda_1 \varepsilon_1 \delta_1 \tag{8-7}$$

解该不等式可得

$$\delta_1(t) \geqslant \delta_1(0)\exp(-\lambda_1 \varepsilon_1 t) \tag{8-8}$$

只要 $\delta_1(0) > 0$,则 $\delta_1(t) > 0$ 成立。

还可以得到

$$\delta_1 \dot{\delta}_1 \geqslant -\lambda_1 \varepsilon_1 \mid x \mid \tag{8-9}$$

则

$$\frac{\delta_1^2(\infty)}{2} - \frac{\delta_1^2(0)}{2} \geqslant -\lambda_1 \varepsilon_1 \int_0^{\infty} \mid x \mid dt \tag{8-10}$$

假设 8.1:存在一个 $\lambda_1^* > 0$ 和一个 $\delta_1^* > 0$,使得以下不等式成立:

$$\lambda_1^* \varepsilon_1 \int_0^{\infty} \mid x \mid dt \geqslant \frac{\delta_1{}^2(0)}{2} - \frac{(\delta_1^*)^2}{2} \tag{8-11}$$

在假设 8.1 的条件下,可得 $\delta_1(\infty) > \delta_1^*$。因为 $\delta_1(t)$ 是一个减函数,这说明当 $t \geqslant 0$ 时,有 $\delta_1(t) > \delta_1^*$。

当系统状态 x 在滑模上运动时,即 $s=0$,则有

$$\dot{x} = -c_1 x - \frac{\varepsilon_1 x}{\mid x \mid + \delta_1^2 e^{-\kappa t}} \tag{8-12}$$

若选取 Lyapunov 函数为

$$V_{8-1}(x) = \frac{x^2}{2} + \frac{\delta_1^2}{2\lambda_1} \tag{8-13}$$

则

$$\dot{V}_{8-1}(x) = -c_1 x^2 - \frac{\varepsilon_1 \mid x \mid^2}{\mid x \mid + \delta_1^2 e^{-\kappa t}} + \frac{\delta_1 \dot{\delta}_1}{\lambda_1} = -c_1 x^2 - \varepsilon_1 \mid x_1 \mid \tag{8-14}$$

由于 $\varepsilon_1 > 0$,同时 x 和 $\dot{x}$ 都是有界的,可以根据 Barbalet 引理,可得 $\lim\limits_{t\to\infty} x = 0$。

8.2.1.2 一阶系统的自适应滑模控制律

传统设计滑模变结构控制的方法往往采用趋近律的形式,这里采用一种新的自适应方法来设计趋近律,实现系统的渐近稳定性。

采用的趋近律的形式为

$$\dot{s}_1 = -c_2 s_1 - \frac{\varepsilon_2 s_1}{\mid s_1 \mid + \delta_2^2 e^{-\kappa t}} \tag{8-15}$$

其中:$c_2 > 0$;$\varepsilon_2 > 0$;δ_2 是自适应参数,满足

$$\dot{\delta}_2 = -\frac{\lambda_2 \varepsilon_2 \mid s_1 \mid \delta_2 e^{-\kappa t}}{\mid s_1 \mid + \delta_2^2 e^{-\kappa t}} \tag{8-16}$$

其中:$\lambda_2 > 0$;$\delta_2(0) > 0$。同时,需要满足如下假设 8.2 的条件。

假设 8.2:存在一个 $\lambda_2^* > 0$ 和一个 $\delta_2^* > 0$,使得以下不等式成立:

$$\lambda_2^* \varepsilon_2 \int_0^{\infty} \mid s_1 \mid dt \geqslant \frac{\delta_2{}^2(0)}{2} - \frac{(\delta_2^*)^2}{2} \tag{8-17}$$

在假设 8.2 的条件下，同样可得 $\delta_2(\infty) > \delta_2^*$。

同样，选取 Lyapunov 函数为

$$V_{8-2}(s) = \frac{s_1^2}{2} + \frac{\delta_2^2}{2\lambda_2} \tag{8-18}$$

则

$$\dot{V}_{8-2}(s) = -c_2 s_1^2 - \frac{\varepsilon_2 s_1^2}{|s_1| + \delta_2^2 e^{-\kappa t}} + \frac{\delta_2 \dot{\delta}_2}{\lambda_2} = -c_2 s_1^2 - \varepsilon_2 |s_1| \tag{8-19}$$

由于 $c_2 > 0$，$\varepsilon_2 > 0$，同时 s_1 和 $\dot{s}_1$ 都是有界的，同样根据 Barbalet 引理，可得 $\lim\limits_{t\to\infty} s_1 = 0$。

考虑到设计的新的趋近律使得滑动面 s_1 是渐近稳定，不是有限时间到达滑动模态，因此需要进一步考虑整个系统的稳定性。

由于 $\lim\limits_{t\to\infty} s_1 = 0$，不妨设当在一定的时间内，使得 $s_1 = \Omega_1$，其中 Ω_1 是一个小正数，即

$$s_1 = x + \int_0^t \left(c_1 x + \frac{\varepsilon_1 x}{|x| + \delta_1^2 e^{-\kappa t}}\right) dt = \Omega_1 \tag{8-20}$$

可以解得

$$x = -\int_0^t \left(c_1 x + \frac{\varepsilon_1 x}{|x| + \delta_1^2 e^{-\kappa t}}\right) dt - \Omega_1 \tag{8-21}$$

求解可得

$$\dot{x} = -c_1 x - \frac{\varepsilon_1 x}{|x| + \delta_1^2 e^{-\kappa t}} - \dot{\Omega}_1 \tag{8-22}$$

仍取 Lyapunov 函数 $V_{8-1}(x)$，求导可得

$$\begin{aligned}\dot{V}_{8-1}(x) = & -c_1 x^2 - \frac{\varepsilon_1 x^2}{|x| + \delta_1^2 e^{-\kappa t}} - \dot{\Omega}_1 x + \frac{\delta_1 \dot{\delta}_1}{\lambda_1} = -c_1 x^2 - \varepsilon_1 |x| - \dot{\Omega}_1 x \leqslant \\ & -c_1 x^2 - (\varepsilon_1 - |\dot{\Omega}_1|) |x|\end{aligned} \tag{8-23}$$

因为 Ω_1 是一个小正数，则 $\dot{\Omega}_1$ 必定有界，所以只要选择的 ε_1 满足 $\varepsilon_1 > |\dot{\Omega}_1|$，同样根据 Barbalet 引理，仍然可得 $\lim\limits_{t\to\infty} x = 0$。

由此，可得一阶系统的自适应滑动模态控制为

$$u = -\frac{1}{b}\left[c_1 x + \frac{\varepsilon_1 x}{|x| + \delta_1^2 e^{-\kappa t}} + c_2 s_1 + \frac{\varepsilon_2 s_1}{|s_1| + \delta_2^2 e^{-\kappa t}}\right] \tag{8-24}$$

在以上自适应滑动模态控制律的作用下，系统的稳定性证明如下。

仍选取 Lypunov 函数为 $V_{8-2}(s)$，对其求导，并将控制律带入，可得

$$\dot{V}_{8-2}(s) = ds_1 - c_2 s_1^2 - \frac{\varepsilon_2 s_1^2}{|s_1| + \delta_2^2 e^{-\kappa t}} + \frac{\delta_2 \dot{\delta}_2}{\lambda_2} = ds_1 - c_2 s_1^2 - \varepsilon_2 |s_1| \tag{8-25}$$

由此可得

$$\dot{V}_{8-2}(s) \leqslant -c_2 s_1^2 - (\varepsilon_2 - \Delta) |s_1| \tag{8-26}$$

只要 $c_2 > 0$，$\varepsilon_2 > \Delta$，同时 s 和 $\dot{s}$ 都是有界的，可以根据 Barbalet 引理，可得 $\lim\limits_{t\to\infty} s_1 = 0$。

由以上 Lyapunov 稳定性证明，可知在所设计的自适应滑模控制律的作用下，能够使得系统渐近稳定，同时可以看到控制律不再含有不连续的符号函数，从而克服了抖振问题。

根据以上设计思想，可以得到如下的二阶自适应滑模控制的设计方法。

8.2.2　二阶非匹配系统的自适应滑模控制

借助于一阶系统自适应滑模控制系统的设计方法，针对二阶系统，可以完成新的自适应滑

模控制系统设计。

8.2.2.1 二阶系统的自适应滑动模态

考虑如下的二阶系统：

$$\left.\begin{aligned}\dot{x}_1 &= a_{12}x_2 + d_1\\ \dot{x}_2 &= a_{21}x_1 + a_{22}x_2 + bu + d_2\end{aligned}\right\} \tag{8-27}$$

其中：x_1，x_2 均是一维的状态变量；u 是控制输入；$a_{12} \neq 0$；$b \neq 0$；d_1，d_2 是未知有界干扰，即满足 $|d_i| \leqslant \Delta, i = 1,2$。

本节提出如下的新型自适应滑模面：

$$s_2 = a_{12}x_2 + c_3x_1 + \frac{\varepsilon_3 x_1}{|x_1| + \delta_3^2 \mathrm{e}^{-\kappa t}} \tag{8-28}$$

其中：$c_3 > 0$；$\varepsilon_3 > \Delta$；δ_3 是自适应参数，满足

$$\dot{\delta}_3 = -\frac{\lambda_3 \varepsilon_3 |x_1| \delta_3 \mathrm{e}^{-\kappa t}}{|x_1| + \delta_3^2 \mathrm{e}^{-\kappa t}} \tag{8-29}$$

其中：$\lambda_3 > 0$ 的常数；$\delta_3(0) > 0$。

假设 8.3：存在一个 $\lambda_3^* > 0$ 和一个 $\delta_3^* > 0$，使得以下不等式成立：

$$\lambda_3^* \varepsilon_3 \int_0^\infty |x_3| \mathrm{d}t \geqslant \frac{\delta_3{}^2(0)}{2} - \frac{(\delta_3^*)^2}{2} \tag{8-30}$$

在假设 8.3 的条件下，同样当 $t \geqslant 0$ 时，有 $\delta_3(\infty) > \delta_3^*$，以及如下结果：

$$\delta_3(t) \geqslant \delta_3(0)\exp(-\lambda_3\varepsilon_3 t) \tag{8-31}$$

只要 $\delta_3(0) > 0$，则 $\delta_3(t) > 0$。

当系统状态在滑模上运动时，即 $s_2 = 0$，则有

$$a_{12}x_2 = -c_3x_1 - \frac{\varepsilon_3 x_1}{|x_1| + \delta_3^2 \mathrm{e}^{-\kappa t}} \tag{8-32}$$

将其带入二阶系统中，可得

$$\dot{x}_1 = -c_3x_1 - \frac{\varepsilon_3 x_1}{|x_1| + \delta_3^2 \mathrm{e}^{-\kappa t}} + d_1 \tag{8-33}$$

选取 Lyapunov 函数为

$$V_{8-3}(x) = \frac{x_1^2}{2} + \frac{\delta_3^2}{2\lambda_3} \tag{8-34}$$

则

$$\begin{aligned}\dot{V}_{8-3}(x) = & -c_3x_1^2 - \frac{\varepsilon_3 |x_1|^2}{|x_1| + \delta_3^2 \mathrm{e}^{-\kappa t}} + d_1 + \frac{\delta_3\dot{\delta}_3}{\lambda_3} = \\ & -c_3x_1^2 - \varepsilon_3|x_1| + d_1 \leqslant -c_3x_1^2 - (\varepsilon_3 - |d_1|)|x_1|\end{aligned} \tag{8-35}$$

由于 $|d_1| \leqslant \Delta$，$\varepsilon_3 > \Delta$，同时 x_1 和 $\dot{x}_1$ 都是有界的，根据 Barbalet 引理，可得 $\lim\limits_{t\to\infty} x_1 = 0$。

8.2.2.2 二阶系统的自适应滑模控制律

借助于一阶系统采用的趋近律

$$\dot{s}_2 = -c_4s_2 - \frac{\varepsilon_4 s_2}{|s_2| + \delta_4^2 \mathrm{e}^{-\kappa t}} \tag{8-36}$$

其中，$c_4 > 0$，$\varepsilon_4 > 0$，δ_4 是自适应参数，满足

$$\dot{\delta}_4 = -\frac{\lambda_4 \varepsilon_4 |s_2| \delta_4 e^{-\kappa t}}{|s_2| + \delta_4^2 e^{-\kappa t}} \tag{8-37}$$

其中：$\lambda_4 > 0$；$\delta_4(0) > 0$。同时需要满足假设 8.4 的条件。

假设 8.4：如果存在一个 $\lambda_4^* > 0$ 和一个 $\delta_4^* > 0$，使得以下不等式成立：

$$\lambda_4^* \varepsilon_4 \int_0^{\infty} |s_2| \mathrm{d}t \geqslant \frac{\delta_4^2(0)}{2} - \frac{(\delta_4^*)^2}{2} \tag{8-38}$$

在假设 8.4 的条件下，同样可得 $\delta_4(\infty) > \delta_4^*$。

同样，选取 Lyapunov 函数为

$$V_{8-4}(s) = \frac{s_2^2}{2} + \frac{\delta_4^2}{2\lambda_4} \tag{8-39}$$

则

$$\dot{V}_{8-4}(s) = -c_4 s_2^2 - \frac{\varepsilon_4 s_2^2}{|s_2| + \delta_4^2 e^{-\kappa t}} + \frac{\delta_4 \dot{\delta}_4}{\lambda_4} = -c_4 s_2^2 - \varepsilon_4 |s_2| \tag{8-40}$$

由于 $c_4 > 0$，$\varepsilon_4 > 0$，同时 s 和 $\dot{s}$ 都是有界的，可以根据 Barbalet 引理，可得 $\lim\limits_{t\to\infty} s_2 = 0$。

考虑到设计的新的趋近律使得滑动面 s_2 是渐近稳定，不是有限时间到达滑动模态，因此需要进一步考虑系统的稳定性。

由于 $\lim\limits_{t\to\infty} s_2 = 0$，不妨设在一定的时间内，使得 $s_2 = \Omega_2$，其中 Ω_2 是一个小正数，即为

$$s_2 = a_{12} x_2 + c_3 x_1 + \frac{\varepsilon_3 x_1}{|x_1| + \delta_3^2 e^{-\kappa t}} = \Omega_2 \tag{8-41}$$

可以解得

$$a_{12} x_2 = -c_3 x_1 - \frac{\varepsilon_3 x_1}{|x_1| + \delta_3^2 e^{-\kappa t}} + \Omega_2 \tag{8-42}$$

仍将上式带入二阶系统方程中，可得

$$\dot{x}_1 = -c_3 x_1 - \frac{\varepsilon_3 x_1}{|x_1| + \delta_3^2 e^{-\kappa t}} + \Omega_2 + d_1 \tag{8-43}$$

仍取 Lyapunov 函数 $V_{8-3}(x)$，求导可得

$$\dot{V}_{8-3}(x) = -c_3 x_1^2 - \frac{\varepsilon_3 |x_1|^2}{|x_1| + \delta_1^2 e^{-\kappa t}} + (d_1 + \Omega_2) x_1 + \frac{\delta_3 \dot{\delta}_3}{\lambda_1} = -c_3 x_1^2 - \varepsilon_3 |x_1| + (d_1 + \Omega_2) x_1 \leqslant -c_3 x_1^2 - (\varepsilon_3 - |d_1| - |\Omega_2|) |x_1| \tag{8-44}$$

只要选择的 ε_3 满足 $\varepsilon_3 > \Delta + |\Omega_2|$，同时有 x_1 和 $\dot{x}_1$ 都是有界的，同样根据 Barbalet 引理，仍然可得 $\lim\limits_{t\to\infty} x_1 = 0$。

由此，可得二阶系统的自适应滑动模态控制为

$$u = -\frac{1}{a_{12} b}\left[l(x) + n(x) + c_4 s_2 + \frac{\varepsilon_4 s_2}{|s_2| + \delta_4^2 e^{-\kappa t}}\right] \tag{8-45}$$

其中：$l(x)$ 为线性控制部分；$n(x)$ 为非线性控制部分，其具体形式如下：

$$l(x) = a_{12} a_{21} x_1 + (a_{12} a_{22} + c_1 a_{12}) x_2 \tag{8-46}$$

$$n(x) = \frac{\varepsilon_1 \delta_3 e^{-\kappa t}}{(|x_1| + \delta_3^2 e^{-\kappa t})^2} (a_{12} x_2 \delta_3 - 2 x_1 \dot{\delta}_3 + x_1 \kappa \delta_3) \tag{8-47}$$

在自适应滑动模态控制律的作用下，系统的稳定性证明如下。

仍选取 Lyapunov 函数为 $V_{8-4}(s)$，对其求导，并将控制律带入，可得

$$\dot{V}_{8-4}(s)=a_{12}d_2s_2+\frac{s_2\varepsilon_3d_1\delta_3^2\mathrm{e}^{-\kappa t}}{(|x_1|+\delta_3^2\mathrm{e}^{-\kappa t})^2}-c_4s_2^2-\frac{\varepsilon_4s_2^2}{|s_2|+\delta_4^2\mathrm{e}^{-\kappa t}}+\frac{\delta_4\dot{\delta}_4}{\lambda_4} \tag{8-48}$$

考虑到 $\delta_3(\infty)>\delta_3^*$，则

$$\left|\frac{s_2\varepsilon_3d_1\delta_3^2\mathrm{e}^{-\kappa t}}{(|x_1|+\delta_3^2\mathrm{e}^{-\kappa t})^2}\right|\leqslant\frac{\varepsilon_3|d_1||s_2|}{|x_1|+\delta_3^2\mathrm{e}^{-\kappa t}}\leqslant\frac{\varepsilon_3\Delta|s_2|}{(\delta_3^*)^2\mathrm{e}^{-\kappa t}}=\frac{\varepsilon_3\Delta|s_2|\mathrm{e}^{\kappa t}}{(\delta_3^*)^2} \tag{8-49}$$

由此可得

$$\dot{V}_{8-4}(s)\leqslant-c_4s^2-\left(\varepsilon_4-|a_{12}|\Delta-c_4\Delta-\frac{\varepsilon_3\Delta\mathrm{e}^{\kappa t}}{(\delta_3^*)^2}\right)|s_2| \tag{8-50}$$

只要 $c_4>0$，同时若 $\varepsilon_4>|a_{12}|\Delta+c_4\Delta+\dfrac{\varepsilon_3\Delta\mathrm{e}^{\kappa t}}{(\delta_3^*)^2}$，且 s_2 和 $\dot{s}_2$ 都是有界的，可以根据 Barbalet 引理，可得 $\lim\limits_{t\to\infty}s_2=0$。

由于 $\lim\limits_{t\to\infty}\mathrm{e}^{\kappa t}\to\infty$，因此存在某个时刻 t_f 使得 $\dot{V}_{8-4}(s)_{tf}=0$，这样 s_2 在有限时间达到某个指定的区域。由以上对滑动模态的稳定性分析可知，系统的滑动模态依然稳定。

8.3 基于反演法的非匹配系统的滑模控制系统设计

8.3.1 反演设计方法

反演设计方法，又称为反步法、回推法或后退法，其基本设计思想是将复杂的非线性系统反解成不超过系统阶数的子系统，然后为每个子系统分别设计中间虚拟控制量，一直“后退”到整个系统，直到完成整个系统控制律的设计。

反演设计方法通常与 Lyapunov 函数设计结合，既能够完成整个系统控制律的设计，也能通过 Lyapunov 稳定性定理，使系统整个闭环满足期望的动态性能和鲁棒性。

下面介绍反演法的基本设计方法。

假设被控对象为二阶非线性控制系统

$$\left.\begin{aligned}\dot{x}_1&=x_2\\\dot{x}_2&=f(\boldsymbol{x})+b(\boldsymbol{x})u\end{aligned}\right\} \tag{8-51}$$

式中：$\boldsymbol{x}=[x_1\quad x_2]^{\mathrm{T}}\in\mathbf{R}^2$ 是系统的状态向量；u 是控制输入量；$f(\boldsymbol{x})$ 和 $b(\boldsymbol{x})\neq0$ 都是光滑的非线性函数。

这里采用反演法设计控制器，使得系统状态 x_1 稳定跟踪期望的指令信号。

定义状态误差：

$$e_1=x_1-z_m \tag{8-52}$$

式中，z_m 是期望的指令信号，则

$$\dot{e}_1=\dot{x}_1-\dot{z}_m=x_2-\dot{z}_m \tag{8-53}$$

定义虚拟控制量：

$$x_{2c}=-c_1e_1+\dot{z}_m \tag{8-54}$$

式中，$c_1>0$。

定义

$$e_2 = x_2 - x_{2c} \tag{8-55}$$

则

$$\dot{e}_2 = \dot{x}_2 - \dot{x}_{2c} = f(x) + b(x)u + c_1\dot{e}_1 - \ddot{z}_m \tag{8-56}$$

设计控制器为

$$u = -\frac{1}{b(x)}[f(x) + c_2e_2 + e_1 + c_1\dot{e}_1 - \ddot{z}_m] \tag{8-57}$$

定义 Lyapunov 函数：

$$V = \frac{1}{2}e_1^2 + \frac{1}{2}e_2^2 \tag{8-58}$$

则

$$\dot{V} = e_1\dot{e}_1 + e_2\dot{e}_2 = e_1(x_2 - \dot{z}_m) + e_2[f(x) + b(x)u + c_1\dot{e}_1 - \ddot{z}_m] \tag{8-59}$$

将式(8-53),式(8-56) 和控制律(8-57) 代入式(8-59),得

$$\dot{V} = -c_1e_1^2 - c_2e_2^2 \leqslant 0 \tag{8-60}$$

由 Lyapunov 稳定性定理可知,系统误差 e_1 和 e_2 以指数形式渐近稳定,从而保证系统状态具有全局意义下指数的渐近稳定性。

反演法这种方法和滑模控制方法相结合,能够有效地抑制非匹配系统的不确定对系统状态的影响,到达较好的稳定性要求。

8.2.2　基于反演法的一般滑模控制方法

考虑如下的非匹配非线性系统

$$\left.\begin{aligned} &\dot{x}_1 = x_2 + d_1(t) \\ &\dot{x}_2 = x_3 + d_2(t) \\ &\cdots\cdots \\ &\dot{x}_{n-1} = x_n + d_{n-1}(t) \\ &\dot{x}_n = f(\boldsymbol{x},t) + bu + d_n(t) \end{aligned}\right\} \tag{8-61}$$

式中：$\boldsymbol{x} = [x_1 \quad x_2 \quad \cdots \quad x_n]^{\mathrm{T}}$；$f(\boldsymbol{x},t)$ 和 $b \neq 0$ 是已知的系统状态非线性函数；$d_i(t)$ 是系统未知的不确定项,$i = 1,2,\cdots,n$。

针对以上非匹配非线性系统,采用反演法和变结构滑模控制设计方法,不仅可以实现状态 x_1 稳定跟踪期望的 z_{m},而且也能消除非匹配不确定性 $d_i(t)$ 对系统状态的影响。

首先假设未知的不确定项 $d_i(t)$ 有界,即满足以下条件：

$$|d_i(t)| \leqslant D \tag{8-62}$$

式中,D 是已知的正实数。

同样定义状态误差 $e_1 = x_1 - z_{\mathrm{m}}$,其中 z_{m} 是期望的指令信号,则

$$\dot{e}_1 = \dot{x}_1 - \dot{z}_{\mathrm{m}} = x_2 + d_1(t) - \dot{z}_{\mathrm{m}} \tag{8-63}$$

同样定义虚拟控制量：

$$x_{2c} = -c_1e_1 - k_1\operatorname{sgn}(e_1) + \dot{z}_{\mathrm{m}} \tag{8-64}$$

式中：$c_1 > 0$；$k_1 > D$。

定义

$$e_2 = x_2 - x_{2c} \tag{8-65}$$

由此可得

$$\dot{e}_1 = e_2 + x_{2c} + d_1(t) - \dot{z}_{\mathrm{m}} = -c_1 e_1 + e_2 - k_1 \operatorname{sgn}(e_1) + d_1(t) \tag{8-66}$$

同时有

$$\dot{e}_2 = \dot{x}_2 - \dot{x}_{2c} = x_3 + d_2(t) - \dot{x}_{2c} \tag{8-67}$$

同样定义虚拟控制量：

$$x_{3c} = -c_2 e_2 - k_2 \operatorname{sgn}(e_2) - e_1 + \dot{x}_{2c} \tag{8-68}$$

式中：$c_2 > 0$；$k_2 > D$。

定义

$$e_3 = x_3 - x_{3c} \tag{8-69}$$

由此可得

$$\dot{e}_2 = -c_2 e_2 - k_2 \operatorname{sgn}(e_2) - e_1 + e_3 + d_2(t) \tag{8-70}$$

同时有

$$\dot{e}_3 = \dot{x}_3 - \dot{x}_{3c} = x_4 + d_3(t) - \dot{x}_{3c} \tag{8-71}$$

依次进行下去，直到 x_{n-1}，即定义

$$e_{n-1} = x_{n-1} - x_{(n-1)c} \tag{8-72}$$

式中，$x_{(n-1)c}$ 是上步的虚拟指令，即为

$$x_{(n-1)c} = -c_{n-2} e_{n-2} - k_{n-2} \operatorname{sgn}(e_{n-2}) - e_{n-3} + \dot{x}_{(n-2)c} \tag{8-73}$$

式中，$c_{n-2} > 0$，$k_{n-2} > D$。由此可得

$$\dot{e}_{n-2} = -c_{n-2} e_{n-2} - k_{n-2} \operatorname{sgn}(e_{n-2}) + e_{n-1} + d_{n-2}(t) \tag{8-74}$$

同时有

$$\dot{e}_{n-1} = x_n + d_{n-1}(t) - \dot{x}_{(n-1)c} \tag{8-75}$$

定义

$$e_n = x_n - x_{nc} \tag{8-76}$$

式中，虚拟控制量

$$x_{nc} = -c_{n-1} e_{n-1} - k_{n-1} \operatorname{sgn}(e_{n-1}) - e_{n-2} + \dot{x}_{(n-1)c} \tag{8-77}$$

式中，$c_{n-1} > 0$，$k_{n-1} > D$。由此可得

$$\dot{e}_{n-1} = -c_{n-1} e_{n-1} - k_{n-1} \operatorname{sgn}(e_{n-1}) - e_{n-2} + e_n + d_{n-1}(t) \tag{8-78}$$

式中，$c_{n-1} > 0$，$k_{n-1} > D$。

同时有

$$\dot{e}_n = \dot{x}_n - \dot{x}_{nc} = f(x,t) + bu + d_n(t) - \dot{x}_{nc} \tag{8-79}$$

由此可以设计控制器为

$$u = -b^{-1}\left[f(x,t) + c_n e_n + k_n \operatorname{sgn}(e_n) + e_{n-1} + \dot{x}_{nc}\right] \tag{8-80}$$

定义 Lyapunov 函数：

$$V_{8-5} = \frac{1}{2}e_1^2 + \frac{1}{2}e_2^2 + \cdots + \frac{1}{2}e_{n-1}^2 + \frac{1}{2}e_n^2 \tag{8-81}$$

则可得

$$\begin{aligned}\dot{V}_{8-5} = {} & e_1\dot{e}_1 + e_2\dot{e}_2 + \cdots + e_{n-1}\dot{e}_{n-1} + e_n\dot{e}_n = \\ & e_1\left[-c_1 e_1 + e_2 - k_1 \operatorname{sgn}(e_1) + d_1(t)\right] + e_2\left[-c_2 e_2 - k_2 \operatorname{sgn}(e_2) - e_1 + e_3 + d_2(t)\right] + \\ & \cdots + e_{n-1}\left[-c_{n-1} e_{n-1} - k_{n-1} \operatorname{sgn}(e_{n-1}) - e_{n-2} + e_n + d_{n-1}(t)\right] +\end{aligned}$$

$$e_n[f(x,t)+bu+d_n(t)-\dot{x}_{nc}] \tag{8-82}$$

将控制律(8-80)代入式(8-82)，得

$$\dot{V}_{8-5}\leqslant -c_1e_1^2-c_2e_2^2-\cdots-c_{n-1}e_{n-1}^2-c_ne_n^2-(k_1-D)|e_1|-(k_2-D)|e_2|-\cdots-(k_{n-1}-D)|e_{n-1}|-(k_n-D)|e_n| \tag{8-83}$$

显然参数 c_i,k_i 满足 $c_i>0,k_i>D,i=1,2,\cdots,n$，可得 $\dot{V}\leqslant 0$，由 Lyapunov 稳定性定理可知，系统误差 $e_i(i=1,2,\cdots,n)$ 以指数形式渐近稳定，从而保证系统误差状态具有全局意义下指数的渐近稳定性，从 e_1 的定义，状态 x_1 以指数形式渐近稳定跟踪期望的信号 z_{m}，而且也能消除不确定性 $d_1(t)$ 对系统状态 x_1 的影响。

考虑到以上虚拟控制律 $x_{ic}(i=2,3,\cdots,n-1)$ 中含有符号函数，对虚拟控制律求导过程中所可能产生“微分膨胀”问题，因此需要引入一阶微分方程来克服这个问题。

引入的一阶微分方程为

$$x_{id}=-\frac{1}{T}x_{id}+\frac{1}{T}x_{ic} \tag{8-84}$$

式中：$T>0$；x_{id} 为一阶微分方程的状态。

将一阶微分方程的状态 x_{id} 代替虚拟控制律 x_{ic}，在推导过程中取 $e_i=x_i-x_{id},i=2,3,\cdots,n$，来完成滑模控制律的设计。

考虑到引入了新的变量，因此需要重新证明系统的稳定性。

首先考虑引入状态 x_{id} 所产生的问题。

定义

$$e_{ic}=x_{id}-x_{ic} \tag{8-85}$$

则

$$\dot{e}_{ic}=\dot{x}_{id}-\dot{x}_{ic}=-\frac{1}{T}e_{ic}-\dot{x}_{ic} \tag{8-86}$$

因此需要增加以下假设：

假设 8.5：虚拟控制量 x_{ic} 是有界的且 $|\dot{x}_{ic}|\leqslant m_i$，其中 m_i 是已知大于零的正数。

由此定义 Lyapunov 函数：

$$V_{8-i}=\frac{1}{2}e_{ic}^2 \tag{8-87}$$

则可得

$$\dot{V}_{8-i}=e_{ic}e_{ic}=-\frac{1}{T}e_{ic}^2-e_{ic}\dot{x}_{ic}\leqslant-\left(\frac{1}{T}-|\dot{x}_{ic}|\right)|e_{ic}|\leqslant-\left(\frac{1}{T}|e_{ic}|-m_i\right)|e_{ic}| \tag{8-88}$$

由 Lyapunov 稳定性定理知，e_{ic} 收敛于以下的范围内：

$$|e_{ic}|\leqslant m_iT \tag{8-89}$$

则

$$x_{id}=x_{ic}+e_{ic} \tag{8-90}$$

这样得到一系列误差的微分方程为

$$\left.\begin{aligned}
&\dot{e}_1=-c_1e_1+e_2-k_1\operatorname{sgn}(e_1)+d_1(t)+e_{2c}\\
&\dot{e}_2=-c_2e_2-k_2\operatorname{sgn}(e_2)-e_1+e_3+d_2(t)+e_{3c}\\
&\cdots\cdots\\
&\dot{e}_{n-1}=-c_{n-1}e_{n-1}-k_{n-1}\operatorname{sgn}(e_{n-1})-e_{n-2}+e_n+d_{n-1}(t)+e_{nc}
\end{aligned}\right\} \tag{8-91}$$

利用定义的 Lyapunov 函数(8-81),对其求导,可得

$$\begin{aligned}\dot V_{8-5} \leqslant & -c_1e_1^2-c_2e_2^2-\cdots-c_{n-1}e_{n-1}^2-c_ne_n^2-(k_1-D-|e_{2c}|)|e_1|-\\ &(k_2-D-|e_{3c}|)|e_2|-\cdots-(k_{n-1}-D-|e_{(n-1)c}|)|e_{n-1}|-\\ &(k_n-D-|e_{nc}|)|e_n|\leqslant -c_1e_1^2-c_2e_2^2-\cdots-c_{n-1}e_{n-1}^2-c_ne_n^2-\\ &(k_1-D-m_1T)|e_1|-(k_2-D-m_2T)|e_2|-\cdots-\\ &(k_{n-1}-D-m_{n-1}T)|e_{n-1}|-(k_n-D-m_nT)|e_n|\end{aligned}\tag{8-92}$$

显然只要满足

$$c_i>0,k_i>D+m_iT,\quad i=1,2,\cdots,n\tag{8-93}$$

同样由 Lyapunov 稳定性定理可知,只要满足假设 8.5 和条件(8-93),系统误差 $e_i(i=1,2,\cdots,n)$ 仍能以指数形式渐近稳定,状态 x_1 仍能以指数形式渐近稳定跟踪期望的信号 z_m,且能消除不确定性 $d_1(t)$ 对系统状态 x_1 的影响。

8.3.3 基于反演法的自适应滑模控制方法

上节考虑不确定的界 D 和虚拟控制量的界 m_i 是已知的,如果是未知的,可采用自适应滑模控制的设计方法来设计控制律。

假设参数 $\gamma_i=D+m_i$ 的估计值为 $\hat\gamma_i$,则参数 γ_i 的估计误差值为

$$\tilde\gamma_i=\gamma_i-\hat\gamma_i\tag{8-94}$$

则有 $\dot{\tilde\gamma}_i=-\dot{\hat\gamma}_i$。

在采用上节反演法和滑模控制器设计方法,可定义以下 Lyapunov 函数:

$$V_{8-6}=\frac12e_1^2+\frac12e_2^2+\cdots+\frac12e_{n-1}^2+\frac1{2\gamma}\tilde\gamma_1^2+\frac1{2\gamma}\tilde\gamma_2^2+\cdots+\frac1{2\gamma}\tilde\gamma_n^2\tag{8-95}$$

式中,γ 是一个正的常数。则可得

$$\begin{aligned}\dot V_{8-6}\leqslant & -c_1e_1^2-c_2e_2^2-\cdots-c_{n-1}e_{n-1}^2-c_ne_n^2-(k_1-\gamma_2)|e_1|-(k_2-\gamma_3)|e_2|-\cdots-\\ &(k_{n-1}-\gamma_{n-1})|e_{n-1}|-(k_n-\gamma_{n-1})|e_n|-\frac1\gamma\tilde\gamma_1\dot{\hat\gamma}_1-\frac1\gamma\tilde\gamma_2\dot{\hat\gamma}_2-\cdots-\\ &\frac1\gamma\tilde\gamma_{n-1}\dot{\hat\gamma}_{n-1}-\frac1\gamma\tilde\gamma_n\dot{\hat\gamma}_n=\\ &-c_1e_1^2-c_2e_2^2-\cdots-c_{n-1}e_{n-1}^2-c_ne_n^2-(k_1-\hat\gamma_2)|e_1|-(k_2-\hat\gamma_3)|e_2|-\cdots-\\ &(k_{n-1}-\hat\gamma_{n-1})|e_{n-1}|-(k_n-\hat\gamma_{n-1})|e_n|-\frac1\gamma\tilde\gamma_1(\dot{\hat\gamma}_1-\gamma|e_1|)-\\ &\frac1\gamma\tilde\gamma_2(\dot{\hat\gamma}_2-\gamma|e_2|)-\cdots-\frac1\gamma\tilde\gamma_{n-1}(\dot{\hat\gamma}_{n-1}-\gamma|e_{n-1}|)-\frac1\gamma\tilde\gamma_n(\dot{\hat\gamma}_n-\gamma|e_n|)\end{aligned}\tag{8-96}$$

设计自适应律

$$\dot{\hat\gamma}_i=\gamma|e_i|\tag{8-97}$$

则只要满足

$$c_i>0,k_i=\hat\gamma_i,\quad i=1,2,\cdots,n\tag{8-98}$$

即虚拟控制量为

$$\left.\begin{aligned}
&x_{2c}=-c_1e_1-\hat{\gamma}_1\operatorname{sgn}(e_1)+\dot{z}_m\\
&x_{3c}=-c_2e_2-\hat{\gamma}_2\operatorname{sgn}(e_2)-e_1+\dot{x}_{2c}\\
&\cdots\cdots\\
&x_{(n-1)c}=-c_{n-2}e_{n-2}-\hat{\gamma}_{n-2}\operatorname{sgn}(e_{n-2})-e_{n-3}+\dot{x}_{(n-2)c}\\
&x_{nc}=-c_{n-1}e_{n-1}-\hat{\gamma}_{n-1}\operatorname{sgn}(e_{n-1})-e_{n-2}+\dot{x}_{(n-1)c}
\end{aligned}\right\}\tag{8-99}$$

以及控制律

$$u=-b^{-1}\left[f(x,t)+c_ne_n+\hat{\gamma}_n\operatorname{sgn}(e_n)+e_{n-1}+\dot{x}_{nc}\right]\tag{8-100}$$

可得

$$\dot{V}_{8-6}\leqslant-c_1e_1^2-c_2e_2^2-\cdots-c_{n-1}e_{n-1}^2-c_ne_n^2\tag{8-101}$$

因为 e_i 和 $\tilde{\gamma}_i$ 都是有界的，$\dot{V}$ 一致连续的，由 Barbalat 引理得 e_i 是渐近稳定的，因此，状态 x_1 仍能以指数形式渐近稳定跟踪期望的信号 z_m。

8.4　基于干扰观测器的滑模变结构控制系统设计

本节给出一种基于干扰观测器的滑模变结构控制方法。这种方法的基本思想是通过干扰观测器实现对非匹配干扰的观测和估计，然后将干扰估计值引入到滑模控制器设计中，从而获得一种具有对非匹配不确定性具有良好鲁棒性的滑模变结构控制方法。

8.4.1　干扰观测器的设计方法

近些年来，干扰观测器(Disturbance observer, DO)的设计、基于干扰观测器的控制方法及其相关技术已获得长足发展，成为控制领域的一大研究热点并广泛应用在工业领域中。干扰观测器主要思想是把各种不确定性和扰动作为一个总的干扰，想办法设计装置将其观测分离与估计出来，再将估计值引入到控制器中进行补偿，从而达到有效抑制扰动的目的。因此干扰观测器的核心是：集总扰动＋观测估计。其中所有干扰的提取、集总是第一步，是开展观测器设计的基础；观测估计是具体方法，早期主要根据状态观测器的方法进行设计，后来又发展出很多其他方法。干扰观测器优点在于：① 可以实现对干扰的有效估计；② 易与其他控制方法结合，从而作为一个框架，增强其他方法的鲁棒性。干扰观测器的种类很多，包括未知输入观测器、线性干扰观测器、扩张状态观测器、非线性干扰观测器、滑模干扰观测器等。

本节主要给出常用的干扰观测器的设计方法。

(1) 未知输入观测器(Unknown Input Observer, UIO)。考虑如下受扰的线性系统：

$$\left.\begin{aligned}
&\dot{\boldsymbol{x}}=\boldsymbol{A}\boldsymbol{x}+\boldsymbol{B}_u\boldsymbol{u}+\boldsymbol{B}_d\boldsymbol{d}\\
&\boldsymbol{y}=\boldsymbol{C}\boldsymbol{x}
\end{aligned}\right\}\tag{8-102}$$

其中的干扰 d 则假设由以下外部系统产生：

$$\dot{\boldsymbol{\xi}}=\boldsymbol{W}\boldsymbol{\xi},\quad \boldsymbol{d}=\boldsymbol{V}\boldsymbol{\xi}\tag{8-103}$$

其中，$\boldsymbol{\xi}\in\mathbf{R}^q$。UIO 用来直接估计系统状态以及未知干扰(如果系统状态不可知)，如下所示：

$$\left.\begin{aligned}
&\dot{\hat{\boldsymbol{x}}}=\boldsymbol{A}\hat{\boldsymbol{x}}+\boldsymbol{B}_u\boldsymbol{u}+\boldsymbol{L}_x(\boldsymbol{y}-\hat{\boldsymbol{y}})+\boldsymbol{B}_d\hat{\boldsymbol{d}}\\
&\hat{\boldsymbol{y}}=\boldsymbol{C}\hat{\boldsymbol{x}}
\end{aligned}\right\}\tag{8-104}$$

$$\left.\begin{aligned}
&\dot{\hat{\boldsymbol{\xi}}}=\boldsymbol{W}\hat{\boldsymbol{\xi}}+\boldsymbol{L}_d(\boldsymbol{y}-\hat{\boldsymbol{y}})\\
&\hat{\boldsymbol{d}}=\boldsymbol{V}\hat{\boldsymbol{\xi}}
\end{aligned}\right\}\tag{8-105}$$

其中：$\hat{\boldsymbol{x}}$ 与 $\boldsymbol{L}_x$ 为状态估计及相应的观测器增益；$\hat{\boldsymbol{d}}$ 为干扰 $\boldsymbol{d}$ 的估计；$\hat{\boldsymbol{\xi}}$ 为干扰 $\boldsymbol{\xi}$ 的估计；$\boldsymbol{L}_d$ 为相应的干扰观测器增益。从式(8-101)及式(8-102)中，可以看出，如果增益 L_x，L_ξ 能够使观测器系统稳定，那么状态及干扰的估计值可以渐进收敛到其真实值。未知输入观测器来源于经典的 Luen berger 状态观测器，在满足可观性条件下通过输出观测到状态与干扰。

(2) 线性干扰观测器(Linear Disturbance Observer, LDO)。下面介绍一类考虑干扰变化率有界的线性干扰观测器。针对带有未知非匹配干扰的系统

$$\left.\begin{aligned}\dot{x}_1&=x_2+d_1(t)\\ \dot{x}_2&=a(x)+b(x)u+d_2(t)\end{aligned}\right\}\tag{8-106}$$

式中：x_1，x_2 是可测的状态变量；u 是控制输入；d_1，d_2 是未知的时变干扰。

假设干扰连续可导且各阶导数有界，即

$$\left|\frac{\mathrm{d}^j d_i(t)}{\mathrm{d}t^j}\right|\leqslant\Delta_i,\quad i=1,2,j=1,2,\cdots\tag{8-107}$$

采用如下的干扰观测器对干扰 d_1 及其导数 $\dot{d}_1$ 进行估计

$$\left.\begin{aligned}\hat{d}_1&=p_{11}+l_{11}x_1\\ \dot{p}_{11}&=-l_{11}(x_2+\hat{d}_1)+\hat{\dot{d}}_1\\ \hat{\dot{d}}_1&=p_{12}+l_{12}x_1\\ \dot{p}_{12}&=-l_{12}(x_2+\hat{d}_1)\end{aligned}\right\}\tag{8-108}$$

其中：$\hat{d}_1$，$\hat{\dot{d}}_1$ 分别为干扰 d_1，$\dot{d}_1$ 的估计值；p_{11}，p_{12} 是辅助变量；l_{11}，$l_{12}>0$ 为设计参数。

定义估计误差 $\boldsymbol{e}_1=\begin{bmatrix}\tilde{d}_1 & \tilde{\dot{d}}_1\end{bmatrix}^{\mathrm{T}}$，其中 $\tilde{d}_1=d_1-\hat{d}_1$，$\tilde{\dot{d}}_1=\dot{d}_1-\hat{\dot{d}}_1$，对估计误差求导并将式(8-106)和式(8-108)代入得

$$\left.\begin{aligned}\dot{\tilde{d}}_1&=\dot{d}_1-\dot{\hat{d}}_1=\tilde{\dot{d}}_1-l_{11}\tilde{d}_1\\ \dot{\tilde{\dot{d}}}_1&=\ddot{d}_1-\dot{\hat{\dot{d}}}_1=\ddot{d}_1-l_{12}\tilde{d}_1\end{aligned}\right\}\tag{8-109}$$

则估计误差可写为

$$\dot{\boldsymbol{e}}_1=\boldsymbol{D}_1\boldsymbol{e}_1+\boldsymbol{E}_1\ddot{d}_1\tag{8-109}$$

其中，

$$\boldsymbol{D}_1=\begin{bmatrix}-l_{11} & 1\\ -l_{12} & 0\end{bmatrix},\quad \boldsymbol{E}_1=\begin{bmatrix}0\\1\end{bmatrix}$$

矩阵 $\boldsymbol{D}_1$ 的特征值可以通过选择 l_{11} 和 l_{12} 的值来配置，使其特征值都在左半平面。对于任意正定矩阵 $\boldsymbol{Q}_1$，总能找到一个正定矩阵 $\boldsymbol{P}_1$ 满足

$$\boldsymbol{D}_1^{\mathrm{T}}\boldsymbol{P}_1+\boldsymbol{P}_1\boldsymbol{D}_1=-\boldsymbol{Q}_1\tag{8-111}$$

取 Lyapunov 函数

$$V_1=\boldsymbol{e}_1^{\mathrm{T}}\boldsymbol{P}_1\boldsymbol{e}_1\tag{8-112}$$

对式(8-112)求导并将式(8-111)代入得

$$\begin{aligned}\dot{V}_1&=\boldsymbol{e}_1^{\mathrm{T}}(\boldsymbol{D}_1^{\mathrm{T}}\boldsymbol{P}_1+\boldsymbol{P}_1\boldsymbol{D}_1)\boldsymbol{e}_1+2\boldsymbol{e}_1^{\mathrm{T}}\boldsymbol{P}_1\boldsymbol{E}_1\ddot{d}_1\leqslant-\boldsymbol{e}_1^{\mathrm{T}}\boldsymbol{Q}_1\boldsymbol{e}_1+2\|\boldsymbol{P}_1\boldsymbol{E}_1\|\ \|\boldsymbol{e}_1\|\Delta_1\leqslant\\ &-\lambda_m\|\boldsymbol{e}_1\|^2+2\|\boldsymbol{P}_1\boldsymbol{E}_1\|\ \|\boldsymbol{e}_1\|\Delta_1\leqslant-\|\boldsymbol{e}_1\|(\lambda_m\|\boldsymbol{e}_1\|-2\|\boldsymbol{P}_1\boldsymbol{E}_1\|\Delta_1)\end{aligned}\tag{8-113}$$

其中，λ_m 为 Q_1 的最小特征值。则观测误差存在上界

$$\| \boldsymbol{e}_1 \| \leqslant r_1 \tag{8-114}$$

其中，

$$r_1 = \frac{2 \| \boldsymbol{P}_1 \boldsymbol{E}_1 \| \Delta_1}{\lambda_m} \tag{8-115}$$

同理可设计如下干扰观测器估计 $d_2, \dot{d}_2$：

$$\left.\begin{aligned} \hat{d}_2 &= p_{21} + l_{21} x_2 \\ \dot{p}_{21} &= -l_{21} [a(x) + b(x) u + \hat{d}_2] + \hat{\dot{d}}_2 \\ \hat{\dot{d}}_2 &= p_{22} + l_{22} x_2 \\ \dot{p}_{22} &= -l_{22} [a(x) + b(x) u + \hat{d}_2] \end{aligned}\right\} \tag{8-116}$$

选择合适的参数 l_{21}、l_{22}，可使干扰观测误差

$$\| \boldsymbol{e}_2 \| \leqslant r_2 \tag{8-117}$$

其中，r_2 定义与 r_1 类似。采用以上干扰观测器(8-108) 和(8-116) 针对 d_1, d_2 分别进行观测，并同时得到其导数的观测值。可以看出，线性干扰观测器具有线性的结构形式，因此该类干扰观测器设计形式直观，易于实现，获得了广泛的关注和研究。

(3) 扩张状态观测器(Extended State Observer，ESO)。扩张状态观测器是由我国学者韩京清提出的，可以有效提升 PID 控制器的控制性能。同时，ESO 也是韩京清提出的自抗扰控制理论的重要组成部分。考虑如下单输入-单输出并带有附加干扰的系统：

$$y^{(n)}(t) = f(y(t), \dot{y}(t), \cdots, y^{(n-1)}(t), d(t), t) + bu(t) \tag{8-118}$$

其中：$y^{(l)}(t)$ 代表输出 y 的第 l 阶微分；u 与 d 分别代表控制输入及干扰。上述系统的形式可以用来描述线性、非线性、时变、非时变一系列系统。为了方便，这里省去时间 t，并令 $x_1 = y$，$x_2 = \dot{y}, \cdots, x_n = y^{(n-1)}$，则有

$$\left.\begin{aligned} \dot{x}_i &= x_{i+1}, i = 1, \cdots, n-1 \\ \dot{x}_n &= f(x_1, x_2, \cdots, x_n, d) + bu \end{aligned}\right\} \tag{8-119}$$

可以看出，干扰部分包含在 $f(x_1, x_2, \cdots, x_n, d)$ 项中。如 ESO 的名字所示，其核心思想就是将干扰部分 $f(x_1, x_2, \cdots, x_n, d)$ 扩张为新的状态。因此，取如下新的状态变量：

$$\left.\begin{aligned} x_{n+1} &= f(x_1, x_2, \cdots, x_n, d) \\ x_{n+1} &= h(t) \end{aligned}\right\} \tag{8-120}$$

并且有

$$h(t) = \dot{f}(x_1, x_2, \cdots, x_n, d) \tag{8-121}$$

所谓的扩张状态观测器，则是用来估计所有的状态以及总干扰 f，设计如下：

$$\left.\begin{aligned} \dot{\hat{x}}_i &= \hat{x}_{i+1} + \beta_i (y - \hat{x}_1), i = 1, \cdots, n \\ \dot{\hat{x}}_{i+1} &= \beta_{n+1} (y - \hat{x}_1) \end{aligned}\right\} \tag{8-122}$$

可以发现，系统的模型动态以及外界干扰均被 ESO 所估计。在设计 ESO 的过程中，仅需要考虑系统的相对阶信息。因此，ESO 最主要的特点是其仅需要关于动态系统很少的信息。

注 8.1：如果让 $x_{n+1} = d(t)$，并令 $\boldsymbol{W} = \boldsymbol{0}, \boldsymbol{V} = \boldsymbol{I}$，那么式(8-104) 及式(8-105) 中 UIO 的表达式将与 ESO 向类似。这里关于 ESO 还需要强调以下两点：① 虽然有着其他形式的观测器设计形式，但 ESO 则主要是用作直接观测不确定性产生的影响，它类似于 PID 控制中仅需要

极少的系统信息但还能有着较好控制效果的思路；② 在传统自抗扰控制中，为了取得较好的控制效果，观测器增益 β_i 被设计成是非线性的。

(4) 非线性干扰观测器(Nonlinear Disturbance Observer，NDO)。在线性干扰观测器设计中，非线性系统中的非线性项通常被忽略并被当作为总干扰的一部分。对于一个系统，无论线性的还是非线性的，其都可以通过忽略相应的线性、非线性项等部分，从而转化成一般的(正如ESO所采用的)级联系统。然而，对于大部分非线性系统，它们的非线性项已知或者部分已知。因此，如果在设计过程中，考虑已知的非线性项部分，则可以显著提高对于干扰以及不确定性的观测精度。为了降低外界干扰以及不确定性对一系列仿射非线性系统的影响，非线性干扰观测器 NDOB 被用来估计相关的干扰。

考虑如下仿射非线性系统

$$\left.\begin{aligned}\dot{\boldsymbol{x}}&=\boldsymbol{f}(\boldsymbol{x})+\boldsymbol{g}_1(\boldsymbol{x})+\boldsymbol{g}_2(\boldsymbol{x})\boldsymbol{d}\\ \boldsymbol{y}&=\boldsymbol{h}(\boldsymbol{x})\end{aligned}\right\}\tag{8-123}$$

其中，$\boldsymbol{x}\in\mathbf{R}^n$，$\boldsymbol{u}\in\mathbf{R}^m$，$\boldsymbol{d}\in\mathbf{R}^q$，以及 $\boldsymbol{y}\in\mathbf{R}^s$ 分别为状态、控制输入、干扰以及输出向量。此外，假设 $\boldsymbol{f}(\boldsymbol{x})$，$\boldsymbol{g}_1(\boldsymbol{x})$，$\boldsymbol{g}_2(\boldsymbol{x})$ 以及 $\boldsymbol{h}(\boldsymbol{x})$ 均为关于 $\boldsymbol{x}$ 的光滑函数。

1) 未知常值干扰情况：针对慢时变干扰的干扰观测器设计形式如下，

$$\left.\begin{aligned}\dot{\boldsymbol{z}}&=-\boldsymbol{l}(\boldsymbol{x})\boldsymbol{g}_2(\boldsymbol{x})\boldsymbol{z}-\boldsymbol{l}(\boldsymbol{x})\left[\boldsymbol{g}_2(\boldsymbol{x})\boldsymbol{p}(\boldsymbol{x})+\boldsymbol{f}(\boldsymbol{x})+\boldsymbol{g}_1(\boldsymbol{x})\boldsymbol{u}\right]\\ \hat{\boldsymbol{d}}&=\boldsymbol{z}+\boldsymbol{p}(\boldsymbol{x})\end{aligned}\right\}\tag{8-124}$$

其中：$\boldsymbol{z}\in\mathbf{R}^q$ 为观测器内部变量；$\boldsymbol{p}(\boldsymbol{x})$ 是待设计的非线性函数。NDO 的增益函数可以设计为

$$\boldsymbol{l}(\boldsymbol{x})=\frac{\partial\boldsymbol{p}(\boldsymbol{x})}{\partial\boldsymbol{x}}\tag{8-125}$$

当观测器增益选为式(8-122)时，其可以渐进地估计干扰

$$\dot{\boldsymbol{e}}_d=-\boldsymbol{l}(\boldsymbol{x})\boldsymbol{g}_2(\boldsymbol{x})\boldsymbol{e}_d\tag{8-126}$$

其中，$\boldsymbol{e}_d=\boldsymbol{d}-\hat{\boldsymbol{d}}$ 为观测器估计误差。

可以发现，使得式(8-126)稳定并满足式(8-125)的非线性增益 $\boldsymbol{l}(\boldsymbol{x})$ 的设计方法有多种。基于NDO的研究与相关控制方法目前已经取得了大量的应用成果，尤其当观测器误差动态性能明显快于系统动态性能时。

(5) 滑模干扰观测器(Sliding-mode Disturbance Observer，SMDO)。滑模干扰观测器来源于滑模控制，因此也具有滑模控制的优势，比如对于不确定性的强鲁棒性和有限时间收敛等。由于滑模控制有一阶、二阶以及高阶等多种分类，因此相应地滑模干扰观测器也有多种。考虑如下非线性系统

$$\dot{\boldsymbol{x}}=\boldsymbol{f}(\boldsymbol{x})+\boldsymbol{g}(\boldsymbol{u})+\boldsymbol{d}\tag{8-127}$$

其中，$\boldsymbol{x}\in\mathbf{R}^n$，$\boldsymbol{u}\in\mathbf{R}^m$，以及 $\boldsymbol{d}\in\mathbf{R}^q$ 分别为状态、控制输入和干扰向量。假设 $\boldsymbol{f}(\boldsymbol{x})$ 和 $\boldsymbol{g}(\boldsymbol{x})$ 均为关于 $\boldsymbol{x}$ 的光滑函数。为了估计干扰 $\boldsymbol{d}$，分别设计以下滑模干扰观测器。

1) 一阶滑模干扰观测器。针对系统(8-127)设计如下干扰观测器：

$$\left.\begin{aligned}\boldsymbol{s}&=\boldsymbol{x}-\boldsymbol{z}\\ \dot{\boldsymbol{z}}&=\boldsymbol{f}(\boldsymbol{x})+\boldsymbol{g}(\boldsymbol{u})-\boldsymbol{v}\end{aligned}\right\}\tag{8-128}$$

其中：$z\in\mathbf{R}^n$ 是辅助变量；$v=-\boldsymbol{K}\mathrm{sgn}(s)$ 是滑模设计变量；$\boldsymbol{K}=\mathrm{diag}(k_1,\cdots,k_n)$ 是滑模增益。如果满足 $\boldsymbol{k}=\min(k_1,\cdots,k_n)>\bar{d}$，其中 $\bar{d}$ 是干扰变化率 $\dot{\boldsymbol{d}}$ 的上界，那么干扰观测值为 $\hat{\boldsymbol{d}}=-\boldsymbol{v}$，且估计误差 $\tilde{\boldsymbol{d}}=\hat{\boldsymbol{d}}-\boldsymbol{d}$ 有限时间收敛到零。

2）二阶滑模干扰观测器。二阶滑模干扰观测器形式与一阶滑模干扰观测器相同，仅滑模设计变量 v 发生变化。在二阶滑模干扰观测器中：

$$\boldsymbol{v}=-\boldsymbol{K}_1\langle\boldsymbol{s}\rangle-\int_0^t\boldsymbol{K}_2\operatorname{sgn}(\boldsymbol{s})\mathrm{d}\tau$$

其中：$\langle\boldsymbol{s}\rangle=[|s_1|^{\frac{1}{2}}\operatorname{sgn}(s_1),\cdots,|s_n|^{\frac{1}{2}}\operatorname{sgn}(s_n)]^{\mathrm{T}}$；滑模增益 $\boldsymbol{K}_1=\operatorname{diag}(k_{11},\cdots,k_{1n})$，$\boldsymbol{K}_2=\operatorname{diag}(k_{21},\cdots,k_{2n})$。

如果满足 $k_{1i}>0,k_{2i}>\bar{d}+2\bar{d}^2/k_{1i}^2(i=1,\cdots,n)$，那么干扰观测值为 $\hat{d}=-v$，且估计误差 $\tilde{d}=\hat{d}-d$ 有限时间收敛到零。

3）高阶滑模干扰观测器。针对系统(8-127)设计如下干扰观测器：

$$\left.\begin{aligned}
\dot{\boldsymbol{z}}_0&=\boldsymbol{v}_0+\boldsymbol{f}(\boldsymbol{x})+\boldsymbol{g}(\boldsymbol{u})\\
\boldsymbol{v}_0&=-2\boldsymbol{L}^{1/3}\ |\boldsymbol{z}_0-\boldsymbol{x}|^{2/3}\operatorname{sgn}(\boldsymbol{z}_0-\boldsymbol{x})+\boldsymbol{z}_1\\
\dot{\boldsymbol{z}}_1&=\boldsymbol{v}_1\\
\boldsymbol{v}_1&=-1.5\boldsymbol{L}^{1/2}\ |\boldsymbol{z}_1-\boldsymbol{v}_0|^{1/2}\operatorname{sgn}(\boldsymbol{z}_1-\boldsymbol{v}_0)+\boldsymbol{z}_2\\
\dot{\boldsymbol{z}}_2&=-1.1L\operatorname{sign}(\boldsymbol{z}_2-\boldsymbol{v}_1)
\end{aligned}\right\}\tag{8-129}$$

结合式(8-127)和式(8-129)，可以得到如下的观测动态方程：

$$\left.\begin{aligned}
\dot{\boldsymbol{e}}_0&=-2\boldsymbol{L}^{1/3}|\boldsymbol{e}_0|\operatorname{sgn}(\boldsymbol{e}_0)+\boldsymbol{e}_1\\
\dot{\boldsymbol{e}}_1&=-1.5\boldsymbol{L}^{1/2}|\boldsymbol{e}_1|\operatorname{sgn}(\boldsymbol{e}_1)+\boldsymbol{e}_2\\
\dot{\boldsymbol{e}}_2&=-1.1\boldsymbol{L}^{1/3}\operatorname{sgn}(\boldsymbol{z}_2-\boldsymbol{v}_1)+[-\boldsymbol{L},\boldsymbol{L}]
\end{aligned}\right\}\tag{8-130}$$

其中：$\boldsymbol{e}_0=\boldsymbol{z}_0-\boldsymbol{x}$；$\boldsymbol{e}_1=\boldsymbol{z}_1-\boldsymbol{d}$；$\boldsymbol{e}_2=\boldsymbol{z}_2-\dot{\boldsymbol{d}}$；$\boldsymbol{z}_1$ 和 $\boldsymbol{z}_2$ 是 $\boldsymbol{d}$ 和 $\dot{\boldsymbol{d}}$ 的估计值。观测器系统(8-130)可以实现有限时间稳定。

滑模干扰观测器的缺点在于其存在一定的抖振现象，因此在实际中应用中往往会采用平滑化或自适应的技术手段进行改进。

8.4.2　常值干扰的滑模控制设计方法

为了清晰地说明基于干扰观测器的滑模控制系统设计方法，本节首先针对常值干扰开展基于干扰观测器的滑模控制系统设计。

考虑以下非匹配二阶非线性系统

$$\left.\begin{aligned}
\dot{x}_1&=x_2+d(t)\\
\dot{x}_2&=a(x)+b(x)u
\end{aligned}\right\}\tag{8-131}$$

式中：x_1,x_2 是状态标量；u 是控制输入；$x=(x_1,x_2)$；$a(x),b(x)\neq0$ 是光滑函数；$d(t)$ 是未知的非匹配不确定项。这里要求设计滑模控制系统使得 $x_1\rightarrow0$。可以采用非线性干扰观测器 NDO 估计不确定项 $d(t)$，并利用该估计值来设计滑模控制系统。

假设 8.6：假设不确定项 $d(t)$ 有界，即 $\sup\limits_{t>0}|d(t)|=d^*$，$d^*$ 是一个大于零的正数。

假设 8.7：假设不确定项 $d(t)$ 的一阶导数有界且 $\lim\limits_{t\rightarrow\infty}\dot{d}(t)=0$。

针对系统(8-131)，采用以下非线性干扰观测器：

$$\left.\begin{aligned}
\dot{p}&=-\boldsymbol{l}\boldsymbol{g}_2p-\boldsymbol{l}[\boldsymbol{f}(x)+\boldsymbol{g}_2\boldsymbol{l}x+\boldsymbol{g}_1(x)u]\\
\hat{d}&=p+\boldsymbol{l}x
\end{aligned}\right\}\tag{8-132}$$

式中：$\boldsymbol{f}(x)=[x_2\quad a(x)]^{\mathrm{T}}$；$\boldsymbol{g}_1(x)=[0\quad b(x)]^{\mathrm{T}}$；$\boldsymbol{g}_2=[1\quad 0]^{\mathrm{T}}$；$p$ 是观测器的状态；$\hat{d}$ 是不确

定项 $d(t)$ 的估计值;$\boldsymbol{l}$ 是观测器待定的设计参数向量,且满足 $\boldsymbol{lg}_2>0$。

根据干扰观测器(8-132),可得

$$(\hat{d}-d)'=-\boldsymbol{lg}_2(\hat{d}-d) \tag{8-133}$$

因为 $\boldsymbol{lg}_2>0$,所以 $\hat{d}-d$ 是以指数渐近趋向于零,即 $\hat{d}\to d$,当 $t\to\infty$。

由此来设计含有干扰估计值的滑动面:

$$s=x_2+cx_1+\hat{d} \tag{8-134}$$

式中,$c>0$。设计的滑模控制为

$$u=-\frac{1}{b(x)}[a(x)+c(x_2+\hat{d})+\varepsilon\operatorname{sgn}(s)] \tag{8-135}$$

式中,$\varepsilon>(c+lg_2)(d-\hat{d})$。显然有以下定理:

定理【8.1】:假定系统(8-131)满足假设8.6和8.7,采用式(8-132)所示的干扰观测器,在滑模控制律(8-135)的作用下,闭环系统状态 x_1 是渐近稳定的。

证明:考虑滑动面(8-134),可得

$$\dot{s}=a(x)+b(x)u+cx_2+cd+\dot{\hat{d}} \tag{8-136}$$

将控制律(8-135)代入,可得

$$\dot{s}=-\varepsilon\operatorname{sgn}(s)+c(d-\hat{d})+\dot{\hat{d}} \tag{8-137}$$

根据干扰观测器(8-132),可知

$$\dot{\hat{d}}=-\boldsymbol{lg}_2(\hat{d}-d) \tag{8-138}$$

由此可得

$$\dot{s}=-\varepsilon\operatorname{sgn}(s)+(c+\boldsymbol{lg}_2)(d-\hat{d}) \tag{8-139}$$

取 Lyapunov 函数为

$$V=s^2/2 \tag{8-140}$$

求导,得

$$\dot{V}=-\varepsilon|s|+(c+\boldsymbol{lg}_2)(d-\hat{d})s\leqslant-[\varepsilon-(c+\boldsymbol{lg}_2)(d-\hat{d})]|s| \tag{8-141}$$

显然,只要满足 $\varepsilon>(c+\boldsymbol{lg}_2)(d-\hat{d})$,则系统状态就能在有限时间内达到滑动面。

当 $s=0$ 时,可得

$$x_2=-cx_1-\hat{d} \tag{8-142}$$

代入到原系统,可得

$$\dot{x}_1=-cx_1+d-\hat{d} \tag{8-143}$$

同样,定义

$$e_d=d-\hat{d} \tag{8-144}$$

则

$$\dot{e}_d=-\boldsymbol{lg}_2e_d+\dot{d} \tag{8-145}$$

显然,当满足假设8.7时,式(8-143)和(8-145)组成的系统是渐近稳定的,即 $\lim\limits_{t\to\infty}x_1=0$。

注8.3:当假设8.7成立时,即 $\lim\limits_{t\to\infty}\dot{d}(t)=0$,则 d 是趋向于常数值,因此当不确定项是常值或是趋向于常值时,采用滑模控制能够保证状态 x_1 的渐近稳定,抑制了不确定项的影响。即当满足条件 $\lim\limits_{t\to\infty}\dot{d}(t)=0$ 时,滑动模态(8-131)不敏感于非匹配的不确定项 $d(t)$。但是,如果不确

定项是时变的情况，即$\lim\limits_{t\to\infty}\dot{d}(t)\neq 0$，则以上设计方法就不适用了。

8.4.3 二阶系统时变干扰的自适应滑模控制设计方法

同样考虑二阶非匹配系统(8-131)，这里考虑不确定项满足$\lim\limits_{t\to\infty}\dot{d}(t)\neq 0$的情况。

同时假设不确定项满足以下假设条件：

假设 8.8：不确定项连续且满足

$$\left|\frac{d^j d_1(t)}{dt^j}\right|\leqslant\mu \quad ,j=0,1,2\cdots,r \tag{8-146}$$

式中，$\mu>0$。

满足假设 8.8 下的不确定项的范围要比满足假设 8.7 下的不确定项的范围要大得多。

这里为了设计方便，这里引入线性干扰观测器：

$$\left.\begin{aligned}\hat{d}&=p_{11}+l_{11}x_1\\ \dot{p}_{11}&=-l_{11}(x_2+\hat{d}_1)+\hat{\dot{d}}\\ \hat{\dot{d}}&=p_{12}+l_{12}x_1\\ \dot{p}_{12}&=-l_{12}(x_2+\hat{d})\end{aligned}\right\} \tag{8-147}$$

式中：$\hat{d}$和$\hat{\dot{d}}$分别是不确定项d和$\dot{d}$的估计值；p_{11}和p_{12}分别是干扰观测器的辅助变量；$l_{11}>0$和$l_{12}>0$分别是干扰观测器待设计的增益参数。

定义误差估计变量：

$$\bar{e}_d=[d-\hat{d},\hat{\dot{d}}]^{\mathrm{T}} \tag{8-148}$$

由干扰观测器(8-147)可得

$$\dot{\bar{e}}_d=\boldsymbol{D}_1\bar{e}_d+\boldsymbol{E}_1\ddot{\boldsymbol{d}} \tag{8-149}$$

式中

$$\boldsymbol{D}_1=\begin{bmatrix}-l_{11}&1\\-l_{12}&0\end{bmatrix},\quad \boldsymbol{E}_1=\begin{bmatrix}0\\1\end{bmatrix} \tag{8-150}$$

由于$\boldsymbol{D}_1$是稳定阵，因此满足以下的 Lyapunov 方程：

$$\boldsymbol{D}_1^{\mathrm{T}}\boldsymbol{P}_1+\boldsymbol{P}_1\boldsymbol{D}_1=-\boldsymbol{Q}_1 \tag{8-151}$$

式中：$\boldsymbol{Q}_1$是任给的正定对称矩阵；$\boldsymbol{P}_1$是一个正定对称矩阵。

记λ_1是$\boldsymbol{Q}_1$的最小特征值，定义以下的 Lyapunov 函数：

$$V=\bar{\boldsymbol{e}}_d^{\mathrm{T}}\boldsymbol{P}_1\bar{\boldsymbol{e}}_d \tag{8-152}$$

求导可得

$$\begin{aligned}\dot{V}=&\bar{\boldsymbol{e}}_d^{\mathrm{T}}(\boldsymbol{D}_1^{\mathrm{T}}\boldsymbol{P}_1+\boldsymbol{P}_1\boldsymbol{D}_1)\bar{e}_d+2\bar{\boldsymbol{e}}_d^{\mathrm{T}}\boldsymbol{P}_1\boldsymbol{E}_1\ddot{\boldsymbol{d}}\leqslant-\bar{\boldsymbol{e}}_d^{\mathrm{T}}\boldsymbol{Q}_1\bar{e}_d+2\|\boldsymbol{P}_1\boldsymbol{E}_1\|\|\bar{\boldsymbol{e}}_d\|\boldsymbol{\mu}\leqslant\\&-\|\bar{e}_d\|(\lambda_1\|\bar{e}_d\|-2\|\boldsymbol{P}_1\boldsymbol{E}_1\|\boldsymbol{\mu})\end{aligned} \tag{8-153}$$

因此，经过一段时间后，$\bar{\boldsymbol{e}}_d$在以下范围内

$$\|\bar{\boldsymbol{e}}_d\|\leqslant\lambda \tag{8-154}$$

式中

$$\lambda=\frac{2\|\boldsymbol{P}_1\boldsymbol{E}_1\|\mu}{\lambda_1} \tag{8-155}$$

因此，$\bar{e}_d$ 是有界的。

若选择全程滑模面

$$\bar{s}=s-s(0)\mathrm{e}^{-at} \tag{8-156}$$

式中：$s=x_2+cx_1+\hat{d}$；$c>0$；$a>0$。设计的滑模控制为

$$u=-\frac{1}{b(x)}[a(x)+c(x_2+\hat{d})+as(0)\mathrm{e}^{-at}+k\bar{s}+\varepsilon\operatorname{sgn}(\bar{s})] \tag{8-157}$$

式中：$k>0$；$\varepsilon>(c+l_{11}+1)\lambda+\mu$。显然有以下定理：

定理【8.2】：假定系统(8-131)满足假设8.8，采用式(8-147)所示的干扰观测器，在滑模控制律(8-157)的作用下，只要满足条件，则闭环系统状态 x_1 是收敛于以下范围：

$$|x_1|\leqslant\frac{\lambda+|s(0)|}{c} \tag{8-158}$$

证明：考虑滑动面(8-156)，可得

$$\dot{\bar{s}}=a(x)+b(x)u+cx_2+cd+\dot{\hat{d}}+as(0)\mathrm{e}^{-at} \tag{8-159}$$

将控制律(8-157)代入，可得

$$\dot{\bar{s}}=-k\bar{s}-\varepsilon\operatorname{sgn}(\bar{s})+c(d-\hat{d})+\dot{\hat{d}} \tag{8-160}$$

根据干扰观测器(8-147)，可知

$$\left.\begin{aligned}\dot{\hat{d}}&=l_{11}(d-\hat{d})+\mathring{d}\\ \mathring{d}&=\dot{d}-\dot{\tilde{d}}\end{aligned}\right\} \tag{8-161}$$

由此可得

$$\dot{\bar{s}}=-k\bar{s}-\varepsilon\operatorname{sgn}(\bar{s})+(c+l_{11})(d-\hat{d})c+\mathring{d} \tag{8-162}$$

取 Lyapunov 函数为

$$V=\bar{s}^2/2 \tag{8-163}$$

求导，得

$$\begin{aligned}\dot{V}&\leqslant-k\bar{s}^2-\varepsilon|\bar{s}|+(c+l_{11})\|d-\hat{d}\|\,|\bar{s}|+\|\dot{d}-\dot{\tilde{d}}\|\leqslant\\ &-k\bar{s}^2-[\varepsilon-(c+l_{11}+1)\lambda-\mu]\,|\bar{s}|\end{aligned} \tag{8-164}$$

只要取

$$\varepsilon>(c+l_{11}+1)\lambda+\mu \tag{8-165}$$

系统状态就能在有限时间内到达滑动模态。

由于采取的滑模是全程滑动模态，因此满足 $\bar{s}=s-s(0)\mathrm{e}^{-at}=0$，可得

$$x_2=-cx_1-\hat{d}+s(0)\mathrm{e}^{-at} \tag{8-166}$$

代入原系统，可得

$$\dot{x}_1=-cx_1+d-\hat{d}+s(0)\mathrm{e}^{-at} \tag{8-167}$$

同样，定义 Lyapunov 函数：

$$V=x_1^2/2 \tag{8-168}$$

求导可得

$$\begin{aligned}\dot{V}=&-cx_1^2+(d-\hat{d})x_1+x_1\mathrm{e}^{-at}\leqslant-cx_1^2+(\lambda+|s(0)|)\,|x_1|\leqslant\\ &-|x_1|\,(c|x_1|-\lambda-|s(0)|)\end{aligned} \tag{8-169}$$

由此可得状态 x_1 收敛的范围是 $|x_1| \leqslant \dfrac{\lambda + |s(0)|}{c}$。

从以上证明可以看出，即使采用全程滑动模态控制，由于时变非匹配不确定项的影响，使得状态 x_1 并不能收敛于零，即全程滑动模态(8-156)敏感于时变非匹配的不确定项 $d(t)$。因此要采用以下自适应滑模控制解决这一问题。

针对系统(8-131)，设计自适应的滑模面为

$$\sigma_1 = x_2 + c_1 x_1 + \frac{\varepsilon_1 x_1}{|x_1| + k_1^2 \delta} + \hat{d} \tag{8-170}$$

式中：$c_1 > 0$；自适应参数 k_1 满足

$$\dot{k}_1 = -\frac{\varepsilon_1 \gamma_1 |x_1| k_1 \delta}{|x_1| + k_1^2 \delta} \tag{8-171}$$

式中：$k_1(0) > 0$；$\varepsilon_1 > 0$；$\gamma_1 > 0$；$\delta > 0$。

从式(8-171)可以看出，滑动面(8-170)是连续可导的，式中的非线性项 $\dfrac{\varepsilon_1 x_1}{|x_1| + k_1^2 \delta}$ 是用来消除时变非匹配不确定项的影响。

同时，从式(8-171)可以看出

$$\dot{k}_1 \geqslant -\varepsilon_1 \gamma_1 \delta k_1 \tag{8-172}$$

积分可得

$$\int_0^t \left(\frac{\dot{k}_1}{k_1}\right) \mathrm{d}t \geqslant -\int_0^t (\varepsilon_1 \gamma_1 \delta)\, \mathrm{d}t \tag{8-173}$$

即

$$\ln\left(\frac{k_1(t)}{k_1(0)}\right) \geqslant -\varepsilon_1 \gamma_1 \delta t \tag{8-174}$$

因为函数 exp(·)是严格单调函数，可得

$$k_1(t) \geqslant k_1(0) \exp(-\varepsilon_1 \gamma_1 \delta t) \tag{8-175}$$

同时从式(8-172)可得另一个不等式

$$k_1 \dot{k}_1 \geqslant -\varepsilon_1 \gamma_1 |x_1| \tag{8-176}$$

积分可得

$$\frac{k_1^2(\infty)}{2} - \frac{k_1^2(0)}{2} \geqslant -\varepsilon_1 \gamma_1 \int_0^\infty |x_1| \mathrm{d}t \tag{8-177}$$

如果存在一个 $\gamma_1 > 0$ 和 $k^* > 0$ 使得下式：

$$\varepsilon_1 \gamma_1 \int_0^\infty |x_1| \mathrm{d}t \leqslant \frac{k_1^2(0)}{2} - \frac{(k^*)^2}{2} \tag{8-178}$$

成立，那么 $k_1(\infty) > k^*$。

由于 $k_1(t)$ 是一个不增的函数，当 $t \geqslant 0$ 时，有 $k_1(t) > k^*$。

针对以上设计的滑动模态，采用的自适应滑模控制为

$$u = -\frac{1}{b(x)}\left[a(x) + \frac{\varepsilon_1 k_1 \delta (k_1 x_2 + k_1 \hat{d} - 2 x_1 \dot{k}_1)}{(|x_1| + k_1^2 \delta)^2} + k_l \sigma_1 + k_\varepsilon \mathrm{sgn}(\sigma_1) + \dot{\hat{d}}\right] \tag{8-179}$$

式中，$k_l > 0$，$k_\varepsilon > 0$。显然有以下定理：

定理【8.3】：假定系统(8-131)满足假设 8.8，采用式(8-147)所示的干扰观测器，在滑模控制律(8-179)的作用下，只要满足以下条件：

$$\varepsilon_1 > \lambda, \quad k_\varepsilon > \frac{\varepsilon_1 \lambda}{(k^*)^2 \delta} + l_{11}\lambda \tag{8-180}$$

闭环系统状态 x_1 是渐近收敛于零。

证明:考虑滑动面(8-170),可得

$$\dot{\sigma}_1 = a(x) + bu + \frac{\varepsilon_1 k_1 \delta (k_1 x_2 + k_1 d - 2x_1 \dot{k}_1)}{(|x_1| + k_1^2 \delta)^2} + \dot{\hat{d}} \tag{8-181}$$

将控制律(8-179)代入,可得

$$\dot{\sigma}_1 = -k_l \sigma_1 - k_\varepsilon \operatorname{sgn}(\sigma_1) + \frac{\varepsilon_1 k_1^2 \delta (d - \hat{d}) \sigma_1}{(|x_1| + k_1^2 \delta)^2} + \dot{\hat{d}} - \dot{\hat{d}} \tag{8-182}$$

如果式(8-180)成立,则

$$\left| \frac{\varepsilon_1 k_1^2 \delta (d_1 - \hat{d}_1)}{(|x_1| + k_1^2 \delta)^2} \right| \leqslant \frac{\varepsilon_1 |d_1 - \hat{d}_1|}{|x_1| + k_1^2 \delta} \leqslant \frac{\varepsilon_1 \lambda}{k_1^2 \delta} \leqslant \frac{\varepsilon_1 \lambda_1}{(k^*)^2 \delta} \tag{8-183}$$

令 Lyapunov 函数为

$$V(\sigma_1) = \sigma_1^2 / 2 \tag{8-184}$$

求导可得

$$\dot{V}(\sigma_1) \leqslant -k_l \sigma_1^2 - k_\varepsilon |\sigma_1| + \bar{c} |\sigma_1| \leqslant -k_l \sigma_1^2 - (k_\varepsilon - \bar{c}) |\sigma_1| \tag{8-185}$$

式中,$\bar{c} = \dfrac{\varepsilon_1 \lambda_1}{(k^*)^2 \delta} + l_{11}\lambda$。

因此,只要 $k_\varepsilon > \bar{c}$,则系统状态就能在有限时间内达到滑模。

当 $\sigma_1 = 0$ 时,有

$$x_2 = -c_1 x_1 - \frac{\varepsilon_1 x_1}{|x_1| + k_1^2 \delta} - \hat{d} \tag{8-186}$$

将其代入原系统,可得

$$\dot{x}_1 = -c_1 x_1 - \frac{\varepsilon_1 x_1}{|x_1| + k_1^2 \delta} + d - \hat{d} \tag{8-187}$$

取 Lyapunov 函数为

$$V(x_1, k_1) = \frac{x_1^2}{2} + \frac{k_1^2}{2\gamma_1} \tag{8-188}$$

求导,可得

$$\dot{V}(x_1, k_1) = x_1 \dot{x}_1 + \frac{k_1 \dot{k}_1}{\gamma_1} = -c_1 x_1^2 - \frac{\varepsilon_1 x_1^2}{|x_1| + k_1^2 \delta} + (d_1 - \hat{d}_1) x_1 + \frac{k_1 \dot{k}_1}{\gamma_1} \tag{8-189}$$

将自适应参数代入,可得

$$\begin{aligned}
\dot{V}(x_1, k_1) = & -c_1 x_1^2 - \frac{\varepsilon_1 x_1^2}{|x_1| + k_1^2 \delta} - \frac{\varepsilon_1 |x_1| k_1^2 \delta}{|x_1| + k_1^2 \delta} + (d_1 - \hat{d}_1) x_1 = \\
& -c_1 x_1^2 - \varepsilon_1 |x_1| + (d_1 - \hat{d}_1) x_1 = -c_1 x_1^2 - (\varepsilon_1 - |d_1 - \hat{d}_1|) |x_1| \leqslant \\
& -c_1 x_1^2 - (\varepsilon_1 - \lambda) |x_1|
\end{aligned} \tag{8-190}$$

只要满足条件 $\varepsilon_1 > \lambda$,同时有 x_1 和 k_1 都是有界的,$\dot{V}$ 一致连续的,由 Barbalat 引理得 e_i 是渐近稳定的,因此,状态 x_1 能以指数形式渐近稳定,从而实现了对非匹配不确定项的抑制。

8.4.4 n 阶系统时变干扰的自适应滑模控制设计方法

这里考虑如下 n 阶非匹配系统

$$\left.\begin{aligned}\dot{x}_1&=x_2+d_1(x,t)\\ \dot{x}_2&=x_3+d_2(x,t)\\ &\cdots\cdots\\ \dot{x}_{n-1}&=x_n+d_{n-1}(x,t)\\ \dot{x}_n&=a(x)+b(x)u+d_n(x,t)\end{aligned}\right\}\tag{8-191}$$

式中：$\boldsymbol{x}=[x_1\quad x_2\quad\cdots\quad x_n]^{\mathrm{T}}\in\mathbf{R}^n$ 是状态向量；$u\in\mathbf{R}$ 是输入，$a(x)$ 和 $b(x)\neq 0$ 均是光滑的非线性函数；干扰 $d_i(x,t)(i=1,2,\cdots,n-1)$ 是非匹配的，干扰是匹配的。这些干扰可能包括未策略的或和状态相关的非线性不确定项。

假设 8.9：干扰 $d_i(x,t)$ 是连续的且满足

$$\left|\frac{d^j d_i(x,t)}{dt^j}\right|\leqslant\mu_i\quad(i=1,2,\cdots,n;j=0,1,\cdots,r)\tag{8-192}$$

式中，μ_i 是一个正数。

为了设计方便，这里引入扩展的干扰观测器：

$$\left.\begin{aligned}\hat{d}_i^{(j-1)}&=p_{ij}+l_{ij}x_i\\ \dot{p}_{ij}&=-l_{ij}(x_{i+1}+\hat{d}_i)+\hat{d}_i^{(j)}\\ \dot{p}_{ir}&=-l_{ir}(x_{i+1}+\hat{d}_i)\\ \hat{d}_n^{(j-1)}&=p_{nj}+l_{nj}x_n\\ \dot{p}_{nj}&=-l_{nj}(a(x)+b(x)u+\hat{d}_n)+\hat{d}_n^{(j)}\\ \dot{p}_{nr}&=-l_{nr}(a(x)+b(x)u+\hat{d}_n)\end{aligned}\right\},\quad(i=1,2,\cdots,n-1;j=0,1,\cdots,r-1)\tag{8-193}$$

式中，$l_{ij}>0$。

同样，针对以上非线性干扰观测器，可以得到其干扰估计误差方程：

$$\dot{\bar{\boldsymbol{e}}}_{di}=\boldsymbol{D}_{1i}\bar{\boldsymbol{e}}_{di}+\boldsymbol{E}_{1i}d_i^{(r)}\tag{8-194}$$

式中，$\bar{\boldsymbol{e}}_{di}=\left[d_i-\hat{d}_i\quad \dot{d}_i-\dot{\hat{d}}_i\quad\cdots\quad d_i^{(r)}-\hat{d}_i^{(r)}\right]^{\mathrm{T}},i=1,2,\cdots,n$,

$$\boldsymbol{D}_{1i}=\begin{bmatrix}-l_{i1}&1&0&\cdots&0\\-l_{i2}&0&1&\cdots&0\\\vdots&\vdots&\vdots&&\vdots\\-l_{i(r-1)}&0&0&0&1\\-l_{ir}&0&0&0&0\end{bmatrix},\quad \boldsymbol{E}_{1i}=\begin{bmatrix}0\\0\\\vdots\\0\\1\end{bmatrix}\tag{8-195}$$

由于 $\boldsymbol{D}_{1i}$ 是稳定阵，因此满足以下 Lyapunov 方程：

$$\boldsymbol{D}_{1i}^{\mathrm{T}}\boldsymbol{P}_{1i}+\boldsymbol{P}_{1i}\boldsymbol{D}_{1i}=-\boldsymbol{Q}_{1i}\tag{8-196}$$

式中：$\boldsymbol{Q}_{1i}$ 是任给的正定对称矩阵；$\boldsymbol{P}_{1i}$ 是一个正定对称矩阵。

记 λ_{1i} 是 $\boldsymbol{Q}_1$ 的最小特征值，定义以下 Lyapunov 函数：

$$V(\bar{\boldsymbol{e}}_{di})=\bar{\boldsymbol{e}}_{di}^{\mathrm{T}}\boldsymbol{P}_{1i}\bar{\boldsymbol{e}}_{di}\tag{8-197}$$

求导，可得

$$\begin{aligned}\dot{V}(\bar{\boldsymbol{e}}_{di})=\bar{\boldsymbol{e}}_{di}^{\mathrm{T}}(\boldsymbol{D}_{1i}^{\mathrm{T}}\boldsymbol{P}_{1i}+\boldsymbol{P}_{1i}\boldsymbol{D}_{1i})\bar{\boldsymbol{e}}_{di}+2\bar{\boldsymbol{e}}_{di}^{\mathrm{T}}\boldsymbol{P}_{1i}\boldsymbol{E}_{1i}\boldsymbol{d}_i^{(r)}\leqslant-\bar{\boldsymbol{e}}_{di}^{\mathrm{T}}\boldsymbol{Q}_{1i}\bar{\boldsymbol{e}}_{di}+2\|\boldsymbol{P}_{1i}\boldsymbol{E}_{1i}\|\,\|\bar{\boldsymbol{e}}_{di}\|\mu_i\leqslant\\ -\|\bar{\boldsymbol{e}}_{di}\|(\lambda_{1i}\|\bar{\boldsymbol{e}}_{di}\|-2\|\boldsymbol{P}_{1i}\boldsymbol{E}_{1i}\|\mu_i)\end{aligned}\tag{8-198}$$

同样经过一段时间后，$\bar{e}_{di}$ 在以下范围内

$$\| \bar{e}_{di} \| \leqslant \bar{\lambda} \tag{8-199}$$

式中

$$\bar{\lambda} = \frac{2 \| \boldsymbol{P}_{1i} \boldsymbol{E}_{1i} \| \mu_i}{\lambda_{1i}} \tag{8-200}$$

因此，$\bar{e}_{di}$ 是有界的。

针对系统(8-191)和干扰观测器(8-193)，可以设计如下的自适应滑模面

$$\sigma_n = x_n + \tau(\sigma_{n-1}, \varepsilon_{n-1}, k_{n-1}) + \sum_{i=1}^{n-1} \hat{d}_i^{n-1-i} \tag{8-201}$$

式中 $c_{n-1} > 0$，$\hat{d}_i$ 是干扰 d_i 的估计值，对应于每一个滑模面 $\sigma_i (i=1,2,\cdots,n-1)$ 为

$$\sigma_i = x_i + \tau(\sigma_{i-1}, \varepsilon_{i-1}, k_{i-1}) + \sum_{j=1}^{i-1} \hat{d}_j^{i-1-j} \tag{8-202}$$

式中 $c_i > 0$，$\tau(\sigma_{i-1}, \varepsilon_{i-1}, k_{i-1}) = \dfrac{\varepsilon_{i-1}\sigma_{i-1}}{|\sigma_{i-1}| + k_{i-1}^2 \delta}$，$\sigma_0 = x_1$，$\dot{k}_i = -\dfrac{\varepsilon_i \gamma_i |\sigma_{i-1}| k_i \delta}{|\sigma_{i-1}| + k_i^2 \delta}$，$k_i(0) > 0$，$\varepsilon_i > 0$，$\gamma_i > 0$，$i=1,2,\cdots,n-2$。

显然 $\dot{\sigma}_i$ 和 $\dot{\tau}(\sigma_{i-1}, \varepsilon_i, k_i)$ 是有界的，即 $\dot{\tau}(\sigma_{i-1}, \varepsilon_i, k_i) \leqslant \eta$，$\eta > 0$。

同样如果存在一个 $\gamma^* > 0$ 和 $k^* > 0$ 使得下式：

$$\varepsilon_i \gamma^* \int_0^{\infty} |\sigma_i| \mathrm{d}t \leqslant \frac{k_i^2(0)}{2} - \frac{(k^*)^2}{2} \tag{8-203}$$

成立，那么 $k_i(\infty) > k^*$。

同样，存在以下定理：

定理【8.4】：n 阶系统(8-191)在满足假设8.9的条件下，设计干扰观测器(8-192)，在以下滑模控制律：

$$u = -\frac{1}{b(x)} \left[a(x) + \frac{\varepsilon_{n-1} k_{n-1} \delta (k_{n-1} \dot{\sigma}_{n-1} - 2\sigma_{n-1} \dot{k}_{n-1})}{(|\sigma_{n-1}| + k_{n-1}^2 \delta)^2} + \sum_{i=1}^{n-1} \hat{d}_i^{n-i} + \bar{k}_l \sigma_{n-1} + \bar{k}_\varepsilon \mathrm{sat}(\sigma_{n-1}) \right] \tag{8-204}$$

的作用下，其中 $\bar{k}_l > 0$，$\bar{k}_\varepsilon \geqslant \bar{\lambda}$，$\mathrm{sat}(\bar{\sigma}_{n-1}) = \begin{cases} \mathrm{sgn}(\bar{\sigma}_{n-1}), & |\bar{\sigma}_{n-1}| > \varepsilon \\ \dfrac{\bar{\sigma}_{n-1}}{\varepsilon}, & |\bar{\sigma}_{n-1}| \leqslant \varepsilon \end{cases}$，$\varepsilon$ 是一个小正数，闭环系统下状态是渐近稳定的。

证明：对滑动面(8-201)进行微分，可得

$$\dot{\sigma}_n = a(x) + b(x)u + d_n + \frac{\varepsilon_{n-1} k_{n-1} \delta (k_{n-1} \dot{\sigma}_{n-1} - 2\sigma_{n-1} \dot{k}_{n-1})}{(|\sigma_{n-1}| + k_{n-1}^2 \delta)^2} + \sum_{i=1}^{n} \hat{d}_i^{n-i} \tag{8-205}$$

把控制律(8-204)代入，可得

$$\dot{\sigma}_{n-1} = -\bar{k}_l \sigma_{n-1} - \bar{k}_\varepsilon sat(\sigma_{n-1}) + d_n - \hat{d}_n \tag{8-206}$$

取 Lyapunov 函数为

$$V(\sigma_{n-1}) = \frac{\sigma_{n-1}^2}{2} \tag{8-207}$$

求导可得

$$\dot{V}(\sigma_{n-1}) = -\bar{k}_l \sigma_{n-1}^2 - \bar{k}_\varepsilon |\sigma_{n-1}| + (d_n - \hat{d}_n) |\sigma_{n-1}| \leqslant -\bar{k}_l \sigma_{n-1}^2 - (\bar{k}_\varepsilon - \bar{\lambda}) |\sigma_{n-1}| \tag{8-208}$$

当 $\bar{k}_l > 0, \bar{k}_\varepsilon \geqslant \bar{\lambda}$ 时，系统状态将在有限时间内到达滑动面。

当 $\sigma_n = 0$ 时，可得

$$x_n = -\tau(\sigma_{n-1}, \varepsilon_{n-1}, k_{n-1}) - \sum_{i=1}^{n-1} \hat{d}_i^{n-1-i} \tag{8-209}$$

对 σ_{n-1} 求导，可得

$$\dot{\sigma}_{n-1} = \dot{x}_{n-1} + \dot{\tau}(\sigma_{n-2}, \varepsilon_{n-2}, k_{n-2}) + \sum_{i=1}^{n-2} \hat{d}_i^{n-1-i} \tag{8-210}$$

把 $\dot{x}_{n-1} = x_n + d_{n-1}(x,t)$ 代入式(8-207)，可得

$$\begin{aligned} \dot{\sigma}_{n-1} &= -\tau(\sigma_{n-1}, \varepsilon_{n-1}, k_{n-1}) - \sum_{i=1}^{n-1} \hat{d}_i^{n-1-i} + \dot{\tau}(\sigma_{n-2}, \varepsilon_{n-2}, k_{n-2}) + \sum_{i=1}^{n-2} \hat{d}_i^{n-1-i} + d_{n-1} = \\ & -\tau(\sigma_{n-1}, \varepsilon_{n-1}, k_{n-1}) + \dot{\tau}(\sigma_{n-2}, \varepsilon_{n-2}, k_{n-2}) + d_{n-1} - \hat{d}_{n-1} \end{aligned} \tag{8-211}$$

取 Lyapunov 函数为

$$V(\sigma_{n-1}) = \frac{\sigma_{n-1}^2}{2} + \frac{k_{n-1}^2}{2\gamma_{n-1}} \tag{8-212}$$

求导可得

$$\begin{aligned} \dot{V}(\sigma_{n-1}) &= \sigma_{n-1}\dot{\sigma}_{n-1} + \frac{k_{n-1}\dot{k}_{n-1}}{\gamma_{n-1}} = -\varepsilon_{n-1}|\sigma_{n-1}| + \sigma_{n-1}\dot{\tau}(\sigma_{n-2}, \varepsilon_{n-2}, k_{n-2}) + (d_{n-1} - \hat{d}_{n-1})\sigma_{n-1} \leqslant \\ & -(\varepsilon_{n-1} - \bar{\lambda} - \eta)|\sigma_{n-1}| \end{aligned} \tag{8-213}$$

只要满足条件 $\varepsilon_{n-1} > \bar{\lambda} + \eta$，则同时有 σ_{n-1} 和 k_{n-1} 都是有界的，$\dot{V}(\sigma_{n-1})$ 一致连续的，由 Barbalat 引理得 σ_{n-1} 是渐近稳定的，即 $\lim\limits_{t\to\infty}\sigma_{n-1} = 0$

依此下去，可得 $\lim\limits_{t\to\infty}\sigma_i = 0, i = 0,1,2,\cdots,n-1$，由此可得 $\lim\limits_{t\to\infty}\sigma_0 = \lim\limits_{t\to\infty}x_1 = 0$，则有效抑制了干扰对状态 x_1 的影响。

思　考　题

8-1　对于以下简化的飞行器姿态系统：

$$\begin{cases} \dot{\alpha} = \omega_z - \dfrac{57.3QSc_y^\alpha}{mV}\alpha + d_\alpha \\ J_z\dot{\omega}_z = M_0(\alpha, \omega_z) + \dfrac{57.3QSLm_z^\alpha}{J_z}\delta_z \\ y = \alpha \end{cases}$$

状态是攻角 α 和角速度 ω_z，输入是舵偏 δ_z，d_α 是未知有界干扰。试计算其输入相对度和干扰相对度，并说明姿态系统是否是匹配系统。

8-2　利用二阶自适应滑模控制方法设计以下系统：

$$\begin{cases} \dot{x}_1 = x_2 + d_1 \\ \dot{x}_2 = -x_1 + 2x_2 + u + d_2 \end{cases}$$

的控制律。其中：x_1, x_2 均是一维的状态变量；u 是控制输入；d_1, d_2 是未知有界干扰，即满足 $|d_i| \leqslant \Delta, i = 1,2$。

8-3　考虑如下 n 阶线性系统：

$$\begin{cases}\dot{x}_1 = x_2 + d_1 \\ \dot{x}_2 = x_3 \\ \cdots\cdots \\ \dot{x}_{n-1} = x_n \\ \dot{x}_n = -\sum_{i=1}^{n} a_i x_i - bu\end{cases}$$

试设计基于反演法的非匹配系统的滑模控制。

8-4　考虑如下的非线性飞行器简化系统：

$$\begin{cases}\dot{\alpha} = \omega_z - \dfrac{57.3QSc_y^{\alpha}}{mV}\alpha + d_{\alpha} \\ J_z\dot{\omega}_z = M_0(\alpha, \omega_z) + \dfrac{57.3QSLm_z^{\alpha}}{J_z}\delta_z + d_{\omega_z}\end{cases}$$

试设计非线性干扰观测器估计未知有界干扰 d_{α} 和 d_{ω_z}。

8-5　考虑下列非匹配的线性系统状态方程

$$\begin{cases}\dot{x}_1 = x_2 + d_1 \\ \dot{x}_2 = 5x_1 + 3x_2 - u \\ d_1 = \sin t\end{cases}$$

试设计干扰观测器，并采用二阶变结构控制设计方法，设计变结构控制律。

参考文献

[1] 高为炳.变结构控制的理论及设计方法[M].北京:科学出版社,1998.

[2] 胡剑波,庄开宇.高级变结构控制理论及应用[M].西安:西北工业大学出版社,2008.

[3] 周凤岐,周军,郭建国.现代控制理论基础[M].西安:西北工业大学出版社,2011.

[4] 周军,周凤岐,郭建国.现代控制理论基础[M].2版.西安:西北工业大学出版社,2020.

[5] 申铁龙. H_∞ 控制理论及应用[M].北京:清华大学出版社,1996.

[6] 王德进. H_2 和 H_∞ 优化控制理论[M].哈尔滨:哈尔滨工业大学出版社,2001.

[7] 郑建华,杨涤.鲁棒控制理论在倾斜转弯导弹中的应用[M].北京:国防工业出版社,2001.

[8] 胡跃明,非线性控制系统理论与应用[M].北京:国防工业出版社,2002.

[9] 周荻,寻的导弹新型导引规律[M].北京:国防工业出版社,2002.

[10] 周克敏, DOYLE J C,GLOVER K.鲁棒与最优控制[M].毛剑琴,钟宜生,林岩,等,译.北京:国防工业出版社,2002.

[11] 俞立.鲁棒控制:线性矩阵不等式处理方法[M].北京:清华大学出版社,2002.

[12] 郑大钟.线性系统理论[M]. 2版.北京:清华大学出版社,2002.

[13] 曹克民,自动控制概论[M].北京:中国建材工业出版社,2002.

[14] 王积伟,吴振顺.控制工程基础[M].北京:高等教育出版社,2003.

[15] 梅生伟,申铁龙,刘康志.现代鲁棒控制理论与应用[M].北京:清华大学出版社,2003.

[16] 冯纯伯,张侃健.非线性系统的鲁棒控制[M].北京:科学出版社,2004.

[17] 姜长生,吴庆宪,陈文华,等.现代鲁棒控制基础[M].哈尔滨:哈尔滨工业大学出版社,2005.

[18] 吴敏,桂卫华,何勇.现代鲁棒控制[M].2版.长沙:中南大学出版社,2006.

[19] 洪奕光,程代涨.非线性系统的分析与控制[M].北京:科学出版社,2006.

[20] 黄曼磊.鲁棒控制理论及应用[M].哈尔滨:哈尔滨工业大学出版社,2007.

[21] 贾英民.鲁棒 H_∞ 控制[M].北京:科学出版社,2007.

[22] 王显正,莫锦秋,王旭永.控制理论基础[M].北京:科学出版社,2007.

[23] 章卫国,李爱军,刘小雄,等.鲁棒飞行控制理系统设计[M].北京:国防工业出版社,2012.

[24] 郭建国,周凤岐,周军.不确定关联大系统的分散变结构控制[J].控制理论与应用,2004,24(2):283-286.

[25] 周凤岐,郭建国,周军.基于扩展滑动模态控制的末制导律设计[J].西北工业大学学报,2005,23(2):249-252.

[26] GUO J G,LIU Y C, ZHOU J. A New Nonlinear Sliding Mode Control Design[C]// Proceedings of 27th Chinese Control and Decision Conference, May 28-30, 2015, Qingdao, China:4490-4493.

[27] 刘宇超,郭建国,周军,等. 基于新型快速 Terminal 滑模的高超声速飞行器姿态控制[J]. 航空学报, 2015,36(7):2372-2380.

[28] 郭建国,韩拓,周军,等. 基于终端角度约束的二阶滑模制导律设计[J]. 航空学报,2017,38(2):178-192.

[29] SHTESSEL Y, EDWARDS C, FRIDMAN L, et al. Sliding Mode Control and Observation[M]. New York: Springer,2014.

[30] GUO J G, WANG G Q, GUO Z Y,et al. New Adaptive Sliding Mode Control for a Generic Hypersonic Vehicle[J]. Proc IMechE Part G: J Aerospace Engineering, 2018, 232(7):1295-1303.

[31] GUO J G, LIU Y C, ZHOU J. Integral Terminal Sliding Mode Control for Nonlinear System[J]. Journal of System Engineering and Electronics, 2018, 29(3):571-579.

[32] GUO J G, LI Y F, ZHOU J. A New Continuous Adaptive Finite Time Guidance Law against Highly Maneuvering Targets[J]. Aerospace Science and Technology, 2019, 85:40-47.

[33] GUO J G, LIU Y C, ZHOU J. New Adaptive Sliding Mode Control for a Mismatched Second-order System Using an Extended Disturbance Observer[J]. Transactions of the Institute of Measurement and Control, 2019, 41(1): 276-284.

[34] GUO Z Y, GUO J G, ZHOU J, et al. Coupling Characterization-based Robust Attitude Control Scheme for Hypersonic Vehicles[J]. IEEE Transactions on Industrial Electronics, 2017, 64(8): 6350-6361.

[35] 郭建国,贾齐晨,周军. 一种非线性系统积分 Terminal 滑模的控制系统设计[J]. 河南师范大学学报, 2015, 43(6):1-7.